세계문화지리

The Human Mosic 8E
First Published in the United States
by W. H. FREEMAN AND COMPANY, New York and Basingstoke
Copyright © 2000 by W. H. Freeman and Company
Copyright © 1999 by Addison-Wesley Educational Publishers, Inc.
All rights reserved.
Korean languages edition published by arrangement with W. H. Freeman & Company,
New York & Shin Won Agency Co., Seoul
Translation edition Copyright © 2002 by Sallim Publishing Co.

이 책의 한국어판 저작권은 신원에이전시를 통한 W. H. FREEMAN AND COMPANY 사와의
독점 계약으로 살림출판사가 소유합니다.
저작권법에 의하여 한국 내에서 보호를 받는 저작물이므로 무단 전재 및 복제를 금합니다.

세계문화지리

류제헌 편역
테리 조든-비치코프 · 모나 도모시 지음

살림

머리말

　　지리학자들이 연구하고 교육하는 지리학의 주제는, 인간에 의한 토지 점유의 공간적 양상에서부터 인간 집단과 거주지의 상호 작용에 이르기까지 내용과 범위가 매우 다양하고 넓다. 때문에 지리학자들은 이런 광범위한 주제들을 고찰함에 있어서 필연적으로 자기 전공 분야별로 고유한 관점들을 적용하는 것이다. 지리학의 모든 분야들은 제각기 인간 거주지로서의 지구를 탐구하기 위해 새로운 관점과 방법을 개발하려고 노력하고 있다.

　　전통적인 관점과 방법을 기준으로 지리학은, 자연지리학과 인문지리학(또는 문화지리학)으로 양분되어 왔다. 자연지리학은 자연환경에 관심을 집중하는 반면, 인문지리학(또는 문화지리학)은 인간 활동의 공간적 차원을 특별히 강조하는 분야이다. 그런데 특히 여기에서 주목해야 할 사항은, 학문 분야에 대한 명칭으로서의 자연지리학은 만국 공통이지만 인문지리학은 그렇지 않다는 것이다. 예를 들면, 러시아를 비롯한 사회주의 국가에서는 자연지리학에 대칭이 되는 분야를 인문지리학이 아니라 경제지리학이라고 부른다.

　　'인문지리학(Human Geography)'은 근대 이후 프랑스에서 처음으로 사용된 다음, 영국을 포함한 영어권 국가에 전달되었다. 이에 반해 독일과 그 주변 국가들에서는 인간 활동의 공간적 차원을 연구하는 분야를 통틀어 문화지리학이라고 명명하고 있다. 때문에 미국과 같은 영어권 국가에서도 '문화지리학(Cultural Geography)'이 인문지리학과 같은 명칭으로 사용되는 경우가 있다. 미국 지리학이 영국 지리학의 전통을 근간으로 발달해 오면서 독일 지리학의 전통을 부분적으로 수용하였기 때문이다. 특히 미국의 문화·역사 지리학을 대변하는 버클리(Berekeley) 학파는 독일의 문화지리학을 기초로 하는 학문 전통을 수립하였다.

필자의 편역서인 '세계문화지리(世界文化地理)'의 원서인 『휴먼 모자이크 The Human Mosaic: A Thematic Introduction to Cultural Geography』는 그동안 한국의 지리학자와 지리학도에게 번역이 되었으면 하는 외국 교재 중의 하나로 내용 면에서 높은 평가를 받으며, 대학교에서 문화지리학 교재로 많이 채택되어 왔다. 이처럼 원어 그대로 이 교재가 지금까지 사용되어 온 이유는, 아마도 문화지리학(인문지리학)에 입문하는 사람들이 쉽고도 재미있게 접근할 수 있는 내용 구성과 체제를 갖추고 있었기 때문이었을 것이다.

미국과 캐나다에서도 『휴먼 모자이크』는 문화지리학 입문서로 가장 인기가 많은 책이다. 지금까지 60만여 권이 판매되었으며, 초판이 나온 1976년부터 1999년까지 제8판이 나올 정도로, 지도와 사진을 포함한 본문 내용이 지속적으로 수정되고 보완되면서 전체적인 수준이 향상되어 왔다.

편역자가 몸담고 있는 한국교원대학교에서도 『휴먼 모자이크』는 지난 10여 년 간 교육대학원생들을 상대로 하는 '문화지리학 특강 및 실습'이라는 과목의 기본 교재로 이용되었다. 이 과목을 듣는 교육대학원생들은 대부분 중·고등학교에서 지리 과목을 가르치는 교사들로, 대부분 풍부한 주제도, 사진, 그림, 사례 내용들이 중·고등학교 지리 수업 시간에 참고 자료로 이용하기에 적합하다는 평가를 하였다. 이때 얻은 현장감은 『휴먼 모자이크』의 내용을 한국의 실정에 맞게 재구성하는 데 큰 도움이 되었다.

사실 이 책의 번역은 편역자가 한국교원대학교에 부임한 1987년부터의 간절한 염원이기도 했다. 그동안 몇 번이나 번역을 시도했다가 시간이 부족하기도 하거니와 언어 표현의 한계에 부닥쳐 중도에서 포기하였던 것이다. 그렇기 때문에 이번에 출간을 하게 된 살림출판사의 격려와 후원에 진심으로 감사를 드리지 않을 수 없다. 이처럼 방대한 지리학 교재를 편역하는 과정에서 가장 까다로운 문제는, 역시 세계 각지의 지명을 한국어로 번역하는 것이었다. 이런 까다로운 문제를 해결해 준 고민순 선생에게 진심으로 감사를 표하고 싶다. 또한 이 책을 만들기까지 헌신적인 도움을 준 최진성 선생, 이정숙 선생, 김순배 선생, 신근하 선생 그리고 안민수 선생도 잊지 못할 은인들이 아닐 수 없다.

끝으로 누구보다도 『휴먼 모자이크』를 편역자가 마음먹은 대로 수정·보완하는 것을 기꺼이 허락한 책의 대표 저자인 조든 박사에게 가슴 깊이 감사를 드린다. 그는 편역자가 텍사스 주립대학교 지리학과의 박사 과정에 재학하고 있을 때부터 지금까지 언제나 편역자에게 학자로서의 귀감이 되어왔다. 그 동안 조든 박사가 편역자에게 전달한 애정과 격려가 없었더라면 '세계문화지리'라는 『휴먼 모자이크』의 편역서는 지금과 같이 화려한 모습으로 완성되지 못했을 것이다.

2002년 8월
류제헌

이 책의 구성

제1장 – 서론
문화지리학을 소개하고, 교재 전반에 걸쳐 이용되는 4개 주제(문화지역, 문화전파, 문화생태, 문화경관)를 설명한다.

제2장 – 민족
민족성의 공간적·생태적 측면과 세계 각지에 형성되어 있는 민족 의식을 분석한다.

제3장 – 언어
세계 어족의 지리적 분포를 소개하고 언어의 공간적·생태적 측면을 설명한다.

제4장 – 종교
종교의 문화적 측면과 그것이 장소에 따라 어떻게 달라지는지를 언급한다.

제5장 – 인구
지구상의 인구 분포와 출생률, 사망률, 인구 성장의 공간적 차이를 고찰한다.

제6장 – 농업
플랜테이션 농업이나 방목과 같은 농업지역의 패턴을 분석하고 농업경관의 차이를 통하여 인간의 영향을 제시한다.

제7장 – 촌락
세계 촌락의 형태적 유형을 분류하고 그것들의 지역적 차이를 유럽 대륙을 중심으로 설명한다.

제8장 – 도시
도시화의 전반적인 패턴을 고찰하고 도시 형태를 선진국과 후진국으로 구분하여 언급한다.

제9장 – 산업
산업과 산업혁명의 공간적 분포와 그것들이 가져오는 생태적 결과를 문화지리학자의 안목에서 탐구한다.

먼저 읽기

『휴먼 모자이크』
The Human Mosaic
A Thematic Introduction to Cultural Geography

　『휴먼 모자이크』는 미국 지리학계에서도 버클리 학파의 학문적 전통을 그대로 반영한 책이다. 이 교재에서 문화지리학이란 명칭이 포괄하는 학문의 범위는 인구, 민족, 농업, 도시, 산업과 같은 인문지리학의 거의 모든 내용이다. 또한 종교, 언어, 민속문화, 대중문화와 같은 문화적인 논제를 지리학의 입장에서 취급하고 있다는 특징을 가지고 있다.

　흔히 지리학에서 지명을 암기하는 것은 역사학에서 연대와 정치 지도자를 암기하는 것과 생물학이나 식물학에서 분류법을 암기하는 것에 비유된다. 지명의 암기는 학생들의 관심사를 촉발시키는 방법으로 매우 효과적이기는 하지만, 오로지 지리학 연구의 발단에 불과하다. 평범한 지리학은 "무엇이, 어디에?"라는 질문을 하지만, 진정한 지리학은 "그것이 거기에, 왜 있는가?"를 묻는 것이다. 『휴먼 모자이크』는 이러한 "왜"에 관한 질문을 던지고 그에 대한 대답을 찾아가는 훈련을 위하여 5개의 주제를 중심으로 교재의 내용을 구성하였다.

　『휴먼 모자이크』는 지난 25년 동안 한결같이 5개의 주제(theme: 문화지역, 문화전파, 문화생태, 문화통합, 문화경관)를 중심으로 구성되었다. 제1장을 이러한 5개의 주제에 대한 소개로, 그리고 이어지는 12개 장으로 나누어 각각의 주제를 설명하고 있다. 각 주제는 개별적으로 다양한 종류의 지리적인 논제(인구, 농업, 정치, 언어, 종교, 민속문화, 대중문화, 민족, 도시, 산업)에 적용되었다. 이러한 주제를 중심으로 하는 내용 조직을 통하여 학생들로 하여금 교재의 어떤 단원에서라도 문화지리학에서 가장 중요한 개념을 습득하게 하였다. 예를 들면, 이주(移住, migration)라는 논제는 제1장에서 기본 개념으로 소개된 다음, 제2장(인구), 제3장(농업), 제9장(민족)에서 제각기 구체적인 사례를 통하여 설명되고 있다.

이러한 주제적 접근은 지리학에 입문하는 학생들에게 구체적이고 유용한 틀을 제공함으로써 학습의 효과를 향상시킨다는 것이 입증되었다. 교실 수업의 경험에서 주제를 중심으로 하는 내용 구성이 문화지리학의 학습에 대우 성공적이었음이 밝혀졌다. 우선적으로, 문화지역이라는 주제는 장소간의 차이에 대한 인간의 자연스러운 호기심에 부합되는 것이다. 빠르게 변화하는 시대에 적합한 논제인 문화의 역동적인 속성은 문화전파라는 주제를 통하여 학생들에게 효과적으로 전달된다. 또한 환경 문제에 민감한 현시대에 적합한 주제가 되는 문화생태는 문화환경과 자연환경과의 복잡한 관계를 전달하기에 적합하다. 문화통합이라는 주제는 학생들로 하여금 문화를 상호 관련된 전체로 바라보는 계기를 마련한다. 끝으로, 문화경관이라는 주제는 학생들에게 장소와 지역의 가시적 특성에 대한 인식하는 능력을 강화시켜 준다.

편역서인 '세계문화지리'에서는 이러한 5개의 주제 중에서 문화통합을 제외한 나머지만을 내용 구성에 적용하였다. 편역자의 입장에서 문화통합은 주제가 다른 것과 중복되는 내용이 많고 한국의 학생들에게는 어색한 느낌을 줄지도 모른다고 판단되었기 때문이다. 또한 사례들 중에서 미국적인 편견이 개입되어 있거나 지나치게 미국에 관해 자세히 서술된 부분은 생략하거나 축약하였다. 서론 다음의 본문 순서에 있어서도 『휴먼 모자이크』의 순서를 조정하여 민족, 종교, 언어, 인구, 농업, 촌락, 도시, 산업으로 재배열하였다. 특히, 민족과 촌락에 관한 내용은 『휴먼 모자이크』의 내용을 부분적으로 수정·보완하여 서술하였는데, 인구 단원에 부수적으로 언급되어 있던 '촌락'은 별개의 단원으로 독립시켰다.

Contents

머리말   4
이 책의 구성   7
먼저 읽기   8

제1장_ 서론   15

1. 문화지리학의 정의   18
2. 문화지리학의 개념   19
   1) 문화 지역   19
   2) 문화 경관   22
   3) 문화 전파   24
   4) 문화 생태론   27

제2장_ 민족   31

1. 인종·민족·소수 민족   34
   1) 인종의 구분과 분포 변화   34
   2) 인종의 진화와 지리적 분화   36
   3) 16세기 이후 인종 또는 민족의 대규모 이동과 혼합   40
2. 민족의 국가 구성   42
   1) 단일민족국가와 다민족국가   42
   2) 민족분리주의   45
3. 소수 민족의 문화적 존재 양태   49
   1) 소수 민족의 개념 정의   49
   2) 민족의 혼합과 국가적 특성의 발현   50
   3) 소수 민족의 지리적 속성   52
   4) 소수 민족 문화지역   55
   5) 민족 경관의 종류와 특색   59

제3장_ 언어   63

1. 세계의 어족과 어군   66
   1) 인도-유럽 어족   66

  2) 아프로-아시아 어족 68
  3) 기타 주요 다수 어족 70
  4) 기타 소수 어족 및 소수 언어 72
2. 세계 주요 어족의 확산 73
  1) 인도-유럽 어족의 전파·확산 73
  2) 오스트로네시아 어족의 확산 76
3. 언어의 통일과 국가 발전 78
  1) 유럽 국가들의 언어 통일 78
  2) 인도의 언어 분열 79
4. 환경과 언어의 발달 82
  1) 자연환경의 영향 82
  2) 인문환경의 영향 85
5. 언어 경관 88
  1) 문자와 간판(표식) 88
  2) 지명 89

제4장_ 종교 93

1. 세계의 주요 종교 96
  1) 기독교 96
  2) 이슬람교 100
  3) 유대교 101
  4) 힌두교 102
  5) 불교 103
  6) 애니미즘 또는 정령신앙 104
2. 주요 종교의 전파와 확산 106
  1) 기독교·유대교·이슬람교 106
  2) 힌두교·불교 109
3. 종교와 자연환경과의 관계 110
  1) 종교 발생의 배경으로서의 자연환경 110
  2) 자연관 또는 환경인지에 대한 종교의 영향 113
4. 종교와 식생활 관습과의 관계 117
  1) 음식과의 관계 117
  2) 음료와의 관계 120
5. 종교적 장소와 경관 122
  1) 신성한 장소 122
  2) 종교적인 경관 127

3. 도시의 입지와 환경과의 관계　253
　　　1) 절대적 입지와 상대적 입지　253
　　　2) 방어를 위한 절대적(국지적) 입지　254
　　　3) 교역을 위한 절대적(국지적) 입지　256
4. 서부 유럽의 도시 경관 진화　259
　　　1) 그리스시대　259
　　　2) 로마시대　262
　　　3) 중세시대　265
　　　4) 르네상스와 바로크시대　270
　　　5) 자본주의시대　272
5. 비서방 세계의 도시 경관의 진화　274
　　　1) 식민지시대 이전　274
　　　2) 식민지시대　276
　　　3) 식민지시대 이후　278

제9장_ 산업　281

1. 세계의 주요 산업　284
　　　1) 제1차 산업　284
　　　2) 제2차 산업　284
　　　3) 제3차 산업　291
　　　4) 제4차 산업　292
　　　5) 제5차 산업　295
2. 산업혁명의 기원과 전파·확산　299
　　　1) 산업혁명의 발생 과정　299
　　　2) 유럽 대륙으로의 전파·확산　302
　　　3) 신대륙으로의 전파·확산　305
3. 산업화가 자연환경에 주는 악영향　306
　　　1) 자원 고갈의 위기　306
　　　2) 산성비　308
　　　3) 온실 효과와 오존층 파괴　310
4. 산업 경관　316

지명목록　320
참고문헌　325

1 서론

Prolog

인간은 어려서부터 일상적으로 체험하는 세계 너머에 공포와 꿈으로 가득 차 있는 신비의 세계가 있다는 것을 깨닫는다. 그리고 인간이 성장하면서 구체적으로 인식하는 세계의 범위 또한 가까운 곳에서 먼 곳으로 확대된다. 지리학이라는 학문 분야는 '내'가 살고 있지 않는 곳을 알고 싶어하는 자연스러운 호기심에서 출발하였다. 그리고 이 호기심은 당연히 그곳의 문화까지 알고 싶은 욕구로 연결되고, 이러한 욕구를 따라 발전한 것이 문화지리학이다.

1. 문화지리학의 정의

문화지리학을 정의하려면 무엇보다도 문화의 개념을 명확하게 규정하는 것이 필요하다. 하지만 문화의 개념은 민족과 국가마다 다르게 통용되고 있으며, 학문적으로도 그 개념에 대한 논란은 계속되어 왔다. 때문에 지금으로서는 그동안 있었던 논의를 근거로, 문화를 포괄적으로 정의할 수밖에 없다. 포괄적인 개념의 문화는 인간 집단이 학습을 통해 획득하는 행동, 이념(이데올로기), 생계 방법, 기술, 가치 체계, 사회 조직 등을 총칭한다. 또한 문화에는 본능적이거나 선천적인 인간의 행동을 보완하고 규제하는 신념, 인지, 태도 등과 같은 상징적 인식 체계도 포함된다.

문화지리학은 문화의 포괄적인 개념을 인정하고 문화 집단의 공간적 차이를 연구하는 분야로, 특히 언어, 종교, 경제, 정치를 비롯한 문화 현상의 분포를 묘사하고 분석하는 학문이다. 이처럼 문화 분포의 지역적 차이에 우선적으로 관심을 가지는 문화지리학은 인간을 개인보다는 집단으로 취급하는 경향이 있다. 그렇다고 해서, 문화지리학이 개인 차원의 분석을 완전히 도외시하는 것은 아니다. 왜냐하면 문화는 인간의 행동을 항구적으로 규제하는 힘을 가진 절대적인 존재가 아니기 때문이다. 인간 관계를 통해 변화하는 문화를 이해하려면 인간 집단은 물론 인간 개인까지 분석 대상에 포함시켜야 한다.

지리학 이외에 문화를 탐구하는 학문으로는 인류학, 역사학, 사회학 등이 있다. 이런 학문들과 문화지리학이 문화를 탐구하는 방법과 내용이 중복되는 부분도 적지 않다. 그러나 문화지리학은 문화의 공간적 차이를 집중적으로 탐구하는 고유한 관점과 방법을 가지고 있다. 이는 지리학이 사물의 공간적 입지와 분포를 분석하는 전문적인 기법과 능력을 가지고 있기 때문이다. 따라서 문화지리학자는 문화의 공간적 차이를 묘사하고 해석할 수 있는 자격을 충분히 갖추고 있는 것이다.

2. 문화지리학의 개념

문화지리학의 개념은 다음의 4대 이론으로 설명할 수 있다. 문화 지역(culture region), 문화 경관(cultural landscape), 문화 전파(cultural diffusion), 문화 생태(cultural ecology) 등으로, 이 개념들은 문화지리의 연구와 교육에 매우 유용하다고 평가된다.

1) 문화 지역

"백문이 불여일견(百聞不如一見)"이라는 옛말이 있듯이, 눈으로 보는 지도(地圖)는 귀로 듣는 언어보다 지리적 내용을 훨씬 효과적으로 전달한다. 지도는 문화의 공간적 패턴을 구체적으로 묘사하는 도구로 그 효용 가치가 크다. 문화지리학에서 문화의 경계를 긋고 영역을 구분할 때 지역의 지도화는 가장 필수적인 작업이다. 이때 우선적으로 고려되는 것이 그 지역을 모르는 외부인의 입장이다. 그렇다고 내부인의 입장이 전혀 무시되는 것은 아니며, 이런 입장의 차이는 지역의 종류를 구분하는 기준이 된다. 외부인의 입장은 경관의 형태에 초점을 두고, 내부인의 입장은 지역 주민의 인지적인 측면에 관심을 집중한다. 따라서 문화 지역은 외부인의 입장을 대변하는 형태 문화 지역(formal cultural region)과 내부인의 입장을 반영하는 인지 문화 지역(perceptual cultural region)으로 양분된다.

① 형태 문화 지역

형태 문화 지역은 하나 또는 그 이상의 문화 요소가 분포하는 범위를 지도에 표시하여 설정한다.(그림 1-1) 이러한 유형의 문화 지역은 문화의 공간적 차이를 탐구할 때 가장 많이 활용한다. 예컨대, 유럽의 독일어 지역과 세계의 밀 재배 지역은 모두 단일한 문화 요소의 분포를 근거로 설정한 단일 문화 요소 지역이다. 복수 문화 요소 지역은 하나 이상의 문화 요소들을 기준으로 하여 설정한다. 예를 들어, 에스키모 지역은 언어·종교·경제·사회 조직·주거 형태 등 다섯 가지 문화 요소의 분포 범위가 거의 일치하는 복수 문화 요소 지역이다.

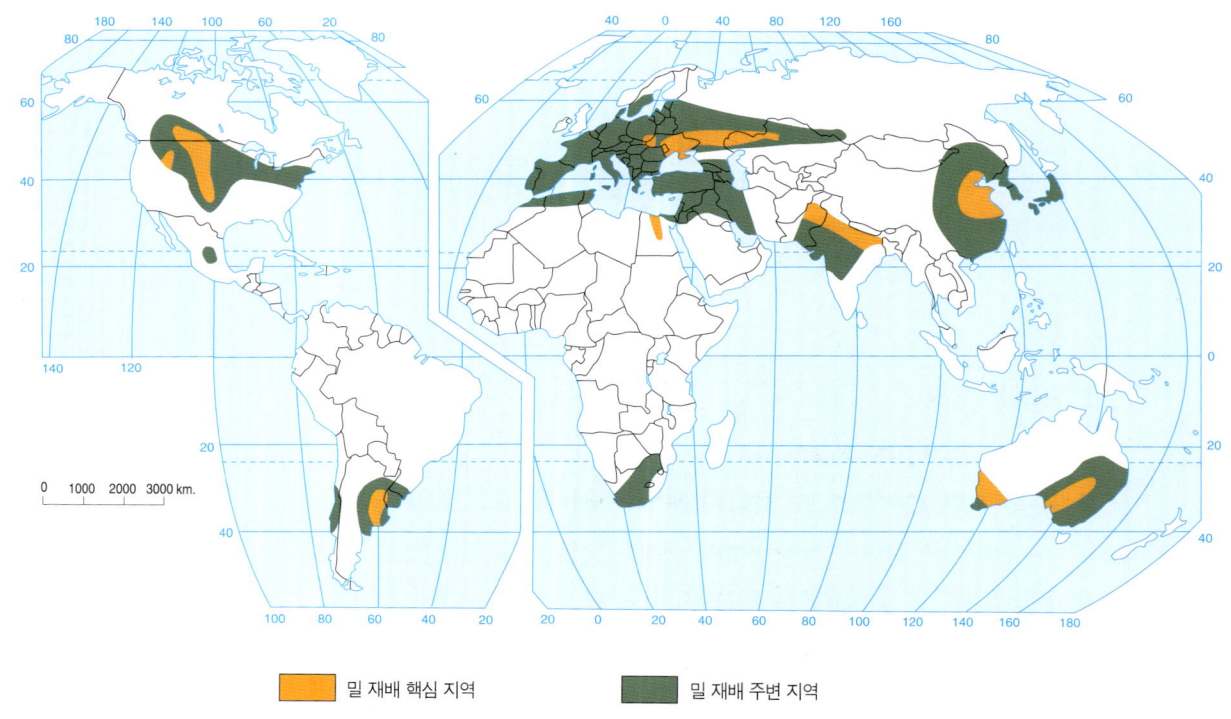

▮ 밀 재배 핵심 지역   ▮ 밀 재배 주변 지역

그림 1-1
세계의 밀 생산지   단일한 요소를 근거로 문화 지역을 설정한 경우이다.

하지만 현실적으로 둘 이상의 문화 요소가 분포하는 복수 문화 요소 지역은 매우 희귀하다.(그림 1-2) 예를 들어, 그리스 문화 지역과 터키 문화 지역을 구별하는 것은 언어와 종교의 분포를 근거로 한다면 가능하지만, 다른 문화 요소들을 고려한다면 불가능하다. 과거 오랫동안 소아시아 반도에서는 터키인과 그리스인이 공존하기도 했고, 터키인이 그리스인을 지배하기도 하였다. 그들은 모두 남성 우위의 가부장제를 고수하고 있으며, 모두 케밥(shish kebab)이라고 하는 민속 음식을 즐겨 먹는다. 즉 언어, 그리스정교와 이슬람이라는 종교를 제외하면 터키인과 그리스인을 구별할 수 있는 문화 요소는 거의 없는 것이다. 따라서 이들 지역을 구별하는 것은 거의 불가능하다.

형태 문화 지역은 문화 요소의 밀도가 가장 높은 핵심부와 그렇지 않은 주변부로 구성되어 있다. 따라서 문화 요소의 출현 빈도는 핵심부에서 주변부로 나아가면서 점차 낮아지는 경향이 있다. 형태 문화 지역의 탐구에서 가장

**그림 1-2
아프리카 서부 상아 해안에 있는 시장**
사람들의 다양한 복장을 포함하고 있는 시장 풍경은, 복수 요소를 근거로 설정한 형태 지역의 여러 측면을 보여준다.

중요한 작업은 문화의 경계를 지도에서 확인하는 것이다. 이러한 문화의 경계는 그것을 지탱하는 세력이 소멸된 후에도 한참 동안 잔존하는 성질이 있다.

그런데 문화는 끊임없이 변화하는 역동적인 존재이기 때문에, 문화 요소의 경계를 지도 위에 선으로 선명하게 긋는 일은 불가능에 가깝다. 자연적인 장벽이나 폐쇄적인 국경과 일치하는 문화의 경계는 지도에 분명하게 표시할 수 있지만, 다양한 문화 요소들이 혼재하는 경계지대를 지도에 표현하는 것은 그리 쉬운 일이 아니다. 그러므로 문화지리학자들은 일반적으로 문화의 경계를 선이 아닌 지대(zone)의 형태로 인식하고 표현한다. 이러한 문화의 경계지대를 통과하는 문화의 경계선들은 마치 여러 종류의 꽃들을 한 다발로 묶은 것처럼 서로 얽히고설키는 형태를 연출하고 있다.

② 인지 문화 지역

인지 문화 지역은 지역 주민들 스스로 공유한다고 느끼는 문화 요소를 근거로 설정되기 때문에 형태 문화 지역보다 설정하기가 훨씬 어렵다. 미국에서 '딕시(Dixie)'라는 속칭이 붙은 남부 지방은 인지 문화 지역의 일종이다. 이곳의 백인들은 딕시라는 명칭을 통해 사회·문화·정치의식을 공유하고 있음을 과시하고 싶어한다. 이 지역 주민들은 전체적으로 보수적인 정치 성향을 오랫동안 보여 왔으며, 실제로 이 명칭이 붙은 상호의 분포와 보수적인 정치의식의 분포 사이에는 상당한 상관 관계가 있다.

인지 문화 지역은 다른 종류의 문화 지역과 같이 경계가 설정되기도 어렵지만, 경계가 설정되더라도 선명하지가 않다. 더구나 주민들이 각자 마음속으로 생각하고 있는 인지 문화 지역은 하나가 아니고 그 이상인 경우가 일반적이다. 인지 문화 지역은 도시의 근린지구로부터 대륙에 이르기까지 그 공간적 규모가 실로 다양한 것이 원칙으로, 주민들의 소속감과 지역 의식으로부터 자연스럽게 성장하는 것이다. 하지만 대중 매체를 이용한 정치 운동에 의해 인위적으로 창조되어 일반 주민들에게 수용되는 유형의 인지 문화 지역도 있다.

문화 영역(culture area)은 복수 문화 요소 지역의 한계를 인정하는 인류학자들이 문화의 총체성을 근거로 설정한 문화 지역이다. 문화 영역은 지도에서 문화 요소의 분포를 분석하기 보다는 지역 문화에 대한 친밀한 지식을 활용하여 설정한다. 하지만 문화 영역은 문화 요소 사이의 상호 관련성이 매우 복잡하므로, 직관에 의존하여 다분히 자의적으로 인식할 수밖에 없다. 때문에 지도에서 문화 영역의 경계를 대강의 윤곽을 넘어서 분명하게 확인한다는 것은 거의 불가능하다.

2) 문화 경관

문화 지역을 인식하는 지표로 가장 사용하기 편리한 것이 다름 아닌 문화 경관이다. 문화 경관은 문화를 가진 인간 집단이 어떤 장소에 거주하면서 창조해 놓은 인공 경관(artificial landscape)이다. 문화 경관은 의·식·주에 대한 인간의 기본적인 욕구를 해결하려는 노력의 산물로, 인간 집단은 세계 각지에서 주위에서 얻을 수 있는 재료를 이용해 고유의 문화 경관을 만들어왔다. 문화지리학자는 문화 경관이 담고 있는 지역 문화를 이해하기 위해 하나 또는 그 이상의 문화 경관을 탐구한다.

문화지리학에서 문화 경관의 연구는 가장 기초적인 분야이다. 특히 문화 경관은 가시적인 물질문화이기 때문에, 문화를 연구할 때 접근하기 편리한 연구 대상이 된다. 또한 문화의 기원 또는 발생, 문화의 전파·확산 또는 진화를 탐구하는 구체적인 자료로 이용된다. 문화 경관에는 외부의 관찰자는 물론, 현재 거주하고 있는 사람들도 망각하고 있는 과거가 담겨 있다. 프랑스의 유명한 지리학자인 비달 드 라 블라슈(V. de la Blache)는 "우리들이 책을 읽는 것처럼 인공 경관의 문화적 의미를 해독할 수 있어야 한다"라고 말하기도 했다. 문화 경관에는 인간 집단의 태도, 가치관, 열망과 기대, 공포 등도 내재되어 있어, 그 집단의 문화를 이해하려면 무엇보다도 문화 경관을 해독하는 것은 필수적인 작업이 된다.

　문화지리학에서 가장 많이 탐구하는 문화 경관은 취락 형태, 토지 구획 형태, 건축 형태 등이다.(그림 1-3) 취락 형태는 일정한 장소에 거주하는 인간 집단이 만들어 놓은 건물, 도로, 기타 건조물의 공간적 배열을 가리키며, 토지 구획 형태는 사회·경제적으로 이용하기 위해 토지를 분할하는 방식을 말한다. 취락 형태와 토지 구획 형태는 모두 공중에서 내려다본 형태를 기준으로 묘사된다. 위에서 땅을 내려다보면 불규칙하게 구획되어 있는 농경지와 질서 정연하게 구획되어 있는 신도시가 뚜렷한 대조를 이룬다.

　이와 대조적으로 건축 형태는 땅 위에 서서 측면으로 바라보는 입장에서 언급된다. 건축 형태는 전문 기술의 사용 여부를 기준으로 민속적인 유형과 전문적인 유형으로 양분된다. 민속적인 건축물은 건축 전문가의 도움을 받지 않고 민간에 전승된 기술로 지은 건물로, 이런 민속 가옥 또는 민가(folk housing)는 수천 년 전부터 지금까지 가장 오랫동안 존속해 온 건축 형식이다. 전문적인 건축물은 장소별로 차이가 나기는 하지만 설계자와 건축가가 속한 인간 집단의 문화를 반영하고 있다.

　문화 경관은 때때로 특정한 문화 집단의 이상과 현실을 담고 있는 '텍스

그림 1-3
문화 경관으로서의 민속 건축과 대중 건축　캐나다 오타와 부근의 통나무집과 토론토의 스카이 라인을 장식하고 있는 고층 빌딩이 선명한 대조를 보인다.

트(text)'가 되고, 문화지리학자들은 이런 텍스트를 해독하는 역할을 수행한다. 취락의 공간 조직, 건물, 다른 구조물의 건축 형태에는 그것들을 지은 사람들의 가치관이나 신념이 표현되어 있다. 즉 문화 경관은 문화 지역 구분의 가시적 지표나 문화 전파의 물적 증거가 되기도 하지만, 비가시적이고도 비물질적인 문화를 탐구하는 수단이 되기도 하는 것이다.

특히 최근에는 문화 경관의 은유적이고도 이념적인 측면이 지리학자들의 많은 관심을 끌고 있다. 장소의 본질을 묘사하기 위하여 문화 경관의 미적 가치를 탐구하는 경향이 인간주의와 포스트모더니즘을 추구하는 지리학자들을 중심으로 최근 들어 부쩍 유행이다. 이들은 인공 환경의 구성, 색깔, 형태에 의해 전달되는 주관적이고도 개인적인 메시지를 통하여 문화 경관의 미적 가치를 발견할 수 있다고 믿는다. 그들에게는 문화 경관의 사실적·구체적·물리적·기능적인 측면보다는 경험적·인지적·상징적·미학적인 측면이 더 중요한 것이다. 이러한 경관의 개념은 인간주의 지리학에서 사용하는 장소와 개인적인 소속감의 개념과 긴밀하게 통합되어 있다. 잭슨(Jackson)이라는 지리학자가 그랬듯이, "문화 경관은 인간이 정체성이나 장소와 같은 근원이 없는 존재가 아니라는 사실을 일깨워 주는 랜드 마크(landmark)이다."

3) 문화 전파

문화 경관의 변화 과정을 설명할 때 가장 많이 활용하는 이론은 문화 전파론과 문화 생태론이다. 이중 문화 전파론은 문화의 발생에 이은 공간적 확대를 중심으로 문화 경관의 변화 과정을 설명하는 입장이다. 문화 전파론의 중심 주제는 문화 발생의 시간과 장소, 문화 전파의 경로·시간·방식, 문화 지역의 공간적 범위, 문화 경관의 특징이다. 태고부터 현대에 이르는 모든 시기에 관심을 가지는 문화 전파론은 독일의 지리학자인 라첼(F. Ratzel)이 주창한 것으로 독일의 문화지리학과 민족학에 많은 영향을 주었다.

문화 전파의 과정을 추적하는 데 이용하는 자료는 고고학적인 증거, 기록, 구전, 지명을 비롯한 언어학적인 증거이다. 어떤 지역에서 과거로부터 지금까지 인간 집단들이 거주해 온 순서를 확인하려면 문화 전파의 과정을 추적하면 된다. 언어학적인 증거 이외에 고고학적인 증거도 과거에 있었던 문화의 분포와 이동을 탐구하는 자료가 된다. 과거는 물론 현재에도 언어, 사고, 행동이 서로 다른 인간 집단들이 같은 종류의 생활 도구를 사용하는 경우가 있다. 생활 도구를 포함한 고고학적인 증거는 과거 인간 집단의 문화와 환경과의 관계를 추정하는 근거가 된다. 이런 고고학적인 증거는 언어에 비해 정확성이 낮음에도 불구하고 문화지리학에서 무시할 수 없는 자료가 된다.

동물과 식물의 전파와 분포를 탐구하는 데는 현대 유전학을 적용하면 매우 효과적이다. 동물이나 식물은 종별(種別)로 분리되어, 오랫동안 진화해 왔기 때문에 외관이 같은 것들이 발견되지 않는다. 유전학적으로 독특하다고 인정되는 동물이나 식물은 특정한 문화 집단 속에서 독자적으로 진화해 온 결과이다. 동물이나 식물 중에는 서로 거리가 멀리 떨어져 있음에도 불구하고 부분적으로 유전학적 요인을 공유하고 있는 것들이 있다. 이는 이러한 동물이나 식물들이 과거에는 서로 접촉하다가 차츰 격리되어 지금까지 진화하여 왔기 때문이다.

또한 인구 이동에 관한 기록과 증거는 문화 전파의 경로를 추적하는 데 매우 중요한 자료가 된다. 예를 들면, 남·북 아메리카, 시베리아, 남아프리카, 오스트레일리아에서 인구의 대이동은 문화의 전파와 문화 지역의 형성에 지대한 영향을 주었다. 그러나 문화 전파의 과정을 인구 이동의 입장에서 단순하게 설명하는 것은 매우 위험한 발상이다. 왜냐하면 문화는 인구 이동이 없는 상태에서도 상호 접촉을 통해 전파되기도 하기 때문이다. 이와 반대로 인구 이동이 활발하게 일어남에도 불구하고 문화 경관의 분포 상태가 크게 변화하지 않는 문화 지역도 있다.

해거스트란트(Hägerstrand)는 문화 전파의 개념을 현대 지리학에 적합하도록 수정·보완하였는데, 공간적 확대의 형태를 기준으로 전파의 유형을 팽창 전파(expansion diffusion)와 재위치 전파(relocation diffusion)로 양분하였다. 팽창 전파는 인구 이동이 없는 상태에서 문화 분포의 공간적 범위가 가까운 곳에서 먼 곳으로 확대되어 나가는 유형이며, 재위치 전파는 인간 집단이 거주지를 이동할 때 자신들이 가진 문화를 새로운 거주지에 이식시키는 유형이다.(그림 1-4)

팽창 전파에는 계층 전파, 전염 전파, 자극 전파 등의 하부 유형이 있다. 계층 전파에서는 문화가, 인물에서 인물로 또는 도시에서 도시로 퍼져 나가면서 그 중간에 있는 다른 인물들이나 촌락들에게는 전달되지 않는다. 일상 생활에서 흔히 볼 수 있는 특정한 의상이나 헤어스타일이 유행되는 과정은, 대부분 이런 계층 전파에 해당한다. 이와 대조적으로, 전염 전파에서는 마치 전염병과

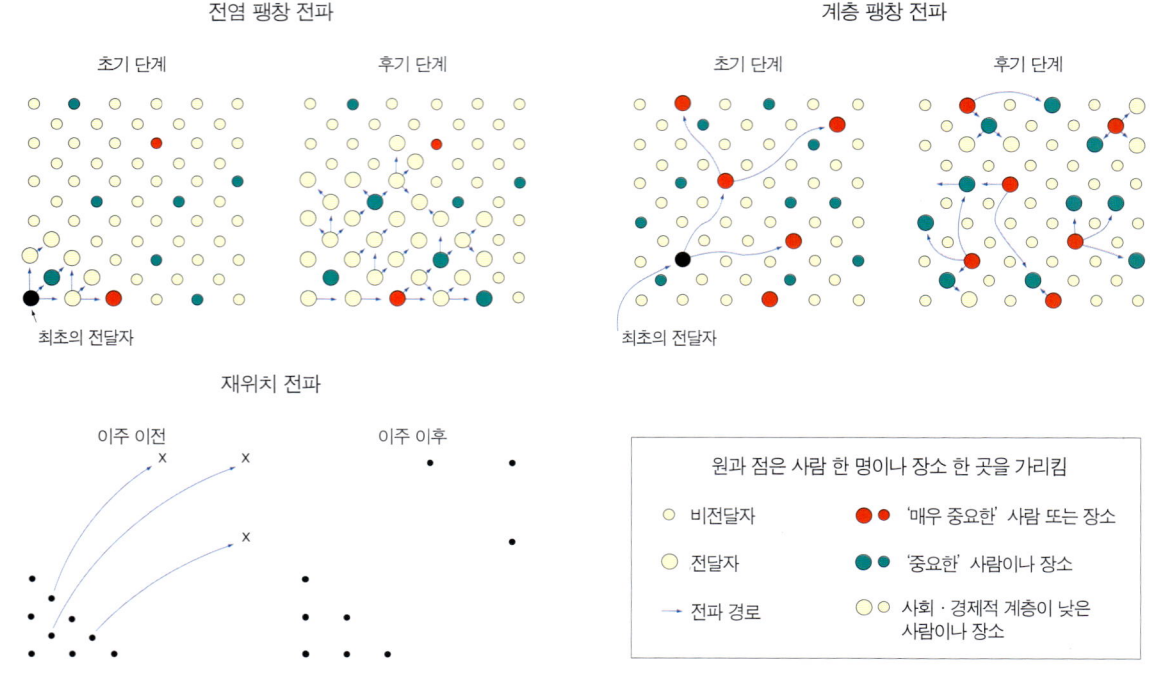

그림 1-4
문화 전파의 유형 공간 전파는 팽창 전파와 재위치 전파로 분류되는데, 이중에서 팽창 전파는 계층 유형과 전염 유형으로 다시 분류된다. 재위치 전파는 적용되는 공간적 규모에 따라 전파의 주체와 대상이, 주요 인물이 되기도 하고 대도시가 되기도 한다

같이 가까운 곳에서 먼 곳으로 물밀듯이 퍼져 나간다. 자극 전파는 문화의 팽창 전파에서 외형적인 요소는 제외되고 내용적인 요소만 전달되는 것이다. 예를 들면, 먼 옛날 시베리아에 사는 사람들은 남쪽에서 소를 가축으로 키우는 문화를 접한 다음에야 비로소 순록을 사육하게 되었다. 시베리아인들은 소를 키우는 사람들로부터 가축 사육이라는 아이디어를 전달받고 오랫동안 사냥감으로 여겨 온 순록을 가축으로 키울 생각이 들었던 것이다.

문화의 전파는 기원지로부터 떨어진 거리에 비례하여 그 세력이 약화되는 경향이 있다. 즉 새로운 문화는 기원지로부터 가까운 거리에 있는 곳에서 가장 먼저 수용된다. 또한 문화의 전파는 시간에 비례하여 그 세력이 약화되는 경향이 있다. 거리와 시간 이외에도 문화의 전파를 지연 또는 저지시키는 요소로는 이른바 문화적 장벽이라는 것이 있다. 이는 자연적 혹은 인공적으로 문화의 전파를 방해하는 물리적 장벽을 가리킨다. 이런 장벽 중에서 문화의 전파를 완전하게 봉쇄하는 것을 흡수적 장벽이라고 한다. 예를 들어, 남아프리카공화국에서는 지난 수십 년 동안 텔레비전의 수입을 법으로 금지하였기 때문에 텔레비전이 대중에게 전혀 보급되지 못하였다. 남아프리카공화국의 국경이 텔레비전의 전파에 흡수적 장벽으로 작용하였던 것이다. 하지만 현실적으로 흡수적 장벽은 매우 드물고, 그 대신 문화의 통과를 부분적으로만 허용하는 이른바 투과적 장벽이 일반적이다. 이런 투과적 장벽은 비록 문화의 전파를 허용하기는 하지만 그 속도와 범위를 지연시키고 축소시키는 역할을 한다.

4) 문화 생태론

인간과 자연환경과의 상호 의존적인 관계를 전제로 문화의 공간적 차이를 분석하는 입장이 문화 생태론이다. 문화 생태론은 최초로 문화인류학자인 스튜어드(J. Steward)에 의해 문화 변동을 분석하는 방법론으로 제안되었으며, 이는 지리학자가 오랫동안 의지한 환경결정론과 가능론에 비해 더욱 합리적인 관점과 이론 체계를 가지고 있다. 환경결정론과 가능론은 모두 인간과 환경과의 관계를 일방적인 것으로 간주해 사고의 폭을 제한하고 있는 반면, 문화 생태론은 인간과 자연환경이 서로 영향을 주고받는 쌍방적인 관계를 맺고 있다고 가정한다. 이때 자연환경을 구성하는 요소는 지형과 지세, 기후, 토양, 식생, 동물 등이다.

인간 생태론(Human Ecology)은 인간과 자연환경과의 상호 작용을 인정하는 입장에서 보면 문화 생태론에 가깝다. 때문에 인간 생태론과 문화 생태론을 서로 같은 의미로 사용하는 문화지리학자들이 많이 있다. 그러나 인간 생태론과 문화 생태론을 굳이 구별하는 학자들은, 인간을 문화를 가진 동물로 보는 입장을 강조한다. 그들의 견해에 따르면, 인간을 여타 동물과 같은 존재로 취급하는 인간 생태론은 문화 생태론과 근본적으로 다르다는 것이다. 인간 생태론이 인간에 대한 환경의 영향보다 인간에 의한 환경 변화를 강조하는 입장인 반면, 문화 생태론은 환경에 대한 문화의 영향과 문화에 대한 환경의 영향 모두를 고려한다.

문화 생태론에서 보편적으로 이용되는 용어는 생태계(ecosystem)와 문화적 적응(cultural adaptation)이다. 생태적 체계(ecological system)라고도 하는 생태계는 순환을 계속하는 에너지, 물질, 정보의 상호 관계 속에서 안정성을 가지는 유기적인 관계들을 총칭한다. 이러한 유기적인 관계는 생태계 전체에 걸쳐 반향(反響)이 거듭되는 과정에서 형성된다. 생태계 내부에서는 어떤 요소라도 변화를 일으킬 수 있고, 이러한 변화는 내부의 다른 요소들끼리 관계를 조정하거나 재적응시킨다. 문화적 적응은 자연환경의 변화나 인구·경제·조직 등과 같은 사회의 내부 변화에 반응하는 인간 행동을 총칭한다. 이러한 의미의 문화적 적응은 '적응'이라고 간단히 표현되기도 한다. 적응 전략(adaptive strategy)은 적응하는 인간 행동의 선택적 측면을 강조하는 용어이다. 즉 적응 전략이란 변화하는 환경 속에서 생계를 유지하기 위하여 인간이 선택하는 행동의 유형을 지칭한다.

문화지리학과 자연지리학은 문화 생태론을 통해 서로 긴밀하게 협력하는 관계를 발전시켜 왔으며, 자연지리학과 인문지리학을 연결하는 문화 생태론은 지리학의 내부 결속력을 증진시키는 데 기여하여 왔다. 문화 전파론과 비교할 때, 문화 생태론은 자연지리학에 관한 지식과 정보를 더욱 필요로 한다. 또한 문화의 변동 과정을 미시적으로 분석하는 문화 생태론은 문화지리학과 다른 인문지리학 분야들을 하나로 통합하는 역할을 한다. 때때로 문화 생태론은 문화 전파론에 정면으로 배치되는 문화 진화론에 동의하는 입장에 서기도 한다. 문화 진화론은 일정한 범위의 지역에 거주하는 인간 집단의 문화는 자체적으로 발명하거나 진화한 것으로 보는 입장으로, 문화의 발명과 진화를 자연환경에 적응한 결과로 보는 입장은 문화 생태론과 유사하다.

문화지리학에서 환경인지론은 인간과 환경과의 관계를 분석하는 이론으로 최근에 학자들의 관심을 끌고 있다. 환경인지론은 인간이 마음속으로 가지는 자연환경의 이미지를 중심으로 인간과 환경과의 관계를 탐구하는 입장이다. 인간과 환경과의 관계를 분석할 때, 환경 인지론은 환경의 객관적인 측면보다 인간의 주관적인 환경인지에 관심을 집중한다. 이를 지지하는 학자들은, 인간은 객관적인 지식이 아닌 주관적인 경험에 근거하여 자연환경을 인지한다고 주장한다. 또한 인간은 어차피 환경의 객관적 실체를 왜곡하는 환경인지에 의존하여 환경에 대한 의사 결정을 내린다는 견해를 가지고 있다.

환경인지의 내용은 일단 사회 집단 내부에서 학습되고 나면 다음 세대에 전수되는 속성이 있다. 개인의 정신적 이미지는 개인이 속해 있는 문화 집단으로부터 영향을 받는다. 문화 집단들은 실제적인 환경과는 다른 내용의 제각기 고유한 정신적 이미지를 가지고 있다. 따라서 자연환경과 관련시켜 인간 생활을 이해하려면 자연환경의 객관적인 측면과 환경인지의 주관적인 측면을 비교하는 작업이 필요하다.

특히 환경인지론은 인구의 이동에 따른 문화의 전파와 환경의 개조를 연구하는 데 이용 가치가 있다. 인간 집단은 새로운 거주 환경을 선택할 때, 지금까지 자신들이 경험한 것과 비슷한 유형을 찾는 경향이 있다. 이는 새로운 거주 환경이 과거에 살았던 거주 환경과 비슷하다고 느끼고 싶어하는 인간의 속성 때문이다. 예를 들어, 미국에서 동북부 지방을 떠나 대평원(그레이트 플레인스, Great Plains)에 처음으로 정착한 농부들은 그곳의 강우량이 실제보다 많다고 판단하였다. 그들은 동북부 지방의 습윤한 기후에 익숙해져 있었기 때문에, 대평원의 기후가 건조한 정도를 실제보다 낮게 평가하였던 것이다.

스스로를 한국인(韓國人)이라고 말하는 사람들은, 한국에 사는 사람 모두를 한국인이라고 생각하지 않는다. 그들에게 한국인이란 오랜 세월에 걸쳐 혈통과 문화적 전통을 공유하고 있는 한민족(韓民族)을 뜻한다. 이때 한국인은 정치·법률적으로 규정되는 '국민(國民)'의 개념을 넘어서, 역사적 경험을 공유한 '민족(民族)'과 생물학적인 특징을 공유한 '인종(人種)'의 양면적 의미를 내포하고 있다.

Ethnic Geography

그런데 세계 각지에서 민족은 분명히 인종과는 다른 개념으로 통용되고 있다. 인종은 그 구별을 얼굴이나 체형과 같은 신체적 특징을 기준으로 하는데 비해, 민족은 이보다는 문화·역사적인 동질성을 근거로 다른 집단과 구별되는 집단이다. 언어는 종교와 함께 세계의 민족들을 가장 쉽게 구별하는 문화·역사적인 기준이 된다. 이에 반해, 세계의 인종을 분류하는 일반적인 기준은 인종 집단별로 차이가 나는 유전학적인 특징이다.

한국인은 국민, 민족, 인종의 모든 측면에서 다른 집단과 구별된다. 자국인(自國人)임을 규정할 때, 한국인과 같은 기준을 적용하는 국가는 세계적으로 그리 많지 않다. 일본인도 한국인과 같이 국민·민족·인종의 세 가지 조건을 모두 충족해야만 자국인으로 간주한다. 유럽인들은 불과 1세기 전까지만 해도 유럽계 인종을 북구인, 알프스인, 지중해인 등으로 세분하였다. 그러나 미국은 미국인이 되는 조건으로 민족이나 인종을 별로 대수롭지 않게 여긴다. 따라서 미국 국민은 민족과 인종에 관계없이 다른 집단과 구별되는 집단이다. 미국은 인종의 혼혈이 극심해 인종별 신체적 특징이 미국인을 구별하는 기준이 되기 어렵기 때문이다.

1. 인종·민족·소수 민족

인종(race)은 오랜 세월 동안 이동과 전파, 적응과 진화를 겪으면서 여러 갈래로 분화되었다. 때때로, 인종은 민족을 구성하는 기본적인 요소가 된다. 민족(nation)이란 인종적 동질성을 토대로 역사적 경험과 문화적 전통, 특히 언어를 공유하는 인간 집단이다. 소수 민족(ethnicity)은 주인 문화(host culture) 또는 다수 민족의 문화에 동화되지 않고 자기 고유의 정체성을 부분적으로 견지하고 있다.

1) 인종의 구분과 분포 변화

세계의 인종은 분류의 기준과 방법에 따라 적게는 세 가지, 많게는 100여 가지로 구분된다. 일반적으로 인종은 크게 몽골 인종(Mongoloid), 코카서스 인종(Caucasoid 또는 Kavkaz), 니그로 인종(Negroid)으로 나눌 수 있다. 그중에서 몽골 인종은 자체 내부의 동질성과 이질성을 근거로 신(新)몽골 인종과 구(舊)몽골 인종으로 양분된다. 이밖에 3대 인종을 제외한 소수 인종으로는 오스트레일리아 인종(Australoid), 부시먼(Bushman), 피그미(Pygmy) 등이 있다.

현재 신몽골 인종은 아시아의 북부, 동부, 동남부와 유라시아 북단의 극한지대에 분포하며, 구몽골 인종은 아메리카 전역에 걸쳐 산재되어 있다. 코카서스 인종은 유럽·아메리카·오스트레일리아 전역, 아시아의 남부와 서부, 아프리카의 북부와 남부에 걸쳐 분포한다. 니그로 인종은 사하라 사막 이남의 아프리카, 북아메리카의 남부, 중앙아메리카, 남아메리카(라틴아메리카)의 북부에 집중적으로 분포한다. 오스트레일리아 인종은 오스트레일리아와 그 주변에 있는 섬들에서 외부 세계와 고립되어 있고, 피그미는 아프리카·인도·동남아시아에서 마치 해양의 도서처럼 산발적으로 분포한다.

지난 1만 년 동안 세계의 인종 분포는 인류 문화의 발달, 인구의 증대와 함께 많은 변화를 겪어 왔다.(그림 2-1) 지금부터 1만 년 전에 그때까지 계속해서 맹위를 떨치던 빙하가 마침내 완전히 소멸되었다. 지금은 소수 인종으로 전락했지만 그때까지는 부시먼과 피그미가 광범위하게 분포해 있었다. 1만 년 전부터 1000년 전까지, 인종의 분포는 근본적인 변화를 경험하였다. 아시아 전역에서 신몽골 인

제2장 민족 · 35

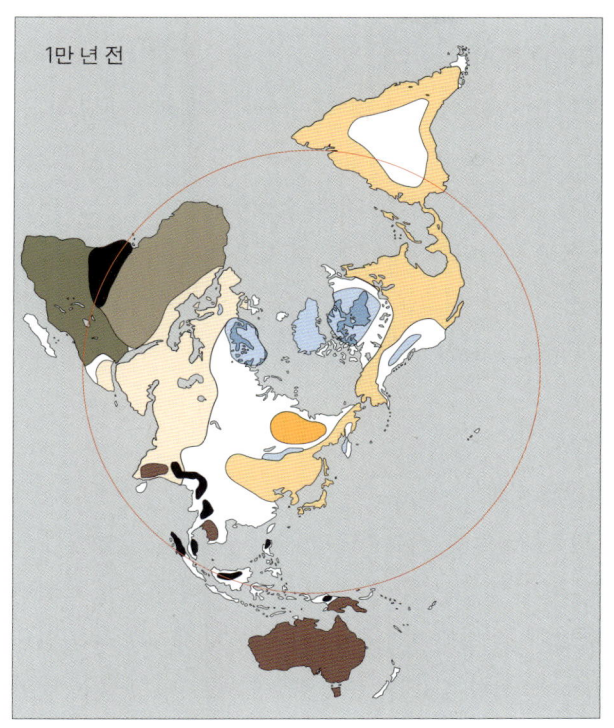
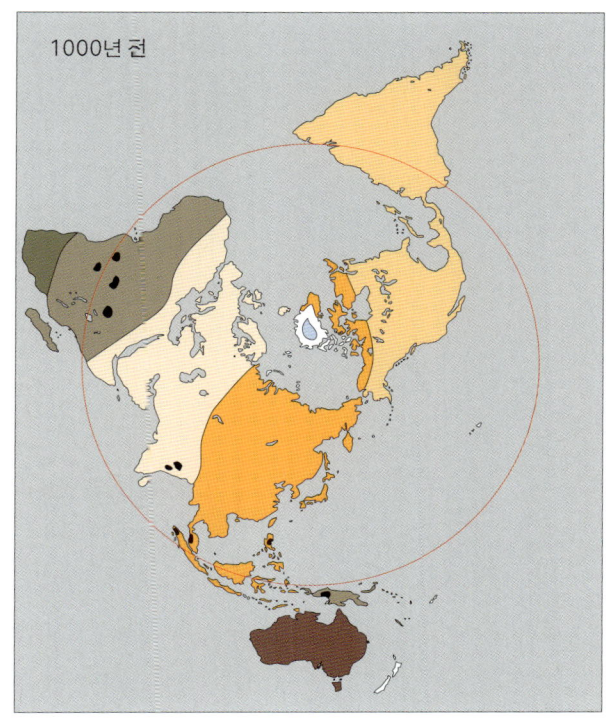
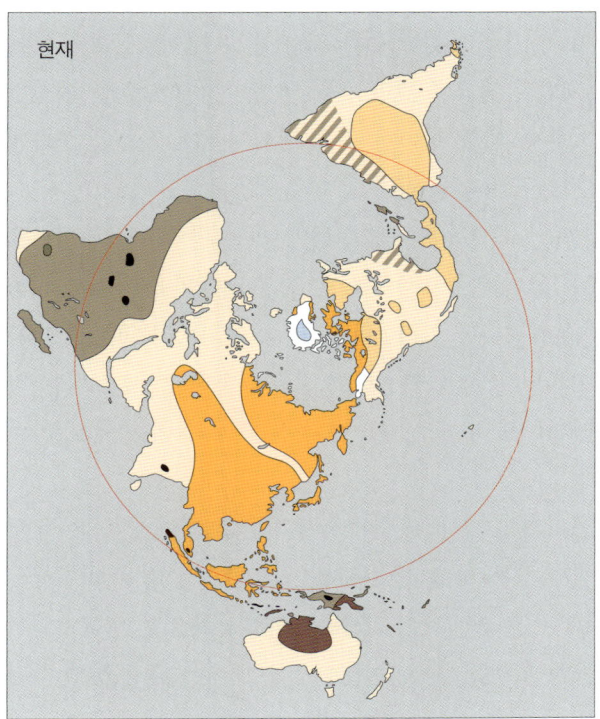

그림 2-1
세계 인종 분포의 변천 지난 1만년 동안 인종의 분포는 문화의 발달, 인구의 증대와 함께 크게 변화하였다. 1만 년 전부터 1000년 전까지 아프리카 대륙에서는 부시먼과 피그미의 분포 범위가 크게 축소되었고, 1000년 전부터 현재까지 아시아 대륙에서는 구몽고 인종이 신몽고 인종으로 대체되었다.

종의 거주 영역이 확대되는 동안에, 구몽골 인종은 아시아 대륙에서 아메리카 대륙으로 이주하였다. 이때부터 부시먼과 피그미의 거주 영역은 현저하게 위축되었고, 코카서스 인종과 니그로 인종의 거주 영역은 대륙 전체로 확대되었다.

지난 1000년 동안은 코카서스 인종이 신대륙을 포함한 세계 전역으로 거주지를 확대시킨 시기였다. 이때 부시먼은 거의 소멸되었으며, 오스트레일리아 인종은 거주 범위가 크게 위축되었다. 아메리카 대륙에서는 코카서스 인종과 구몽골 인종, 코카서스 인종과 니그로 인종, 구몽골 인종과 니그로 인종 사이에 혼혈이 비교적 빠른 속도로 일어났다.

2) 인종의 진화와 지리적 분화

최초의 인류는 200만 년 전 동부 아프리카의 사바나지대에 살았던 오스트랄로피테쿠스이며, 현 인류의 시조는 3만 5000년 전에 출현한 호모 사피엔스 사피엔스(일명 크로마뇽인)이다. 일반적인 학설에 의하면, 세계의 3대 인종(코카서스 · 몽골 · 니그로 인종)은 원시 인류가 거주지를 이동할 때 새로운 자연환경에 적응하는 과정에서 분화된 것으로 보고 있다. 인류에게 생물학적 변이를 일으킨 요인으로는 첫째, 기후에 대한 상이한 적응 방식, 둘째, 신체적 변이의 다양성과 속도, 셋째, 혼혈과 격리로 인한 번식 양식의 차이, 넷째, 돌연변이 등이 있다. 그중에서 기후에 대한 상이한 적응 방식이 3대 인종의 분화에 가장 커다란 영향을 준 것으로 추측되고 있다.

오늘날 백인종 · 황인종 · 흑인종은 3대 인종에 대한 편의적인 명칭으로 통용되고 있다. 하지만 이는 단지 외관으로 보이는 피부 색깔만을 가지고 인종을 분류한 것으로 과학성이 결여되어 있다. 원래, 인종의 과학적 구분은 피부색깔을 포함한 신체의 종합적인 특징을 세밀하고 정확하게 비교 · 검토하는 것이다. 그러나 인종을 단순하게 세 부류로 나누는 것은 세계의 인종 분포를 일반화하는 데는 필요하다.

먼저, 흑인종은 아프리카의 열대 기후에 적응하는 과정에서 검은 피부 색깔을 비롯한 신체적 특징이 발달하였다.(그림 2-2) 흑인종의 검은 피부색은 적도 부근에서 칠흑색으로 가장 짙어지고, 적도로부터 남북으로 멀어지면서 짙은 갈색을 거쳐 담갈색으로 옅어진다. 이는 열대 기후대에서 태양 광선이 전달하는 강렬한 자외선을 차단하기 위해 피부가 검은 색깔로 진화한 것이다. 자

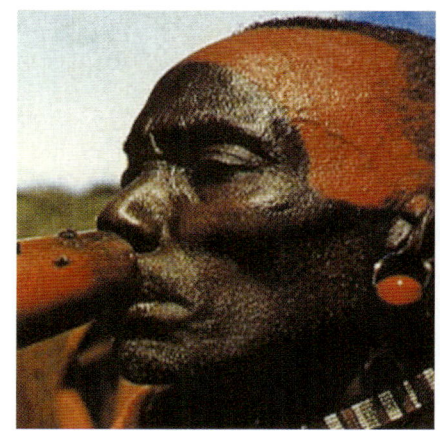

그림 2-2
흑인종
열대 기후에 적응된 흑인종은 둥근 얼굴, 넓고 평평한 코, 곱슬머리, 두꺼운 입술 등을 신체적 특징으로 갖는다.

외선은 살균력이 있지만 너무 많이 쏘이면 인체에 해를 입히며, 과다하게 노출되면 피부가 화상을 입게 되고 심할 경우 죽음에까지 이르게 된다. 하지만 멜라닌 색소(흑색소)가 피부 표면에 축적되어 있다면 피부를 통과하는 자외선이 효과적으로 차단된다. 이 때문에 아프리카의 저위도에서는 환경에 자연스럽게 적응하는 과정에서, 피부 표면에 축적되는 멜라닌 색소의 양이 점차 증가해 피부 색깔이 검은 색깔로 완전히 바뀐 것이다. 그밖에 흑인종은 더운 날씨를 이겨내기 위해 발한(發汗) 능력이 발달하였고, 둥근 얼굴, 넓고 평평한 코, 곱슬머리, 두꺼운 입술 등이 모두 더운 날씨에 적합한 신체적 조건이다. 흑인종의 또 다른 신체적 특징이 깡마르고 사지가 길며 늘씬한 체격인데, 이러한 조건이 더운 날씨에 열을 차단하는 데 매우 효과적이라고 한다.

흑인종(니그로)은 수단 니그로(아프리카 서부 기니 만의 적도 이북), 반투 니그로(콩고 강 유역과 동남부 아프리카), 소 니그로(콩고 분지와 칼라하리 사막 주변), 드라비다족(인도 남부), 파푸아족(뉴기니), 멜라네시아인(뉴기니) 등으로 분류된다. 이중 소 니그로를 구성하는 피그미(콩고 분지의 열대우림지대), 부시먼, 호텐토트 등은 가장 오래 전에 출현한 니그로 인종이다.

백인종과 황인종은 원시 인류가 기원지인 아프리카에서 유럽과 아시아로 이동하는 과정에서 생물적인 변이를 일으킨 결과이다.(그림 2-3) 인류가 저위도에서 고위도로 이동하면서 부닥친 새로운 기후 환경은 일조량 부족이었다. 일조량이 적은 환경은 멜라닌 색소를 줄어들게 하고, 피부 색깔이 옅어지게 했다. 이는 태양광선, 즉 자외선을 최대한 흡수하기 위해서인데, 자외선이

그림2-3

황인종과 백인종
인류가 이동하는 과정에서 생물학적 변이를 일으킨 결과로 나타난 황인종과 백인종은, 환경에 적응하는 과정에서 각각의 신체적 특징이 나타났다.

란 너무 많이 쏘여도 인체에 해롭지만 부족해도 인체에 해롭기 때문이다. 파장 3200Å 이하(주로 2800Å)의 자외선은 인체에 비타민 D를 만들어주는 역할을 한다. 만일 비타민 D가 인체에 부족하면 뼈의 발육이 억제되고 곱사병이 발생하는 원인이 된다.

고위도 지대의 백인들은 비타민 D를 보충하기 위하여 일광욕을 즐기기도 한다. 이처럼 일조량이 적은 고위도 지대에서는 인류가 기후 환경에 적응하는 과정에서 눈과 머리칼이 짙은 색깔에서 옅은 색깔로 변화하였다. 인간의 눈동자는 동공 주변의 홍채로 인해 다양한 색깔을 띠게 되는데, 이 홍채에 멜라닌 색소가 많으면 흑색이 되고, 적으면 갈색·청색·회색이 된다. 또한 머리칼을 비롯한 체모(體毛)도 표면에 멜라닌 색소가 감소하면 갈색이나 노란색으로 옅어진다. 유럽 대륙에서 눈동자, 피부, 체모의 색깔이 옅어지는 정도는 위도가 낮은 남부에서 위도가 높은 북부로 올라갈수록 더욱 뚜렷해진다. 노란 머리, 푸른 눈, 하얀 피부로 표상되는 백인의 전형은 스웨덴의 수도인 스톡홀름을 중심으로 동심원적인 분포를 하고 있다.

통설에 의하면, 원시 인류는 불을 사용하는 방법을 터득한 다음 아프리카 대륙에서 유럽 대륙으로 이동하였다. 원시 인류가 카프카스 산맥을 넘어 날씨가 추운 북쪽으로 이동하는 과정에서 비로소 출현한 백인종은, 유럽, 인도, 서남아시아, 북·동부 아프리카 등지로 갈라져 이동하면서 지역에 따라 신체적 특징이 다양한 인종으로 진화하였다.

신체적 특징과 지리적 분포를 기준으로 백인종은 유럽 아리안족(유럽 전역), 인도 아리안족(인도 북부), 셈족(서남아시아와 아프리카 동부), 함족(아프리카 북부) 등으로 분류된다. 그중에서 유럽 아리안족은 튜턴족(유럽 북서부), 라틴족(유럽 남부 또는 지중해 주변), 슬라브족(유럽 동부), 켈트족, 그리스족, 알바니아족 등으로 구성된다. 인도 아리안족은 힌두족과 이란족으로 구성되며, 셈족에는 아랍인과 유대인이 속한다. 언어와 혈통의 측면에서 함족을 구성하는 이집트인과 베르베르인은, 인접한 인종인 셈족과 적지 않은 차이를 가지고 있다. 결국 전체적으로 밝은 갈색 피부, 엷은 색깔의 눈, 곱슬머리, 좁고 높은 코, 큰 키 등이 백인종의 신체적 특징이 되었다.

원시 인류가 아프리카를 떠나 아시아에 들어갔을 때, 가장 먼저 추운 날씨에 적응하지 않으면 안 되었다. 일설에 의하면, 최후 빙기에 동북아시아에는 이미 신몽골 인종의 조상이 되는 구몽골 인종이 살고 있었다. 현재 아시아 대륙과 아메리카 대륙을 분리시키고 있는 베링 해협이 그때는 육지로 연결되어 있어, 구몽골 인종은 그 베링 해협을 도보로 건너 아메리카 대륙으로 건너가 아메리카 인디언의 조상이 되었다. 시베리아에 자리잡은 그들의 일부는 건조하고 추운 기후에 적응하는 과정에서 문화적·신체적인 진화를 겪었다.

신몽골 인종은 동부아시아 각지에서 원주민과의 혼혈을 통하여 탄생하였다. 인종 간 혼혈의 기회가 확대되면서 구몽골 인종은 점차 소멸되었다. 현재, 신몽골 인종은 구몽골 인종을 대신하여 동부아시아 전역에 걸쳐 분포하고 있다. 오늘날 일상적인 의미에서 황인종은 구몽골 인종을 모체로 탄생한 신몽골 인종만을 가리킨다.

한랭한 대기에서는 몸의 돌출을 최소화하면 열의 손실이 감소하므로 추위를 어느 정도 피할 수 있다. 광대뼈가 얼굴 바깥으로 돌출하고 안면이 동글납작한 황인종의 외모는 이런 추운 날씨에 적응한 결과이다. 숨 쉴 때 받아들인 차가운 공기의 온도를 높이기 위해 코는 낮아지고 콧구멍이 측면으로 이동하였다. 눈도 보온 효과를 높이기 위해 눈꺼풀의 지방층이 두꺼워지고 눈은 옆으로 가늘어졌다. 또한 인간의 신체가 혹심한 추위에 극복하는 방법은 대기와 접촉하는 몸의 표면적을 최소화하는 것이다. 에스키모인들은 북극의 극한 기후에 적응하는 과정에서 땅딸막하고 사지가 짧은 체격으로 진화한 것이다. 결국, 황인종은 전체적으로 황갈색 피부, 갈색 눈, 검은색의 곧은 머리카락, 낮은 코 등이 신체적 특징이 되었다.

신체적 특징과 지리적 분포를 기준으로 할 때, 황인종은 북방계(터키인, 몽고인, 일본인, 한국인 등)와 남방계(한족, 묘족, 티베트족, 미얀마족, 타이족, 베트남족 등)로 양분된다. 그밖에 북방계에 속하는 소수 인종으로 에스키모인, 퉁구스족, 라프족(스칸디나비아 반도 북부), 핀족(핀란드), 마자르족(헝가리), 아메리카 인디언 등이 있다.

3) 16세기 이후 인종 또는 민족의 대규모 이동과 혼합

15세기 말 콜럼버스가 신대륙을 발견한 이후 신대륙을 향한 백인종과 흑인종의 이동은 인류 역사상 최대 규모였다. 1820년대부터 1930년대까지 백여 년 동안 5,500만~6,500만 명의 백인종이 유럽을 떠나 아메리카와 오스트레일리아로 갔다. 신대륙을 향해 유럽 인종이 대량으로 이주한 시기는 감자 기근이 아일랜드의 농업 경제를 강타한 1840년대로, 이때부터 유럽 전역에 밀어닥친 정치·경제적 위기는 유럽 인종의 유럽 탈출을 가속화시켰다. 1850년부터 1900년까지 매년 평균 40만 명가량의 유럽 인종이 신대륙으로 이주했다. 1900년 이후엔 유럽을 떠나는 인구가 더욱 증가하여 매년 100만 명 이상에 달하였다. 1870년부터 1914년까지 신대륙으로 이주하기 위해 유럽을 떠난 인구는 총 340만 명으로, 그중 미국을 향해 떠난 인구가 270만 명가량으로 절대 다수를 차지하였다. 이 절대 다수를 제외한 나머지 70만 명가량은 아르헨티나, 브라질, 오스트레일리아, 남아프리카 등지로 퍼져 나갔다. 1890년을 고비로 서부 유럽을 떠나는 이민의 행렬은 현저하게 줄어들었지만, 동부 유럽과 지중해 연안을 출발하는 이민 인구는 급격히 증가하였다.

1518년 유럽인들에 의해 대서양을 횡단하는 노예무역이 시작된 후, 400년이 지나는 동안 아프리카에서 아메리카로 강제로 끌려간 흑인종은 1,000만 명을 넘어섰다. 노예무역의 시초는 1518년 기니 만 연안에서 일단의 아프리카인들이 카리브 해 연안의 아이티로 실려 간 것이다. 그들은 아이티에서 농장과 광산의 부족한 노동력을 충당하는 노예로 매매되었다. 1600년부터 1650년까지 아메리카 대륙에 있는 에스파냐와 포르투갈 식민지로 팔려간 흑인 노예의 수는 매년 7,300명에 달했다. 노예 무역량은 18세기 중반을 전후해 최고 수준에 도달한 다음, 19세기 중반에 가서야 비로소 감소되었다. 아프리카의 '노예 해안(Slave Coast)'에서 노예로 팔려 간 흑인종의 절반가량은 카리브

해 연안의 쿠바와 아이티로 실려 갔고, 1/3 가량은 브라질로 팔려 갔다. 미국으로 반입된 흑인 노예는 25명 중 1명꼴로, 총 39만 9,000명에 달하는 것으로 추정되고 있다. 결론적으로 아프리카 흑인종의 강제 이주는 신대륙 특히 라틴 아메리카의 문화와 인종 구성을 근본적으로 바꾸어 놓았다.

북미 대륙은 인종 간 혼혈이 거의 없이 백인종을 구성하는 긴족끼리만 혼혈이 일어난 반면, 인종 간 혼혈에 별다른 사회적 편견과 장애가 없었던 남미 대륙에서는 인디언 문명을 정복한 에스파냐인들과 토착민 사이의 인종 간 혼혈이 다양하게 일어났다. 그 결과 메스티소(mestizo), 물라토(mulato), 삼보(Sambo)와 같은 혼혈 인종이 탄생하였다. 메스티소는 에스파냐인(백인종)과 아메리카 인디언(황인종)의 혼혈 인종이며, 물라토는 에스파냐인(백인종)과 흑인종(아프리카인), 삼보는 아메리카 인디언(황인종)과 흑인종(아프리카인)의 혼혈 인종이다.

1800년 남미 대륙에서 총인구 2,000만 명 중에서 인디언은 800만여 명, 메스티소는 500만여 명, 백인종은 400만여 명, 흑인종은 200만여 명, 물라토와 삼보는 100만여 명을 차지했다. 그런데 20세기 후반 혼혈 인종인 메스티소는 전체 인구의 절반을 넘어 1억 9,500만여 명으로 성장하였다. 단지 두 세대를 거치는 동안에 혼혈 인종인 메스티소가 다수 인종으로 급부상한 것이다. 이에 반해, 순수 인종인 인디언과 흑인종은 인구 성장률이 상대적으로 낮았기 때문에 각각 6,000만여 명으로 성장하는 데 그쳤다.

2. 민족의 국가 구성

세계에서 신체적 특징만을 근거로 민족을 식별하는 경우는 매우 드물다. 일반적으로 민족 개념을 성립하는 근거는 신체적 특징보다는 언어와 역사적 경험에 바탕을 둔다. 프랑스는 언어의 단일성을 자기 민족과 다른 민족을 구별하는 원초적인 근거로 삼는다. 그러나 아일랜드의 경우, 민족 개념을 정의하는 데 언어의 단일성을 근거로 할 수 없는 국가이다. 이는 단일한 민족이 국가 안에서 상이한 언어를 혼용하는 경우로, 언어가 민족을 식별하는 유일한 수단이 되기 어려운 것이다. 언어 다음으로 민족을 식별하는 수단이 되는 것은 민족의 기원과 발전에 관한 역사적 경험이다. 그리고 언어와 역사적 경험보다는 중요성이 적지만 종교가 민족을 구분하는 근거가 되기도 한다.

일본은 단일한 인종과 언어, 그리고 단일한 종교를 근거로 단일민족을 규정하고 있다. 이에 비해, 한국은 종교를 제외한 인종과 언어의 단일성을 근거로 단일민족을 성립시키고 있다. 민족의 성립 근거를 객관적으로 확보하고 있는 단일민족국가는 국민 통합이 상대적으로 쉬울 것이다. 이에 반해, 단일민족으로 구성되어 있음에도 불구하고 민족의 성립 근거가 상대적으로 취약한 국가는 국민 통합이 상대적으로 어려울 것이다. 복수 민족으로 구성되어 있는 국가는 국민을 통합하는 수단으로 민족 개념을 활용하지 못한다. 미국은 민족 개념이 사회적으로 통용되기 어려울 만큼 민족의 이동과 교류에 따른 민족성의 변화가 역동적인 국가이다.

1) 단일민족국가와 다민족국가

단일민족국가(The Nation-State)란 역사적 유산이나 혈통을 공유하는 사람들이 한데 모여 단일한 정치 공동체를 구성한 국가이다. 국민 전체가 단일한 언어, 종교, 역사적 경험을 공유하며, 민족주의가 상대적으로 강하다. 하지만 이런 단일민족국가는 일반적인 기대와는 달리 지구상에 그리 많이 존재하지는 않는다. 민족 구성을 기준으로 할 때, 현대 국가의 일반형은 단일민족국가가 아니고 다민족국가(The Multinational State)이다.(그림 2-4) 단일민족국가는 한국, 일본, 독일, 스웨덴, 그리스, 아르메니아, 핀란드 등 소수에 불과하다. 그러나 이민족이 완전히 배제되고 단 하나의 민족으로만 구성되어 있는 단일민족국가는 현실적으로 존재하지 않는다.

일반적으로 단일민족국가에는 절대 다수를 차지하는 단일민족의 정치적

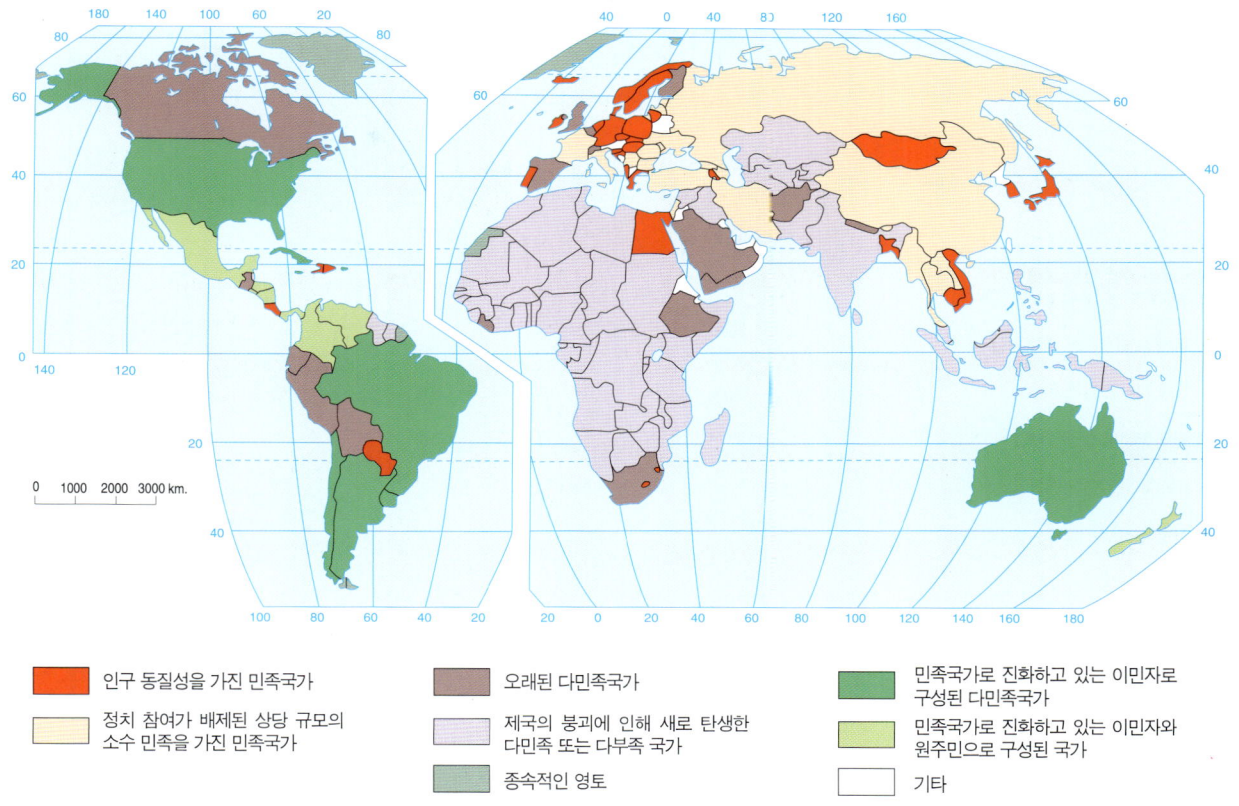

인구 동질성을 가진 민족국가	오래된 다민족국가	민족국가로 진화하고 있는 이민자로 구성된 다민족국가
정치 참여가 배제된 상당 규모의 소수 민족을 가진 민족국가	제국의 붕괴에 인해 새로 탄생한 다민족 또는 다부족 국가	민족국가로 진화하고 있는 이민자와 원주민으로 구성된 국가
	종속적인 영토	기타

그림2-4
단일민족국가와 다민족국가의 유형별 분류 이 분류 기준은 절대적인 것이 아니며, 다분히 자의적인 것으로 논란의 여지가 충분히 있는 분류이다.

지배를 받는 극소수의 이민족이 살고 있다. 단일민족국가에는 오래 전부터 독립 국가로 내려온 유형과 최근에 신생 국가로 독립한 유형이 있다. 에스토니아, 그루지야, 세르비아 등이 최근 단일민족국가의 건설이라는 정치적 염원을 실현한 나라들이다. 에스토니아와 그루지야는 구소련으로부터, 세르비아는 유고슬라비아로부터 분리·독립하였다.

현대 중국은 중화민족이라는 개념으로 국민 통합을 도모하고 있지만, 정치·문화적 개성을 지닌 소수 민족들이 중화민족에 융합되지 않은 채 그대로 남아 있다. 하지만 다민족국가라고 모두가 배타적인 정치의식으로 뭉친 민족들이 서로 대립하고 있는 것은 아니다. 세계에서 민족분리주의를 극복하고 국

그림 2-5
민족 분리주의에 따른 정치적 불안정을 겪고 있는 국가들(1990년대 초반)   다민족국가 중에는 소수 민족의 분리 독립이나 인종 차별과 같은 사태로 국가 분열에 봉착한 사례가 적지 않다.

민 통합에 성공한 다민족국가는 얼마든지 있다. 가장 대표적인 나라가 미국으로, 미국 내의 소수 민족들은 독립적인 정치의식을 내세우지 않고 자기 고유의 문화 의식만을 보전한 채 융화되어 살고 있다. 미국 이외에 다민족국가는 스위스, 캐나다, 남아프리카공화국, 벨기에 등으로, 이 국가들에게는 민족 간 정치·문화적 차이를 극복하고 국민 통합을 도모하는 것이 가장 중요한 정치 과제이다. 이는 국민 통합이라는 정치적 노력이 실패하면 곧바로 민족분리주의

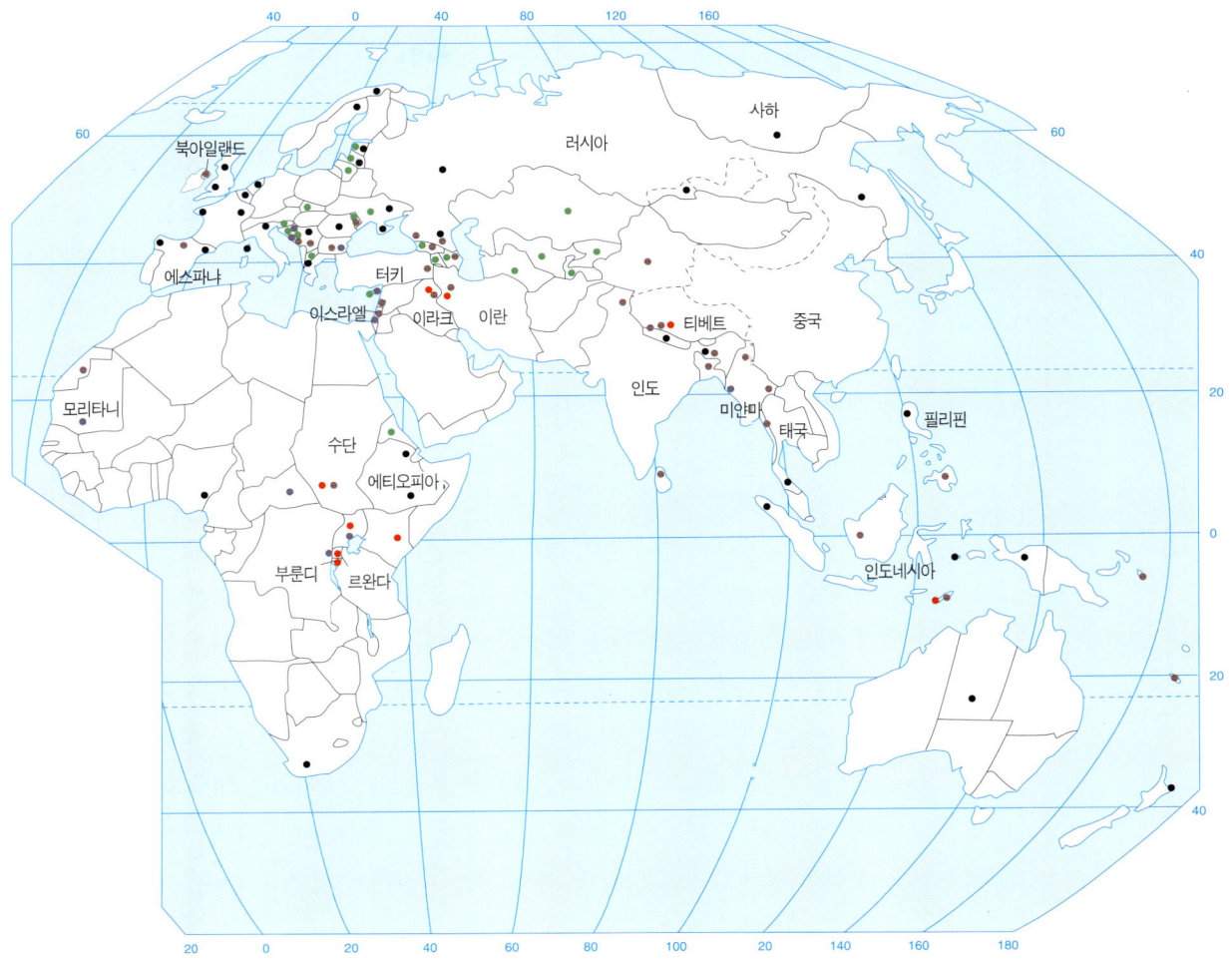

라는 정치적 위협에 직면하기 때문이다.

2) 민족분리주의

최근 수십 년 동안 아프리카에서는 유럽인에 의한 식민 통치가 종식되면서 다민족국가가 속속 탄생하였다. 아프리카에서 생겨난 신생국가들은, 식민지시대에 부족주의나 문화적 전통이 고려되지 않고 그어진 정치적 경계를 그대로 이어받았다. 이로 인해 아프리카에는 민족 간 차이와 갈등으로 인한 정치적 내분에 시달리는 신생국가들이 많다.

민족분리주의(Ethnic Separatism)란 다민족국가에 살고 있는 소수 민족이 다수 민족으로부터 자치권을 획득하거나 독립 국가를 건설하려는 신념을 의미한다. 민족분리주의를 추구하는 소수 민족들은 민족국가의 구성에 성공하기도 하고 실패하기도 한다. 아프리카에서 건설된 신생 국가에서 민족분리주의는 잔인한 대량학살을 동반하는 내전으로 이어지고 있다. 소련·유고슬라비아·체코슬로바키아는 민족분리주의의 도전을 받아 결국은 붕괴된 다민족국가들이다.(그림 2-5)

민족분리주의는 정치적으로 안정되어 있다는 캐나다와 영국에조차 충격을 가하고 있다. 캐나다에서는 불어를 사용하는 프랑스계 주민들이 민족분리주의를 추구하는 소수 민족이다. 이들 프랑스계 캐나다인들은 인구가 약 700만 명으로 퀘벡 주에 가장 많이 집중되어 있다. 그들은 1600~1700년대 프랑스에서 이주한 식민지 개척자들의 후예들로, 17세기 후반부터 20세기 초반까지 영국인이나 영국계 캐나다인들의 통치를 받으며 살았다. 퀘벡 주는 오랫동안 영국의 지배에 있었으며, 프랑스계 주민들이 자치권을 획득한 것은 훨씬 후에 일이다. 1948년에 채택된 퀘벡 주의 깃발에는 옛 군주국 프랑스의 상징인 붓꽃 문장이 그려져 있었다. 퀘벡 주는 지금까지 법으로 불어를 일차적인 공용어로 지정하여 왔다.

퀘벡 주는 민족분리주의에 근거해 여러 차례 국민투표를 요구했으며, 이러한 정치적 분위기 속에서 퀘벡 주를 떠나는 영국계 주민들이 많았다. 마침내 1995년 퀘벡 주에서는 국민 투표가 실시되었고, 불어를 상용어로 하는 유권자의 절반 이상이 퀘벡 주를 국가로 독립시키는 데 찬성하였다. 그러나 비 프랑스계 주민들의 반대로 퀘벡 주를 분리·독립시키자는 안건은 결국 부결되었다.

대개 분리주의를 추구하는 소수 민족들은, 국가의 핵심부에서 멀리 떨어져 있는 주변부에 집단적으로 거주하고 있다. 아직까지 분리·독립에 성공하지 못한 쿠르드족은 이라크·이란·시리아·터키의 경계지대에 집단적으로 거주하고 있으며,(그림 2-6) 영국으로부터 분리·독립하려는 북아일랜드는 영국의 주변부에 해당하는 아일랜드 북부에 위치하고 있다. 중국으로부터의 자치와 독립을 거세게 요구하는 티베트도 중국의 서남쪽 변방에 놓여 있다. 구소

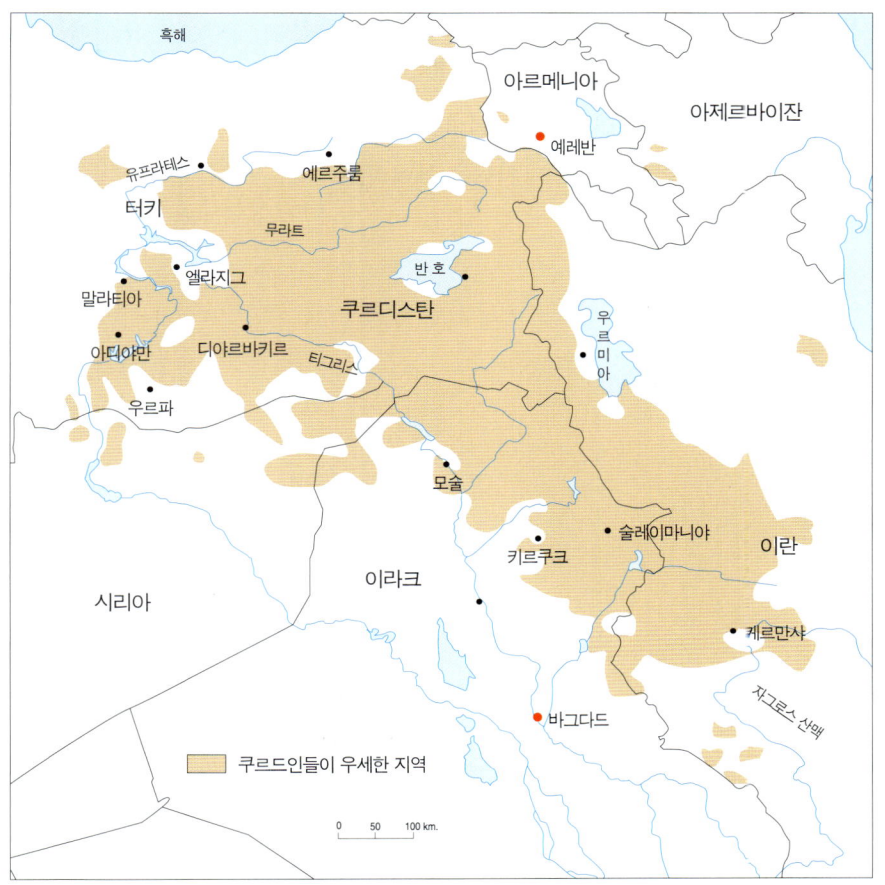

그림 2-6

쿠르디스탄 이 산악지대는 수천 년 동안 전해 내려온 쿠르드족의 고향으로 몇 개의 나라로 분할되어 있다. 현재 여기에 사는 쿠르드족은 2,500만 명에 달하며, 이란, 이라크, 터키에 대해 독립을 요구하며 게릴라전을 펴고 있다.

련(소비에트 연방)으로부터 탈퇴한 소수 민족 국가들은 모두 구소련의 외곽에서 과거의 행정 경계를 국가 경계로 유지하고 있다. 체코슬로바키아에서 독립한 슬로바키아도 체코의 수도인 프라하로부터 멀리 떨어진 곳에 자리잡고 있다. 소수 민족 구역이 다수 민족 구역보다 경제적으로 풍요로울 경우에는 민족분리주의의 유혹을 많이 받게 된다. 구유고슬라비아로부터 분리·독립한 슬로베니아와 크로아티아는 예전부터 소득 수준이 상대적으로 높은 곳이었다.

물론 다민족국가 모두가 민족분리주의로부터 오는 정치적 위협에 시달리고 있는 것은 아니다. 스위스는 중앙 집권과 지방 분권을 적절히 혼합한 연방제 안에 독일어·프랑스어·이탈리아어를 사용하는 사람들을 포섭해 국가를 정치적으로 안정시킬 수 있었다. 캐나다는 스위스형 정치체제를 모방하여 퀘벡 주의 프랑스계 주민, 북부의 인디언과 이뉴잇(Inuit: 북미 대륙·그린란드의 에스키모)에게 상당한 수준의 자치권을 부여하고 있다.

3. 소수 민족의 문화적 존재 양태

민족이라는 한자 단어는 영어 표현의 다수 민족(nation)과 소수 민족(ethnic group)의 양면적 의미를 내포하고 있다. 이러한 양면적 의미는 단일민족국가보다는 다수 민족국가에서 상대적으로 유효하다. 다수 민족과 소수 민족의 구별은 민족 집단을 바라보는 입장에 달려 있다. 민족 집단에는 정치·문화적으로 주도적인 역할을 하는 유형과 부수적인 역할을 하는 유형이 있다. 후자의 입장에서 전자를 보면 다수 민족이고, 전자의 입장에서 후자는 소수 민족이 되는 것이다.

1) 소수 민족의 개념 정의

소수 민족이란 주인 문화(host culture) 또는 다수 민족(혹은 다수 집단)에 동화되지 않고 자기 고유의 역사적 기억과 문화유산을 간직하고 있는 소수 집단을 의미한다. 그들은 다수 집단과 차별되는 집단 정체성을 토대로 독립적인 집단의식과 소속감을 가지고 있다. 그러나 다민족국가 안에서 살아가는 소수 민족이라면 주인 문화로부터의 영향을 전혀 받지 않을 수 없다. 소수 민족 문화는 주인 문화와 접촉하는 과정에서 문화접변이 가끔 일어난다. 이때 소수 민족은 현실적으로 생존하기 위해 주인 사회의 생활양식을 충분히 수용하는 경향이 있다. 문화접변의 강도가 높아지면 소수 민족 문화는 결국 주인 문화에 동화되고 마는데, 이때 소수 민족 문화는 민족 정체성을 완전히 상실하고 주인 문화에 흡수된다.

미국의 주인 문화는, 독일, 스코틀랜드, 아일랜드, 프랑스, 스웨덴, 영국의 웨일스 등으로부터 전래된 문화를 많이 포함하고 있다. 미국에 정착한 후 영국을 포함한 서부 유럽 출신의 이민자들은 서로 자유롭게 결혼하면서 주인 문화에 쉽게 동화되었다. 과거에 미국 문화를 연구하는 학자들은 미국을 '문화의 용광로(melting pot)'라고 묘사한 적이 있다. 여기서 용광로란 다양한 인종과 민족의 문화가 혼합되고 용해되는 곳이라는 의미이다.

그러나 소수 민족 문화는 대부분이 주인 문화에 동화되지 않고 문화접변에 그치고 있을 뿐이라는 주장이 최근 학계를 압도하고 있다. 사실상, 지난 25

년 동안 미국, 캐나다, 구소련, 유럽 국가들에서 소수 민족의 정체성이 부활하였다. 소수 민족들의 문화가 민속 문화로 전락한 다음, 결국 주인 문화에 동화될 것이라는 예상이 빗나간 것이다. 소수 민족 문화는 세계 도처에서 소멸되기는커녕 오히려 대중문화로 다시 태어나고 있다.

하나의 국가에서 소수 민족이 탄생하는 과정에는 두 가지 유형이 있다. 첫번째 유형은 선사시대만큼 오래된 옛날부터 살아온 땅이 어느 시기에 다른 국가의 영토로 병합되는 경우이다. 이러한 유형에 속하는 소수 민족 집단은 에스파냐의 바스크인, 미국 남서부의 나바호 인디언, 오스트레일리아의 애버리진, 스칸디나비아 반도의 라프족 등이다. 그들에게 땅이라는 지리적 요소는 민족 정체성 성립에 근본적인 요소가 된다. 두번째 유형은 민족이 다른 국가로 이주해 그곳에서 소수 집단으로 정착하는 경우이다. 첫번째 유형에 속하는 소수 민족에 비해, 두번째 유형에 속하는 소수 민족은 자기 영토에 대한 정서와 애정이 크지 않다. 이 경우에는 최초로 정착한 다음, 수세대가 지나서야 비로소 살고 있는 영토에 대한 애착심과 유대감이 생긴다.

2) 민족의 혼합과 국가적 특성의 발현

민족 구성이 국가별로 다르기 때문에, 민족 상호 간의 문화적 교류와 결합은 국가별로 차이가 있게 마련이다. 국가 문화의 형성에 대한 상이한 민족 문화의 기여도는 다민족국가의 국가적 특성을 결정한다. 즉 주인 문화에 대한 소수 민족 문화의 상대적 지위는 다민족국가의 전체적 성격을 결정짓는다.

러시아는 미국과 같이 민족 구성이 복잡하지만 민족 상호 간의 문화적 결합이 미국만큼 성숙되어 있지는 않다. 러시아의 소수 민족들은 언어와 종교적인 동질성을 토대로 집단 정체성을 확고하게 보전하고 있다. 캐나다는 영국인·프랑스인·스코틀랜드인·우크라이나인이 국가 전체에서 차지하는 비율이 월등히 높고, 독일인·아프리카인·히스패닉(Hispanic: 에스파냐계 미국인)의 비율이 극히 저조해 국가적 특성의 배경이 되었다. 인접한 미국은 전혀 다른 문화를 형성했는데, 이에는 독일 민족의 영향을 꼽기도 한다. 독일에서 미국으로 이주한 사람들과 그 후예들 대다수가 소수 민족의 지위에 머물지 않고 주인 문화의 발전에 능동적이고도 적극적으로 참여했기 때문이라는 것이다.

상이한 민족의 문화적 융합이나 동화는 결코 쉽지 않으며, 설사 그렇게

세계 3대 다민족 국가 내에 분포하는 10대 민족의 기원과 비율					
미국		**캐나다**		**러시아**	
모국	전체 인구에 대한 비율	모국	전체 인구에 대한 비율	민족-언어	전체 인구에 대한 비율
독일	23.3%	프랑스	33.8%	러시아어	80.8%
영국	18.4%	영국	26.3%	타타르어	3.9%
아일랜드	17.8%	독일	5.0%	우크라이나어	2.3%
아프리카	11.7%	동양	4.8%	추바시어	1.2%
스페인	9.0%	스코틀랜드	4.8%	바시키르어	1.0%
이탈리아	5.9%	이탈리아	3.9%	벨라로이사어	0.7%
프랑스	5.3%	아일랜드	3.9%	모드바어	0.6%
스코틀랜드	4.4%	우크라이나	2.3%	체첸어	0.6%
폴란드	3.8%	아메리카 원주민	2.1%	우드무르트어	0.5%
동양	3.7%	유대	1.4%	아르메니아어	0.5%

된다 하더라도 상당히 오랜 시간이 걸린다. 이주를 통해 소수 민족이 되는 경우에는 낯선 땅에 정착할 때에 모국의 문화를 재현하기 위해 최선을 다한다. 이때 민족 집단의 고립 정도가 높으면 높을수록 모국 문화가 보전되는 확률은 더욱 높아진다. 또한 주인 문화의 핵심부와 멀리 떨어져 있고 외부와의 접촉이 드문 곳은 소수 민족의 모국 문화가 보전되는 가능성이 크다. 이 때문에 간혹 모국에서는 이미 소멸되어 버린 고풍스러운 옛 문화가 고스란히 보전되어 있는 경우도 있다.

특히 모국에서 더 이상 쓰이지 않는 언어나 방언이 오래 전 모국을 떠난 이민 집단에서 발견되기도 한다. 남동부 유럽의 발칸 반도에 거주하는 독일민족 집단은 모국인 독일보다도 남부 독일 방언의 옛 말투를 많이 간직하고 있다. 미국의 뉴멕시코 주에 사는 히스패닉들이 사용하는 에스파냐어에는 에스파냐어의 중세적 요소가 잔존하고 있다. 아일랜드 출신의 이민자들이 정착한 캐나다 지역 중에서 뉴펀들랜드 섬은 켈트민족의 언어와 전통 문화를 풍부하게 보존하고 있다. 뉴펀들랜드 섬의 아일랜드계 캐나다인들은 매우 고립되어, 다른 민족과의 접촉이 극히 제한되어 살았기 때문이다.

3) 소수 민족의 지리적 속성

고국 땅을 떠나 이국 땅으로 옮겨가서 소수 민족으로 정착하는 행위는 국내의 이주 행위와는 전혀 다른 과정을 거친다. 왜냐하면 그들은 태어난 모국에서는 다수 집단이었지만, 새로운 땅에 정착하는 과정에서 소수 집단이 되기 때문이다. 해외로의 이주 행위는 국내에서의 이주 행위와 달리 개별적인 행동에 많은 제약을 받는다. 때문에 그들은 미지의 세계에 대한 두려움을 해소하고, 생활 개척의 편의를 도모하기 위해 이른바 '연쇄 이주(chain migration)'를 선호한다.

연쇄 이주란 출발지와 목적지가 동일한 이동 경로를 가지는 인구 집단의 연속적 이주를 의미하는데, 이때 후발 집단은 선발 집단이 이동한 경로를 그대로 답습한다. 연쇄 이주 초기에는 용기와 신념을 가진 개인이나 소집단이 해외 이민을 결정하는 혁신자(innovator)가 된다. 곧이어 그들의 결정에 동조하는 사람들이 늘어나면서 집단 이주의 행렬을 형성한다. 초기의 이민자들로부터 가장 먼저 영향을 받는 사람들은 가까운 친구나 친척들이며, 다음으로 주변에 있는 친구의 친구 또는 친척의 친척으로 전달된다.

스웨덴의 농촌에서 미국 중서부로 떠나는 사람들은 19세기 후반에 가장 많았다. 1868년부터 1870년까지 스웨덴에 기근이 들자 미국으로의 이주 행렬이 최고조에 달했던 것이다. 이때 달라르나 주에서 나중에 이주하는 사람들은 먼저 이주한 사람의 경로를 그대로 쫓아서 미국으로 건너갔다.(그림 2-7) 또한 1880년부터 1925년까지 미국으로 건너간 프랑스계 캐나다인들은 출발지, 목적지, 이동 경로가 전체적으로 동일하였다. 그들은 미국의 뉴잉글랜드 지방에 있는 공장지대를 목적지로 하는 연쇄 이주를 선택했던 것이다. 근래에 멕시코 국경을 몰래 넘어 미국에 불법 입국하는 멕시코인들이 이동하는 과정도 연쇄 이주에 해당한다. 텍사스 주와 캘리포니아 주로 잠입하는 멕시코인들은 지리적으로 인접한 멕시코의 동부와 서부에서 시작해 연쇄 이주를 감행하고 있다.(그림 2-8)

낯선 이국 땅에 정착하는 사람들은 생계를 유지하기 위해 새로운 환경에 적응하는 전략을 다양하게 개발한다. 그들의 문화적 적응 과정을 이해하고 설명하는데 매우 유용한 개념이 사전 적응(事前適應, preadaptation)과 부적응(maladaptation)이다. 사전 적응이란 이민 이전부터 민족 집단에 내재되어 있는 생존 능력으로 새로운 환경에 적응하는 능력에 절대적으로 영향을 준다. 다시

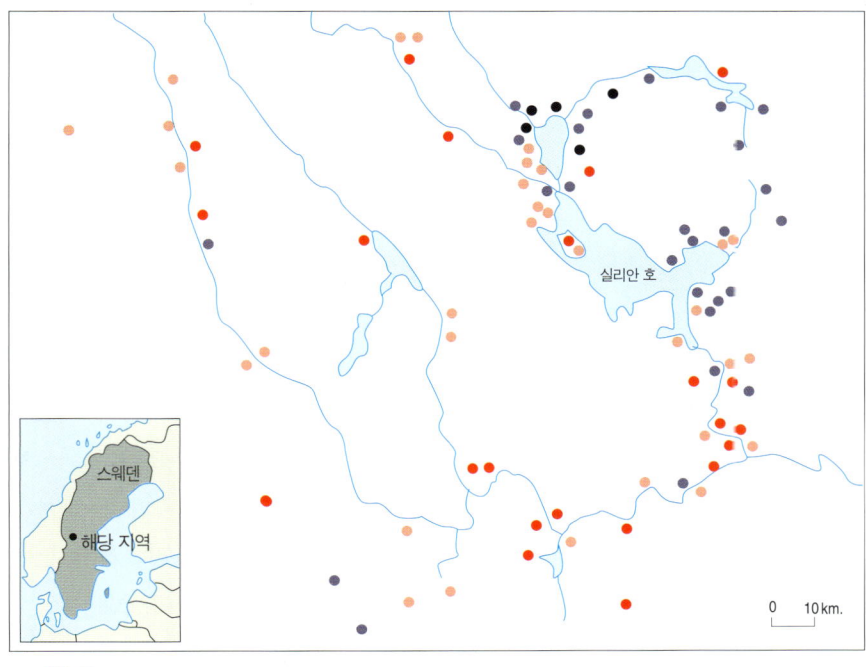

그림 2-7
1860~1875년에 걸쳐 스웨덴 달라르나 주의 일부 구역을 중심으로 일어난 연쇄 이주 19세기 후반 스웨덴의 농촌에서 미국 중서부로 이민을 가려는 결정은 취락에서 취락으로 퍼져 나갔다. 이러한 특별한 유형의 이주는 1868년부터 1870년까지 기근이 지속되었을 때 최고조에 달하였다.

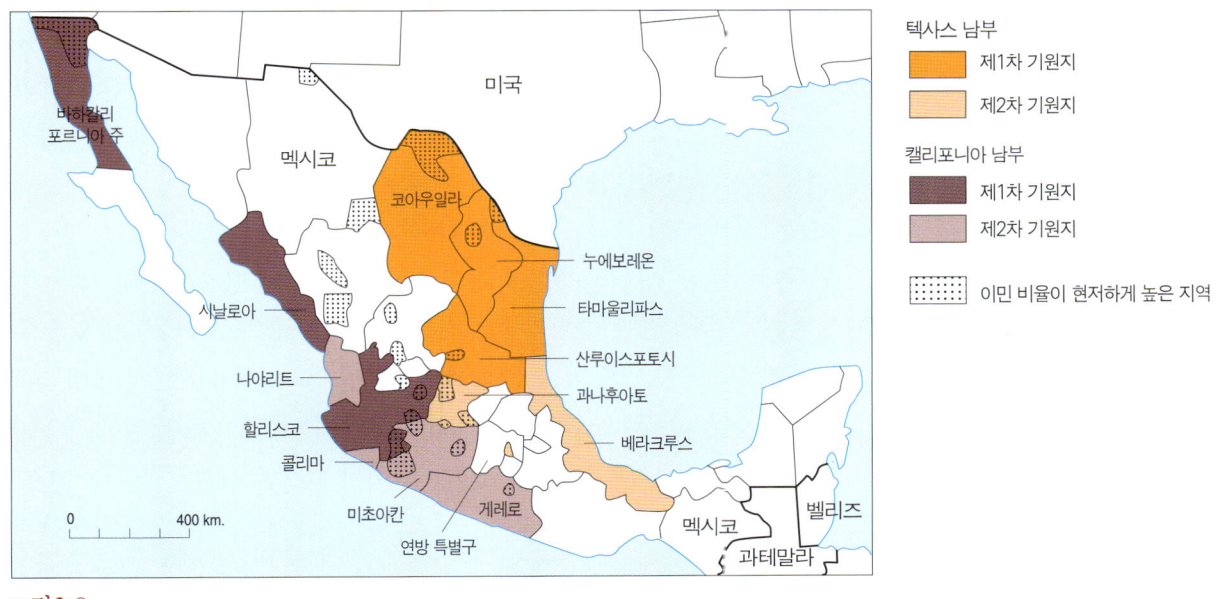

그림 2-8
미국 텍사스 남부와 캘리포니아 남부에 밀입국한 멕시코인의 고향 분포 미국 이민국 자료에 의하면, 밀입국자의 고향은 미국 국경과 가까운 멕시코 영토에 집중적으로 분포하는 경향이 있다고 한다.

말해서, 사전 적응은 민족 집단이 이민 이전에 모국에서 터득한 적응 전략들의 집합이다. 흔히 이민자들은 이민을 오기 이전에 살던 곳과 유사한 환경을 가진 장소를 새로운 거주지로 선택하는 경향이 있다. 사실, 새로운 장소를 찾는 민족 집단이 모국과 닮은 장소에 친근감을 느끼고 정착하는 현상은 지극히 자연스러운 것이다.

미국과 캐나다에서 소수 민족 집단들이 사전 적응의 영향을 받아 정착지를 선택한 사례는 풍부하다. 예를 들어, 위스콘신 주에서 민족별 거주지의 분포는 사전 적응에 근거한 환경 인식과 그에 따른 정착지 선택과 깊은 상관 관계가 있다. 얼음이 덮인 호수가 산재하고 토양이 척박한 스칸디나비아 반도의 침엽수림지대에서 살았던 핀란드인들은 위스콘신 주 북부의 수목지대를 개척하였다. 북대서양의 극한지대에서 태어난 아이슬란드인들은 미시간 호 한가운데 고립되어 있는 워싱턴 섬에 정착하였다. 이와 대조적으로, 비옥한 농토에 익숙한 영국인들은 위스콘신 주 남부와 남서부에서 농장을 개발하였다.

또한 러시아 남부의 광활한 스텝지대에서 밀을 재배하다가 미국으로 이주한 독일계 러시아인들은 그레이트 플레인스의 프레리에 밀 농장을 건설하였다. 우크라이나를 떠난 슬라브족들은 캐나다에서 매니토바 주·서스캐처원 주·앨버타 주의 아스펜지대에 정착하였다. 이곳은 초원·습지·잡목림의 혼합지대로 환경 조건이 우크라이나와 유사하였다. 근래에 정치적인 망명을 위해 쿠바를 탈출한 미국계 쿠바인들은, 쿠바와 같은 열대 사바나기후를 가진 플로리다 주 남단으로 몰려들었다. 베트남에서 어업에 종사하다가 난민 자격으로 미국에 입국한 베트남인들은 베트남과 기후가 비슷하고 어부 생활이 가능한 멕시코 만 연안과 텍사스 주에 정착하였다.

이주자들은 타향의 자연환경을 인지할 때 고향의 생태계와 비교하는 습성이 있다. 이때 그들은 고향과 비슷한 환경을 높이 평가하고 그렇지 않은 환경은 낮게 평가한다. 그들이 고향의 생태계에 집착하는 이유는 낯선 이국 땅에서 고향이 주는 편안한 느낌을 가지기를 원하기 때문이다. 그런데 이러한 관습적인 환경인지는 심리적으로는 긍정적인 효과가 있지만, 경제적으로는 막대한 손실을 가져다줄 수도 있다. 어려서부터 고향의 환경에 익숙해 있는 성인이 타향의 환경을 객관적으로 인식하는 데는 상당한 시간이 소요된다. 미국에서 고향과 비슷하다고 느끼는 장소에서, 고국에서와 같은 유형의 농업을 재현시키는 데 실패한 이주자들의 사례가 적지 않기 때문이다. 이와 같이 이주자들이 과거의 관습에 집착한 나머지 적합하지 않은 정착지를 선택하는 현상을 문화적 부적응이라고 한다.

　　새로운 환경을 정확하게 인식하는 능력은 민족 집단별로 상당한 차이가 있다. 독일인과 체코인들은 일찍이 토양을 선별하는 능력이 우수하였다. 그들은 미국으로 이주한 후 농사지을 땅을 찾아내는 데 남다른 실력을 발휘하였다. 독일인들은 미주리 주의 로렌스 카운티에서 흑토로 덮인 초원지대에 정착해 농경지를 개간하였다. 이 초원지대는 먼저 정착한 영국인들이 농사를 짓기에 적합하지 않다고 내버려 둔 곳이었다. 조국에서 해안의 저습지를 개간하는데 익숙해진 영국인들에게 평탄한 초원은 별로 매력이 없는 농토로 비쳐진 것이다. 또한 텍사스 주에서 체코인들은 키가 큰 풀이 자라고 흑토로 덮인 초원지대를 농토로 개간하였다. 독일인과 체코인들은 모두 고향에서 그랬던 것처럼 풀로 덮여 있는 흑토가 농사짓기에 적합한 토양임을 간파하고 있었던 것이다.

　　19세기 후반부터 한반도에서 만주(중국의 동북 지방)로 이주한 한국인들은 중국인들에게 쓸모없는 땅이었던 하천 주변의 저습지에서 논농사를 개척하였다. 중국의 북방인들은 밭농사에 익숙해 있었기 때문에, 고도가 높고 건조한 구릉지대를 가장 적합한 농경지로 판단하였다. 따라서 중국인들은 한국인들이 습득하고 있던 물 관리 방법을 모르고 있었으므로, 하천 연변의 저습지에서 논농사를 짓는다는 것을 꿈도 꾸지 못하였다. 오늘날, 만주 벌판에서 하천 유역을 따라 광활하게 전개되는 논농사지대는 19세기부터 20세기 초반까지 집단적으로 이주한 한국인들이 개척한 것이다.

4) 소수 민족 문화지역

　　다수 민족과 비교할 때 소수 민족들은 인구의 규모와 세력의 크기에서 열등한 처지에 놓여 있다. 그들에게 사회적 열세를 만회하고 생존을 유지하기 위한 적응 전략이란 자기들의 세력을 한곳으로 결집시키는 것이다. 소수 민족들은 여건이 허락하는 한 집단으로 모여 살면서 크고 작은 일을 서로 상부상조한다. 집단 거주지는 소수 민족의 인구 규모와 사회·경제적 지위로부터 영향을 받으며 성장하는데, 이런 집단 거주지는 민족고국(ethnic homeland), 민족도서(ethnic island), 민족근린지구(ethnic neighborhood) 등으로 분류할 수 있다.

① 민족고국

이는 가장 넓은 면적과 가장 많은 인구를 차지하는 소수 민족의 집단 거주지로, 이곳의 주민들은 최소한 부분적으로는 정치적인 자치권을 향유하고 있다. 농촌과 도시를 모두 포함할 정도로 넓은 면적을 가진 민족고국에서는, 민족성을 기념하고 상징하는 경관과 장소에 대해 구성원들이 가지는 애착과 자부심이 대단하다. 민족고국에 거주하는 소수 민족들은 민족 정체성을 비교

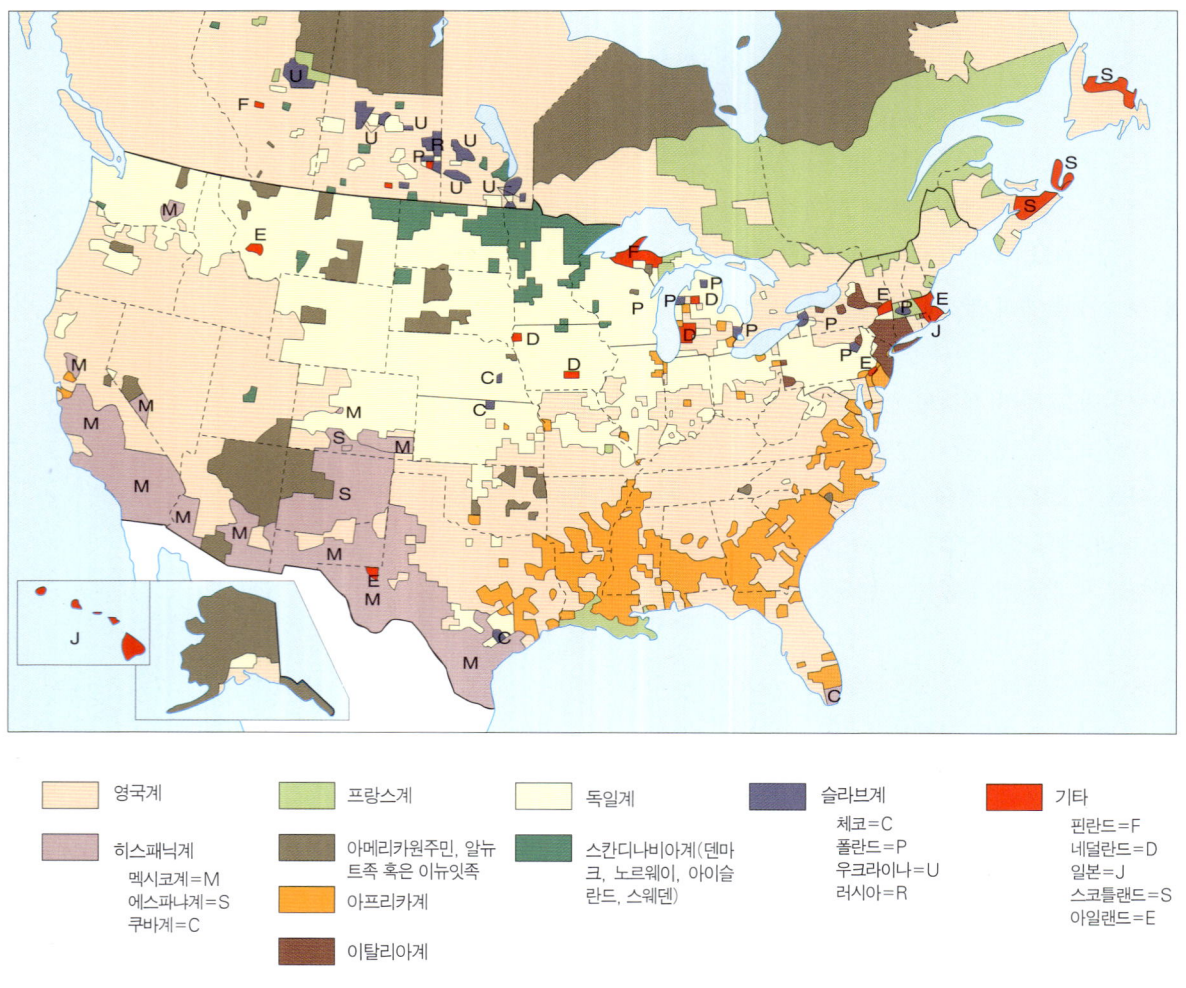

그림 2-9
미국인과 캐나다인의 출생 국가 또는 출신 민족별 분포 이러한 분포는 캐나다와 미국의 국경을 경계로 뚜렷한 대조를 보인다. 예를 들면, 미국 북부는 독일계가 우세하지만 미국 남부는 멕시코계인 히스패닉이 지배적이다.

적 확고하게 수립하고 있으며, 외부로부터 어떠한 도전이 있을지라도 민족 정체성은 흔들리지 않고 자손 대대로 전수된다.

특히 대륙 규모의 다민족국가인 미국과 캐나다에는 소수의 민족고국이 존재한다. 뉴멕시코 주와 콜로라도 주의 히스패닉, 텍사스 주 남부의 테하노(Tejano: 멕시코계 텍사스인), 뉴멕시코 주와 애리조나 주의 나바호 인디언, 세인트로렌스 강 저지대의 프랑스계 캐나디안 등이 민족고국을 건설한 소수 민족들이다.(그림 2-9) 그중에서 프랑스계 캐나디안과 멕시코계 텍사스인의 민족고국이 가장 막강한 세력을 가지고 있다.

② 민족도서

집단 수 면에서는 민족고국을 앞지르지만 규모는 훨씬 작은 집단 거주지로 수백 내지 수천의 인구를 가진다. 미국과 캐나다 전역에 산재되어 있으며, 미국의 중서부 지방에는 역사와 전통이 서로 다른 민족도서들이 산재한다. 펜실베이니아 주 동남부와 위스콘신 주에는 독일계 소수 민족의 민족도서, 미네소타 주·다코타 주 북부·위스콘신 주 서부에는 스웨덴과 노르웨이 계통의 소수 민족들이 민족도서를 건설했다. 미국 중서부와 텍사스 주에는 슬라브족의 민족도서가 분산되어 있으며, 캐나다 프레리지대에는 우크라이나인의 민족도서가 존재한다.(그림 2-10)

민족도서에서는 사람들이 이동 거리를 최소화하기 위해 취락의 형태를 원형이나 육각형에 가깝게 발달시켰다. 이곳에서 토지의 상속과 매매는 대부분 민족 내부에 한정되는 경향이 있는데, 그 규모가 작으면 외부인과의 토지 거래를 감시하는 내부자의 눈초리가 더욱 따가워지기도 한다. 민족도서에서 다른 민족에게 토지를 파는 사람은 사회적으로 낙인찍힐 각오를 해야 한다.

③ 민족근린지구

이는 농촌이 아닌 도시에 형성되는 소수 민족 집단 거주지로 민족적 배경이 동일한 사람들이 자발적으로 모여 사는 거주지이다. 이곳에는 이들만을 위한 상점, 서비스 업체, 공장들이 있고 가까운 친척들이 모여 있어 모국어로 의사소통을 하기 때문에 이민을 온지 얼마 되지 않은 사람이라도 아

그림 2-10
캐나다 앨버타 주 에드먼턴 근처에 있는 우크라이나 민족도서, 폭풍 전야에 태양 광선이 비친 민족 교회 건물
우크라이나인들은 유럽을 떠나 캐나다 서부로 와서는 자신들의 고향과 유사한 자연환경을 가진 지역, 즉 초원과 삼림이 교차하는 지역에 정착하였다.

그림2-11
미국 플로리다 주 마이애미 시에 있는 쿠바 민족근린지구인 '리틀 하바나'
지금까지 쿠바인들은 마이애미 시로 많이 이주하여, 도시의 문화·사회·경제를 지배했었다. 그러나 이 도시는 최근 쿠바인을 제외한 중앙아메리칸의 인구가 급증하고 있다.

무런 불편 없이 살아갈 수 있다.

1840년 이후, 미국과 캐나다에서는 산업화에 따른 도시화로 인해 민족근린지구들이 많이 발생하였다. 이 시기에 미국 도시에 정착한 소수 민족은 아일랜드인, 이탈리아인, 폴란드인, 동부 유럽의 유대인 등이며, 그 다음으로 프랑스계 캐나다인, 미국 남부의 흑인, 푸에르토리코인, 애팔래치아 산지의 백인, 미국의 인디언 등이 정착했다. 이러한 소수 민족들은 상당수가 미국 도시에서 민족별로 구별되는 근린지구를 생활의 근거지로 이용하였다.

변화가 극심한 도시 내부에 위치한 민족근린지구는 민족고국이나 민족도서에 비해 흥망성쇠가 더욱 빈번하다. 근린지구에 거주하는 소수 민족들은 격변하는 도시 환경 속에서 외부 문화의 침입에 어떤 방식으로든지 대응할 수밖에 없다. 특히 민족근린지구는 동일한 민족에 국한되어 주민이 교체되면 유지되지만 그렇지 않으면 해체된다. 또한 하나의 민족 집단이 떠난 자리에 다른 민족 집단이 들어오면 민족근린지구는 인간의 생애처럼 다시 탄생하고 성장한다. 예를 들면, 19세기 미국의 보스턴 시 서쪽 끝부분에 아일랜드인의 근린지구가 형성되었는데, 이는 1930년대 후반 폴란드인과 이탈리아인의 근린지구로 바뀌었다. 미국 플로리다 주 마이애미 시에서 쿠바인의 근린지구인 '리틀 하바나(Little Havana)'는 중앙아메리카에서 오는 이민들의 침입을 받았다.(그림 2-11)

시카고 시의 '아담'이라는 민족근린지구는 19세기부터 지금까지 민족 집단의 교체에 따른 생애 주기를 가장 빈번하게 경험한 곳이다. 이 지구에 가장 먼저 입주한 이민 집단은 독일인과 아일랜드인이었다. 나중에 그들이 떠난 자리에 들어온 이민 집단은 그리스인, 폴란드인, 프랑스계 캐나다인, 체코인, 러시아계 유대인 등이었다. 그 다음으로 시카고 시의 아담에 입주한 순서는 이탈리아인, 멕시코계 미국인, 푸에르토리코인 등이다.

④ 민족게토

소수 민족 근린지구와 비교할 때, 민족게토(ethnic ghettos)는 주민들의 이주 동기가 비자발적이며 경제·사회적 지위가 열악하다. 소수 민족에게 거주지의 선택권을 제한하는 경우에 형성된 공동체로, 인류 역사상 최초의 게토는 고대의 정복자들이 원주민들의 주거를 일정한 구역으로 제한하는 제도에서 비롯되었다. 중세 유럽의 도시에는 유대인의 게토가 있었으며, 현대 이슬람 국가의 도시에는 이교도의 게토가 있다.

주인 문화가 소수 민족 문화에 대하여 차별적인 태도로 대하견 자발적인 근린지구보다는 비자발적인 게토가 형성될 가능성이 높다. 백인우월주의가 여전히 판을 치는 미국에서 흑인과 동양인은 이탈리아인보다 차별 디우를 더 많이 받는다. 따라서 미국의 도시에서 이탈리아인 게토보다 흑인 게토가 발생할 확률이 더욱 높을 수밖에 없다. 오하이오 주 클리블랜드 시는 흑인들에게 불리한 주택 관행이 통용되고 있는 곳이다. 이곳에서 이탈리아계·폴른드계·유대인계 미국인들은 근린지구를 형성하였지만, 아프리카계 미국인들은 평생 동안 게토에 거주하는 데 그쳤다.

5) 민족 경관의 종류와 특색

민족의 고유한 문화를 시각적으로 표현하는 방법은 민족별르 다양한 차이가 있다. 건축 양식, 토지구획 양식, 가옥과 건물의 공간적 배치, 토지 이용 등은 민족별로 독특한 외관을 가지고 있다. 이와 같이 민족의 고유한 문화를 대변하는 문화 경관들을 총칭하여 민족 경관(ethnic landscape)이라고 한다. 이러한 민족 경관은 눈에 쉽게 뜨이는 유형과 그렇지 않은 유형으로 나눌 수 있다.(그림 2-12)

'민족깃발(ethnic flag)'은 마치 국기(國旗)와 같이 일반인의 눈에 쉽게 들어올 만큼 주위의 풍경과 전혀 다른 외관을 하고 있는 민족 경관이다. 미국의 미네소타 주 북부와 미시간 주에는 핀란드계 미국인의 민족도서들이 있다. 이곳에서 증기목욕탕인 '사우나'는 핀란드 민족의 문화를 상징하는 민족깃발이다. 핀란드인들은 눈 속에서 뛰어놀다가 집에 돌아와 통나무로 지은 사우나에서 뜨거운 증기로 목욕하는 관습을 가지고 있다. 그들은 미국에 이민을 온 후에도 증기 목욕을 즐기기 위하여 자기 집 주위에 사우나를 설치하였다. 지금도 미시간 주 핀란드계 미국인의 민족도서에는 거주자의 88%가, 미네소타 주 북부의 핀란드계 미국인의 민족도서에는 77%가 자기 집 주위에

그림 2-12

문화 경관으로서의 '민족 깃발'
쿠에즈코마틀(cuezcomatl)이라 불리는 이 옥수수 창고는, 멕시코 틀락스칼라(Tlaxcala) 주에 사는 아메리칸 인디언의 문화를 대변하는 민족 경관이다. 이곳은 껍질을 벗긴 옥수수를 보관하는데 이용한다. 멕시코에서는 에스파냐계 주민들이 밀을 선호하기 때문에, 옥수수 재배는 오랫동안 아메리카 인디언의 관습으로 남아 있었던 것이다.

사우나를 소유하고 있다.

　　미국에서 정부가 일정한 형태의 토지 이용을 장려했음에도 불구하고 민족별로 도로·취락·농경지의 기하학적 패턴이 차이를 보이는 지역이 있다. 미주리 주의 오자크에는 모든 토지가 장방형으로 구획되었음에도 불구하고 토지 이용의 기하학적 패턴은 민족별로 다르다. 독일계 미국인의 농장은 도로상에서 약 1km 이상 떨어져 있지만, 비독일계 미국인의 농장은 도로에 바로 인접해 있다.

　　민족근린지구와 민족게토에는 이방인이 쉽게 알아볼 수 있는 민족 경관들이 있다. 미국 남서부에서 멕시코계 미국인의 민족근린지구에는 건물에 벽화가 밝게 채색되어 있다. 이 벽화는 에스파냐·멕시코·인디언의 문화로부터 영향을 받은 민족 경관으로, 1960년대 캘리포니아 남부에서 처음 나타났다. 흔히 벽화는 아파트와 상점의 외벽들, 육교와 고가도로 교각들의 넓은 벽면에 회화적인 기법으로 표현된다. 또한 벽화의 주제는 종교적 메시지, 역사적인 재해석, 정치적인 이데올로기 등으로 매우 다양하다. 여기에 일반적으로는 문구가 등장하지는 않지만, 문구가 있는 경우에는 에스파냐어나 영어로 쓰여 있다. 하지만 멕시코계 미국인들은 시각적 효과가 떨어지는 문구보다는 강렬한 인상을 풍기는 회화를 주로 사용한다. 그들은 날카로운 시각적 이미지와 생동감 있는 색채를 이용하여 자기 집단의 영역과 경계를 과시하는 것이다.(그림 2-13)

　　민족 문화는 때때로 복잡한 내용의 회화보다 단순한 색깔을 통하여 시각적으로 표현되기도 한다. 중국인은 옛날부터 빨간색을 복을 가져다주는 경이

그림2-13
미국 캘리포니아 주 샌디에이고 시에 있는 멕시코계 미국인의 벽화
이념적이고도 정치적인 내용을 명시적으로 표현하고 있는 이 벽화는, 멕시코계 미국인들이 장소에 대한 특별한 의식을 가지는데 도움을 주고 있다.

롭고 상서로운 색깔로 인식하고 숭배하여 왔다. 이 때문에 중국인들이 캐나다와 미국의 도시에 차이나타운을 건설할 때 빨간색을 가장 많이 사용하였다. 이와 대조적으로, 그리스인에게 빨간색은 고대에 적대적 관계에 있었던 터키인을 상징하는 색깔이다. 그리스인이 가장 애호하는 색깔은 자기 민족을 상징하는 밝은 청색이다. 초록색은 가톨릭교도인 아일랜드인과 이슬람교도인 아랍인들이 가장 좋아하는 색깔이며, 특히 이슬람교도들은 초록색을 가장 성스러운 색깔로 믿는다. 그들은 중동지방을 떠나 중국이나 프랑스와 같이 먼 곳으로 이주해 간 후에도 민족근린지구에 초록색을 가장 많이 사용하였다.

3
언어

넓은 의미의 언어(language)는 말(speech), 신호(sign), 몸짓(gesture), 표시(mark) 등을 총칭하지만, 좁은 의미의 언어는 오로지 말(speech)만을 가리킨다. 일상적으로, 언어란 음성 표현을 통해 전달하는 말을 의미하는 것이다. 세계에서 통용되고 있는 언어(말)의 종류는 다종다양하여 적게는 3,000개부터 많게는 8,000개에까지 이른다. 친족 관계를 근거로 할 때, 세계의 언어들은 20여 개의 어족(語族, language family)으로 분류된다.

언어학자들은 세계 각지의 언어들이 오랜 세월 동안 하나의 조상으로부터 분화되어

The mosic of Languages

왔다고 가정하고, 언어연대학(言語年代學)이라는 방법을 통해 언어의 족보(族譜)를 작성하여 왔다. 언어연대학이란 친족 관계가 가까운 언어들을 하나로 묶어 어족이라는 독립된 지위를 부여하는 방법이다. 이 언어의 족보에 의하면, 어떤 언어와도 친족 관계가 분명하지 않기 때문에 특정한 어족으로 분류되기 어려운 언어도 적지 않다.

특히 한국어와 일본어는 언어의 구조가 워낙 독특하여 특정한 어족으로 분류하기 어렵다. 이 둘은 각각 그 어떤 언어와도 친족 관계가 분명하지 않을 정도로 다른 언어들로부터 고립되어 있다. 심지어 한국어와 일본어조차도 서로 가장 가깝다고 하면서도 어떠한 친족 관계인지는 아직까지 구체적으로 규명되지 않고 있다. 한국어와 일본어를 제외하면, 특정한 어족으로 분류시키기 어려울 정도로 고립되어 있는 언어들은 대체로 사용 인구가 적고 분포 범위가 좁다. 다시 말해서, 세계에서 고립된 언어 중 통용되는 범위가 범국가적인 언어는 오직 한국어와 일본어뿐이다.

언어는 사람들끼리 약속한 의사소통의 상징체계로, 학습된 관습과 기술을 한 세대에서 다음 세대로 전달하는 수단이 된다. 특정한 문화권에서 언어는 문화의 핵심을 점유하면서 문화집단과 문화영역을 구분하는 보편적인 기준이 된다. 또한 언어는 민족을 구별하는 기준으로 활용되는 만큼 언어와 민족은 서로 불가분의 관계를 가지고 있다. 가령, 언어는 민족주의와 같이 민족 구성원들이 정치의식을 교류하고 공유하는 효과적인 머개체가 된다. 아직도 국가를 형성하지 못한 소수 민족에게 자기 언어란 민족 고유의 문화적 전통을 계승하고 발전시키는 수단이 되는 것이다. 민족의 독립을 아직도 포기하지 않은 소수 민족들은 대부분 자기 고유의 언어를 간직하고 있다. 근대 이후, 세계 각국은 언어가 민족의 단결에 미치는 중요성을 깨닫고 표준어에 의한 언어의 통일을 바탕으로 국민 통합을 도모하여 왔다.

1. 세계의 어족과 어군

세계의 어족 중에서 학문적 검증을 충분히 거쳐 인정된 것은 오직 인도-유럽(Indo-Europe) 어족뿐이다. 나머지 어족들은 그동안의 연구 성과를 토대로 가설로 제시된 것이 많다. 지금까지 관련 학계에서 합의한 내용은 세계의 언어를 총 20여 개의 어족으로 분류한다는 것이다.

이러한 어족들을 한국에서 가까운 순서로 나열하면, 알타이(Altai) 어족, 중국-티베트(Sino-Tibet) 어족, 오스트로네시아(Austronesia) 어족, 파푸아(Papua) 어족, 오스트레일리아(Australia) 어족, 고(古)시베리아 어족, 오스트로-아시아(Austro-Asia) 어족, 드라비다(Dravida) 어족, 인도-유럽 어족, 카프카스(Kavkaz) 어족, 아프로-아시아(Afro-Asia) 어족, 나일-사하라(Nile-Sahara) 어족, 니제르-콩고(Niger-Congo) 어족, 코이산(Khoisan) 어족, 우랄(Ural) 어족, 에스키모-아르우트 어족, 아메리카-인디언(American Indian) 어족 등이 된다.(그림 3-1) 그중에서 하부로 어군(語群)을 거느릴 정도로 사용 인구가 많은 어족은 알타이 어족, 중국-티베트 어족, 오스트로네시아 어족, 오스트로-아시아 어족, 드라비다 어족, 인도-유럽 어족, 아프로-아시아 어족, 우랄 어족 등이다. 파푸아 어족, 오스트레일리아 어족, 고시베리아 어족, 카프카스 어족, 나일-사하라 어족, 니제르-콩고 어족, 코이산 어족, 에스키모-아르우트 어족, 아메리카-인디언 어족 등은 현재 소멸되어 가고 있는 소수 어족이다.(그림 3-2)

1) 인도-유럽 어족

인도-유럽 어족은 유럽을 중심으로 세계의 모든 대륙에 걸쳐 분포하고 있을 만큼 사용 범위가 가장 넓다. 이 어족의 사용 지역은 유럽, 러시아, 남·북 아메리카, 오스트레일리아, 서남아시아 등이다. 인도-유럽 어족의 하부에는 로망스(Romance) 어군, 슬라브(Slav) 어군, 게르만(German) 어군, 인도-이란(Indo-Iran) 어군, 켈트(Celt) 어군 등이 있다. 독일어, 스칸디나비아어(스웨덴어·덴마크어·노르웨이어)는 영어와 함께 게르만 어군에 속한다. 로망스 어군에는 에스파냐어, 프랑스어, 이탈리아어, 포르투갈어가 있으며, 켈트 어군에는 아일랜드어와 브르타뉴어가 있다. 슬라브 어군에는 러시아어, 폴란드어, 체코어, 리투아니아어가 속하며, 인도·이란 어군에는 힌데이어, 벵골어, 이란어(페르시아어), 벤트와어가 속한다. 아르메니아어와 그리스어는 인도-유럽 어족

모국어 사용자 수에 따른 세계 10대 언어			
언어	어족	사용자 수 (100만)	주요 사용 지역
중국어(표준)	중국-티베트 어족	853	중국, 타이완, 싱가포르
힌두어	인도-유럽 어족	423	인도 북부
에스파냐어	인도-유럽 어족	346	에스파냐, 라틴아메리카 미국 남서부
영어	인도-유럽 어족	330	영국, 앵글로아메리카, 호주, 뉴질랜드, 남아프리카, 필리핀, 아시아, 아프리카 열대의 과거 영국 식민지
벵골어	인도-유럽 어족	197	방글라데시, 인도 동부
아랍어	아프로-아시아 어족	195	중동, 아프리카 북부
포르투갈어	인도-유럽 어족	173	포르투갈, 브라질, 아프리카 남부
러시아어	인도-유럽 어족	168	러시아, 카자흐스탄, 우크라이나와 과거 소비에트 공화국 일부
일본어		125	일본
독일어	인도-유럽 어족	98	독일, 오스트리아, 스위스, 룩셈부르크, 프랑스 동부 이탈리아 북부

에 속하기는 하지만, 특정한 어군으로 분류되지는 않는다.

특히 인도-유럽 어족은 16세기 이후, 서부 유럽의 식민·제국주의가 다른 지역으로 팽창될 때 그 사용 지역도 세계 각지로 확대되었다. 이 때문에 오늘날 세계 인구의 절반 이상이 인도-유럽 어족에 속하는 언어들을 사용하고 있다. 사용 인구의 순위가 10위 안에 드는 세계의 언어 중에서 7개가 인도-유럽 어족에 속한다. 영어는 비록, 사용 인구의 순위에서는 중국어, 힌두어, 에스파냐어에 뒤지지만, 인터넷 통신을 포함한 국제 통신 수단으로 가장 많이 이용되고 있다.

그림 3-1

세계의 주요 언어 문화 지역 세계에서 사용되고 있는 언어는 무수히 많지만 몇 개의 어족 집단으로 분류할 수 있다. 그중에서 인도-유럽 어족은 세계 전역에서 사용될 정도로 그 분포 범위가 가장 넓다.

2) 아프로-아시아 어족

아프로-아시아 어족의 하부에는 셈(Sem) 어군과 함(Ham) 어군이 있다. 셈 어군은 아라비아 반도, 티그리스-유프라테스 강 유역(이라크)의 비옥한 초승달 지역, 시리아, 북부 아프리카, 대서양 연안의 도서 등지에서 사용된다. 아프로-아시아 어족은 분포 범위가 상당히 넓은데 비해 사용 인구가 적은 편이다.

셈 어군의 언어 중에서 아라비아어는 가장 멀리까지 분포되어 있으며, 사용 인구가 1억 9,500만 명가량에 달할 정도로 많다. 현재 이집트에는 아라비아어가 공용어이지만, 과거에 한동안 지금은 사어(死語)가 되어버린 이집트어가 사용된 적이 있었다. 아라비아어 이외에 셈 어군에 속하는 언어로는 에티오피아어와 히브리어가 있다. 히브리어는 아라비아어와 가까운 관계를 가진

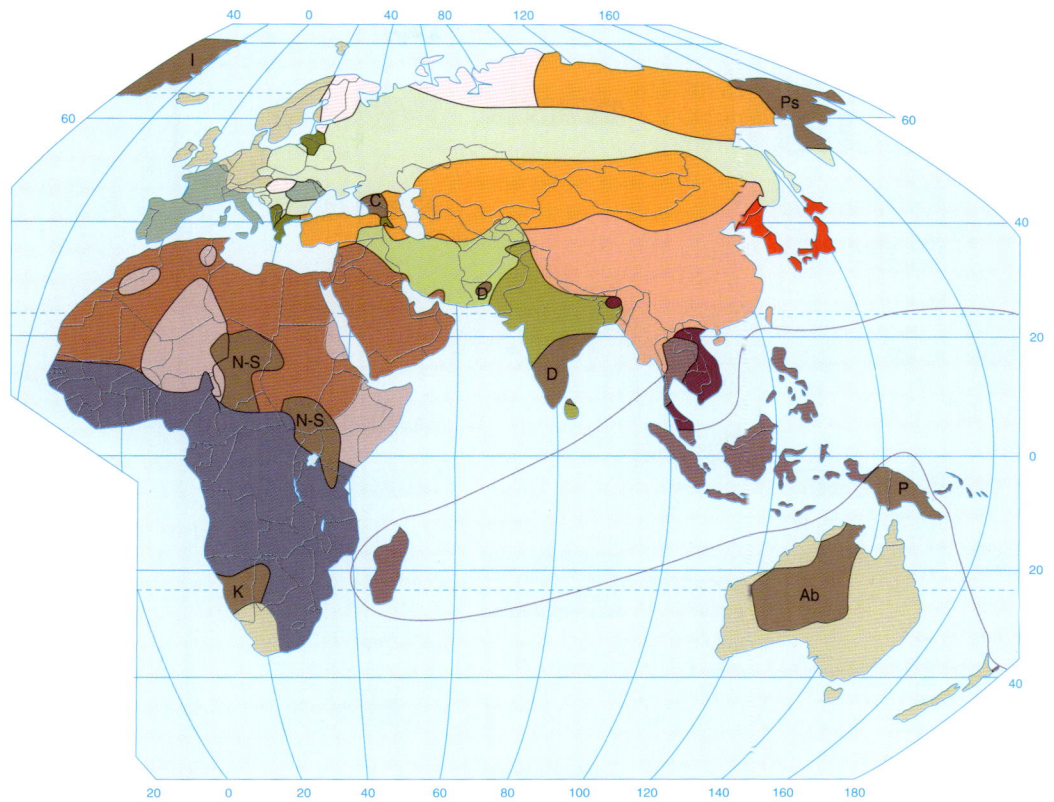

언어로 오랫동안 사어로 남아 있었다. 이 언어는 지난 수세기 동안 세계 각지에 흩어져 있던 유대인들이 오직 종교 의식에만 사용하였던 것을, 1947년 이스라엘이라는 국가가 탄생할 때, 세계 각지로부터 이민을 온 유대인들이 공통으로 사용하는 국가 언어로 지정되었다.

함 어군은 원래 아시아 대륙에서 탄생했지만, 지금은 북부·동부 아프리카에서 소수 민족들이 사용하는 언어로 남아 있다. 이 언어는 아라비아어의 세력이 수천 년에 걸쳐 팽창하는 동안 사용 범위가 크게 위축되었던 것이다. 함 어군의 언어를 사용하는 소수 민족들은 모로코와 알제리의 베르베르족, 사하라 사막의 투아레그족, 아프리카 동부의 쿠시트족 등이다.

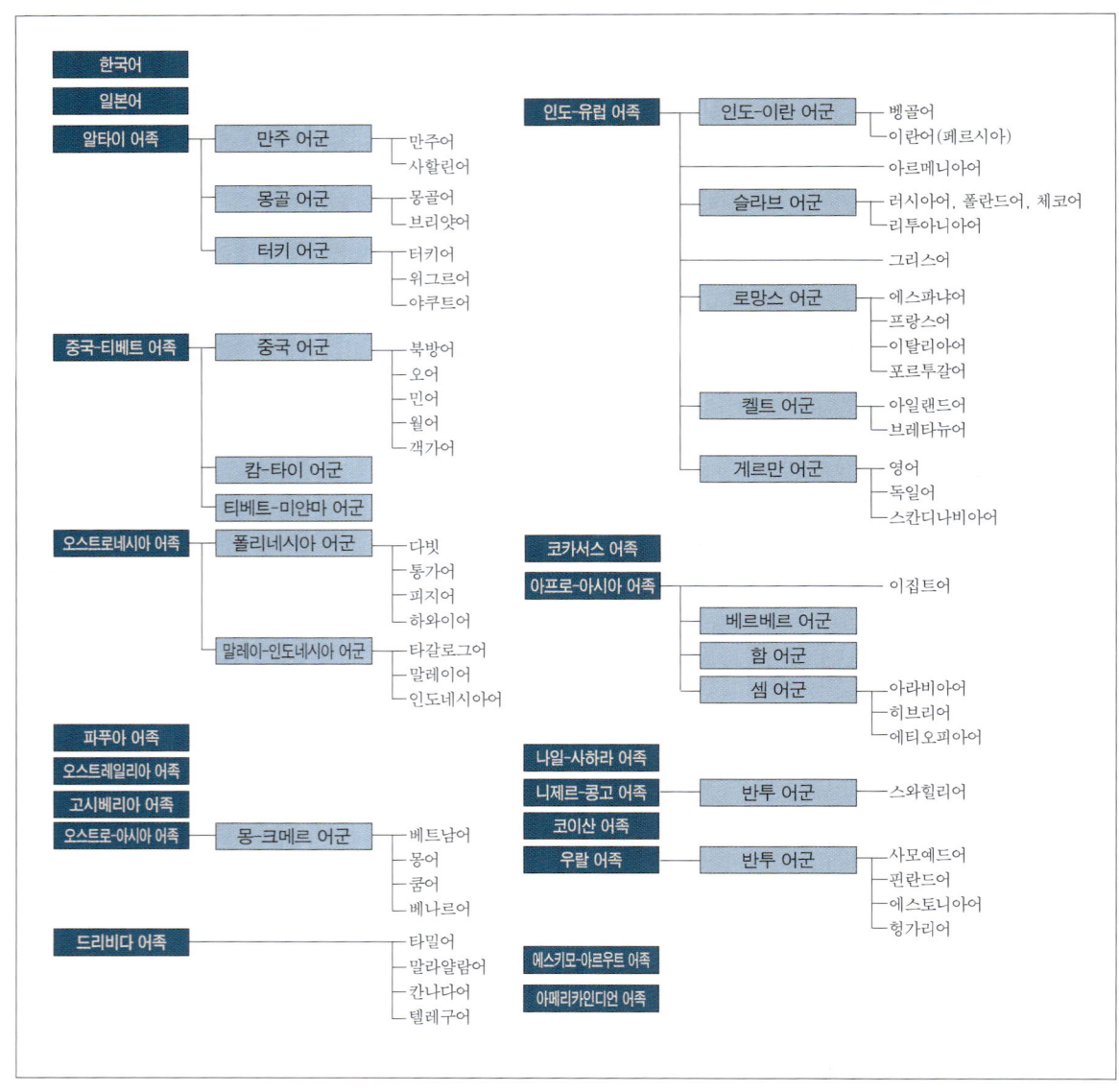

그림 3-2
세계 주요 언어의 계통 분류도

3) 기타 주요 다수 어족

오스트로네시아 어족은 아프리카의 마다가스카르 섬으로부터 동쪽으로 인도네시아 열도와 태평양의 수많은 섬들을 지나 하와이와 이스터 섬까지 분포하고 있다. 열대지대를 동서로 가로질러 길게 분포하고 있는 거리는 지구 전체 둘레의 절반을 넘는 것이다. 또한 오스트로네시아 어족은 남북으로도 길게 분포하는데, 그 범위가 북반구의 타이완과 하와이로부터 남반구의 뉴질랜드에까지 걸쳐 있다.

이 어족은 말레이-인도네시아(Malay-Indonesia, 서 오스트로네시아) 어군과 폴리네시아(오세아니아) 어군으로 구분된다. 그중 사용 인구가 가장 많은 것은 말레이-인도네시아 어군(5,400만 명)이고, 분포 범위가 가장 넓은 것은 폴리네시아 어군이다. 말레이-인도네시아 어군에는 타갈로그어(필리핀어), 말레이어(말레이시아어), 인도네시아어 등이 있다. 폴리네시아 어군에는 다빗, 통가, 피지, 모투, 하와이와 같은 도서 언어들이 있다.

사하라 사막 이남의 아프리카에는 3억 2,500만 명의 인구가 니제르-콩고 어족의 언어들을 사용하고 있다. 니제르-콩고 어족을 대표하는 반투(Bantu) 어군에는 스와힐리어(Swahili language)가 포함된다. 스와힐리어는 아프리카 동부에서 널리 통용되고 있는 상용어이다. 반투 어군은 수많은 언어들로 구분되고, 이러한 언어들은 다시금 수많은 방언들로 갈라진다.

아시아 대륙에서 슬라브 어군 지역의 북쪽과 남쪽 주변에는 알타이 어족이 쓰인다. 이 어족의 본거지는 북부·중앙 아시아의 황량한 사막·툰드라·침엽수림 지대로, 만주 어군, 몽골 어군, 터키 어군 등이 속한다. 한국어와 일본어는 알타이 어족이나 오스트로네시아 어족과 친족 관계가 있지만, 아직은 어느 한쪽에 속한다고 단정하기는 어렵다. 또한 슬라브 어군 지역과 긴접한 툰드라와 초원(스텝)지대에는 우랄 어족이 통용된다. 우랄 어족에는 핀란드어, 헝가리어(마자르어), 에스토니아어, 사모예드어 등이 있다.

사용 인구가 세계에서 가장 많은 중국-티베트 어족은 중국 어군, 캄-타이 어군, 티베트-미얀마(버마) 어군 등으로 구성된다. 사용 인구가 8억 5,300만 명이나 되는 중국 어군은 북방어, 오어, 민어, 월어, 객가어 등으로 구분된다. 오스트로-아시아 어족을 대표하는 몽-크메르 어군에는 베트남어, 몽어, 쿰어, 베나르어 등이 있다. 이 언어들은 중국-티베트 어족, 인도-유럽 어족, 오스트로네시아 어족으로부터 끊임없이 침범을 받아, 현재는 몽·크메트 어군의 분포 범위가 말레이 반도와 인도의 일부 지역에 국한되어 있다. 드라비다 어족은 인도 남부, 스리랑카 북부, 파키스탄 일부에서 일상적으로 통용되는 언어이며, 현재 2억 2,100만 명의 사용 인구를 가지고 있다. 이 어족은 타밀어(인도와 스리랑카), 말라얄람어·칸나다어·텔루구어(인도) 등으로 구성된다

4) 기타 소수 어족 및 소수 언어

소수 어족이나 소수 언어 중에는 경쟁 집단에 밀려 피난처에 은신하고 있는 소수 집단이 사용하는 것들이 적지 않다. 이러한 언어들은 대부분 오랫동안 고립되어 왔기 때문에 주위의 언어들과 아무런 친족 관계를 가지고 있지 않다. 예를 들면, 에스파냐와 프랑스의 접경지대에서 바스크족이 사용하는 바스크 어족은 에스파냐어나 불어와 아무런 관계가 없다. 혀 차는 소리가 독특한 코이산 어족은 아프리카 남서부의 칼라하리 사막에서 국지적으로 사용된다. 그밖에 다른 소수 어족으로 파푸아 어족, 애버리진 어족(오스트레일리아 원주민 언어), 고시베리아 어족, 카프카스 어족, 나일·사하라 어족, 에스키모·아르우트 어족, 아메리카 인디언 어족 등이 있다.

피진어(pidgin language)와 상용어(lingua franca)는 고립 언어는 아니지만 특정한 어족으로 분류하기 어려운 특수 언어이다. 피진어는 서로 다른 언어 집단들이 접촉하는 과정에서 탄생한 것으로, 인접한 언어들과 의사소통이 어려울 정도로 전혀 색다르게 구성되어 있다. 예를 들면, 파푸아뉴기니에서는 에스파냐어, 독일어, 파푸아어, 영어와 혼합되어 만들어진 피진어가 널리 통용되고 있다. 이 특수 언어는 뉴기니에서 생성된 다음 그 주위로 퍼져 나가 파푸아인들이 사는 섬들에서도 공용어로 쓰이게 되었다. 상용어는 모국어가 아님에도 불구하고 의사소통과 상업을 목적으로 통용되고 있는 언어이다. 여러 개의 부족과 국가로 분열되어 있는 아프리카 동부에서는 스와힐리어가 상용어로 널리 사용되고 있다.

2. 세계 주요 어족의 확산

인류 역사상 세계 각지의 언어는 다양한 경로로 전파·확산을 거듭하여 왔다. 특히 인도-유럽 어족과 오스트로네시아 어족은 다른 언어와 구별되는 전파·확산 과정을 거쳤다. 지금과 같은 언어의 분포는 다수 언어가 소수 언어를 희생시키고 자기의 세력 범위를 확대해 온 결과이다.

지금부터 1만 년 전에는 100만여 명의 인류가 1만 5,000여 개의 언어를 사용하고 있었다. 그후 세계 인구는 6,000배 이상 증가했지만, 언어의 수는 오히려 200여 개로 감소하였다. 그중 독립 국가의 공용어로 쓰이는 언어는 100개 미만이고, 100개 이상이 소수 민족의 언어로 명맥을 유지하고 있다. 지금 이 순간에도 다수 언어의 세력에 밀려 소멸 위기를 겪고 있는 소수 언어가 적지 않다. 사용 인구가 50만 명을 초과하는 언어의 수는 세계 전체의 10%에 불과하며, 기원지와 전혀 다른 곳에서 사용되고 있는 언어 또한 적지 않다.

1) 인도-유럽 어족의 전파·확산

인도-유럽 어족을 최초로 사용한 사람들은 약 9000년 전 아나톨리아 고원에 거주했다고 알려져 있다. 그들은 터키 남부와 동남부의 고원지대에서 작물 재배와 가축 사육을 생계 활동으로 하다가 아나톨리아 고원을 벗어나 서쪽과 북쪽 방향으로 이동, 마침내 유럽 대륙으로 들어가게 되었다. 그들은 유럽 대륙에서 수렵과 채집 활동을 하는 원주민들에게 자신들의 언어와 농업을 전파하였다. 인도-유럽 어족은 오랜 세월 동안 원주민의 언어와 접촉하는 과정에서 여러 갈래의 언어 집단으로 분화되었다.(그림 3-3)

오늘날과 같은 유럽의 언어 분포는 인도-유럽 어족의 전파에 따른 분화 과정에서 나타난 것이다. 일단 분화를 거친 언어들은 제각기 정치 세력의 확장과 함께 사용 범위가 확대되었는데, 라틴어의 경우 로마제국의 영토가 확장되면서 그 사용 범위도 유럽 전역으로 같이 확대되었다. 에스파냐어, 포르투갈어, 영어, 불어는 15세기 이후 유럽의 제국주의가 세계 전역으로 팽창할 때 신대륙으로 전파·확산되었다. 그밖에 러시아어, 네덜란드어, 벨기에어, 독일어가 제국주의 세력의 팽창과 함께 유럽 이외의 지역으로 전파·확산되었다.

또한 유럽의 언어들은 열대·아열대 지대에 있는 구대륙 식민지의 언어

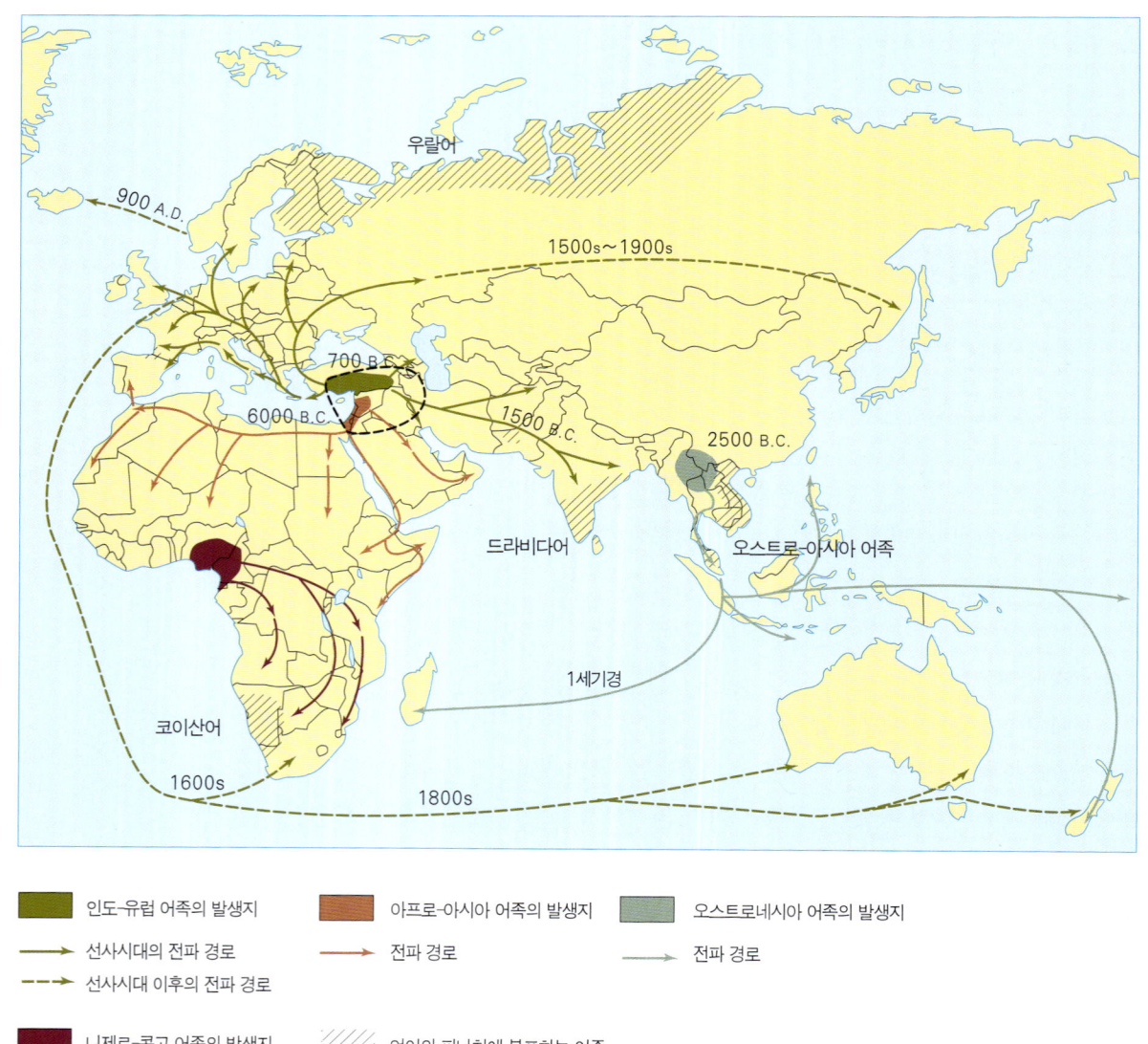

그림 3-3

동반구에 분포하는 4대 어족의 기원과 전파 중동지방의 인도-유럽 어족과 아시아-아프로 어족은 선사시대에 농업의 전파와 함께 유럽과 아프리카 방향으로 퍼져 나갔을 것이다. 이러한 언어의 전파 과정에서 외딴 곳에 홀로 남아 다른 언어와의 교류가 단절된 채 지금까지 보전된 언어도 있다.

지도를 뒤바꿔 놓았다. 구대륙에서는 유럽의 제국주의가 물러간 뒤에도 여전히 유럽의 언어를 사용했다. 영어는 아프리카 전역, 인도, 필리핀, 태평양 제도에서 아직도 상당한 세력을 유지하고 있으며, 불어는 북부·서부·중앙 아프리카, 마다가스카르, 폴리네시아에서 여전히 공용어로 쓰이고 있다.

고대 로마제국의 언어로 유럽 서부로 사용 범위가 확대되었던 라틴어는, 중세까지 기독교교회의 공식 언어로 남아 있었다. 현재는 유일하게 가톨릭 교황청이 있는 로마의 바티칸시티가 아직까지 라틴어를 공용어로 사용하고 있다. 에스파냐어와 포르투갈어는 유럽 제국의 언어 중에서 가장 먼저 신대륙에 전파·확산되었다. 특히 에스파냐어는 브라질을 제외한 라틴아메리카에서 공용어로 쓰이며, 예외적으로 브라질만이 포르투갈어를 사용하고 있다.

1494년 로마 교황청의 중재로 에스파냐와 포르투갈은 토르데시야스(Tordesillas) 조약을 체결하였다. 이는 양 제국이 식민지 쟁탈로 충돌하게 되자, 교황청이 세계를 양분하여 각각에 독점적 권한을 부여하는 조약을 성사시켰던 것이다. 이 조약에 따라, 에스파냐와 포르투갈은 서경 50°선을 기준으로 세계를 동서로 양분하여, 동쪽은 포르투갈이 서쪽은 에스파냐가 각각 식민지를 개척하기로 합의하였다. 그런데 이 선이 라틴아메리카에서 현재의 브라질 서단(西端)을 남북으로 관통한 것이다.(그림 3-4) 토르데시야스 조약의 효력이 정지된 후 포르투갈어는 서경 50°선을 가까스로 넘어 세력이 약간 확대되었으며, 이에 따라 포르투갈어의 분포 범위도 현재의 브라질 국경선 너머까지 확대되지 못했던 것이다.

영어의 사용 범위가 신대륙으로 확대된 시기는 에스파냐어와 포르투갈어에 비하여 늦었지만, 영국인의 적극적인 해외 이주는 북미 대륙과 오스트레일리아에서 영어가 공용어의 지위를 획득하는 데 결정적으로 기여하였다. 신대륙에서 영어가 유일한 공용어로 인정되기까지는 원주민 언어와 다른 언어들에 대한 철저한 배척과 탄압이 있었다. 오늘날, 영어는 캐나다를 제외한 미국, 오스트레일리아, 뉴질랜드와 같은 신대륙 국가에서 유일한 공용어로 쓰인다.

특히 미국은 국토와 인구의 규모가 막대하고 민족 구성이 복잡하기 때문에 언어의 통일이 그리 쉽지 않았음에도 불구하고, 건국 이후 비교적 짧은 기간에 공용어를 영어로 통일했던 것이다. 영국의 식민지에서 독립한 후 미국의 영어는, 영국으로부터 영향을 받지 않고 현재와 같은 '미국식 영어'로 발전하였다. 신대륙 국가 중에서 미국은 영국식 영어로부터 가장 많이 이탈되어 있는 언어 형태를 가지고

── 브라질의 현재 국경선(공용어로서의 포르투갈어)
▨ 포르투갈어를 사용하는 지역

그림 3-4

남미 대륙의 언어와 정치 조직
에스파냐와 포르투갈 사이에 체결된 토르데시야스 조약(1494년)으로, 현재와 같은 남아메리카 언어 형태의 정치적 기초가 구축되었다. 이 조약을 계기로 남미 대륙의 동쪽은 포르투갈이 차지하고 그 나머지는 에스파냐가 점령하게 되었다. 그후 포르투갈어는 포르투갈의 식민지를 통해 서쪽으로 전파되어 왔다.

있다. 또한 하나의 대륙을 차지하고 있는 국가답게 미국 영어는 내부적으로 다양한 종류의 방언으로 분화되었다.

2) 오스트로네시아 어족의 확산

지금부터 5000년 전, 오스트로네시아 어족은 현재의 분포 지역인 태평양 제도 북쪽에 있는 동남아시아에서 일상 언어로 사용되었다. 하지만 이 언어를 사용하던 사람들은 북쪽에서 내려온 중국-티베트 어족의 세력에 밀려 말레이 반도로 이주하였다. 오스트로네시아 어족은 육로를 통해 말레이 반도에 도달한 다음 수천 년 동안 해로를 통해 태평양 제도로 퍼져 나갔다. 이 언어를 사용하는 사람들은 스스로 항해술을 터득하면서 태평양을 가로질러 사방으로 이주하였다. 그들은 작은 보트에 몸을 맡기고 미지의 바다로 항해한 끝에 마침내 인도네시아 열도, 뉴질랜드, 이스터 섬, 하와이, 마다가스카르에 도달하였다.

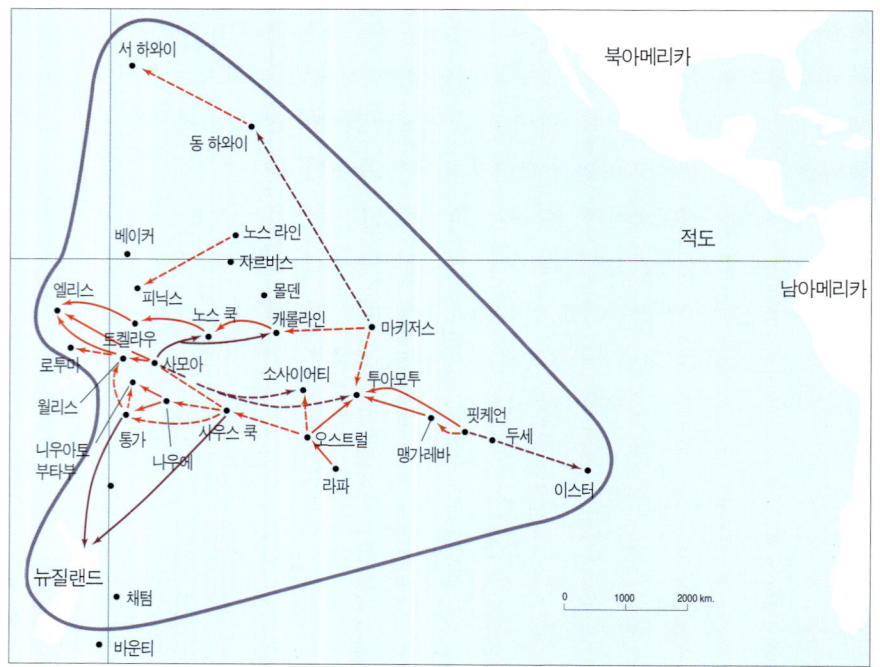

그림 3-5
폴리네시아인의 태평양 표류 항해와 조타 항해 폴리네시아는 하와이·이스터 섬·뉴질랜드를 연결하는 지역의 내부에 해당된다. 과거 이 지역의 중심 부분은 표류 항해로 이동했지만, 외곽 부분은 조타 항해술이 발달한 후 이루어졌다고 한다.

이 도서들은 그때까지 사람이라고는 전혀 살지 않는 무인도로 남아 있었다. 현재 오스트로네시아 어족에서 가장 광범위하게 분포하고 있는 것은 폴리네시아 어군에 속하는 언어들로, 이 언어를 사용하는 사람들은 태평양 동부에 산재하는 크고 작은 섬들까지 가장 멀리 항해했던 것이다.

뉴질랜드, 이스터 섬, 하와이를 3개의 꼭짓점으로 연결한 삼각형 안에는 폴리네시아라고 하는 수백 개의 섬들이 있다.(그림 3-5) 그 옛날 사람들은 남태평양의 작은 섬들을 출발하여 하와이까지 장장 4,000km를 항해하였다. 자그마한 카누를 타고 바람에 맞서서 하늘의 별을 보며 바다를 헤쳐나간 폴리네시아인의 용기와 항해술은 실로 감탄할 만한 것이다. 풍력과 풍향, 태류, 선박의 특징과 용량, 항해가 지속 가능한 시간 등을 고려할 때, 사람들이 최초로 폴리네시아에 진입한 방향은 서쪽이었을 것이다. 그들은 처음 폴리네시아의 중심에 도착한 후에, 보이는 거리에 있는 섬들로 표류 항해했을 것이고, 조타 항해를 하는 수준으로 항해술이 발달한 다음에는 폴리네시아의 외곽에 있는 하와이, 이스터 섬, 뉴질랜드에까지 도달할 수 있었을 것이다.

3. 언어의 통일과 국가 발전

국민을 통합하여 강력한 근대 국가를 수립하려면 무엇보다도 언어의 통일이 필수적인 과업이었다. 그렇기 때문에 서부 유럽에서 근대 국가의 이상형은 단일한 언어를 공유하는 민족이 국가를 구성하는 국민국가 또는 민족국가였다. 근대 이후 서부 유럽은 언어와 민족을 단위로 하는 국가들로 분할되었다. 1800년에는 국가 언어가 16개에 불과했지만, 1937년에는 53개로 증가하였다. 예를 들면, 노르웨이가 덴마크로부터 독립할 때 노르웨이어가 새로운 국가의 공용어가 되었다. 이와 반대로, 프랑스는 국가의 분열을 방지하고 강력한 중앙 집권 국가로 발전하기 위해 언어를 통일시켰다.

언어의 통일에 성공하지 못한 국가들은 복수의 언어를 국가의 공식 언어로 지정한다. 세계에서 복수의 언어를 공용어로 인정하고 있는 국가는 의외로 많이 있다. 이러한 유형의 국가에는 러시아, 캐나다, 인도와 같은 국토의 면적이 넓은 나라에서 스위스, 오스트리아, 벨기에와 같이 작은 나라도 있다. 특히 국토가 넓은 다민족국가는 민족 언어가 워낙 다종다양하기 때문에 단일한 공용어를 가지기 어렵다. 인도의 경우 언어의 분열이 극심하기 때문에 국민 통합에 장애를 겪고 있는 대표적인 다민족국가이다. 구소련의 붕괴는, 언어와 민족의 차이를 극복해 국민 통합을 달성하지 못했기 때문이기도 하다. 이와 대조적인 나라가 미국으로 다민족국가로서는 드물게 단일 언어로 국가 언어를 통일했다.

1) 유럽 국가들의 언어 통일

1789년 프랑스 혁명이 일어났을 때, 불어를 사용하는 인구가 전체의 절반에도 미치지 못할 정도로 프랑스에는 많은 언어들이 통용되고 있었다. 지금도 브르타뉴어, 바스크어, 카탈로니아어, 프로방스어, 알자스어와 같은 언어들이 프랑스 국토의 1/3 가량을 차지하고 있다. 1793년 프랑스공화국은 정부의 기구와 조직을 총동원하여 프랑스의 국어를 단일한 표준어로 통일하는 정책을 추진하기로 했다. 문법학자, 작가, 사상가와 같은 엘리트 집단은 언어를 통일하려는 정부의 노력에 적극적으로 동참하였고, 그 결과 프랑스는 언어의 지역적 차이를 극복하고 국민 전체가 단일한 언어를 사용하는 국가로 발전하였던 것이다.

영국도 프랑스와 같이 민족과 언어의 지역적 차이를 극복하고 강력한 중앙 집권적인 국가를 수립하였다. 원래 영국에는 게르만 어군의 영어와 켈트 어군의 웨일스어, 스코틀랜드어, 아일랜드어가 지역적으로 분화되어 있었다. 특히 웨일스어는 산업혁명 이후, 영어의 침입으로 세력이 지속적으로 쇠퇴하고 있었다. 영어는 근대 이후에 교육제도를 포함한 정부의 정책으로부터 보호를 받으며 세력이 급속하게 확장되었고, 웨일즈어의 사용 인구는 1931년(90만 9,000명)부터 1981년(50만 8,000명)까지 불과 반세기만에 절반 가까이 감소하였다.

산업혁명 이후 웨일스인은 대부분 경제·사회적 지위가 낮은 하층민으로 광산이나 공장에 고용되었고, 이들이 광산과 공장에서 영어를 사용하지 않을 경우에 불이익을 주는 정부의 정책은 웨일스어의 소멸을 부채질하였다. 최근 10년 동안은 교육과 방송에 사용이 허용되었음에도 불구하고 웨일스어는 여전히 소멸 위기에 처해 있다. 웨일스어를 보전하려는 영국 정부의 노력은 이미 때가 늦었을지도 모른다. 현재 웨일스어는 일부 노년층만이 사용하고 있어, 조만간 완전히 죽은 언어가 될 위기에 있다. 이는 웨일스인들이 지명의 의미와 성씨의 기원을 전혀 알지 못할 날이 다가오고 있음을 의미하는 것으로, 머지않은 장래에 자기 고장에 있는 산, 하천, 마을, 도로, 도시 등에 붙여진 이름이 원래 무엇을 의미하였는지 그들은 까마득히 잊어버릴 것이다. 이러한 언어의 소멸에 따른 비극적인 상황은 스코틀랜드어와 아일랜드어와 같은 소수 언어에서도 마찬가지로 벌어지고 있다.

2) 인도의 언어 분열

기원전 1500년경 아리안족이 중앙아시아로부터 침입해 들어오기 전까지 인도 아대륙(亞大陸, sub-continent)에는 드라비다 어족의 언어를 사용하는 드라비다족이 살고 있었다. 이곳에 인도-유럽 어족에 속하는 다양한 종류의 언어들을 사용하고 있던 아리안족이 히말라야 산맥의 북쪽 고개를 넘어 인도 북부에 있는 평원으로 이주해 왔다. 그때부터 지금까지 인도 북부에는 인도-유럽 어족에 속하는 아리안족의 언어들이 널리 통용되고 있다. 기원전 1500년경부터 천여 년 동안 드라비다족은 아리안족의 세력에 밀려 남쪽으로 내려가다가 데칸 고원과 남부 해안에 정착하였다.

오늘날 인도 헌법이 인정하는 15개의 공식 언어 중에는 남부를 중심으로 분포하는 4개의 언어로 텔루구어, 타밀어, 칸나다어, 말라얄람어 등이 있다. 이 언어들은 모두 드라비다 어족에 속하는데, 제각기 인도 남부의 4개 주에서 공용어로 채택되고 있다. 또한 8~12세기에는 이슬람교도인 페르시아인과 터키인들이 인도 북부를 침입하였다. 이 정복자들은 인도의 원주민들과 의사소통을 하기 위해 우르두어라고 하는 피진어를 만들어냈다. 인도-유럽 어족에 속하는 우르두어는 아리안족 언어에 아라비아어, 페르시아어, 터키어의 단어를 첨가한 것이다. 아라비아-페르시아문자로 표기되는 우르두어는 인도 북부와 파키스탄에서 지금도 여전히 공식 언어로 남아 있다. 특히 인도 북부에서 우르드어는 이슬람교도의 지식층들이 애용하는 언어로 존속하고 있다. 영어는 17세기 영국인들에 의해 도입된 후 한동안 식민 정부의 공식 언어로 쓰이다가 지금은 인도의 소수 인구만이 사용하고 있다.

인도에서는 15개의 공식 언어만 가지고는 의사소통에 어려움이 뒤따른다. 15개의 공식 언어 이외에도 통역을 하지 않고는 알아들을 수 없는 방언이 무려 1,652개나 되기 때문이다.(그림 3-6) 친족 관계가 서로 가까운 힌디어, 힌두스탄어, 우르두어의 사용 인구를 모두 합한다고 해도 전체의 40%에 지나지 않는다. 영국의 식민지로부터 독립하고 1950년 헌법을 공포할 때, 인도 정부는 북부에서 통용되고 있는 힌디어를 인도 연방의 공용어로 지정하였다. 하지만 힌디어는 드라비다 어족 지역인 인도 남부나 벵골어 지역인 벵골 만 연안의 사람들에게는 공용어로 수용되지 못하였다. 인도 남부의 드라비다족은 힌디어를 외국어로 간주하기 때문에 정부의 노력이 난관에 봉착한 것이다.

독립 이후, 인도는 언어의 지역적 차이로 인하여 언어와 민족 집단 간에 심각한 갈등과 대립을 겪어 왔다. 인도의 주(州) 경계는 특히 언어의 경계와 거의 일치하기 때문에, 자기와 다른 주에 대한 반목과 질시는 어쩌면 당연한 현상일지도 모른다. 1953년 마드라스 주에서 텔루구어 집단이 타밀어 집단의 행정적 지배에 반발하여 자기 집단을 위한 주를 별도로 구성하겠다고 주장하였다. 마침내 중앙 정부에 대한 그들의 주장이 관철되어 안드라프라데시라는 주가 새로이 탄생하였다. 1960년에는 봄베이 주가 구자라트와 마하라슈트라의 2개 주로 분할되었으며, 1966년에는 펀자브 주가 시크족의 펀자브 주와 힌두족의 하리아나 주로 갈라졌다. 이러한 사례들은 모두 언어의 차이에 근거한 분리주의에 중앙 정부가 굴복한 결과이다.

또한 데칸 고원과 인도 동북부의 구릉과 삼림지대에서 3,000만 명에 달하는 부족들이 지역 자치를 요구하였다. 1963년에는 아삼과 미얀마 국경의 구

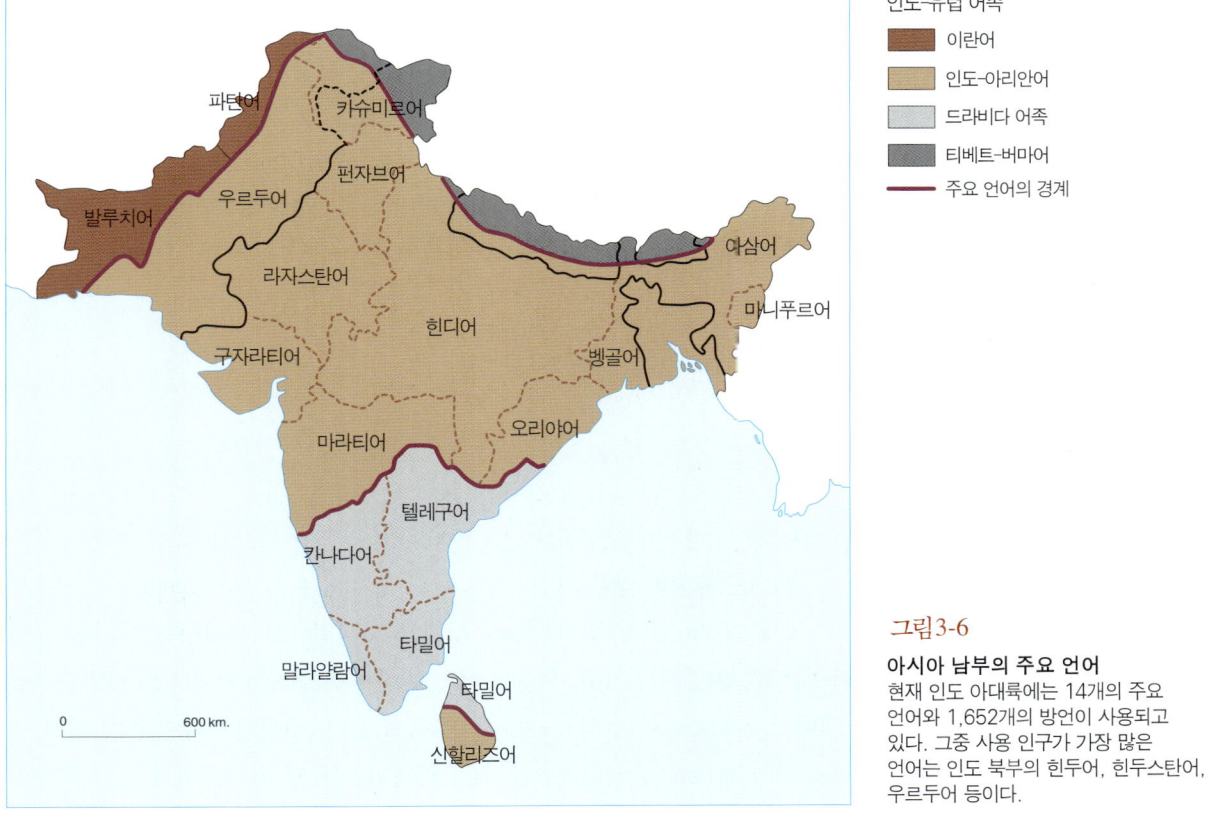

그림 3-6

아시아 남부의 주요 언어
현재 인도 아대륙에는 14개의 주요 언어와 1,652개의 방언이 사용되고 있다. 그중 사용 인구가 가장 많은 언어는 인도 북부의 힌두어, 힌두스탄어, 우르두어 등이다.

릉지대에서 나가 부족이 인도 정부에 대해 끈질기게 독립을 요구한 끝에 나갈랜드라는 신생국을 수립하였다. 민족분리주의 운동이 불법으로 금지되기 전 마드라스 주의 타밀족 지도자들은 인도 남부에 드라비다족을 위한 독립 국가를 건설할 것을 천명하였다.

4. 환경과 언어의 발달

언어는 자연환경은 물론 정치·경제·사회·문화적인 환경으로부터도 영향을 받으며 발달한다. 외부로부터 한곳에 들어와 정착한 언어는 새로운 환경에 적합한 표현을 발달시키기도 한다. 험준한 자연환경은 세력이 쇠퇴한 언어의 피난처가 되기도 하고 상이한 언어 간의 경계가 되기도 하며, 소수 언어로 전락했다가도 특정한 종교 집단으로부터 보호를 받아 명맥을 유지하는 경우도 있다. 이러한 소수 언어는 주위의 다수 언어로부터 존립에 위협을 받을지라도 쉽게 소멸되지 않는다.

1) 자연환경의 영향

특수한 자연환경은 사람들이 그것을 다각적으로 묘사하는 어휘를 개발하는데 영향을 준다. 기술 수준이 낮은 전통사회일수록 사람들은 자연환경을 섬세하고 정확하게 인식하는 능력을 가지고 있다. 자연환경에 관한 언어의 발달은, 언어 집단이 자신들이 처한 자연환경의 이용을 극대화하기 위한 문화적 적응의 산물인 것이다.

높은 구릉과 산지로 둘러싸인 카스티야왕국에서 유래한 에스파냐어는 굴곡이 심한 산지 지형을 묘사하는 단어가 풍부하다. 특히 산지의 형상과 지형의 미묘한 차이도 구별할 수 있을 만큼 산지와 언덕에 관한 명사가 다양하다. 또한 험한 바위 산이 많은 스코틀랜드에서 발달한 켈트어도 산지 지형을 묘사하는 어휘를 풍부하게 가지고 있으며, 바위투성이의 언덕이 많은 이탈리아 반도에서 생겨난 로마어에는 가축 사육과 관련지어 언덕을 묘사하는 단어들이 풍부하다. 이와 대조적으로 습윤한 해안 평야에서 발달한 영어는 산지 지형에 대한 어휘는 부족하지만, 시냇물이나 습지를 묘사하는 단어가 풍부하다.

인간의 거주가 어려운 자연환경은 다른 언어의 침략에 시달리는 소수 언어에게 피난처를 제공하기도 한다. 험준한 산악 지형, 춥거나 건조한 기후, 무성한 숲, 외딴 섬, 넓은 습지들은 모두 언어의 피난처가 되기에 적합한 자연환경이다. 험한 산과 언덕은 다수 언어가 세력을 팽창시키는 것을 저지하고, 계곡은 소수 언어를 격리시키는 역할을 하는 것이다.

이러한 소수 언어의 피난처 중에서 가장 대표적인 곳이 카프카스 산맥과 이에 인접한 중앙아시아의 산악지대이다.(그림 3-7) 카프카스 산맥에서 흑해와 카스피 해의 중간에 있는 부분은 아르메니아, 러시아, 그루지야, 아제르바이잔의 영토로 분할되어 있다. 이곳은 세계 언어의 전시장이라 부를 수 있을 만큼 많은, 30개가 넘는 소수 언어가 서로 고립되어 있다. 이 소수 언어들은 제각기 카프카스, 인도-유럽, 알타이 어족에 속하므로 의사소통이 전혀 불가능하다. 그밖에 알프스 산맥, 히말라야 산맥, 멕시코 고원에도 소수 언어의 피난처가 있다. 아메리카 인디언의 케추아어는 에스파냐어의 세력에 밀려 에콰도르를 지나는 안데스 산맥으로 후퇴하였다. 이 결과 케추아어는 안데스 산맥의 산세가 험준한 곳으로 들어갈수록 사용 인구가 점차 증가한다.

1900년대 초반까지 미국 전역에서는 영어의 확대로 인하여 소수 언어가 대부분 소멸되었다. 그럼에도 불구하고 뉴멕시코 주 로키 산맥의 일부 오지에는 고풍스러운 에스파냐어가 지금까지도 잔존하고 있다. 아라비아 반도의 작은 나라 오만에는 산지 부족인 도파르족이 함어를 보존하고 있다. 혹독하게 추운 북쪽의 툰드라기후지대는 우랄 어족, 알타이 어족, 에스키모(이누잇) 어족에게 훌륭한 피난처가 되었다. 아프리카 서부의 건조한 사막은 반투어 집단의 침략으로부터 피난해 온 코시안어 집단의 반영구적인 은신처가 되기도 했다.

하지만 교통과 통신이 고도로 발달한 현대에 외부의 영향을 받지 않고 살 수 있는 장소는 거의 남아 있지 않다. 드넓은 태평양 한가운데 있는 조그마한 섬이라도 비행기의 이륙과 착륙을 피할 수 없게 되었다. 외부 세계와 격리된 자연환경에 의지하여 살아남았던 소수 언어들이 이제 완전한 도태라는 운명을 맞이하고 있는 것이다.

끝으로 자연환경은 언어 집단의 이주를 유인하는 역할과 차단하는 역할 모두를 가지고 있다. 언어의 분포가 대체로 특정한 유형의 자연환경에 집중되기도 하는데, 이는 언어 집단이 이주할 때 특정한 유형의 자연환경을 계속해서 고집한 결과이다. 셈 어군은 건조·반건조 기후지대에 집중되어 분포한다. 우랄 어군의 마자르어를 사용하는 헝가리인들이 10세기에 아시아 대륙을 떠나 유럽 대륙으로 이동하면서, 과거에 살았던 곳과 자연환경이 유사한 알폴드라는 초원지대에 정착하였다.

이와 반대로, 인간이 거주를 기피하는 유형의 자연환경은 언어의 경계가 되기도 한다. 오늘날 인도 북부의 갠지스 강과 인더스 강 유역의 평원지대에는

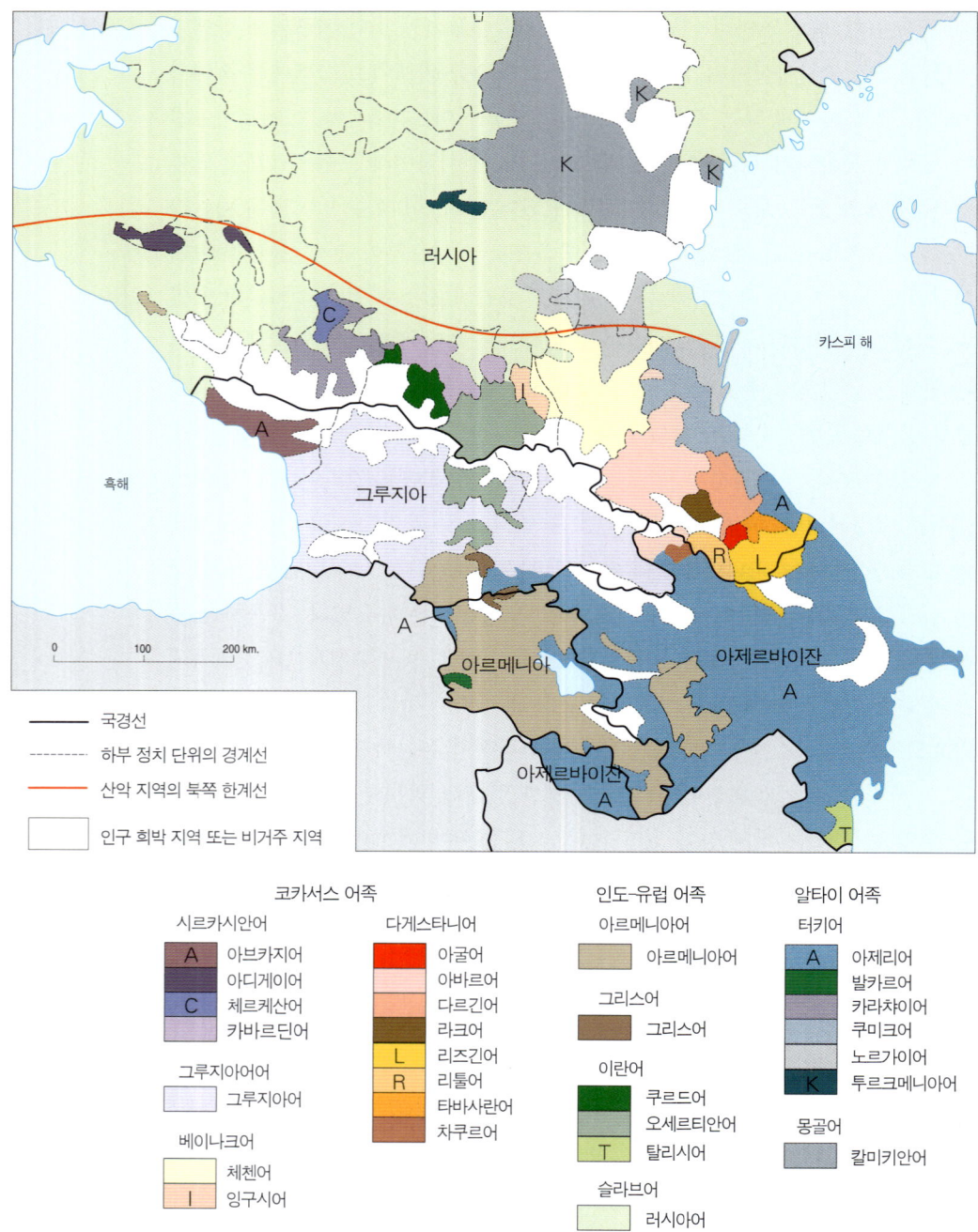

그림 3-7

언어의 피난처를 제공한 카프카스 산맥 흑해와 카스피 해 사이에 있는 험준한 산악 지역은 아르메니아, 러시아, 그루지아, 아제르바이잔의 일부 영토를 포함한다. 이 지역에는 매우 다양한 종류의 언어 집단이 사는데, 이들은 제각기 세 개의 주요 어족에 속한다. 산악 지역은 때때로 험준한 지형 때문에 언어의 피난처로 이용되어 언어의 분열이 심각하게 나타난다.

인도-유럽 어족에 속하는 언어 집단들이 살고 있다. 이는 과거 그들이 서북쪽 외곽에서 인도 내륙으로 진입할 때, 히말라야 산맥과 데칸 고원에 정착하는 것을 기피하였기 때문이다. 그들의 세력에 밀려난 드라비다 어족 집단은 남쪽으로 내려와 데칸 고원에 정착하였다. 결국, 힌두스탄 평원의 흑토지대와 데칸 고원의 적색토지대의 경계는 인도-유럽 어족과 드라비다 어족의 경계와 어느 정도 일치하게 된 것이다. 알프스 산맥은 오랜 세월 동안 남북 방향의 왕래에 자연 장벽이 되어왔다. 알프스 산맥을 경계로 그 북쪽은 독일어 집단이 거주하고, 그 남쪽은 이탈리아어 집단이 살고 있다. 서부아시아에서 비옥한 초승달 지역 북쪽의 산악지대는 인도-유럽 어족 지역과 아프로-아시아 어족(셈 어군) 지역을 남북으로 구분하는 경계가 되고 있다.

일반적으로 언어의 경계가 인간의 왕래를 방해하는 자연적 장벽으로 되어 있을 때는 오랫동안 바뀌지 않는다. 그러나 언어의 경계가 교통과 통신에 별로 장애가 되지 않는 평야일 경우에는 오래 지속되지 않는다. 예를 들어, 평탄한 지형이 드넓게 펼쳐진 북부 유럽 평원의 경우, 게르만 어군과 슬라브 어군의 경계가 지난 수천 년 동안 빈번하게 바뀌어 왔다.

2) 인문환경의 영향

현대에는 자연환경보다 인문환경이 언어의 공간적 확대에 더 많은 영향을 끼친다. 고대에는 기술과 경제력의 수준이 낮았으므로 언어의 공간적 확대가 자연환경의 제약을 더 많이 받을 수밖에 없었다. 하지만 현대에는 고도로 발달한 기술과 경제력이 자연환경의 한계를 극복하고 대규모적인 정치·군사 행동을 가능하게 하였다.

특히 교통 기술의 발달은 언어의 전파를 저지하는 자연 장벽을 무너뜨리는 결과를 가져왔다. 시베리아 횡단 철도가 관통되자 러시아어가 유라시아 대륙의 동쪽으로 퍼져 나갔으며, 캐나다와 알래스카를 연결하는 고속도로가 뚫리면서 북미 대륙의 북단에 있는 인디언 보호구역으로 영어가 보급되었다. 아마존 분지에도 내부를 관통하는 고속도로가 건설되자 외부 세계와 고립되어 있었던 인디언 언어가 소멸하는 운명에 처하게 되었다.

인류 역사를 통하여 지배 집단은 우월한 기술·경제·군사력을 근거로 피지배 집단에게 자기 언어를 강요해 왔다. 지배 언어는 법원, 병원, 군대, 학교와 같은 공공 기관의 공식 언어로 지정되었으며, 사회적 지위의 획득이나 상승을 위해서는 지배 언어를 습득하지 않으면 안 되었다. 지배 언어의 유창한 정도는 사회적인 경쟁력을 가늠하는 척도가 되었다. 특히 학교에서 지배 언어 이외의 언어를 허용하지 않는 교육 제도는 소수 언어 집단에게 심리적 압박감을 준다.

예를 들면, 미국의 교육 제도는 인디언들이 자기 고유의 언어를 버리고 영어를 사용하도록 강압하였다. 인디언 관리국이 운영하는 학교에서 토착 언어를 사용하는 인디언 아이들은 어떠한 체벌이라도 감수하지 않으면 안 되었다. 캐나다에서는 학교 운동장은 물론이고 학교 밖 거리에서도 인디언 언어를 사용하는 것이 발각되면 학교로부터 처벌을 받았다. 이러한 사회적 압력은 인디언 아이들에게 점차적으로 인디언 언어를 불편하다고 느끼게 했다.

미국에서 인디언 이외의 소수 민족들이 토착 언어를 포기하고 영어를 일상 언어로 선택하는 과정은 인디언들과 비슷하였다. 1910년대 후반에는 미국인 4명 중 1명꼴로 영어 대신에 이민 전에 살았던 모국의 언어를 사용하였다. 즉, 미국에서 전체 인구의 25%가 영어 이외의 언어를 일상 언어로 사용하였던 것이다. 이러한 현상은 미국이 독일, 폴란드, 이탈리아, 러시아, 중국과 같은 국가에서 대량 이민을 받아들인 결과였다. 하지만 1990년에는 영어 이외의 언어를 사용하는 인구가 전체 인구의 14%로 감소하였다. 이는 이민 2세들의 대부분이 일상 언어를 영어로 전환하였기 때문이었다. 예외적으로 에스파냐어를 사용하는 사람들 중에 모국어인 에스파냐어를 아직도 포기하지 않고 있는 경우가 적지 않다. 그들은 그 대가로 신분상의 불이익과 사회·경제적 지위의 불평등을 감수하고 있다.

언어가 종교의 공식 언어로 쓰이는 경우 종교와 함께 오랫동안 세력을 유지하는 경향이 있다. 이슬람제국이 이슬람교를 대외적으로 전파할 때, 아라비아어도 같이 아라비아 반도 바깥으로 널리 퍼져 나갔다. 이집트 민족은 이슬람교로 개종할 때, 토착 언어를 대신하여 아라비아어를 일상 언어로 선택하였으며, 이란은 일상생활이 아닌 종교 의식에서 아라비아어를 사용하고 있다. 로마 교황청이 있는 바티칸시티는 유럽에서 사어(死語)가 된 라틴어를 가톨릭 의식의 언어로 이용하고 있다. 피지 제도는 15개의 방언 중에서 기독교 성서를 번역하는 데 사용한 것을 국가 언어로 격상시켰다.

그리고 아무리 사회적 압력이 거세더라도 피지배 집단이 특정한 종교를 고수할 때 언어는 소멸되지 않고 살아남는다. 이스라엘이 건국되기 전까지 히브리어는 오직 유대교 의식의 언어로만 사용되었을 뿐 일상생활에서는 사어로 되어 있었다. 에티오피아의 콥트교도들은 소수 언어인 암하라어를 고대로부터 지금까지 변함없이 사용해 오고 있다. 로마 중심의 가톨릭으로부터 일찍이 이탈한 이집트의 한 종파인 콥트교가 지금은 에티오피아에만 잔존하고 있는 것이다.

5. 언어 경관

음성으로 전달되는 언어는 문자를 통해서야 비로소 눈에 보이는 문화 경관이 되며, 이렇게 표현된 것을 언어 경관이라 한다. 도로의 표지판, 상점의 간판, 플래카드, 벽면의 낙서, 지도의 지명 등은 문자로 표현된 언어 경관의 대표적인 사례들이다.

모든 국가는 대체로 한 개의 공식 문자를 가지고 있기 때문에, 사람들은 눈에 생소한 언어 경관들을 통하여 낯선 외국에 와 있음을 깨닫게 된다. 한국인이 중국이나 일본에 여행을 갔을 때 이국적인 느낌이 덜 드는 이유는 거리의 간판들이 한자로 되어 있기 때문이기도 하다. 이와 반대로, 동남아시아는 다소 생소한 문자로 쓰여 있기 때문에 한국인들에게 이국적인 느낌을 가지게 한다.(그림 3-8)

1) 문자와 간판(표식)

세계의 문자는 언어를 표현하는 원칙을 기준으로 표음문자, 음절문자, 유사 음절문자, 표의문자(상형문자) 등으로 구분된다. 표음문자는 로마자나 벵골문자와 같이 단음 하나를 단위로 하여 문자를 표현하는 것이다. 음절문자는 일본의 가나문자와 같이 하나의 음절을 단위로 하여 문자를 표현하는 것이다. 유사 음절문자는 인도 계통의 문자와 같이 단음과 단음절을 혼합한 것을 단위로 하여 문자를 표현하는 것이다. 표의문자 또는 상형문자는 중국의 한자와 같이 단어 하나를 단위로 하여 형상과 함께 음과 뜻을 전달하는 것이다.

세계에서 비교적 광범위하게 사용되고 있는 문자는 로마자와 인도 계통의 문자이다. 로마자는 유럽 전역과 유럽인들이 식민지로 개척한 신대륙에서 유럽 각국의 언어와 함께 다양한 형태로 사용되고 있다. 서부 유럽 국가들의 문자(영국·프랑스·독일·에스파냐 문자)는 알파벳의 형태가 로마자와 기본적으로 동일하다. 그러나 동부 유럽 국가들과 러시아의 문자는 알파벳 형태가 로마자와 많이 다르다. 예를 들면, 그리스문자와 키릴문자(러시아문자)는 로마자의 알파벳을 많이 변형한 형태를 하고 있다. 인도 계통의 문자는 동남아시아, 서남아시아, 아시아 남부, 아프리카 북부 등지에서 다양한 형태로 사용되고 있다. 중국의 상용문자인 한자는 한국, 일본, 베트남에서 자국 문자와 병행하여 사용되고 있다.

그림 3-8

이국적인 언어 경관
라틴 알파벳에 익숙한 사람들에게 이스라엘과 같은 국가의 언어 경관은 이국적인 느낌을 가지게 한다. 간혹 방문자들은, 이국적인 언어 경관을 보고 문맹자와 같은 느낌을 받기도 한다.

그림 3-9
오스트로네시아 어족에 속하는 폴리네시아 언어의 하나인 사모아어 이런 언어 경관은 태평양에 위치한 독립 국가인 서사모아의 수도에서 현재는 보편적이지만, 과거 영국의 식민지였을 때만 해도 찾아볼 수 없는 경관이었다.

인류 역사상 문자를 발명한 언어 집단은 적지만, 다른 언어 집단의 문자를 빌려다 쓰는 언어 집단들은 많다.(그림 3-9) 이란은 언어의 계통이 다른 아랍어를 표기하는 아라비아문자를 상용문자로 사용하고 있다. 베트남, 말레이시아, 인도네시아와 같은 동남아시아 국가들은 유럽 언어의 문자인 로마자를 상용문자로 쓰고 있다. 복수의 언어를 허용하고 있는 국가나 지역에는 거리의 간판에 서로 다른 문자들이 병기되어 있다. 인도의 델리에는 인도 글자와 로마자가 병기된 영화관 간판이 흔하고, 중국의 홍콩에는 로마자와 한자가 병기된 상점 간판이 즐비하다. 스위스의 도로 표지판에는 프랑스문자와 독일문자가 병기되어 있고, 아일랜드의 도로 표지판에는 영국문자와 아일랜드문자가 함께 쓰여 있다.

2) 지명

지명은 취락, 도로, 산, 하천에 붙여진 이름으로 언어, 방언, 민족의 차이를 반영한다. 지명에는 고유 명사만으로 되어 있는 유형과 일반 명사와 고유 명사가 결합되어 있는 유형이 있다. 지명에서 일반 명사가 고유 명사의 앞이나 뒤에 접두사나 접미사로 붙어 만들어지는 경우도 있다. 일반 명사가 붙은 지명의 분포는 그것을 만든 사람들의 거주 범위나 이주 경로와 관계가 있다. 다시 말해서, 일반 명사를 포함하는 지명의 분포는 자연환경의 개조와 문화의 전파 과정을 추적하는 근거 자료가 된다.

미국에서 북부 방언 지역은 읍과 촌락의 명칭을 만들 때, Center와 Corner라는 일반 명사를 접미사로 덧붙인다. 또한 미국의 최하위 행정 구역인 타운쉽(township)에는 East, West, North, South라는 일반 명사와 결합한 촌락의 명칭이 발견된다. 이러한 유형의 지명은 매사추세츠 주를 중심으로 하는 뉴잉글랜드 지방에서 양키들이 최초로 만들었다. 이들이 접두사로 붙인 지명의 분포는 양키들이 서부로 이동할 때 북부 방언 지역 전체로 확대되었다. 이와 대조적으로, 양키들이 거의 정착하지 않은 남부 방언 지역에는 이 유형의 지명이 발견되지 않는다.

예를 들면, 버몬트 주 오렌지카운티의 랜돌프 타운쉽에는 Randolph Center, South Randolph, East Randolph, North Randolph라는 촌락 명칭이 있다. 이러한 지명은 뉴잉글랜드 지방으로부터 중서부 지방을 거쳐 멀리 태평양 연안에까지 연속적으로 분포한다. 워싱턴 주 시애틀 시 부근에는 Center 또는 Corner와 결합한 지명이 보편적이다. Center와 결합한 지명은 미국 국경을 넘어 캐나다의 온타리오 주 두퍼린 카운티와 앨버타 주 에드먼턴 시 부근에도 분포한다.

때때로 지명은 문화가 소멸되고 나서도 끈질기게 살아남는 속성을 가지고 있다. 신대륙에서 유럽인들이 원주민 문화를 말살했음에도 불구하고 원주민이 사용하던 지명의 상당수가 오늘날까지 전해 내려오고 있다.(그림 3-10) 미국과 캐나다에는 각각 50개와 10개의 주가 고유한 이름을 가지고 있다. 그 중에서 미국의 27개 주와 캐나다의 4개 주가 인디언 언어에서 비롯된 이름을 가지고 있다. 또한 미국에는 주 이름 이외에도 인디언 언어와 관련된 지명은 적지 않다. 왈레 왈레(Walla Walla), 왁사하치(Waxahachie), 칼라마주(Kalamazoo), 마키낙(Mackinac), 미시시피(Mississippi), 시카고(Chicago) 등은 모두 인디언 언어를 어원으로 하는 지명들이다.

독일에서 엘베 강과 잘레 강의 동쪽은 테테로프(Teterow), 베를린(Berlin), 라이프치히(Leipzig) 등과 같이 -ow, -in, -zig라는 접미사가 붙은 촌락, 읍, 도시의 명칭이 보편적이다. 이들 접미사는 모두 슬라브어에 기원을 두고 있는 일반 명사들로, 이 명칭들은 800년경 슬라브족이 붙인 것들이다. 지금부터 1200년 전 동부 독일의 할라 시 근처 잘레 강 유역은 독일어 지역(서쪽)과 슬라브어 지역(동쪽)과의 경계지대였다. 지난 천여 년 동안 독일인의 진출과 더불어 독일

그림3-10
오스트레일리아 애버리진의 특수한 지명   이 지명은 일반적인 영어 지명과 결합되어 붙여진 것으로 오스트레일리아 빅토리아 주 오메오 근처에 존재한다. 이러한 표지판은 다른 곳에서 보기 드문 언어경관으로 지금은 존재하지 않는 문화 지역의 과거를 증언하고 있다.

어의 사용 범위가 잘레 강 동쪽으로 확대되었고, 지금도 이곳에는 여전히 슬라브 어원의 지명이 상당수 남아 있다.

또한 다뉴브 강 남쪽과 라인 강 서쪽에 있는 마을 이름에는 에쉬바일러(Eschweiler)와 같이 -weiler라는 접미사가 붙은 것이 있다. 접미사 -weiler가 붙은 촌락 명칭은 기원이 고대 로마제국시대로 거슬러 올라가는 라틴어 어원의 지명들이다. 작은 마을이라는 뜻을 가진 weiler는, '농장'을 의미하는 라틴어 'villare'에서 유래된 것이다.

이베리아 반도의 포르투갈과 에스파냐는 과거 7세기 동안 무어인의 지배를 받았다. 그렇기 때문에 무어인들이 붙인 아라비아 어원의 지명이 지금까지 상당수 남아 있다. 예를 들면, 과달키비르(Guadalquivir)와 과달루페호(Guadalupejo)라는 하천 이름에는 일률적으로 'guada-'라는 접두사가 붙어 있다. 이 단어는 강 또는 시내를 의미하는 아라비아어인 '와디(wadi)'가 전화(轉化)된 것으로, 과달키비르는 큰 강을 의미하는 'Wadi al Kabir'라는 아라비아어 지명에 대응되는 것이다.

4 종교

종교의 근본 목적은 우주의 힘, 인간의 정신과 육체와의 조화를 통해 인간의 삶과 죽음의 한계를 극복하는 것이다. 종교는 자연의 무한한 힘과 인간의 유한한 삶 사이에서 완충적 역할을 하는 존재이다. 때때로 종교는 인간 개인이 죽음의 공포를 극복하는 단순한 정신적인 믿음에 그치지 않고 인간 집단의 정치적인 이데올로기로 발전한다.

종교는 '그들'을 '우리들'과 배타적으로 구별하고 집단 정체성을 확립하는 사회·문화적 기준을 제공한다. 종교 집단 간의 상호 갈등과 대립은 인종 또는 언어 집단에 비해 더

Religious Realms

욱 심각한 경향이 있다. 인종·언어와 함께 배타적 민족주의를 강화시키는 종교는 민족 간 반목과 불신의 근본적인 원인이 되기도 한다. 아일랜드에서의 가톨릭(Cathclics)과 개신교(Protestants), 인도에서의 힌두교(Hinduism)와 이슬람교(Islam), 구유고슬라비아에서의 가톨릭과 러시아 정교(Orthodox) 또는 이슬람교, 중동에서의 유대교와 이슬람교는 상호 갈등하고 대립하는 관계에 있다.

문화의 본질적인 구성 요소인 종교는 민족·국가·지역·계층별로 분포의 차이를 보이고 있다. 세계 각지에는 여러 가지 유형의 종교가 존재한다. 포교 대상의 범위를 기준으로 할 때, 세계의 종교는 보편 종교와 민족(지역) 종교로 양분된다. 보편 종교는 분포가 광범위하고 신자수가 많지만, 민족 종교는 지역적으로 한정되어 있고 신자수가 상대적으로 적다. 민족 종교는 특정한 부족이나 민족에 국한하여 포교 활동을 하지만, 보편 종교는 민족을 넘어서 모든 인류를 대상으로 선교 활동을 한다.

세계에서 승려와 교단 조직을 구비한 민족 종교를 가진 국가는 이스라엘과 일본뿐이다. 일본의 신도(神道)는 유대교에 버금가는 수준의 조직력을 갖춘 민족 종교이다. 물론 세계 모든 종교는 일정한 지역 범위에 사는 부족이나 민족이 믿는 민족(지역) 종교로 출발하였다. 이런 민족 종교 중에 위대한 종교 지도자의 출현과 함께 보편 종교로 성장하여 나간 것들이 있다. 신자의 분포가 범세계적인 기독교 또한 매우 배타적인 민족 종교인 유대교를 모체로 발전한 보편 종교이다.

1. 세계 주요 종교의 분포

신자수를 기준으로 할 때, 세계의 3대 종교는 기독교, 이슬람교, 불교이다. 이들의 분포 영역은 그동안 서로 경쟁하면서 지금과 같은 범위를 차지하게 되었다. 지금은 인도의 민족 종교로 남아 있는 힌두교는, 과거 신자의 분포가 동남아시아에까지 걸치는 보편 종교로 성장하였던 시절이 있다. 애니미즘은 교리와 교단 조직이 체계화되어 있지는 않지만 분포 영역이 광범위하기 때문에 세계의 주요 종교로 분류할 만한 가치가 있다.(그림 4-1)

1) 기독교

보편 종교 중 하나인 기독교는 오늘날 세계 최대의 종교이다. 세계 인구의 1/3에 해당하는 약 19억 명이 기독교 신자이다. 중동지방에서 탄생한 기독교는 유럽 대륙으로 전파되면서 지속적으로 분열되었다. 전파 초기에 유럽의 기독교는 이른바 동부와 서부의 기독교로 양분되었다. 즉 로마를 중심으로 하는 라틴어 지역과 콘스탄티노플(현재의 이스탄불)을 중심으로 하는 그리스어 지역으로 분화된 것이다.

동부 기독교는 콥트교(Coptic Church), 마론교(Maronites), 네스토리아교(Nestorians), 동방 정교(Eastern Orthodoxy) 등으로 분파되었는데, 그중 다수 종파에 속하는 동방 정교는 그리스어 지역의 종파로 탄생하였다. 동방 정교는 슬라브족에 전파된 이후에 러시아 · 그리스 · 우크라이나 · 세르비아 정교와 같은 민족 종파로 갈라졌다. 콥트교는 한때 이집트의 국교로서 많은 신도를 거느리고 있었지만 지금은 소수 종교에 지나지 않는다. 네스토리아교는 에티오피아의 고지대에 사는 사람들이 믿고 있으며, 마론교는 7세기 레바논의 산지로 피난해 온 셈족의 후손들이 신봉한다. 네스토리아교는 쿠르디스탄 산맥과 인도의 케랄라 주에 사는 사람들이 믿고 있다.

서부 기독교는 1400~1500년대 로마 가톨릭(천주교)에서 개신교가 갈려 나갈 때 다양한 종파로 분화되었다. 유럽 제국주의의 팽창과 함께 세계 전역으로 퍼져 나간 개신교는 오늘날 인류의 1/6을 신도로 확보하고 있다. 또한 개신교는 미국 · 캐나다와 같은 신대륙으로 전파된 후에 더 많은 종파로 분화

세계의 주요 종교와 종파			신자수(100만)		세계 인구에서의 비율
기독교	로마 가톨릭		968		17%
	개신교	1928	467	33%	8%
	동방정교		225		5%
이슬람교	수니파	1100	913	19%	16%
	시아파		176		3%
불교	대승불교		182		3%
	소승불교	324	123	5%	2%
	라마교		20		<1%
중국의 복합 종교			225		4%
힌두교			781		13%
시크교			19		<1%
유대교			14		<1%
애니미즘			100		2%
무신론자			1062		18%

되었다. 특히 미국의 개척시대에는 개인적인 자유와 선택의 범위가 유럽 대륙보다 더욱 확대되어 있었다. 이 시대는 개신교의 새로운 종파가 탄생하기에 유리한 환경이었다. 미국에는 복수의 상이한 종교 집단이 공존하는 지역 공동체가 있는가 하면, 가족 구성원이 제각기 서로 다른 개신교 종파를 추종하는 가정도 있다. 오늘날 미국에는 약 2,000개의 개신교 종파가 공식적으로 확인되고 있다. 물론, 이 숫자에는 개신교 교단으로부터 정식으로 인정받지 못한 종파도 포함되어 있다.

    미국 남부는 개신교 종파가 가장 다양하게 분화되어 있다는 이유로 '성경지대(Bible Belt)'라고 불린다. 이 지역에는 침례교(Baptist)를 필두로 근본주의를 지향하는 보수적인 개신교 종파들의 세력이 강하다. 유타 주는 예외적인 개신교 종파인 모르몬교(Mormon)의 근거지이다. 미국 중서부는 감리교(Methodist)가 다수 종파이기는 하지만 전국에서 개신교 종파의 분열이 가장 극

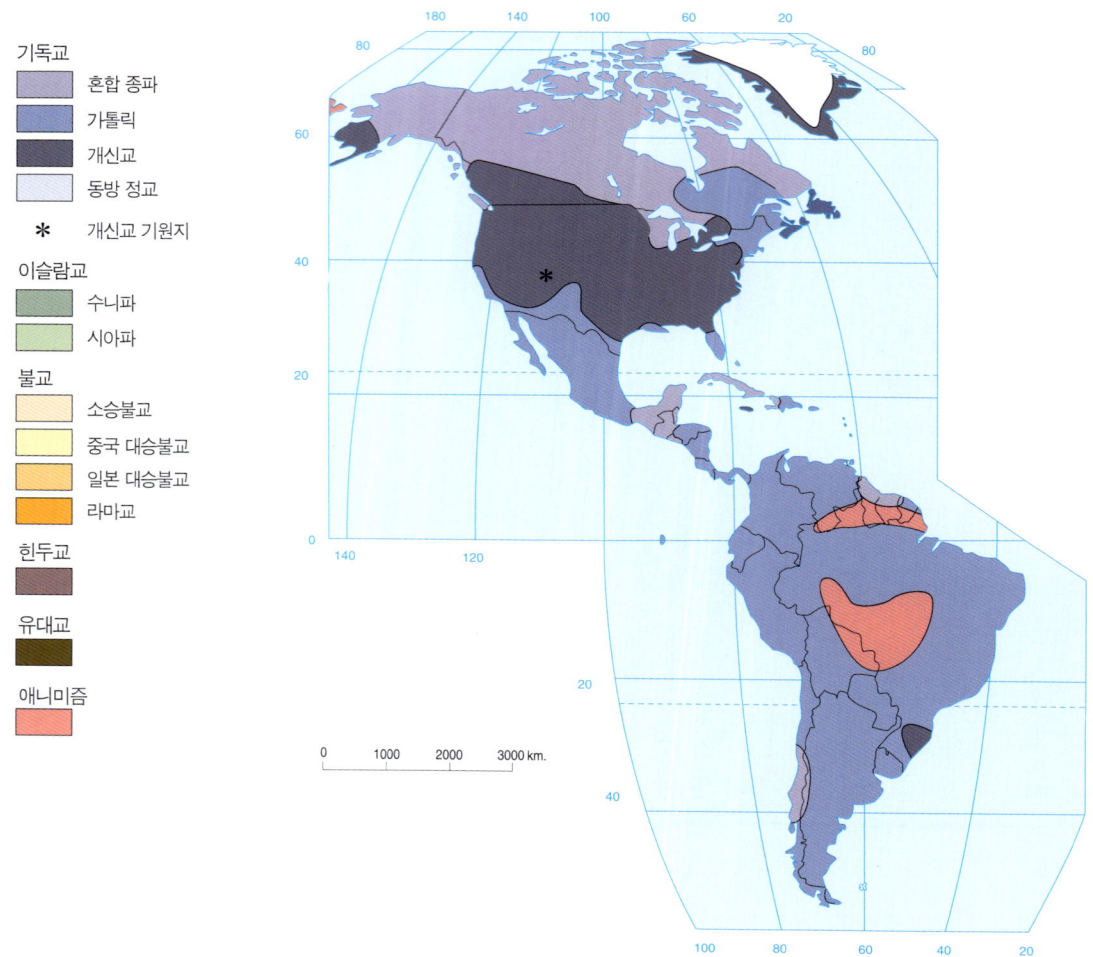

그림 4-1

세계 주요 종교의 분포 현실 세계는 하나의 지역에 하나의 종교만이 분포하지는 않는다. 따라서 이러한 지도화는 종교의 분포가 중첩된 현상까지 표현해 주지는 못 한다. 다만 지도에서는 상대적으로 우월한 세력의 종교 분포를 볼 수 있을 것이다.

심한 곳이다. 이 지역에는 감리교 이외에 로마 가톨릭, 루터교(Luther), 전그리스도교(Christian Church of Christ), 메노파(Mennonite), 모라비안교(Moravian), 칼빈파(Reformed), 통일 그리스도교(United Church of Christ) 등이 공존하고 있다. 그중 루터교는 중서부 북부인 미네소타 주, 다코타 주, 위스콘신 주의 서부에 집중적으로 분포하고 있다. 비영국계 이민자가 집중되어 있는 남서부의 국경지대, 루이지애나 주의 남부, 동북부의 공업지대에는 로마 가톨릭이 지배적이

제4장 종교 · 99

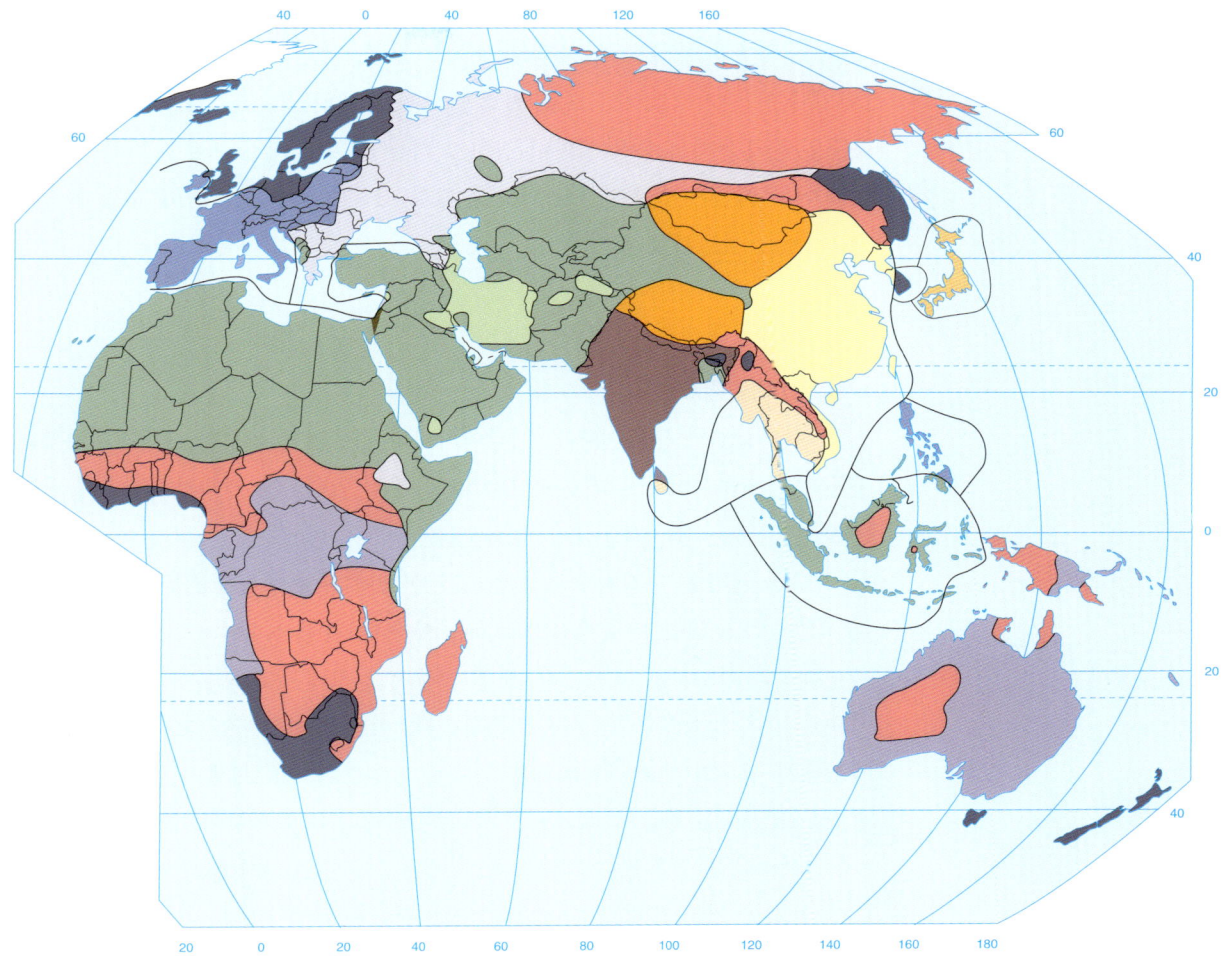

다. 남서부 국경지대의 멕시코계 이민자, 루이지애나 남부의 프랑스계 이민자, 동북부 공업지대의 아일랜드계 이민자들은 모두 로마 가톨릭을 믿는 국가를 모국으로 하는 사람들이다.

피상적으로, 미국의 종교 문화는 기독교라는 공통분모를 중심으로 전국적으로 동질화되어 있는 것처럼 보인다. 그러나 실상을 자세히 들여다보면 종교의 지역적인 차이는 점점 더 크게 벌어지고 있다. 그동안 연구에 의하면, 20

세기에 들어와 미국 기독교 종파의 지역적 분화는 더욱 심화되었다. 남부의 침례교, 중서부의 루터교, 남서부의 로마 가톨릭, 서부의 모르몬교는 모두 지난 1세기 동안 근거지를 중심으로 점점 세력을 확대하였다. 이 가운데 개신교 종파들은 한결같이 보수적 성향이 강하고 다른 종파에 대하여 매우 배타적이다. 또한 이 종파들은 전통적으로 막강한 교회 조직을 발판으로 삼아 교세 확장을 적극적으로 도모하고 있다.

2) 이슬람교

이슬람교의 분포 범위는 서남아시아와 아프리카 북부의 사막지대로부터 동쪽의 인도네시아와 필리핀에까지 넓게 걸쳐 있다. 전 세계적으로 이슬람교를 믿는 사람은 10억 1,000만 명에 달한다. 이슬람교는 기독교와 마찬가지로 단 하나의 신만을 인정하고 섬기는 유일신교이다. 이슬람교도들은 가장 위대한 예언자라고 믿는 마호메트(Mahomet, 아라비아 원음은 무하마드 Muhammad)를 이슬람교의 창시자로 떠받든다. 또한 그들은 성경에 등장하는 모세, 아브라함, 예수와 같은 인물들을 인정하고 존경한다. 이슬람의 성서인 코란(Koran)은 신자들에게 사후의 세계, 즉 내세를 약속하고 있으며, 약 14세기 이전 아라비아 반도에 살았다고 하는 마호메트가 설파한 도덕과 윤리 강령이 기록되어 있다.

이슬람교 신자들은 '다섯 개의 기둥(Five Pillars of Islam)'이라고 불리는 다섯 가지의 기본 의무를 일생 동안 실천해야만 한다.(그림 4-2) 그것은 첫째, 메카를 향해 하루에 다섯번씩 기도할 것, 둘째, 평소에 가난한 사람들에게 자선을 베풀 것, 셋째, 라마단(Ramadan), 즉 신성한 달인 9월에는 한 달 내내 일출부터 일몰까지 단식할 것, 넷째, 가능하면 일생에 적어도 한번은 메카를 순례할 것, 다섯째, 매일 알라신만이 유일한 신이고 마호메트는 그의 유일한 사도라고 고백할 것 등이다.

이슬람교는 마호메트가 죽은 후에 여러 개의 종파로 분열되었지만, 분열 양상이 기독교만큼 복잡하지는 않다. 이슬람교의 양대 종파인 시아파(Shi'ah)와 수니파(Sunni)를 제외한 나머지 종파는 세력이 극히 미미하다. 전체 신자수의 16%를 차지하는 시아파는 이란과 이라크에서 지배적인 종파이다. 근래에 시아파의 추종자들에 의해 근본주의 부활 운동이 이란을 중심으로 활발하게 전개되고 있다. 이 운동의 주된 목표는 서방 세계의 영향을 배격하고 신앙의 순수성

그림4-2
장소와 종교의 유기적 관계
전 세계의 이슬람교도들은 일년에 한번씩 사우디아라비아의 메카에 모여 알라신께 공동으로 기도를 올린다.

을 서방 세계와 접촉하기 이전과 같은 수준으로 회복하는 것이다. 오늘날 근본주의 운동은 시아파를 넘어 다른 종파로까지 번져나가고 있다. 이 운동은 신정일치(神政一致) 또는 정교일치(政敎一致)를 강력히 지지하기 때문에, 국내·외적으로 심각한 소요 사태를 수반하는 정치적인 긴장을 초래하고 있다.

이슬람교의 정통임을 자임하는 수니파는 신자의 80%라는 최대 다수를 차지하고 있다. 시아파가 인도-유럽 어족 지역에서 지배적인 종파인 반면, 수니파는 이와 다른 언어 지역을 중심으로 한 다수 종파이다. 수니파는 사우디아라비아를 중심으로 하는 서남아시아와 아프리카 북부, 동쪽으로는 멀리 인도네시아, 중국 서부, 방글라데시, 파키스탄에까지 분포한다. 특히 인도네시아는 아프로-아시아 어족인 아랍어를 사용하고 있음에도 불구하고 세계에서 수니파의 추종자가 가장 많은 국가이다. 방글라데시와 파키스탄은 인도-유럽 어족에 속하면서도 시아파가 아닌 수니파를 추종하고 있는 국가들이다.

3) 유대교

유대교는 기독교와 이슬람교 같이 유일신교이기는 하지만 보편 종교가 아니고 민족 종교이다. 유대교는 기독교의 모체이며, 이슬람교의 창설에 실질적인 기반이 되었다. 기독교, 이슬람교, 유대교는 공통적으로 헤브루 예언자들과 지도자들을 인정하고 있다. 하지만 유대교는 기독교나 이슬람교와 달리 두대 민족만을 포교 대상으로 한다.

로마제국시대에 유대인들은 이스라엘에서 강제로 추방된 후, 전 세계로 뿔뿔이 흩어졌다. 이때, 유대인들은 서로 접촉과 연락이 끊기면서 유대교는 여러 종파로 갈라졌다. 로마제국 각지로 분산된 유대인들은 제각기 거주하는 국가에서 소수 민족으로 살아갈 수밖에 없었으며, 구로마제국의 영역으로부터 유럽 전역, 아프리카 북부, 아라비아 반도에까지 이주하였다. 지중해 연안(포르투갈과 에스파냐)의 유대인들은 세파르딤(Sephardim)이라고 하고, 중부·동부 유럽의 유대인들은 아슈케나짐(Ashkenazim)이라고 한다.

19세기 후반과 20세기 초반까지 유럽을 이탈하여 미국으로 떠나는 아슈케나짐의 이민 행렬은 최고조에 달하였다. 독일에서 일어난 '홀로코스트(Holocaust)'라고 불리는 대량 학살로 전 세계 유대인 인구의 1/3이 희생되었다. 이때 희생된 유대인의 대다수가 아슈케나짐이었다. 이러한 재앙을 모면한 유대인들은 새롭게 탄생한 모국 이스라엘과 민족 차별이 적은 미국으로 이주하였다. 이때부터 이스라엘과 미국이 유럽을 대신하여 유대교의 최대 밀집 지역이 된 것이다. 오늘날 약 1,400만 명으로 추산되는 유대교 신자수의 절반가량인 약 700만 명이 북미 대륙에 살고 있다.

4) 힌두교

인도의 국교나 다름없는 힌두교는 현재 약 7억 8,100만 명의 신도를 거느리고 있는 민족 종교이다. 인도의 힌두교는 고대부터 언어와 민족의 경계를 넘어 주위로 멀리 퍼져 나갔다. 옛날 힌두교의 선교 활동은 멀리 인도네시아의 발리 섬에까지 미치는 보편 종교였다. 그러나 지금 힌두교를 믿는 사람은 인도 내부의 인도-유럽 어족과 드라비다 어족 지역에 국한되어 있을 뿐이다.

기독교·이슬람교·유대교와 달리, 힌두교는 수많은 신들을 인정하고 숭배하는 다신교(多神敎)이다. 조상과 직업을 기준으로 사람들을 엄격하게 분리하는 카스트(caste) 제도는 힌두교의 발달과 깊은 관계가 있다. 힌두교의 기본은 모든 생명체를 해치지 않는다는 아힘사(ahimsa, 불살생(不殺生)의 뜻)와 생명의 윤회에 대한 믿음이다. 힌두교에는 전국을 통제하는 중앙 교단이 없고 교리와 신앙 행위가 표준화되어 있지 않다. 다시 말해서, 힌두교는 일정한 정형이 결여된 채 지역적·국지적으로 다양화되어 있는 종교이다.

하지만 힌두교에는 전혀 다른 종교로 오해할 만큼 독자적인 종교 의식과 교리를 추구하는 종파들이 있다. 지금부터 2500년 전쯤 탄생한 자이나교(Jainism)는 힌두교의 경전, 종교 의식, 성직자 조직을 거부한다. 그러나 엄격한 금욕주의를 추구하고 아힘사와 생명의 윤회에 대한 믿음을 중시하는 전통은 힌두교와 동일하다. 이 종파를 추종하는 인구는 약 400만 명으로 대부분이 인도에 거주하고 있다. 이와 대조적으로, 1500년대에 탄생한 종파인 시크교(Sikhism)는 힌두교와 이슬람교를 통합한 형태로 출발하였다. 이 종파는 북서부의 펀자브 주를 중심으로 약 1,900만 명의 신도를 가지고 있다. 다신고를 추구하는 힌두교의 전통과 달리, 시크교는 단 하나의 신을 인정하고 믿는다. 그들은 펀자브 주의 암리차르에 있는 황금 사원을 최고의 성지로 숭배하며, 자기들만의 고유한 성서인 '아디그란트(Adi Granth)'를 가지고 있다.

5) 불교

불교는 지금부터 2500년 전에 힌두교를 모체로 하여 인도 북부에서 탄생하였다. 인도 북부 한 왕국의 왕자였던 고타마 싯다르타가 제창한 종교개혁은 불교의 창설로 이어졌다. 오늘날 세계 3대 종교의 하나인 불교는 아시아 대륙에서 가장 광범위한 분포를 보이는 종교이다. 그 분포 범위는 동서로는 스리랑카에서 일본까지, 남북으로는 몽골에서 베트남까지 넓게 걸쳐 있다. 현재, 불교는 기독교와 이슬람교 다음으로 많은 3억 2,400만 명의 신도를 가지고 있다.

특히 중국·한국·일본으로 전파·확산되는 과정에서 원시 불교는, 현지의 유교·도교·무속·신도(神道)와 같은 토착 신앙과 융합하였다. 이들 지역에서 불교는 원시 불교를 초월하여 더욱 통합적인 대승불교로 발전하였다. 스리랑카와 동남아시아에는 원시 불교에 별다른 변형이 가해지지 않은 남방불교, 즉 소승불교가 발달하였다. 원시 불교에 토착 신앙이 가장 많이 수용된 것은 티베트의 라마교로, 이후 티베트 고원을 벗어나 내륙에까지 퍼져 몽골과 중국으로 전래되었다.

중국·한국·일본에서는 불교가 토착 신앙과 많이 융합되었기 때문에 진정한 불교 신자를 식별하기가 쉽지 않다. 불교를 받아들인 토착 신앙은 외형상 불교로 착각할 만큼 불교적 요소를 교묘하게 가미하고 있기도 하다. 중국에서 이러한 유사 불교의 신자는 적게는 3억 2,400만 명, 많게는 5억 명 이상으로 추정된다. 한국에서도 불교 신자 중 상당수가 실제로는 불교 교리를 실행하지 않고 무속 신앙에 맹목적으로 매달리는 사람들이 있다. 또한 중국의 도교와 일본의 신도는 불교로부터 교단 조직과 사원을 모방하여 현재와 같은 형태의 고급 종교로 발전하기도 했다.

6) 애니미즘 또는 정령신앙

세계 각지에는 아직도 부족 단위의 생활을 하면서 애니미즘(Animism)을 믿는 사람들이 있다. 애니미즘을 추종하는 사람들은 의외로 많아서 최소 1억 명 가량으로 추산된다. 애니미즘은 교단 조직과 사원(寺院)이 없다는 이유로 고급 종교와 구별되어 원시적인 신앙이라고 규정되기도 한다. 그러나 애니미즘 중에는 종교적 절차와 의식이 고급 종교만큼 복잡하고 정교한 것들도 적지 않다.

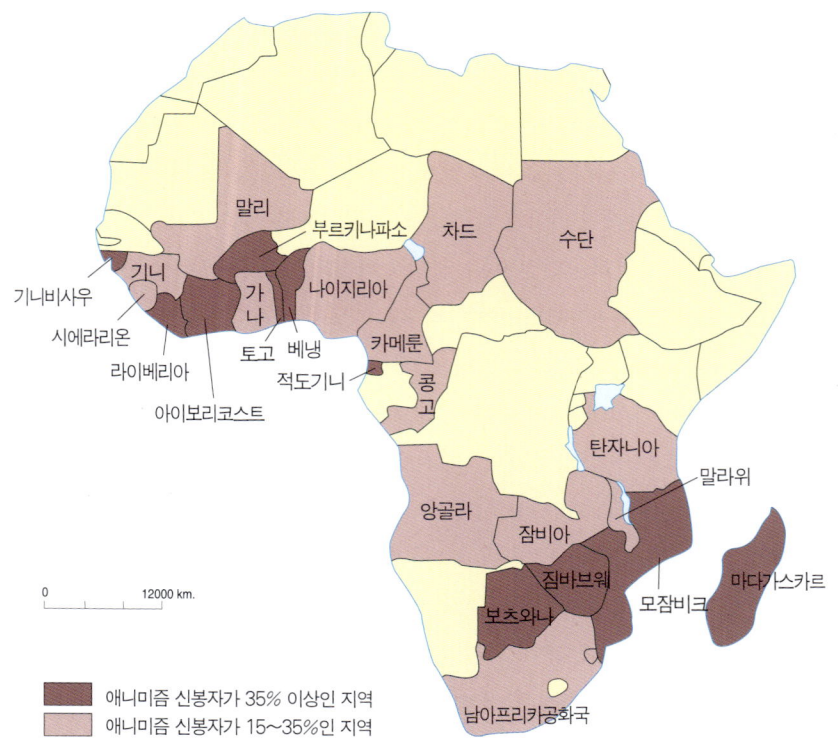

그림4-3

애니미즘의 마지막 근거지 아프리카
기독교와 이슬람교 선교사들의 적극적인 포교 활동에도 불구하고, 아프리카는 아직 애니미즘의 근거지로 남아 있다. 지금까지 남아 있는 아프리카의 애니미즘은 앞으로도 오랫동안 소멸되지 않을 것이다.

애니미즘 추종자들은 인간과 같이 영혼이나 혼백을 가지고 있는 사물이 있다고 믿고, 바위, 산, 산봉우리, 행성, 숲, 늪지 등에 영혼이 깃들어 있다고 믿는다. 부족들은 이러한 자연물들에게 이루고 싶은 소원을 비는데, 각기 다양한 특정 사물을 신앙의 대상으로 선택하고 있다. 바위와 숲을 신앙의 대상으로 삼는 부족이 있는가 하면, 행성과 산봉우리를 신앙의 대상으로 하는 부족이 있다. 이들에게는 대개 인간과 영혼을 연결하는 중간 매개자인 무당(shaman)이 존재한다. 특정한 사물이 어떤 부족에게 신앙의 대상이 되는 이유는 단지 영혼이 깃들어 있기 때문은 아니다. 애니미즘에서 신앙의 대상이 되는 사물은 인간과 전지전능한 절대자를 연결해 주는 매개체가 된다.

사하라 이남의 아프리카는 세계에서 가장 많은 애니미즘 신도를 가진 지역이다.(그림 4-3) 현재 이곳은 북쪽으로는 이슬람교가 급격하게 잠식해 들어오고 있고, 전체적으로는 기독교의 선교 활동이 적극적으로 전개되고 있다. 하지만 사하라 이남의 아프리카에서 애니미즘이 소멸될 가능성은 희박하다. 남아메리카 대륙에서는 아프리카 노예의 후예들이 애니미즘의 전통을 브분적으로나마 보전하고 있다. 브라질의 움반다(Umbanda)와 쿠바의 산테리아(Santeria)는 로마 가톨릭과 아프리카의 애니미즘이 결합한 형태의 신앙이다. 그중에서 움반다는 추종자가 약 3,000만 명에 이를 정도로 세력이 만만치 않다 둘 다 모두 로마 가톨릭이라는 외피를 쓰고 어렵게 살아남은 아프리카 기원의 애니미즘이다.

2. 주요 종교의 전파와 확산

기독교와 이슬람교는 서남아시아에서 발생하였고, 불교와 힌두교는 인도 북부에서 탄생하였다. 이들 세계의 4대 종교는 공통적으로 대륙을 아우르는 분포 범위를 가지고 있다. 신자수를 기준으로 순위를 매기면 세계의 4대 종교는 기독교, 이슬람교, 힌두교, 불교 등의 순이지만, 전파와 확산의 지리적 범위를 기준으로 하면 기독교, 이슬람교, 불교, 힌두교 등으로 순위가 정해진다.

1) 기독교 · 유대교 · 이슬람교

세계 3대 유일신교인 기독교 · 이슬람교 · 유대교는 공통적으로 서남아시아의 사막 가장자리 셈어 사용 지역에서 발생하였다.(그림 4-4) 이 셋 중에서 가장 오래된 종교는 유대교로 '비옥한 초승달지대(Fertile Crescent)'의 남단에서 4000여 년 전에 발생하였다. 유대교의 추종자들은 제2차 세계 대전 후에 지중해와 요르단 강 사이의 영토를 획득하였다. 결국, 이 영토를 기반으로 유대인들은 이스라엘이라는 국가를 재건하였다. 기독교는 '신이 약속한 땅'에서 유대교의 개혁 과정을 거쳐 새로운 종교로 발전하였다. 이슬람교는 이때로부터 7세기가 지난 후에 아라비아 반도 서부에서 유대교와 기독교를 모체로 탄생하였다.

일반적으로 종교는, 이동과 팽창이라는 두 가지 방법에 의해 퍼져 나간다. 종교 세력이 공간적으로 확대되는 과정은 '재위치 전파'와 '팽창 전파'로 형상화된다. 앞서 언급했듯이 팽창 전파는 계층 유형과 전염 유형으로 나눌 수 있다. 이중 계층 유형의 경우, 작은 마을이나 소수의 지역은 건너뛰고 도시의 상위계층에 교리를 주입시키는 유형이다. 일반적으로 보편 종교는 민족 종교에 비해 멀리 퍼져 나갈 가능성이 크다. 유일신 사상을 세계 전역에 퍼뜨린 종교는 모체였던 유대교가 아니고, 기독교와 이슬람교였다. 기독교와 이슬람교는 처음에 계층 유형의 형태를 띠고 서남아시아의 발생지로부터 세계의 다른 지역으로 퍼져 나갔다.

구약 성경의 마태복음에는 "너희는 거기에 가서 성부, 성자, 성령의 이

제4장 종교 · 107

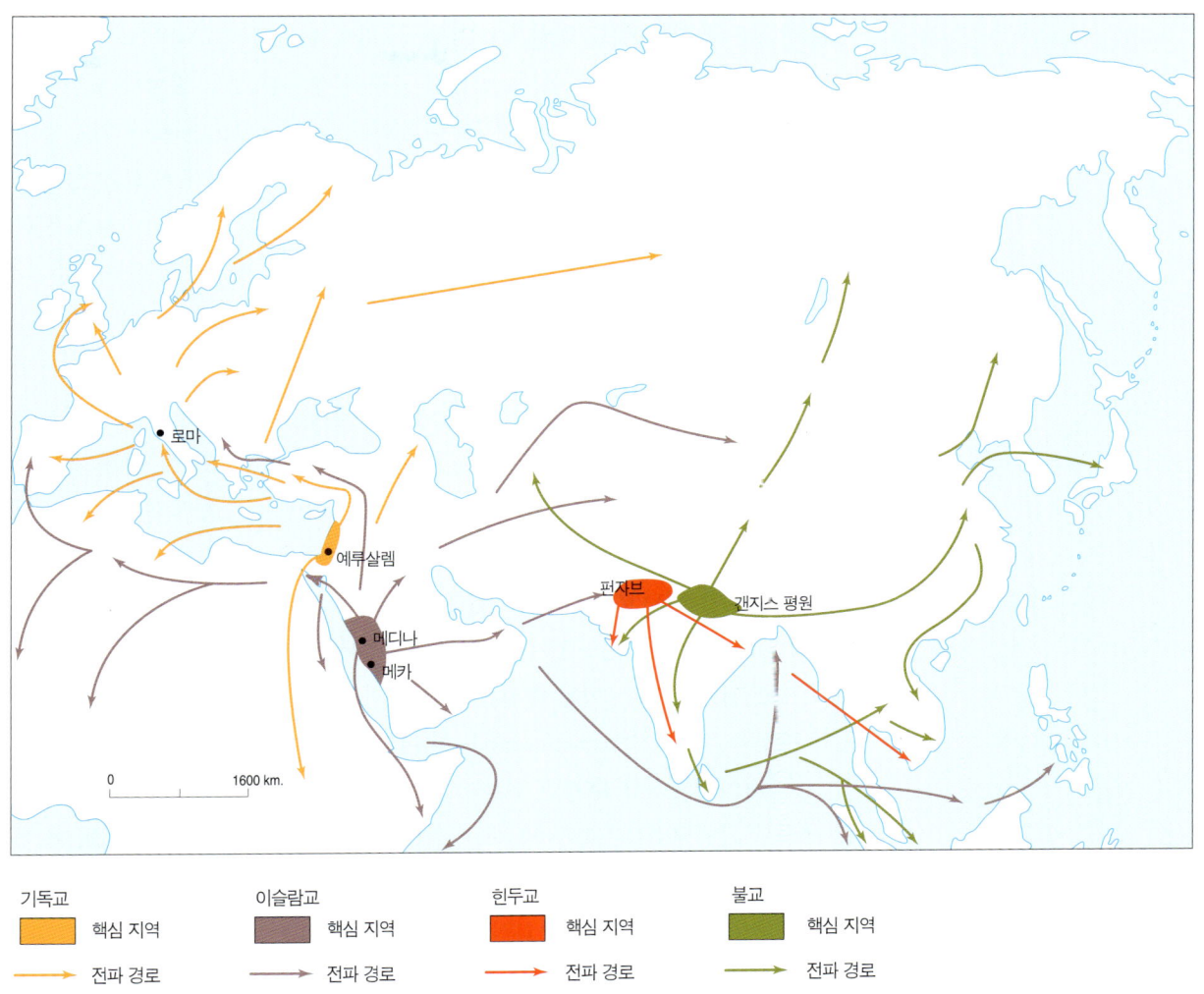

그림 4-4
세계 4대 종교의 기원과 전파 기독교와 이슬람교는 세계의 양대 유일신 신앙으로 셈족이 거주하는 서남아시아에서 발생한 다음 구대륙 전역으로 퍼져 나갔다. 힌두교와 불교는 인도 아대륙의 북부 지방에서 탄생한 다음 유라시아 남동부를 가로질러 전파되었다.

름으로 모든 민족들에게 세례를 주고, 내가 너희에게 명령한 모든 것을 그들이 준수하도록 가르쳐라"라는 구절이 있다. 이 구절은 초기 기독교도들이 다른 민족들에게 하는 포교 행위에 당위성을 제공하였다. 그들은 로마제국의 훌륭한 도로 체계를 다른 민족들에게 기독교 신앙을 전파하는 데 사용하였다. 전파의 초기, 기독교의 공간적 확대는 이른바 팽창 전파와 유사한 양상을 보였다. 도시를 중심으로 하는 선교 전략으로 인해, 로마제국은 기독교도의 도시와 이교도의 농촌으로 양분되기도 했다. 농촌에 교회가 세워진 것은 전국의 도시들이 기독교도의 거주지로 모두 전환된 다음이었다. '이교도(pagan)'와 '농민(peasant)'의 어원은 라틴어 '파구스(pagus)'이다. 로마제국시대에 본래 농촌을 의미하던 '파구스'가 후에 이교도(異敎徒)의 거주지를 가리키는 단어로 발전하였던 것이다.

사도 바울(Paul)과 같은 전파 초기의 선교사들은 전국에 산재한 도시들을 우선적으로 공략하는 선교 전략을 선택하였다. 선교사들은 도시에서 도시로 이동하면서 새로운 신앙을 로마제국의 사람들에게 전달하였다. 러시아인들과 폴란드인들이 기독교로 개종한 것은 로마제국의 영토 바깥에서 왕과 부족장 등의 지배계급에게 우선적으로 포교한 결과였다. 이베리아 반도와 라틴아메리카로 기독교 세력이 확대된 것은 군사력을 이용하여 토착민들에게 기독교로의 개종을 강압한 결과였다. 계층 유형을 통하여 도시와 같은 포교 거점에 일단 뿌리를 내리면, 기독교는 전염 유형을 통해 다시 주변으로 퍼져 나갔다. 이와 같이, 신도와 비신도 사이의 일상적인 접촉 관계를 통하여 새로운 종교를 수용하는 현상을 접촉 개종(contact conversion)이라고 부른다.

서남아시아에서 탄생한 이슬람교는 군사력의 팽창과 함께 다른 지역으로 세력이 확대되었다. 코란에는 "진실에 대한 확신이 있고 알라신(Allah)의 숭배만이 있을 때까지 그들과 싸워라"고 하는 구절이 있다. 이 구절은 아랍인 신자들에게 군사적인 정복과 종교적인 정복을 같은 것으로 간주하게 했다. 사하라 이북의 아프리카 북부로 이슬람교가 빠르게 전파된 것은 이런 군사적 정복에 기인하였다. 아랍인들과 마찬가지로, 터키인들 또한 이슬람교로 개종한 다음에는 선교 활동에 적극적이었다. 현재의 터키를 중심으로 성장한 무어제국은 이베리아 반도를 정복할 때 이슬람교의 포교까지 도모하였다.

또한 이슬람 상인들은 동쪽으로 필리핀, 인도네시아, 중국 내륙에까지 이슬람교를 전파하였다. 이때 이슬람교는 이슬람 상인들의 교역로를 따라 계층 유형의 형태로 세력이 확대되었다. 오늘날에는 사하라 이남의 열대 아프리카에서 이슬람교의 세력이 급속도로 팽창하고 있다. 이곳에서 이슬람교는 애니미즘을 믿는 사람들을 개종시키려는 기독교와 경쟁 관계에 놓여 있는 것이다. 사하라 이남의 아프리카에서 이슬람교도의 높은 인구 증가율은 적극적인 포교 노력과 함께 이슬람교의 세력 확대에 기여하고 있다.

2) 힌두교 · 불교

서남아시아의 사막지대와 비견되는 또 하나의 세계적인 종교 발생지는 인도 내륙의 북부 평원이다. 인도의 갠지스 강과 인더스 강 유역의 저지대는 힌두교와 불교가 발생한 곳이다. 힌두교는 지금부터 최소한 4000년 전에 탄생했고, 불교는 힌두교를 모체로 하여 2500년 전에 출현하였다. 보편화된 학설에 의하면, 힌두교는 펀자브 지방을 기원지로 하여 인도 전역으로 퍼져 나갔다. 하지만 힌두교의 최초 형태가 기원전 1500년경 인도-유럽 어족의 이주와 함께 이란에서 인도 반도로 전래되었다는 학설도 있다. 힌두교가 인도로 전래된 후 한동안 지속되었던 해외 지역을 대상으로 하는 힌두교의 선교 활동은 점차적으로 감소하였다.

기원전 500년경, 불교는 갠지스 평원과 경계를 이루는 산기슭에서 힌두교와 대치할 만큼 세력이 성장하였다. 그후 몇 세기 동안 인도 반도에서 세력을 확대시키던 불교는, 마침내 반도 바깥으로까지 그 세력이 퍼져 나갔다. 선교사들은 중국(기원전 100~서기 200년), 한국과 일본(300~500년), 동남아시아(400~600년), 티베트(700년), 몽골(1500년) 등지로 불교를 전파하였다. 불교는 특이하게도 발생지인 인도에서는 쇠퇴한 반면, 인도 바깥에서는 다양한 종파로 발전하였다.

전파 초기 인도의 불교는 중국에서 여러 가지 난관에 봉착하였다. 그중 불교의 전파를 가장 어렵게 하는 장애물은 중국의 전통 문화였다. 중국인들은 인도의 불교를 일방적으로 수용하지 않고 중국의 전통 문화와 결합시키는 방법을 택했다. 불교는 중국의 사회와 문화에 깊숙이 침투하면서, 중국의 전통 문화와 융합하였던 것이다. 특히 중국 고유의 가족에 대한 제사 의식이 불교 의식에 많이 유입되었다. 인도 불교에서 언급되는 지옥과 극락의 세계는 중국 전래의 관료제로 각색되었다. 중국의 불교는 우주 만물로부터 구원을 얻을 수 있고, 조상과 친척들의 영혼이 마음의 평정과 해탈에 도움을 줄 수 있다고 믿는다. 인도의 불상은 뼈가 앙상한 몸에 가사를 반쯤 걸치고 있는 금욕적인 모습을 하고 있다. 이에 비해, 중국의 불교 조각가들은 평소에 음식을 잘 먹어서 배가 불룩 나온 행복하고도 세속적인 모습의 불상, 즉 미륵을 창조하였다.

3. 종교와 자연환경과의 관계

모든 종교가 공통적으로 추구하는 목표 중 하나가 인간과 자연환경의 조화이다. 일반적으로 종교의 교리는 인간이 자연환경에 대해 가져야 할 태도에 대한 계시를 담고 있다. 자연환경에 대해 능동적인 태도를 강조하는 종교가 있는가 하면, 수동적인 태도를 권장하는 종교가 있다. 이와 반대로, 자연 재해나 재앙 같은 자연환경의 변화는 종교의 발달에 지대한 영향을 주기도 한다.

1) 종교 발생의 배경으로서의 자연환경

자연환경이 종교의 발달에 미친 영향은 부족 단위의 애니미즘에서 가장 뚜렷하다. 사실, 애니미즘의 종교 의식에는 인간과 자연과의 조화로운 관계를 중재하는 내용이 많다. 애니미즘은 비를 내리게 하기 위해, 지진을 멈추게 하기 위해, 역병을 몰아내기 위해 종교 의식을 행한다. 이는 인간과 자연과의 관계를 조화롭게 하려면, 자연의 변화를 주재한다고 믿는 영혼을 달래야 하기 때문이다.

때때로, 종교와 자연 재해와의 상호 관계는 눈으로 충분히 확인할 수 있다. 콜럼버스가 신대륙을 발견하기 이전에, 멕시코 중부 푸에블라 근처의 촐룰라에는 높이가 5,500m나 되는 곳에 하늘 높이 솟아 있는 피라미드 사원이 있었다. 이 피라미드는 거대한 화산을 연상시키는 모양을 하고 있어 쳐다보는 사람에게 매우 위협적인 느낌을 준다. 실제로 이것은 인근에 있는 포포카테페틀(Popocatepetl)이라는 활화산을 모방하여 만든 것이다. 인디언 원주민들이 여기에 사원과 피라미드를 세운 목적은 언제나 생명을 위협하는 화산의 활동을 관장하는 영혼을 달래기 위한 것이었다. 신대륙 발견 이후 가톨릭 선교사들은, 화산 활동을 억제하는 영혼의 힘을 믿지 않으면서도 피라미드를 허물지 않았다. 또한 그들은 교회가 신성한 장소에 위치한다는 느낌이 들도록 피라미드 위에 교회를 건설하였다.

이런 자연의 위협에 따른 영향은 애니미즘보다는 정도가 약하지만 다른 종교에서도 나타난다. 에덴동산처럼 유대교나 기독교의 전통을 따르는 사람들에게 때때로 자연이 상징적인 존재가 되기도 한다. 그들은 신앙심이 경건한 사람들에게는 자연이 우호적이지만 죄지은 사람들에게는 그렇지 않다고 믿는다. 또한 그들은 죄지은 사람들을 벌하기 위해 신이 천재지변과 같은 자연 재해를 일으킨다고 믿는다. 그래서 이런 위협에서 벗어나기 위해 자연의 변화를 관장한다는 신을 달래는 종교 의식을 거행하기도 한다.

미국의 대평원에서 기독교 성직자들은 기상 상태를 바꾸기 위하여 특별한 종교 의식을 집행하기도 한다. 이곳에서 가뭄이 든 해에 교회에 가서 비를 내리게 해달라고 기도하는 행위는 보편화되어 있다. 중국의 산둥반도를 중심으로 하는 동부 지방은 지난 수세기 동안 농작물을 해치는 메뚜기떼가 창궐하였다. 하지만 농민들은 메뚜기의 박멸에 나서지 않고 오히려 메뚜기를 신으로 숭배하는 사원을 세웠다.(그림 4-5) 그리고는 메뚜기 신에게 농작물을 공격하지 말아 달라고 기원하는 종교 의식을 거행했다. 산둥반도에서 메뚜기 신을 섬기는 사원은, 메뚜기떼로 인한 농작물 피해가 많이 발생한 곳에 집중되어 있다.

유일신교의 발생에 자연환경이 결정적인 영향을 끼쳤다는 학설은 그동

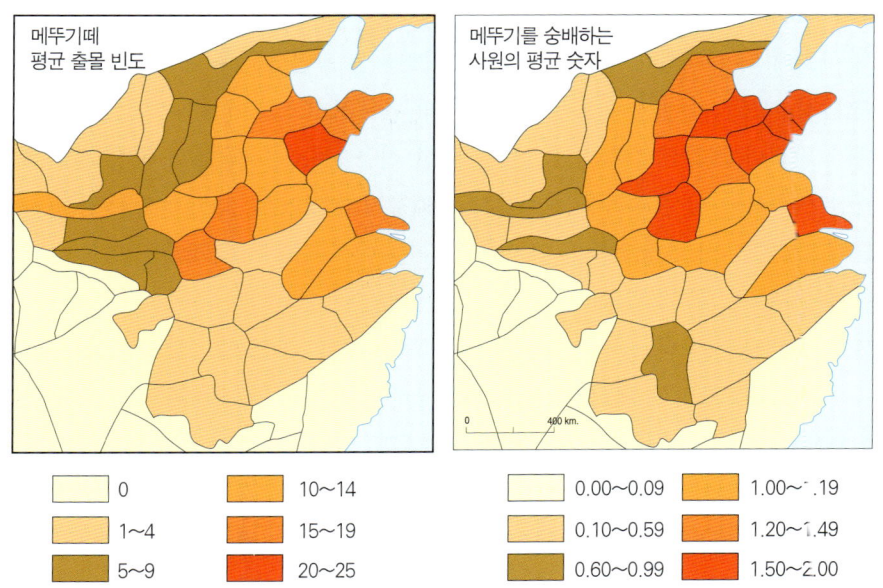

그림4-5
중국에서 메뚜기떼가 출몰한 빈도와 메뚜기를 숭배하는 종교 발생 자연 재해에 대처하는 이러한 종교는, 전략으로 자연스럽게 발생하였다. 중국에서의 메뚜기 숭배는 불교, 유교, 도교를 하나로 합성하여 만든 일종의 혼합 종교인 것이다.

안 많은 논란을 불러 일으켜 왔다. 세계 3대 유일신교인 유대교, 기독교, 이슬람교는 모두 중동지방의 사막지대에서 탄생했으며, 불교의 종파 중 유일신교에 가장 가까운 라마교는 티베트와 몽골의 사막지대에서 번창하고 있다. 또한 유일신교의 발생에 관여한 헤브루인, 아랍인, 티베트인, 몽골인은 모두 과거 한때 사막지대를 활동무대로 했던 유목민들이었다.

미국의 여류 지리학자 엘렌 셈플(Ellen Semple)은 유목민들이 처한 독특한 자연환경이 유일신교의 발생과 성장에 결정적인 영향을 주었다고 주장하였다. 즉, 사막의 유목민들은 자기 주위에 있는 단조로운 자연환경에서 '우주의 단일성'에 대한 인상을 받았다는 것이다. 그녀에 의하면, 사막의 맑게 갠 하늘에 선명하게 보이는 별과 행성이 유목민들로 하여금 천체의 운행이 질서를 가지고 반복된다고 생각하게 했으며, 이런 밤하늘을 응시하면서 자연스럽게 우주의 질서를 관장하는 유일한 절대자가 있을 것이라는 생각을 하게 되었다는 것이다. 고전적인 환경결정론(environmental determinism)을 지지하는 셈플은 사막의 거주자들이 유일신교를 창설하는 것은 필연적이었다고 결론지었다.

하지만 가능론(possibilism)의 입장에서 셈플과 다른 견해를 제시한 학자들도 있다. 그들의 주장은 사막이라는 자연환경보다는 오히려 유목민들의 사회 구조에 더 주목해야 한다는 것이다. 사막의 유목민들은 독재적인 권력을 가진 남성 지도자가 통치하는 부족과 친족의 단위로 조직되어 있다. 즉 중동지방에서 발생한 유일신교의 전지전능한 남성 신은, 무소불위(無所不爲)의 권력을 가진 세속적인 남성 족장을 신학적으로 재현시킨 것이다. 대체적으로 남성 신들이 목축민이나 수렵민들과 관계가 있다면, 여성 신들은 정착 농경민들과 관련이 있다. 농경민들은 농경 초기에, 여성이 작물의 재배를 전담했기 때문에 다산(多産)을 상징하고 풍년을 관장하는 신으로 여성 신을 받들었을 것이다.

셈플의 주장과 달리, 유일신교를 믿는 유목민들이 거대한 문화 지역의 주변에 살아왔다는 사실에 주목하는 학자들도 있다. 그들은 새로운 사고(아이디어)는 전통적이고 보수적인 사고가 깊이 뿌리를 내린 중심부(핵심지대)가 아닌 주변부(경계지대)에서 탄생한다는 것이다. 그러나 지금까지 밝혀진 사실로는 초기 형태의 유일신교가 언제, 어디에서, 어떻게 발생했는지 분명히 밝힐 수 없다. 하다못해 최초의 유일신교 신도들이 사막의 유목민들이었다는 사실조차 충분히 증명되지 않고 있다. 더구나 사막의 유목민들 중에도 다신교를 믿는 사람들이 있었다는 사실은 셈플의 주장을 약화시킨다.

2) 자연관 또는 환경인지에 대한 종교의 영향

① 자연관에 대한 영향

자연환경이 종교적 믿음과 행위에 영향을 준다고 한다면, 종교의 교리는 인간에 의한 자연환경의 개조에 영향을 끼친다. 린 화이트(Lynn White)는 "자연과 운명에 대한 인간의 믿음은 인간과 자연의 상호 작용에 깊이 관여한다"고 주장하였다. 어떤 종교는 자연에 대한 인간의 지배를 당연한 것이라고 믿기도 한다. 뉴질랜드의 마오리족은 삼림과 동물, 농작물, 야생 음식, 바다와 물고기, 바람과 폭풍 그리고 인간을 여섯 피조물이라고 믿는다. 그리고 그중 하나인 인간이 다섯 피조물들을 지배하는 위치에 있다고 믿고 있다.

유대교-기독교의 전통은 인간이 자연에 대한 지배권을 가지고 있다는 견해를 신학 이론으로 정당화하고 있다. 신학 이론의 기저에는, "인간은 자연에 대하여 우월한 위치를 점유하고 있는 독립적인 존재이다. 지구는 이러한 인간을 위하여 특별히 창조되었다"라는 견해가 깔려 있다. 이러한 견해는 대홍수 이후에 노아에게 보낸 메시지에 암시되어 있다. 이 메시지에는 "살아 움직이는 모든 것들이 너희들의 식량이 될지어다. 너희들에게 푸른 식물을 준 것처럼 모든 것을 주노라"는 약속의 내용이 들어 있으며, 구약성서 시편에는 "하늘은 주님의 하늘이지만 땅은 주님이 사람들에게 준 것이다"라고 언급되어 있다. 이 문장들을 해석하면 인간은 자연의 일부가 아닌 엄연히 자연으로부터 분리되어 있는 존재인 것이다. 다시 말해서 인간은 하느님·자연·인간이라는 삼자 관계를 구성하는 개별적 요소라는 것이다.

의심할 여지없이, 초기 기독교도들은 대지(大地)는 신이 인간에게 준 것이라고 믿었다. 그들은, 인간은 창조라는 신의 과업을 완성시키기 위한 조력자이기 때문에, 인간에 의한 환경 개조는 인간의 작품이 아니라 신의 작품이라고 여겼다. 중세 유럽에서 행해졌었던 전례가 없을 정도로 대규모적인 삼림의 제거와 습지의 개간은, 기독교 신학 이론을 실천한 것이었다. 이에 따라 시토파(Cistercian) 수도회와 성 베네딕트(Benedict) 수도회의 신부들은 농경지 확대 사업을 능동적으로 관장하기도 했다.

화이트의 견해를 따르면, 기독교는 자연을 신성하게 여기는 인간의 원초적인 정서를 파괴하였다. 결과적으로 유대교·기독교적인 서방 세계에서 일어난 과학적인 진보는 환경의 급속한 개조를 가능하게 했다. 그는 과학 기술과 기독교 신학의 결합이야말로 현대 인류가 처한 생태적 위기의 근원이라고 주장했다. 이와 대조적으로, 아시아의 주요 종교와 애니미즘은 자연을 보호해야 한다는 가르침과 믿음을 간직하고 있다. 이러한 종교를 믿는 사람들은 자연을 보호하는 태도를 가지므로, 생태적 균형을 깨뜨리는 일은 가능하면 삼가려고 할 것이다. 예를 들면, 힌두교의 교리인 아힘사는 인도 북서부를 중심으로 동물의 집, 보호소, 병원들이 많이 생겨나게 한 배경이 되었다. 이 지역에서 핀지라폴(pinjrapole)이라고 하는 동물 병원은 자이나교도들을 위한 것이다.

지리학자 이-푸 투안(Yi-Fu Tuan)은 화이트의 주장에 이의를 제기하였다. 그는 종교가 제시하는 이상은 실제적인 현실과 상당한 괴리가 있다고 지적하였다. 예를 들면, 삼림 보호를 지향하는 종교적 전통을 가지고 있는 중국에서는 지난 수만 년 동안 지속적으로 삼림이 파괴되어 왔다. 동양의 종교나 부족의 신앙이 종교적인 교리에 충실하여 지금까지 일관되게 환경을 보호해 오지는 않았다. 불교가 사원의 나무들은 보호하지만, 시체를 화장하는 연료로 엄청난 양의 나무를 소비한다.(그림 4-6) 애니미즘을 믿는 이동식 경작자들은 도끼와 불로 삼림을 제거하기 전에 삼림의 영혼을 달래기 위하여 재물을 바치기도 한다. 투안은 종교보다는 문명이 자연에 대한 인간의 지배를 가능하게 하는 주체라고 했다. 종교는 자연을 파괴하는 문명의 행위에 대해 저항을 넘어 근본적인 저지조차 실현하지 못한다고 보았다.

인간주의 문화지리학자인 로빈 다우티(Robin Doughty)는 투안과 다른 입장에서, 유대교와 기독교의 전통이 인간에 의한 환경 파괴에 개입되어 있다는

그림4-6

네팔의 신성한 강인 바그마티 강, 힌두교도의 화장터에 쌓여 있는 장작더미
네팔에서의 화장 풍습은 삼림의 지속적 감소에 지대한 영향을 주었다. 이는 또한 생태계를 파괴하는 행위를 금지하는 힌두교의 아힘사를 배반하는 내적 모순을 초래하는 것이기도 하다.

견해를 반대하였다. 그는 유대교-기독교 전통에도 환경 보호에 대한 관심이 있다고 주장한다. 예를 들면, 구약성서 레위기에는 7년에 한번씩 휴경지를 두고 휴경지에서는 1년 동안 식량을 채집하지 말라는 구절이 있다. 다우티는 서양의 기독교 전통이 자연에 대해 적대적이라고 쉽게 단정할 수는 없다고 주장하였다. 또한 생태계에 대한 기독교의 무절제한 태도는 세속적인 성공을 개인의 운명에 직결시키는 개신교 전통과 관계 있으며, 인간에 의한 환경의 파괴는 가톨릭이 아닌 개신교의 전통과 깊이 관련되어 있다고 주장하고 있다. 개신교의 일부 종파들은 환경의 악화와 생태적 위기를 현시대의 종말과 예수의 재림을 예고하는 징표로 간주한다. 그들은 근본주의 입장에서 생태계의 붕괴를 예방하기보다는 오히려 적극적으로 환영한다.

그러나 이러한 종파들은 대체로 성경에 근거하여 환경을 보전해야 한다는 입장을 채택하고 있다. 그들은 구약성서의 대홍수에 관한 이야기를 멸종 위기에 처한 동물을 보호해야 한다는 주문으로 듣는다. 때문에 노아가 여러 가지 동물들을 방주로 데려와서 구했다고 하는 이야기는 이른바 생태 신학의 출발점이 되고 있다. 생태 신학은 여러 종파를 초월하여 환경을 위한 전국적인 종교 연합을 결성하는 이론적 근거를 제공하고 있으며, 환경 보전을 위한 종교 운동에는 개신교 전도사들이 많이 참여하고 있다. 그들의 일치된 목표는 낙태 반대 운동에서와 같이 환경의 파괴에 대항할 수 있는 기독교도의 정당한 권리를 행사하는 것이다.

오늘날 종교와 녹색 운동은 세계적인 차원에서 서로 연결되어 있다. 1980년대 이탈리아에서는 녹색 운동가와 종교 각계 지도자들이 함께 모인 환경 회의가 개최되었다. 이 회의에는 기독교, 이슬람, 유대교, 힌두교, 불교를 모두 망라한 종교 지도자들이 참석하였다. 특히 이 회의가 개최된 이후 수년 동안 종교에 내재되어 있는 환경 보전에 대한 교훈을 재발견하려는 연구가 집중적으로 시도되었다. 이 시기에 무려 13만여 건에 달하는 연구들의 초점은 어디까지나 현대 녹색 운동의 당위성을 찾는 데 집중되었다. 러시아의 동방 정교는 수도원 땅에 야생동물의 보호구역을 조성하려는 작업을 전개하고 있다. 아시아의 불교계는 실제적인 자연보호 활동보다는 자연에 대한 불교의 가르침을 전파시키는 사업에 역점을 두고 있다. 또한 1995년에는 9개 주요 종교의 지도자들이 한데 모여 환경에 대한 관심사를 토의했으며, 같은 해 동방 정교는 자연의 훼손은 곧 신에게 죄를 짓는 것이라고 공포하였다. 가톨릭은 오래 전에 죽은 성인 중에서 환경 보호 사상을 몸소 실천한 성인들을 새삼스럽게 재조명하고 있는데, 그중 가장 많이 언급되고 있는 성인은 새를 소중히 여겼던 성 프란체스코 아시시(St. Francesco Assisi)이다. 기독교 전통에서 환경 보호에 대한 입장은 실로 풍부하고 다양하게 나타나고 있으며, 이 때문에 현대 환경 위기의 근원이 기독교라는 린 화이트의 주장은 지나치게 단순하다는 결함이 있다.

② 환경인지에 대한 영향

종교의 교리는 자연환경에 대한 인간의 태도에 영향을 주기도 한다. 홍수, 폭풍우, 가뭄과 같은 자연 재해를 인지하는 방식은 종교 집단별로 명백한 차이가 있다. 힌두교와 불교는 자연 재해를 불가피한 현상으로 받아들이기 때문에 이에 맞서 싸우지 말고 순순히 받아들이라고 가르치는 반면, 기독교도들은 자연 재해를 인간이 피할 수 있는 대상으로 간주하는 경향이 있다. 때문에 그들은 자연 재해를 숙명으로 받아들이기보다는 적극적으로 극복하려는 태도를 가진다. 기독교도들은 자연 재해를 지은 죄에 대한 신의 처벌로 여기지만, 스스로 속죄를 하면 미래에 자연 재해가 재발하는 것을 예방할 수 있다고 생각한다.

기독교의 일반적인 교리만으로는 자연 재해에 대응하는 방식이 종파별로 다른 이유를 설명하지 못한다. 유대교-기독교의 전통에서 인간과 자연과의 관계가 종파별로 차이가 있는 이유는 교리의 주관적 해석이 서로 다르기 때문이다. 미국 남서부에서 가톨릭을 믿는 에스파냐계 사람들은 인간은 자연에 종속되어 있다고 믿지만, 모르몬교도들은 자연과 인간의 조화로운 관계는 분수에 맞는 생활과 고된 노동을 통하여 유지된다고 믿는다. 텍사스 주의 영국계 사람들은 인간에게는 자연을 통제하는 능력이 있기 때문에 자연 재해를 극복할 수 있는 대상이라고 여긴다. 앨라배마 주에서 보수적 성향을 가진 개신교도들은 토네이도(tornado: 미국에서 봄·여름에 많이 일어나는 강력한 회오리바람의 일종)를 신이 인간에게 부여한 숙명으로 받아들이지만, 일리노이 주에서 개신교를 믿지 않는 사람들은 운명을 스스로 개척할 수 있다는 믿음으로 토네이도를 막아낼 수 있다고 생각한다. 실제로 토네이도로 인한 사망률은 토네이도에 적극적으로 대처하는 중서부가 그렇지 않은 남부에 비해 상대적으로 낮다.

4. 종교와 식생활 관습과의 관계

종교적인 이유는 농부가 기르는 가축과 농작물의 종류를 결정하기도 하고, 사람들이 먹는 음식과 마시는 음료를 제한하기도 한다. 어떤 종교에서 의식이 거행될 때는 특정한 종류의 음식과 음료가 선호되거나 금기(禁忌)시 되기도 한다. 이런 종교가 주위로 세력을 확대할 때면, 애호하는 종류의 가축도 선호하는 종류의 농작물과 함께 전파되어 나간다.

1) 음식과의 관계

지브롤터 해협으로 분리된 에스파냐와 모로코, 자연환경은 서로 비슷하지만 음식에 대한 금기의 관습은 상반되는 양상을 보인다. 해협 북쪽의 에스파냐는 가톨릭이 국교로, 사람들은 돼지고기를 즐겨 먹는다. 이에 반해, 남쪽의 모로코는 이슬람교가 국교이며 돼지고기를 전혀 먹지 않는다. 에스파냐는 돼지가 상당히 많이 사육되고 있지만, 모로코는 전국적으로 사육되는 돼지가 겨우 1만 2,000마리에 불과하다. 이러한 돼지고기에 대한 선호도의 차이는 무엇보다도 양국의 종교적 차이로부터 비롯되었다.

돼지고기를 금기로 하는 이슬람교의 전통을 따르는 모로코의 국민들은 돼지고기를 아예 먹지 않는다.(그림 4-7) 또한 구약성서의 레위기에는 "되새김질하거나 발굽이 갈라진 것들 중에서 너희들이 먹어서는 안 되는 것들이 있다. 낙타는 발굽이 갈라지지 않았으나 되새김질을 하니 너희에게 부정하다. 바위너구리도 발굽이 갈라지지 않았으나 되새김질을 하니 너희에게 부정하다. 토끼도 발굽이 갈라지지 않았으나 되새김질을 하니 너희에게 부정하다. 끝으로, 돼지는 되새김질을 하지는 않으나 굽이 갈라진 쪽발이므로 너희에게 부정하다"라는 구절이 있다. 이러한 레위기의 내용을 믿는 유대교도들은 돼지 이외에도 낙타, 바위너구리, 토끼를 육류 음식으로 먹지 않는다.

이슬람교와 유대교에서 돼지고기를 금기하는 사회적 관습의 기원을 종교가 아닌 다른 것에서 찾는 학자들도 있다. 그들의 첫번째 주장에 의하면, 돼지고기의 금기는 인간 체내에 침투할 기생충(선모충)을 두려워하거나 돼지를 불결한 짐승으로 여기는 인식에서 비롯되었다는 것이다. 그러나 이러한 주장

118 · 세계문화지리

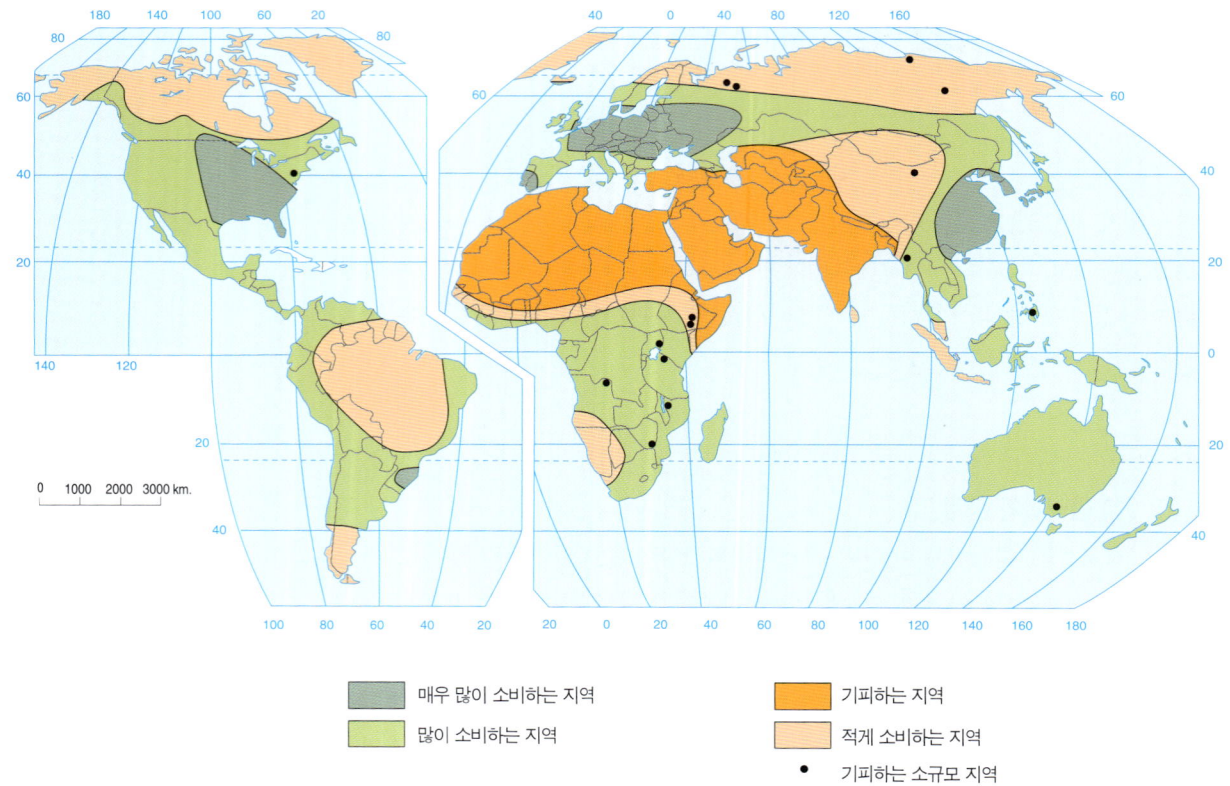

	매우 많이 소비하는 지역		기피하는 지역
	많이 소비하는 지역		적게 소비하는 지역
		•	기피하는 소규모 지역

그림 4-7

종교의 영향에 의한 돼지고기 소비와 기피 이슬람, 유대교, 제7일 안식일 재림파와 같은 종교와 교파는 돼지고기 먹는 것을 금지하고 있다. 돼지고기를 전통적으로 선호하는 문화 집단은 중부 유럽인, 중국인, 폴리네시아인 등이다.

이 성립하려면 현대적 의료 기술이 발달되기 이전에 이미 기생충의 전염 경로를 확실히 파악하였다는 사실이 전제되어야 한다. 즉 현대적 의료 기술이 발달하지 않았던 옛날에는 덜 익힌 돼지고기를 먹을 때만 기생충이 인간의 장내로 침입한다는 사실을 몰랐을지도 모르기 때문이다.

두번째 주장은 돼지고기를 금기하는 사회적 관습은 사막에 사는 유목민의 경제 및 생태와 밀접한 관계가 있다는 것이다. 고대의 유목은 중동지방의 티그리스 강, 유프라테스 강, 나일 강 유역에 발달한 농경지대 주변에서 최초로 출현하였다. 인구의 증가로 인해 농경민의 거주지가 관개농업이 불가능한 곳에까지 확대되었지만, 관개농업지대 주변으로 이주한 농경민들은 관개용수가 없이 농작물의 재배를 시도하다가 결국 포기하였다. 따라서 작물의 재배가 불가능한 곳에서 생계를 유지하는 길은 가축의 사육에 전념하는 것밖에 없었다. 더구나 풀이 드문 모래땅에서 가축을 기르는 방법은 한곳에 오래 머물지 않고 여기저기로 돌아다니는 것이었다. 그런데 농경민이 유목민으로 전환되는 과정에서, 농경민들이 기르던 돼지는 천덕꾸러기가 될 수밖에 없었다. 돼지는 사막에서 얻기 힘든 그늘과 음식 찌꺼기를 반드시 필요로 하는 동물로, 다리가 짧고 기동력이 떨어지기 때문에 정착과 이동을 반복하는 유목민들에게는 성가신 존재가 되었다. 유목민들은 마침내 돼지의 사육을 기피하고 양, 염소, 말, 낙타, 소 등을 가축으로 기르게 되었다. 그후 돼지고기를 금기로 하는 사회적 관습은 시간이 흐르면서 점차 종교적인 금기로 발전하여, 코란에까지 명기된 것으로 본다. 그리고 나중에 사막의 유목민들로부터 이슬람교가 퍼져 나갈 때 돼지고기의 종교적 금기도 함께 전달되었을 것이다.

현대 인도에서 지켜지고 있는 소에 대한 숭배와 금기는 인간과 다른 생명체들이 동일하다는 힌두교의 교리에 근거를 두고 있다. 인도 전역에서 단백질 결핍증에 시달리는 사람들이 적지 않음에도 불구하고 2억 마리를 훨씬 넘는 소를 잡지도 먹지도 말라는 힌두교의 금기는 엄격하게 준수되고 있다. 사실, 불합리한 듯하게 보이는 소에 대한 금기는 힌두교 교리의 맹목적인 실천이라기보다는 실생활과 밀접한 관계를 가지고 있는 사회적 관습이다. 인도에서 소를 보호하여 얻는 실질적인 혜택은 농업 부문에 집중되어 있다.

남부아시아에서 소는 쟁기를 끄는 짐승으로 긴요하게 이용된다. 특히 일시에 많은 노동력이 소요되는 여름 몬순기에 소는 필수적인 존재이다. 실제로 인도 농업의 성패는 몬순기에 소를 확보하느냐 그렇지 못하느냐에 달려 있다고 해도 과언이 아니다. 6월부터 9월까지 지속되는 여름 몬순기에는 연간 총 강수량의 80~90%가 내린다. 따라서 비로 물이 풍부해지는 이때, 관개가 가능한 일부 지역을 제외한 인도 전역은 농사를 지어야 한다. 몬순이 인도에 도달하면 모든 농부들이 쟁기를 끄는 짐승을 일시에 필요로 한다. 처음 비가 오는 기간에는 씨뿌리기를 신속하게 끝내야 하고, 곡식이 익으면 재빠르게 추수하여야 한다. 그렇기 때문에 인도에서는 여름 몬순기의 부족한 노동력을 채워주는 소가 중요할 수밖에 없으며, 효과적으로 이용하려면 영양 상태를 양호하게 유지하여야 한다. 그러나 현재 인도는 과도한 목축으로 식생이 거의 파괴되었기 때문에, 소에게 먹일 목초가 충분히 공급되지 못하는 상황이다. 결국, 인도의 소들은 영양이 부족하여 출산율이 낮으므로, 소의 수적 감소를 방지하기 위해 잡지도 먹지도 못하게 하였을 것이다. 그밖에도 소가 농가에 주는 경제적 혜택들은 많다. 취사 연료와 거름의 재료로 쓰이는 소똥, 단백질을 보충해 주는 음료로 마시는 우유 외에도 소뼈, 소가죽 등이 그것이다.

2) 음료와의 관계

유럽과 미국에서는 사제들이 성찬의식(聖餐儀式)을 집전할 때 예수의 피를 상징하는 포도주를 한 잔 마시는 기독교 종파들이 있다. 특히 유럽의 가톨릭교회는 미사에 쓰이는 포도주의 수요를 충당하기 위해 일찍부터 포도의 재배와 포도주의 제조를 직접 관리하였다. 예배 의식에서 포도주를 사용하는 관습이 원래 가톨릭 고유의 전통은 아니다. 이러한 관습은 가톨릭이 전래되지 않은 선사시대부터 유럽 남부에 전해 내려오던 것을 가톨릭이 계승한 것이다. 포도주의 소비는 아테네 사람들이 술의 신으로 섬기는 디오니소스의 숭배와 함께 다른 지역으로 확대되었다. 포도주의 제조와 보존에 관한 방법과 기술은 가톨릭이 전래되기 전에 이미 지중해 연안을 따라서 아테네에서 서쪽으로 전파되었던 것이다.

로마제국 후기와 중세 초기에는 포도의 재배지가 가톨릭의 전파와 함께 지중해의 양지 바른 곳에서 알프스 산맥을 넘어 기독교로 새로이 개종된 곳으로 확대되었다. 실제로 독일 라인 강 유역의 포도 과수원은 6~9세기에 남쪽에서 올라온 가톨릭 수도사들이 처음으로 개발한 것으로, 독일의 가톨릭교회는 애초부터 포도의 재배와 포도주의 제조에 깊이 관여하고 있었다. 오늘날까지도 포도주 병에 명기되는 포도 과수원의 명칭 중에는 기독교적인 것이 여전히 많이 남아 있다. 또한 유럽의 가톨릭 선교사들은 미사에 사용할 포도주를 제조하기 위해 포도의 재배 방법을 미국 캘리포니아 주에 전파하였다. 그 결과 캘리포니아 주는 현재 미국에서 포도 재배 면적이 가장 넓고, 생산되는 포도주의 종류와 양이 가장 많은 곳이 되었다.

이슬람교도들은 어떠한 종류의 알코올음료라도 일체 입에 대지 말라는 엄격한 계율을 지킨다. 코란에는 "포도주, 도박, 우상, 예언의 화살은 모두 사탄의 추악한 수공품에 지나지 않는다. 너희들이 성공하고자 하면 이것들을 피하거라"라는 구절이 있다. 이에 반해, 기독교도들은 알코올음료의 금기에 관하여 견해가 일치되어 있지는 않다. 기독교의 어떤 종파들은 술이 건강에 해롭다는 믿음에서 어떠한 종류의 알코올음료라도 아예 마시지 않기도 하지만, 포도주를 종교 의식에 자연스럽게 사용하는 종파도 있다.

미국에서 침례교도, 모르몬교도, 제7일 안식일 예수재림교(the Seventh-Day Adventist)와 같은 종파들은 음주를 금지하고 있지만, 로마 가톨릭, 루터교와 같은 종파들은 음주를 허용하고 있다. 미국 텍사스 주에서는 주류 판매에 대한 법적 규제가 기독교 종파별로 현저한 차이를 보인다. 텍사스 주에서 가톨릭과 루터교가 우세한 동북부에서는 주류가 판매되지만, 침례교와 감리교가 지배적인 남서부에서는 주류가 판매되지 않는다.

5. 종교적 장소와 경관

애니미즘은 물론 보편 종교를 믿는 사람들조차 강, 산, 나무, 숲, 바위 등을 신과 교류하는 신성한 장소로 생각한다. 그들은 신성한 장소가 인간의 기도를 들어주는 초자연적인 힘을 가지고 있다고 믿으며, 신앙심이 깊은 사람들은 거리에 상관없이 신성한 장소를 찾아가 자기의 소원을 빌기도 한다. 특히 이슬람교, 힌두교, 신도, 가톨릭의 신자들은 성지(聖地)를 방문하는 순례여행을 일생을 통해 실천하고자 노력한다.

1) 신성한 장소

① 지형과 지세

일반적으로 흐르는 물은 크고 작음에 관계없이 종교인들에게 신성한 장소가 된다. 신성한 강들은 대부분 영혼을 깨끗이 씻어주는 초자연적인 능력이 있다고 믿는다. 힌두교를 믿는 인도의 어느 지리학자는 갠지스 강이 주민들에게 자양분을 공급해 주고 주민들의 영혼을 정화시켜 주는 신성한 액체 에너지라고 표현하였다. 인도의 갠지스 강과 네팔의 바그마티 강은 모두 힌두교도들에게 신성한 장소이다.(그림 4-8) 특히 갠지스 강이 바라나시(Varanasi, 구 베나레스)를 흐르는 구간은 힌두교인들에게 가장 신성한 장소이다. 이 구간의 갠지스 강을 현지 언어로 '강가' 강이라고 부른다. 힌두교도들은 매년 바라나시의 강가 강 언덕에 있는 계단을 찾아 목욕과 기도를 한다. 또한 요르단 강은 기독교인들에게 특별한 의미를 가지고 있다. 유럽과 미국의 기독교인들은 여기에 와서 세례 의식에 사용할 물을 그릇에 담아가기도 한다.

그림4-8
신성한 강에 대한 숭배
인도의 힌두교도들은 바라나시에 있는 신성한 갠지스 강가의 계단에서 종교 의식의 하나로 목욕을 한다.

일본의 후지 산은 신도를 믿는 일본인들이 신성한 산으로 떠받들며, 미국의 올리브 산은 기독교를 믿는 미국인들이 신성하게 여기는 곳이다. 때때로, 매우 높이 솟아 신비로운 인상을 풍기는 산은 종교인들에게 신이 강림하거나 거처하는 장소로 인식된다. 캘리포니아 주 북부와 오리건 주의 경계 부근에 솟아 있는

그림4-9
신성한 공간으로 승화된 두 개의 높은 장소   오스트레일리아 중부에 있는 붉은 사암인 에어스 록(원주민 명칭, 울룰루)은 한눈에 보기에도 외경심을 자아내는 곳으로, 애니미즘을 믿는 애버리진들이 신성하게 여긴다.(왼쪽) 미국 캘리포니아 주에 있는 눈으로 덮인 섀스타 산은 'I Am' 종교를 포함한 30여 개의 신흥 종교들에 의해 숭배되고 있다.(오른쪽)

섀스타 산은 눈으로 덮인 거대한 사화산(死火山)이다. 1930년대에 창시된 30여 개의 신흥 종교 집단은 이 산을 가장 신성한 산으로 추앙하고 있다. 미국 남서부에 살던 나바호 인디언들은 자기 부족의 전설이 깃든 지형·지물을 가지고 있었다. 그들은 이러한 신화적 지형·지물을 특별한 의미를 가진 신성한 장소로 숭배하였다. 오스트레일리아 중부에는 붉은색 사암의 산이 야트막하게 탁상 모양으로 솟아 있다. 이 산은 울룰루(Ululu) 또는 에어스 록(Ayers Rock)이라고 불리는데, 애버리진이라고 불리는 원주민들에게 애니미즘의 대상이 되어왔다.(그림 4-9)

또한 식물도 다른 자연물과 같이 종교적 의미를 지닌 숭배의 대상이 된다. 어떤 종교는 특정한 종류의 나무나 그 나무가 있는 숲 전체를 숭배하는데, 상록수는 기독교의 특정한 종파들에게 예수의 영생을 상징한다. 콜럼버스가 신대륙을 발견하기 이전, 과테말라의 마야 인디언들은 케이폭 나무를 세계의 중심에 있는 신성한 나무로 여겼다. 인디언들이 에스파냐인들에 의해 정복되고 기독교로 개종된 후, 케이폭 나무는 과테말라를 상징하는 나무가 되었다. 이 나무는 오늘날에도 가톨릭교회 옆에서 여전히 신성한 나무로서의 역할을 수행하고 있다.

② 성지

종교 순례의 목적지가 되는 성지는 과거에 기적이 일어난 경우가 많으며, 종교가 탄생한 곳이나 종교의 창시자가 살던 곳 또한 순례의 목적지가 된다.(그림 4-10) 어떤 종교인들은 신이 거주한다고 믿는 장소나 교회의 지도자가 종교 행정을 집행하는 중심지를 순례하기도 한다. 이러한 종교적인 성지는 하천, 동굴, 샘물, 산봉우리와 같은 신성하다고 여겨지는 지형·지물을 포함한다. 예를 들면, 아라비아 반도의 도시 메카와 메디나는 이슬람교도들에게 가장 중요한 성지이다. 로마와 프랑스의 작은 도시 루르드는 가톨릭교도들에게 매우 중요한 성지이며, 인도의 갠지스 강 연안에 있는 도시 바라나시는 힌두교 순례의 목적지이다. 일본에서 신도가 발생한 도시 이세(伊勢)는 일본인들에게

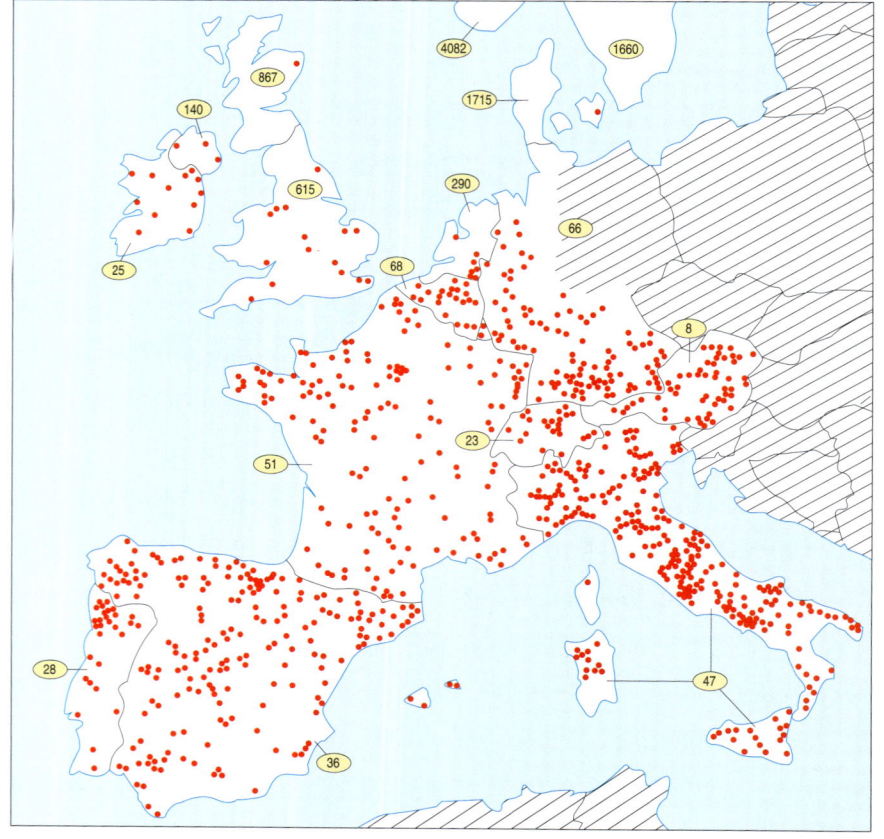

그림4-10

서부 유럽에 분포하는 주요 순례지　이러한 순례지는 로마 가톨릭의 세력이 지금도 여전히 존속되고 있는 지역에 집중되어 있다. 그중 19개 장소는 매년 백만 이상의 순례자들을 끌어들여 지역 경제에 지대한 영향을 끼치고 있다.

중대한 의미를 지닌 성지이다.

성지 순례자들은 성지에 가서 신에게 자신의 영혼을 정화시켜 주거나 인생의 목표를 성취하도록 도와달라고 빈다. 순례자들은 세계적으로 혹은 전국적으로 중요한 의미를 지닌 성소(聖所)를 방문하기 위해 상당히 멀리 떨어져 있는 성지(聖地)까지 여행하는 것을 마다하지 않는다. 이러한 종교 순례는 때때로 관광 여행의 형태를 띠기 때문에, 성지를 중심으로 막대한 경제적인 효과가 있다. 특히 무역 활동을 동반하는 성지의 순례는 그 지역 주민들의 유일한 수입원이 되기도 한다.

인구가 1만 6,300명에 불과한 루르드는 매년 400만 내지 500만 명의 순례자들이 다녀간다. 동정녀 마리아가 나타났다고 소문이 난 동굴에서 기적이라 불리는 치료를 받기 위해 사람들이 루르드로 몰려드는 것이다. 이 때문에 그 규모는 작지만 차지하는 호텔의 숫자는 파리에 버금간다. 또한 사우디아라비아의 소도시인 메카는 매년 수백만 명의 이슬람교 순례자들이 세계 전역에서 몰려든다. 이들은 메카에서 해마다 열리는 성지 순례 행사인 하지(haji)에 참가하려는 순례자들로 첫날은 예언자 마호메트가 마지막으로 설교를 했다는 아라파트 산에서 하룻밤을 지새우고, 그 다음날은 이 산에서 12km 떨어진 메카 시내의 대사원으로 가서 기도를 올린다. 이 사원 앞에서 순례자들은 육면체 모양의 검은 돌 '카바'를 한바퀴 돈 다음 코란을 암송한다. 그리고 그들은 악마를 상징하는 두 개의 기둥에 돌을 던지고 카바를 한바퀴 도는 것으로 하지를 끝낸다.

세계 각지로부터 순례자들은 육로, 해로, 항공로 등을 이용해 메카로 이동한다. 이들을 위해 메카를 중심으로 하는 교통로와 교통수단은 일찍부터 발달하였다. 또한 중세 유럽에는 가톨릭 순례자들을 성지로 수송하기 위하여 도로와 교량이 많이 건설되었고, 가톨릭 신부들은 도로를 관리하기도 했다. 여행자를 위한 숙박시설들을 도로변에 일정한 간격으로 배치했는데, 그때부터 전해 내려오는 여행자 숙박시설이 아직까지 유럽 대륙에 산재해 있다. 그 대표적인 시설이 알프스 산맥에서 스위스로 넘어가는 성 고트하르트(St. Gotthard) 고개의 꼭대기에 있는 것이다.

두 개의 상이한 종교가 하나의 성지를 두고 제각기 자기 소유라고 주장한다면 종교 간의 마찰과 갈등은 필연적이다. 이러한 종교 간 대립은 심한 경우 유혈 사태나 종교 전쟁으로까지 치닫게 된다. 현재 이스라엘의 영토로 되어

그림4-11

성지를 둘러싼 종교 간 갈등   유대인들이 예루살렘에 찾아와 기도하는 통곡의 벽은, 고대에 세워진 거대한 유대교 사원의 잔해이다. 이 부근은 또한 이슬람교도들이 가장 신성하게 여기는 장소의 하나이기도 하다. 여기에는 예언자 마호메트가 승천한 장소를 포함하는 '바위의 돔'이라 불리는 회교 사원(모스크)이 세워져 있다. 아마도 지구상에 이곳만큼 종교적 의미를 많이 지니고 있는 곳도 없을 것이다.

있는 예루살렘은 지금까지 유대교와 이슬람교 양쪽의 절대적인 성지로 숭배되어 왔다. 예루살렘에는 마호메트가 승천한 지점인 이슬람교도의 '바위의 돔(Muslim Dome of the Rock)'이 고대 유대교 사원의 잔해인 '통곡의 벽(Wailing Wall)' 위에 있다.(그림 4-11) 이 때문에 유대교도과 이슬람교도들은 제각기 예루살렘을 이교도들이 절대로 출입할 수 없는 자기 고유의 성지로 간주하며 대립하고 있다.

인도 북부의 네팔 국경 부근에 있는 우타르 프라데시 주에서는 힌두교도와 이슬람교도들이 하나의 성소를 놓고 서로 충돌하여 유혈 사태를 일으켰다. 1992년 힌두교도들은 450년의 역사를 가진 모스크(mosque)를 무력으로 점령하고 파괴한 다음, 그 자리에 힌두교 사원을 새로이 세웠다. 이에 불만을 품은 이슬람교도들은 폭탄 테러를 비롯한 폭력적인 방법을 동원하여 전국의 힌두교도들을 공격하였던 것이다.

2) 종교적인 경관

문화의 필수적 요소인 종교가 추구하는 이념과 세계관은 건축물의 구성에 다양한 형태로 투영된다. 세계 도처에서 종교는 독특하고 신성한 경관을 만들어낸다. 이러한 종교적인 경관은 세속적인 경관과 구별되는 독특한 가시적 이미지를 전달한다. 일반적으로 종교 경관을 구성하는 요소는 예배 건물, 묘지, 도로변 성소, 취락 등이다.

① 종교 구조물(건축물)

가장 분명하게 눈에 뜨이는 종교 경관은 신의 거주지나 신자들의 안식처로 지은 건축물이다. 이러한 구조물은 크기, 기능, 건축 양식, 건축 재료, 장식에 있어서 매우 다양하다.(그림 4-12) 예를 들어, 가톨릭에서 교회 건물은 하나님이 사는 집이며, 제단은 중대한 의식이 집행되는 장소이다. 따라서 전형적인 가톨릭교회 건물은 규모가 크고 장식이 정교하며 장엄하다. 가톨릭교회 건물은 소도시와 농촌의 구심점에 위치하며, 크기와 장엄함에 있어서 주위의 건물들을 압도한다.

하지만 개신교도 중에서 감리교도와 침례교도를 포함한 영국 계통의 전통적인 칼뱅파 교도들에게 교회 건물은 단지 예배를 드리기 위해 모이는 장소에 불과하다. 이 종파들의 교회 건물은 신성한 장소가 아니므로 가톨릭교회 건

그림4-12
다양한 형태의 전통적인 종교 건축물 모스크바의 붉은 광장에 있는 성 바실(St. Basil) 교회(맨 왼쪽)는 매우 화려한 러시아의 종교 건축물을 대표한다. 이에 반해, 판자로 소박하게 지은 미국 남부의 교회(가운데)는 단순한 외양을 선호하는 영국 출신 개신교도들의 시각적 이미지를 표현한 것이다. 화려한 힌두교 사원(맨 오른쪽)은 인도의 바라나시에 있는 또 다른 종류의 종교 건축물이다.

물에 비해 규모가 작고 장식이 거의 없다. 그들이 꾸밈없이 소박한 형태의 건물을 선호하는 목적은 감각적인 자극보다 개인적인 신앙심에 호소하기 위한 것이다. 일반적으로 개신교의 교회 건물은 안락하고 아름다운 느낌이나 시각적으로 뛰어난 효과를 주지는 않는다. 그 대신에 개신교 교회는 소박하고 겸허한 인상을 연출하도록 의도적으로 건축되었다.

특히 미국의 소수 종파인 아미쉬파(Amish)와 메노파(Mennonites)의 종교 경관은 어떤 형태의 장식도 거부하고 있어 매우 차분한 느낌을 준다. 이 종파의 신도들은 미국의 평원지대에서 농업에 종사하고 있다. 실제로 그들의 일부는 가정이나 헛간에서 예배를 지내는 것을 마다하지 않는다. 그들은 교회 건물을 지을 때에도 마치 남부의 칼뱅교파와 같이 외관상 매우 수수한 느낌이 나게 한다.

이슬람교의 모스크는 독특한 형태의 교회 건물을 일컫는 말이다. 모스크는 주위의 건물들을 압도할 만큼 위풍당당한 분위기를 자아내는 종교 경관이다. 이와 반대로, 유대교 교회의 시나고그(synagogue)는 건물의 일정한 건축 유형이 없고 시각적 효과 또한 일정하지 않다. 힌두교도들은 자신들이 숭배하는 수많은 신들이 거처하는 사원을 인도 전역에 많이 지었다. 힌두교 사원들은 정교한 장식을 가한 첨탑 같은 외관을 하고 있어서 외부인에게 금방 눈에 뜨인다. 사원의 입구 위쪽으로 솟아 있는 첨탑의 벽면에는 각양각색의 신들의 모습이 조각되어 있다.

종교 경관에는 때때로 종교의 혼합이나 개종과 같은 과거의 이야기가 담겨 있다. 폴리네시아의 원주민인 마오리족 촌락에서 마래(Marae)라고 하는 토착신을 위한 건축 공간이 기독교 교회 건물 옆에 마련되어 있다. 이는 마오리족이 기독교로 개종했으면서도 토착 신앙을 여전히 간직하고 있기 때문이다. 지금은 전적으로 이슬람교 지역에 속하는 터키 동부에는 기독교 교회 건물들이 여전히 남아 있다. 이 교회 건물들은 현재 폐허로 방치되어 있는데, 이는 수십 년 전에 기독교도들이 이슬람교도들에 의해 살해되거나 추방되었기 때문이다.

종교 경관이 특수해 눈에 잘 들어오는 곳을 제외하면, 낯선 여행자가 신성한 경관과 세속적인 경관을 구별하기란 쉬운 일이 아니다. 애니미즘과 같은 종교는 신이 어디에나 거처한다는 믿음에서 예배 장소를 따로 마련하지 않기 때문에, 자연 속에 파묻혀 있어 외부인의 눈에 쉽게 띄지 않는다. 실제로 외부인의 눈에 뜨이지 않는 은밀한 지점에 종교적 시설물들을 의도적으로 설치하는 종교 집단이 있다.

이와 반대로, 도로변과 같이 개방된 지점에 신성한 장소와 종교적 건축물들을 조성하는 종교 집단도 있다. 동방 정교 지역과 가톨릭 지역은 성소, 십자가에 못 박힌 예수상, 십자가를 포함한 시각적 건조물들이 풍부해, 어두컴컴한 밤에도 운전자의 눈에 잘 띄는 종교 구조물이 도로변에 크게 설치되어 있다. 인도의 힌두교 성지인 바라나시의 갠지스 강가에는 가트(ghat)라고 하는 계단이 사면을 따라 설치되어 있다. 외부인이 보기에 이 계단은 낚시하는 사람, 수영하는 사람, 빨래하는 사람들을 위해 만든 것처럼 보이지만, 근본적인 목적은 힌두교 순례자들이 갠지스 강가에 와서 종교 의식의 일환으로 물에 몸을 담글 때 편의를 제공하기 위한 것이다. 또한 이 계단은 장례식에서 시체를 화장할 때 태우는 장작더미를 쌓아 놓는 장소로도 이용된다.(그림 4-13)

그림4-13
인도 힌두교도들의 순례 도시인 바라나시 강가의 층계
신성한 갠지스 강의 제방에 설치된 계단은 힌두교도들이 종교 의식(목욕을 하고 시신을 화장하는 장소)을 행하는 곳으로 이용되고 있다.

② 묘지 경관

시신(屍身)을 처리하는 방식의 종교·종파별 차이는 묘지 경관의 차이로 이어진다. 힌두교도와 불교도들은 죽은 사람을 화장하여 장례를 지내기 때문에, 묘지와 같은 존재를 지상에 남겨 놓지 않는다. 또한 파시(Parsee, 배화교도)라고 불리는 조로아스터(Zoroastria)교도는 시체를 매장하는 묘지를 간들지 않는다. 그들은 과거 한때 중동지방에 널리 퍼져 있었지만, 지금은 인도에 국지적으로 남아 있을 뿐이다. 그들은 시신을 야외에 내다 놓아 독수리가 파먹어 없애도록 하는 관습을 예부터 간직하고 있다.

이와 대조적으로, 고대 이집트에는 피라미드와 같이 거대한 규모의 묘지가 죽은 사람들의 안식처로 조성되었다. 이러한 고대의 묘지들은 고대 이후에 만들어진 다른 묘지들처럼 농사짓기에 부적합한 사막에 자리잡고 있다. 이슬람교의 묘지들은 외관상 수수한 것이 특징이다. 이슬람 지역에서 인도의 타지마할(Taj Mahal)과 같이 호화스러운 대형 묘지는 예외적인 사례이다.

유교·불교·도교가 혼합된 신앙을 가진 중국인들은 시신을 매장하는 풍습을 가지고 있다. 그들은 매장을 위해 따로 마련한 토지에 친족 공동의 묘지 공간을 조성한다. 공산 혁명 이전, 중국은 매장을 선호하는 풍습으로 인해 행정 구역 전체의 10%를 묘지가 차지하는 곳이 적지 않았다고 한다.

기독교도들은 매장을 위한 토지에 자기 고유의 묘지 경관을 조성한다.

그림 4-14

기독교 종파에 따른 묘지 경관 텍사스 주 서부 멕시코계 미국인의 묘지는 유물함과 십자가로 장식된 채 사막 식물들과 함께 무질서하게 공존하고 있다. 이에 반해, 아이오와 주의 아마나에서 공동체 의식이 강한 독일계 미국인의 묘지는 균등한 간격으로 깨끗하게 정돈되어 있다.

미국의 기독교는 묘지 경관이 종파별로 크게 다른 특징이 있다. 남부의 칼뱅파와 메노파 개신교도들은 어떠한 장식도 우상이 된다는 믿음 때문에 묘지 경관을 매우 단순하고 검소하게 꾸민다. 이와 대조적으로, 묘지 경관을 매우 현란하게 장식하고 다채로운 색깔로 꾸미는 종파도 있다.(그림 4-14)

사람들은 장례 관습을 쉽게 바꾸지 않기 때문에, 묘지 경관에 고대의 문화 전통이 보전되어 있는 경우가 있다. 미국 남부의 농촌에서 전통적인 묘지는 가늘고 기다란 모양의 둔덕으로 되어 있다. 이 둔덕의 정상에는 민물에 사는 홍합의 껍데기들이 놓여 있고, 무덤의 주위로는 장미 덩굴과 삼나무들이 심어져 있다. 여기에 장미 덩굴을 심는 관습은 기독교의 전통과는 전혀 무관한 것으로, 이 관습은 기독교가 전래되기 이전에 고대의 지중해 연안에서 모신(母神)을 숭배하는 종교 의식에서 유래되었다고 한다. 고대에 장미는 죽은 사람을 되살리는 능력을 가진 위대한 여신을 상징하는 꽃이다. 삼나무라는 상록수는 기독교로 개종하지 않은 유럽의 이교도들에게 인간의 죽음에 이은 영생(永生)을 의미하는 전통적인 상징물이었다. 미국 남부에는 무덤을 조개껍데기로 장식하는 관습이 있는데, 이는 흑인 노예의 근원지인 아프리카 서부의 애니미즘에서 비롯된 것이다. 그밖에도 그 근원을 정확히 알 수 없는 묘지 경관들이 다양한 형태로 분포하고 있다.

5 인구

현재

지구상에는 약 60억의 인구가 여기저기에 모여 살고 있다. 인구 밀도는 단위 면적당 거주하는 인구수로 표현되는데, 인구 밀도가 40명/km² 미만인 지역은 매우 드물다. 세계의 인구 분포는 매우 불균등하다. 남극과 같이 사람이 전혀 살지 않는 지역이 있는가 하면, 방글라데시와 같이 755명/km² 이상의 인구 밀도를 가진 지역도 있다. 지리학자들은 이런 인구의 불균등한 분포의 원인을 규명하려고 노력한다. 특히 문화지리학자들은 인구 분포의 지역적 차이를 설명하기 위해 인구 변천 단계, 산아제한과 질병의 확산, 자연·인문 환경에 관심을 가진다.

People on the land

우선 특정한 대륙 · 국가 · 지역의 인구 변천 단계는 인구 분포의 공간적 차이를 암시한다. 인구 변천 이론에 의하면, 모든 국가는 산업화를 겪으면서 4단계의 인구 변천 과정을 거치게 된다. 산업화의 선두주자인 영국을 포함한 서부 유럽 국가들은 대부분 지금 제4단계에 진입해 있지만, 수준이 낮은 국가들은 아직까지 이전 단계에 머물러 있는 실정이다.

인구 변천의 제1단계는 출생률과 사망률이 모두 높아 인구 증가가 정체되어 있다. 제1단계에 머물러 있는 곳은 북예멘, 에티오피아, 네팔, 아프가니스탄, 인도네시아의 일부 지역, 아프리카 중부 등이다. 제2단계는 출생률은 여전히 높지만, 사망률은 낮아지는 특징을 갖는다. 라틴아메리카 · 아프리카 · 아시아 대륙에 있는 대부분의 개발도상국가들이 제2단계에 도달해 있다. 제3단계는 출생률과 사망률이 모두 낮아지지만, 출생률에 비해 사망률이 더 낮아져서 인구 증가율이 둔화되는 시기이다. 쿠바, 푸에르토리코, 중국과 같은 개발도상국가들이 지금 제3단계를 지나고 있다.

산아제한의 채택과 확산 및 전염성 질병의 발생과 확산 등은 인구가 계속 성장할 수 있는 가능성을 제한한다. 인구 분포의 지역별 차이는 우선적으로 자연환경과 이에 대한 인간의 인지적 차이로부터 영향을 받는다. 또한 식생활 관습이나 결혼 풍습을 비롯한 사회적 관습, 이민에 대한 제도적 규제, 정치적 강압 등도 인구 분포의 지역적 차이에 영향을 준다. 특히 인종 차별에 따른 정치적 박해는 인구의 대규모적인 이동을 촉발시키기도 한다. 인류 역사상, 인구의 재배치를 수반한 인종 · 민족 · 부족 간의 무력 충돌과 전쟁의 사례는 끊임없이 있었으며 지금도 여전히 일어나고 있다.

1. 인구의 분포와 지역 구분

전 세계의 인구는 놀랍게도, 전체의 73.3%가 유라시아(유럽과 아시아) 대륙에 거주하고 있다. 그밖에 아프리카에 12.7%, 북아메리카에 7.3%, 남아메리카에 5.5%, 오스트레일리아와 태평양 제도에 0.5% 미만이 살고 있다. 국가별 인구 분포를 보면, 아시아 대륙의 중국(21%)과 인도(17%)에 인류의 38%가 살고 있다. 이와 대조적으로, 미국의 인구는 세계 인구의 4.6%에 불과하다.

1) 인구 밀도

인구 밀도의 높고 낮음을 기준으로 세계를 4대 인구 지역(과밀 · 소밀 · 희소 · 희박 지역)으로 분류할 수 있다. 과밀 지역은 100명/km² 이상, 소밀 지역은 25~100명/km², 희소 지역은 1~25명/km², 희박 지역은 1명/km² 미만이다. 세계 3대 인구밀집 지역은 동부 아시아, 인도, 유럽으로, 각기 유라시아 대륙의 서부, 남부, 동부 구석에 위치한다.(그림 5-1) 이 세 지점을 지도상에서 연결하여 구성되는 초승달 모양의 지대는 문자 그대로 '초승달지대'라고 불린다. 유라시아 대륙의 '초승달지대'에 세계 인구의 2/3가 모여 살고 있으며, 바

세계 10대 인구 대국				
국가	인구	세계에서의 비율	m²당 인구	km²당 인구
중국	1,236,700,000	21.2%	335	129
인도	969,700,000	16.6%	784	303
미국	269,000,000	4.6%	72	28
인도네시아	204,300,000	3.5%	272	105
브라질	160,300,000	2.7%	49	19
러시아	147,300,000	2.5%	22	9
파키스탄	137,800,000	2.5%	406	157
일본	126,100,000	2.2%	864	334
방글라데시	122,200,000	2.1%	2198	849
나이지리아	107,100,000	1.8%	300	116

같으로 소규모의 인구밀집 지역이 여기저기에 분산되어 있다.

상식적인 견해와는 달리, 인구의 희소·희박 지역이 지구상에서 점유하는 범위는 과밀·소밀 지역보다 훨씬 더 넓다. 인구의 희소·희박 지역은 유라시아 북부, 북아메리카, 남아메리카 내륙, 아프리카 북부로부터 사우디아라비아 반도를 거쳐 유라시아 심장부에 이르는 사막지대에 위치하고 있다.

인구 밀도의 절대적인 수치만으로는 생활수준과 같은 인구의 질적 내용을 표현하지 못한다. 인구 밀도가 높다고 해서 인구가 과잉되어 있고 생활수준이 낮다고 단정할 수는 없다. 서부 유럽은 인구 밀도가 높음에도 불구하고 생활수준이 오히려 높고 노동력 부족을 겪고 있다. 이에 반해, 인구 밀도가 낮음에도 불구하고 생활수준이 낮고 노동력이 과잉 공급되어 있는 지역도 있다. 인구 밀도 400명/km^{2}은 농업 지역이라면 비교적 높은 수치이지만 공업 지역이라면 오히려 낮은 수치이다.

이러한 의미에서, 인구 밀도보다는 '생리적 밀도(physiological density)'라는 개념이 인구 과잉의 측정에 효과적으로 활용된다. 생리적 밀도란 전통적인 생계 활동을 통하여 인간의 영양 상태를 더 이상 유지할 수 없는 인구 밀도의 한계 수치이다.

2) 출생률과 사망률

인구 1,000명당 1년에 태어나는 신생아의 숫자로 표현되는 출생률은 지역적인 차이가 있다. 인구 밀도가 높다고 해서 출생률이 반드시 높고, 인구 밀도가 낮다고 해서 출생률이 반드시 낮은 것은 아니다. 유럽 대륙과 중국은 인구 밀도가 높지만 출생률이 낮고, 아프리카 내륙은 인구 밀도가 낮지만 출생률이 높다. 대체로 출생률은 열대·아열대의 저위도 지역에서는 높게, 온대의 중위도와 냉대의 고위도 지역에서는 낮게 나타난다.

한 명의 여성이 임신할 수 있는 기간에 낳은 아기의 평균 숫자를 '출산율(Total Fertility Rate)'이라고 한다. 유럽 대륙은 출산율이 평균 1.4‰이고, 그 중 다섯 개 국가는 1.2‰에 불과하다.(그림 5-2) 이와 같이 낮은 출산율로 유럽 대륙은 벌써부터 전체적으로 절대적인 인구 감소를 경험해 왔다. 사하라 이남의 아프리카 대륙에서는 출산율이 1990년경부터 감소하기 시작했지만, 아직까지는 평균 6.0‰을 유지하고 있다. 이 지역에서 특히 출산율이 높은 국가는

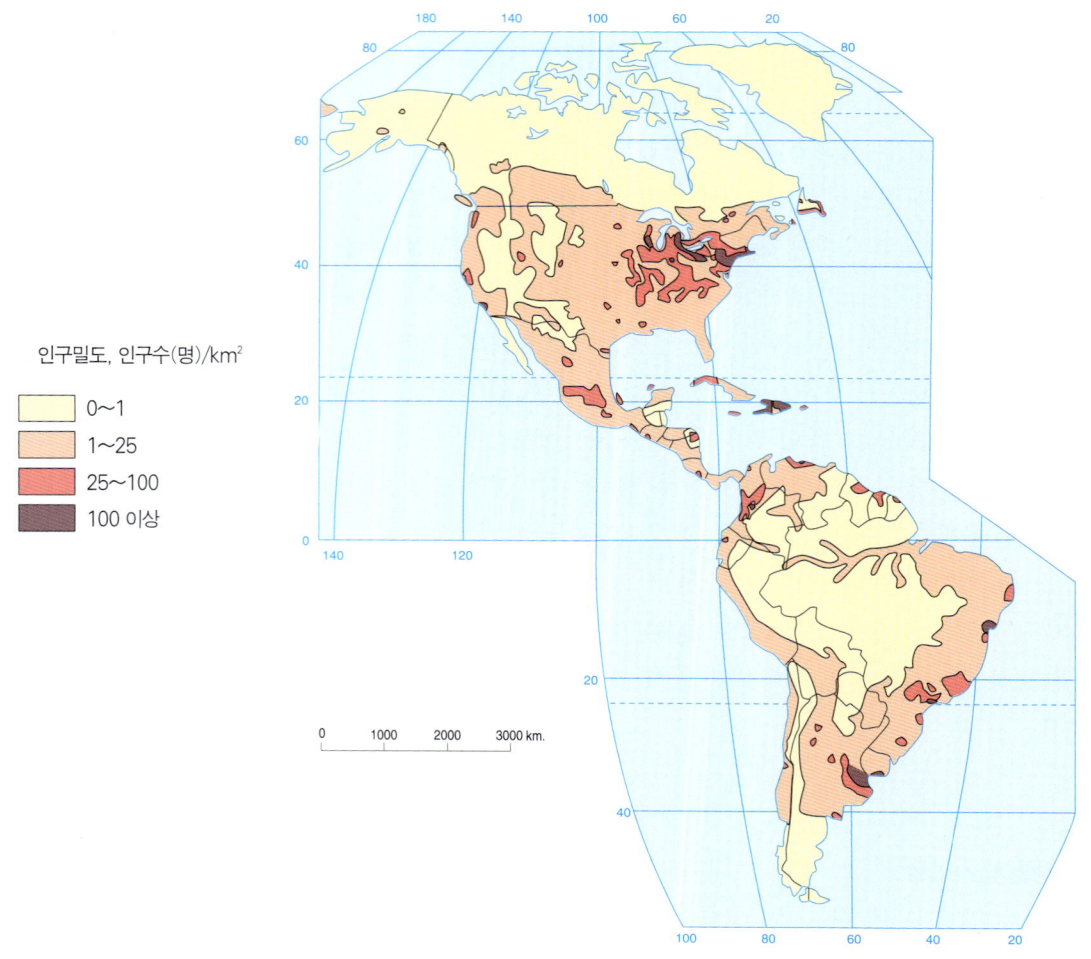

그림 5-1

세계의 인구 밀도   이처럼 공간 구성이 복잡하게 형성된 이유는 자연환경과 문화가 수세기 동안 상호 작용한 결과이다. 이는 문화지리 학자가 제시할 수 있는 가장 기본적인 분포 지도로, 세 군데의 인구밀집 지역이 표시되어 있다.

니제르(7.4‰), 앙골라(7.2‰), 소말리아(7.0‰) 등이다.

 인구 1,000명당 1년에 사망하는 사람의 숫자로 표현되는 사망률 또한 지역적 차이가 크다. 세계에서 사망률이 가장 높은 곳은 생명을 위협하는 질병이 가장 많은 사하라 이남의 열대 아프리카이다. 남아메리카의 열대 지방, 사하라 이북의 아프리카 북부, 중동지방, 중앙아시아를 관통하는 사막지대는 사하라 이남의 열대 아프리카보다 사망률이 낮은 편이다. 러시아와 유럽의 대다

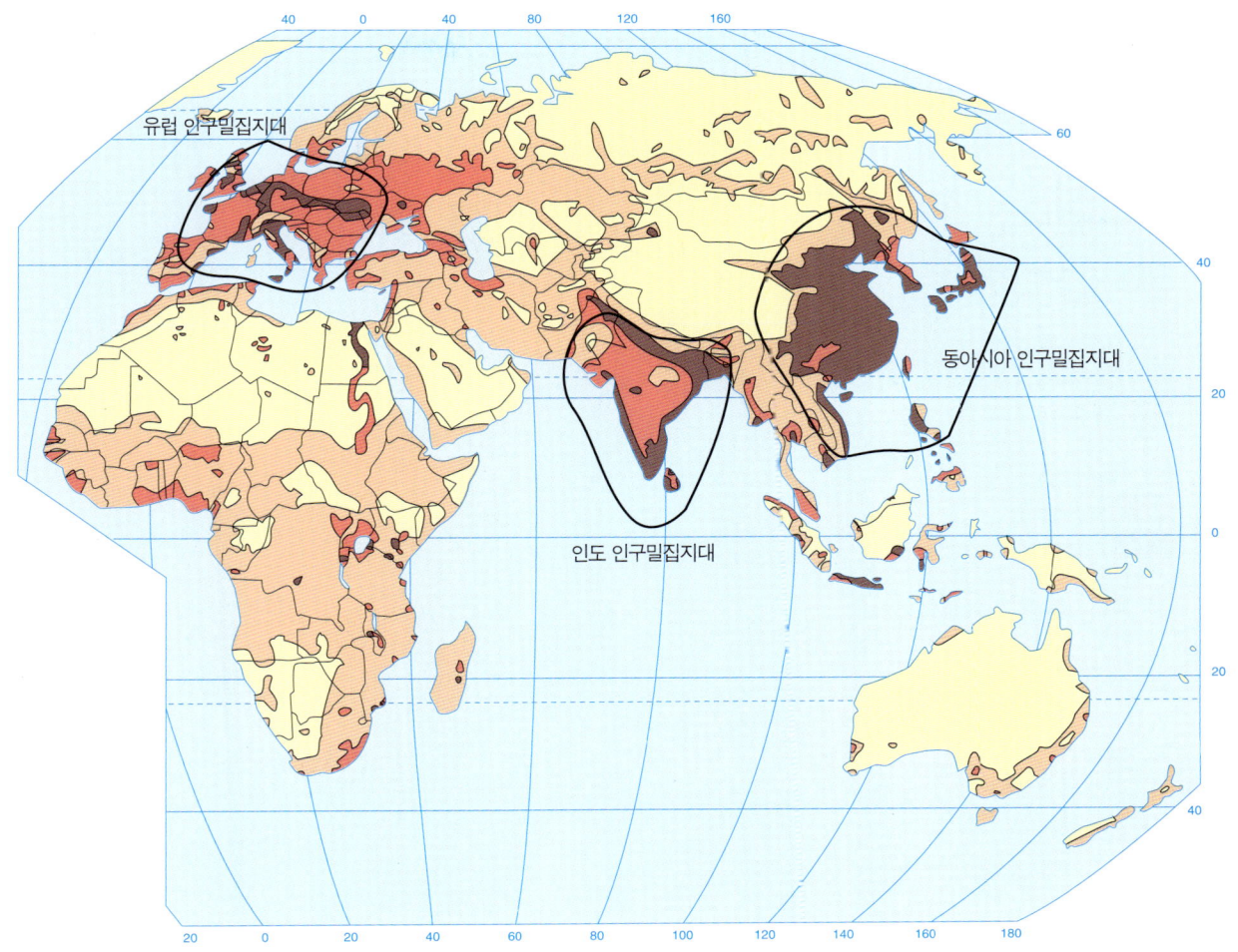

수 국가는 인구의 평균 연령이 높기 때문에, 오스트레일리아·캐나다·미국보다 사망률이 높다.

    사하라 사막 이남의 열대 아프리카에서 사망률이 가장 높은 원인은 무엇보다도 질병이다. 이 지역에서는 인간을 포함한 영장류가 발생·진화하는 과정에서 인구 증가를 억제하는 질병이 발생하였다. 인간이 최초로 탄생한 지역에서 자연 생태계의 균형이 유지되려면 인구의 자연증가를 억제하는 질병이

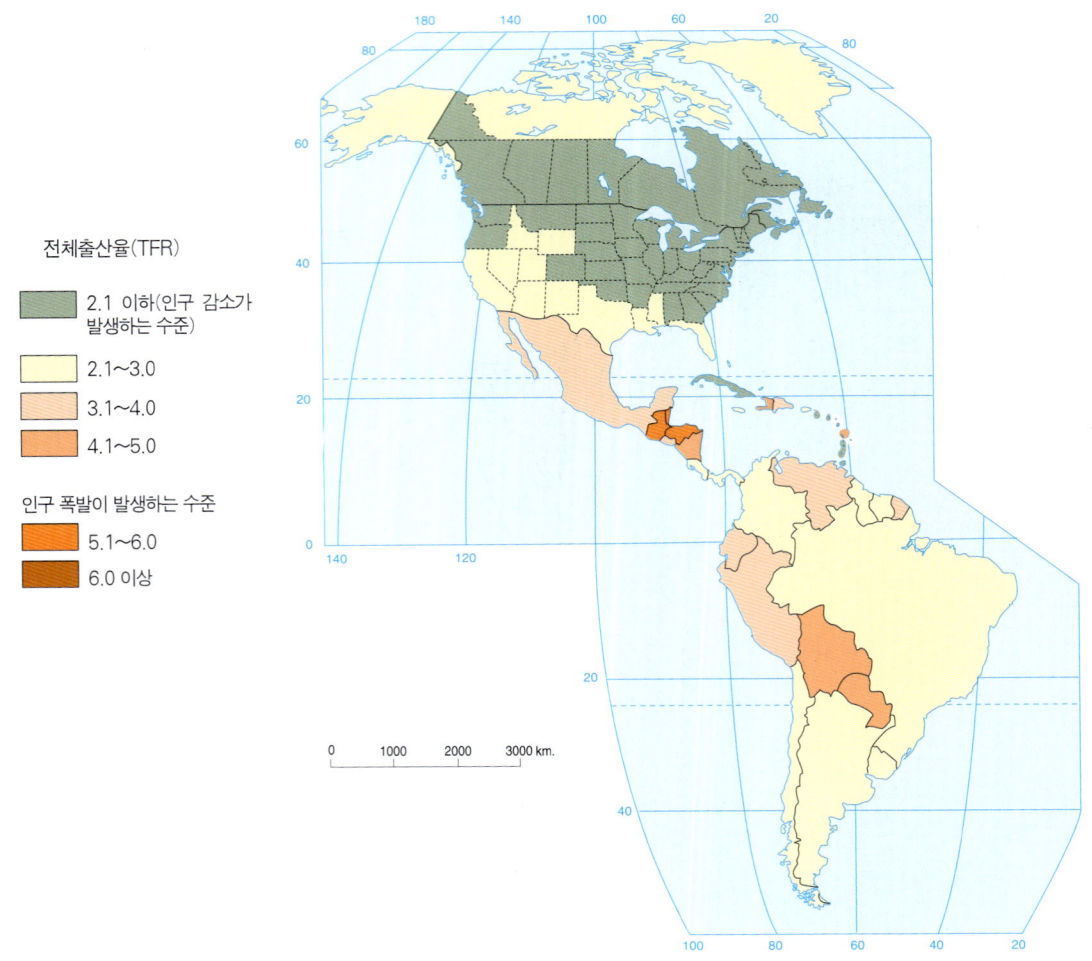

그림 5-2

세계의 전체 출산율(TFR) 전체 출산율은 여성이 일생 동안 출산한 아이의 평균수로 나타낸다. 출산율이 2.1 이상을 유지하면 인구는 장기적으로 안정되지만, 그 이하로 내려가면 인구 감소가 발생한다. 인구 폭발은 출산율 5.0 또는 그 이상에서 일어나는 현상이다.

필요했을 것이다. 그런데 인류가 아프리카를 출발하여 사하라 사막을 통과해 중동지방으로 건너갈 때는 각종 질병을 일으키는 병균들의 상당수가 소멸되었기 때문에, 질병이 전파되지는 못했다. 아프리카 열대의 습윤한 기후에 적응되어 있었던 각종 병균들이 일교차가 크고 건조한 기후의 사막에서 생명력을 상실했던 것이다.

예외적으로 에이즈 병균은 아프리카 대륙에서 발생한 다음 다른 대륙으

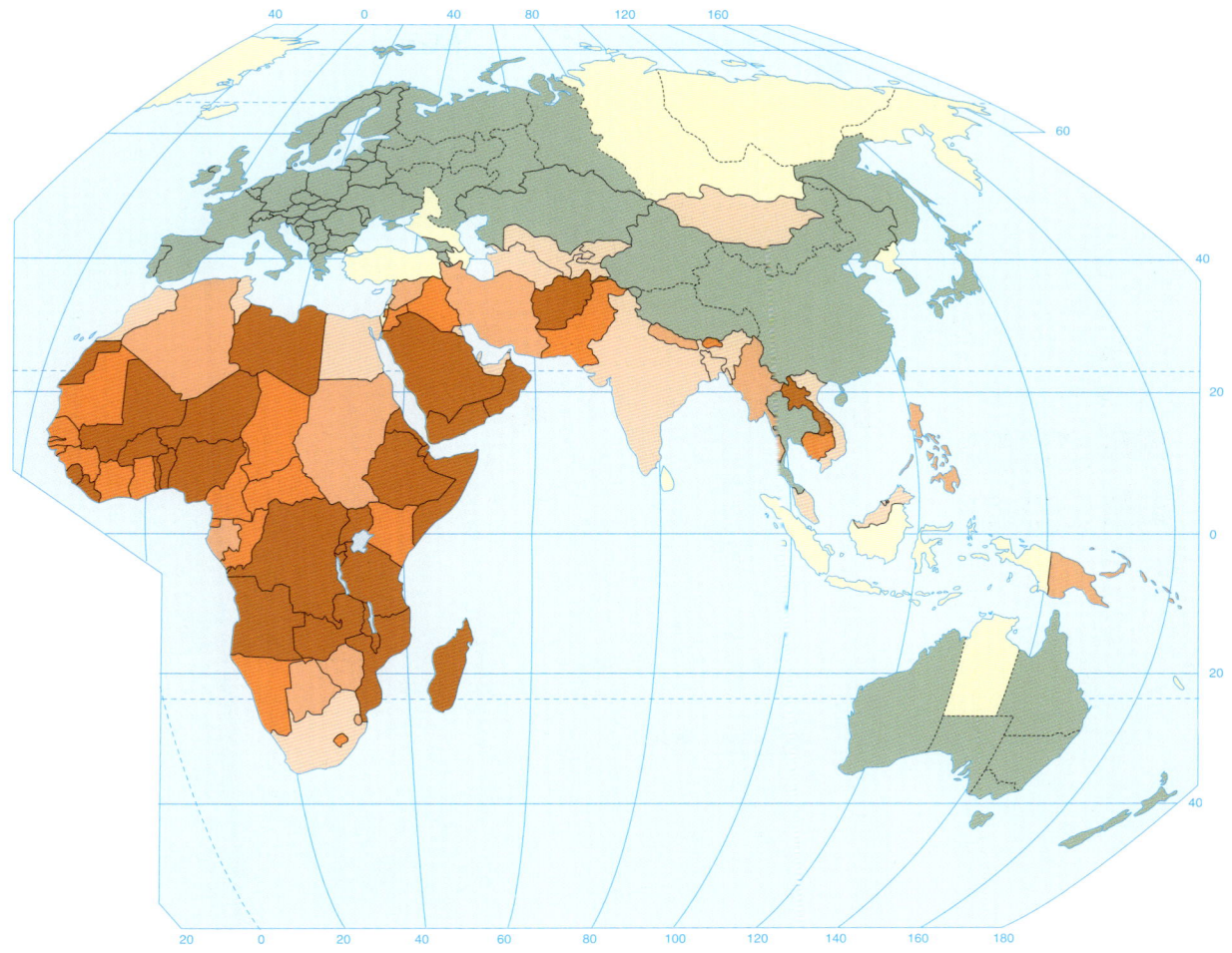

로 널리 전파·확산되었다. 다른 병균들과 달리, 에이즈 병균은 온대기후에서도 생존할 수 있는 능력을 가졌던 것이다. 에이즈(AIDS) 또는 후천성 면역 결핍증은 오늘날 인류에게 최대의 위협이 되고 있는 전염성 질병으로, 지금도 마치 질풍노도와 같이 세계 전역으로 급속하게 퍼져 나가고 있다.

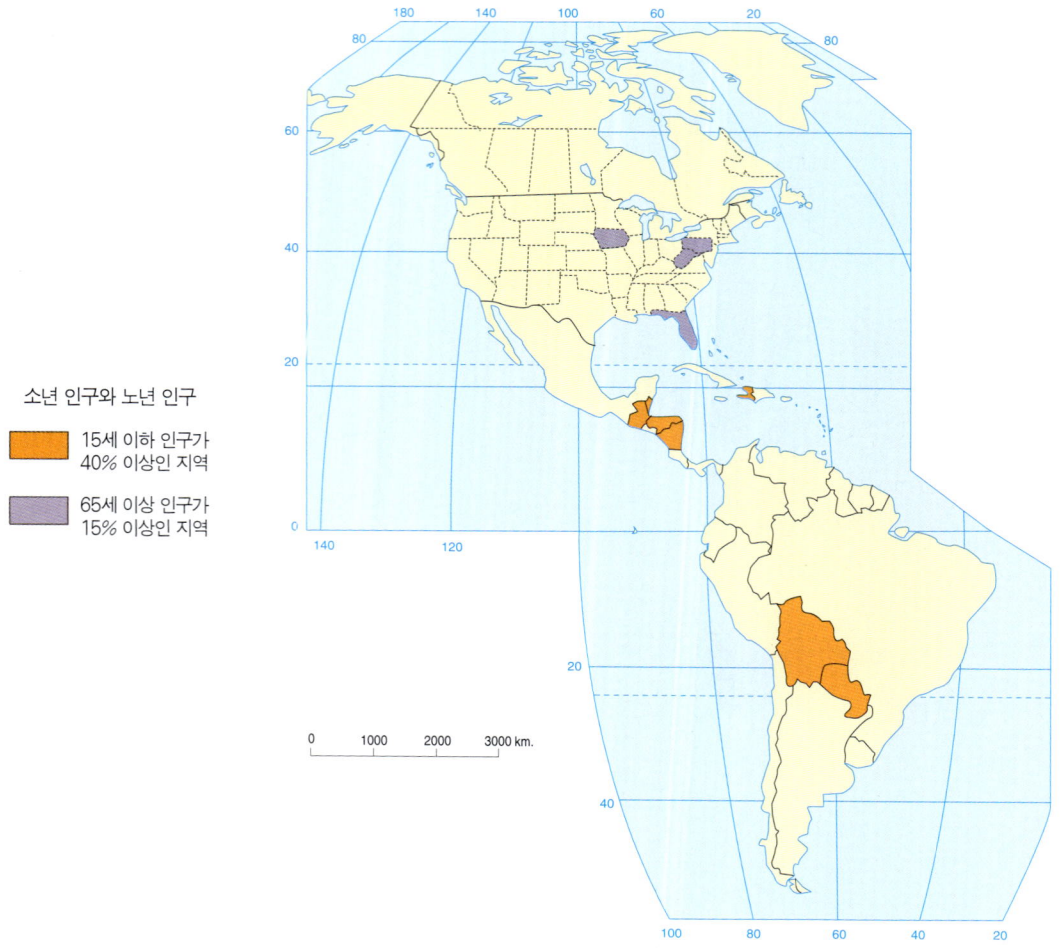

그림 5-3

소년과 노년 인구의 세계 분포 유형 세계에는 노년 인구가 상대적으로 많은 국가들과 그렇지 않은 국가들이 있다. 여기에서는 소년 인구는 15세 이하, 노년 인구는 65세 이상으로 규정하였다.

3) 연령 구성과 성비

케냐는 15세 미만의 유·소년층이 전체 인구의 절반가량을 차지하는 대표적인 국가이다. 라틴아메리카·아프리카·아시아에서 열대에 위치한 국가들은 대부분 전체 인구의 49%가 15세 미만이다.(그림 5-3)

일반적으로, 일찍이 산업화된 국가들은 20세 이상 60세 미만의 청·장년층 인구가 차지하는 비중이 비교적 크며, 이들 중에는 노년층 인구의 비중이 점차 증가하고 있는 국가들이 많이 있다. 스웨덴의 경우, 전체 인구의 18%가

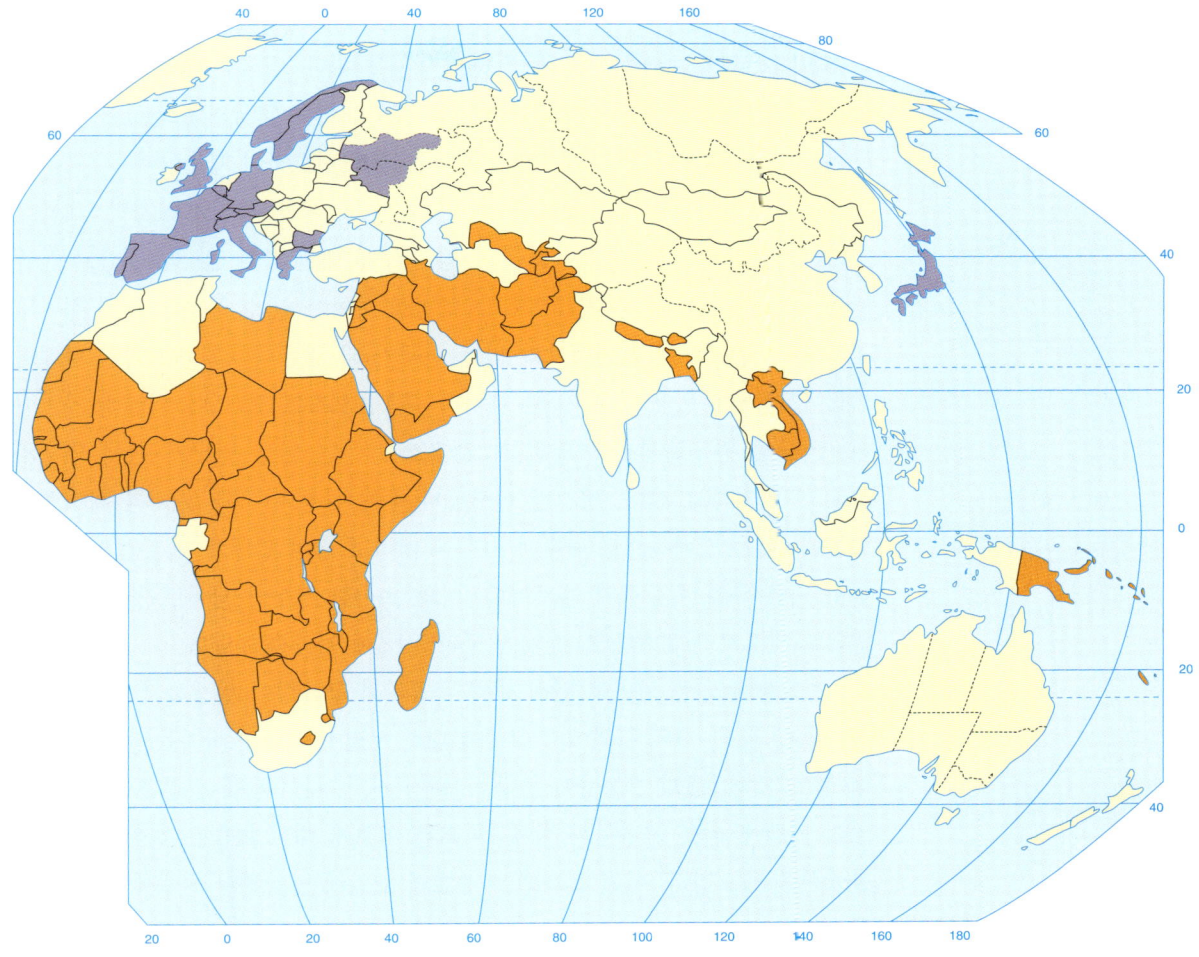

은퇴 연령인 65세를 초과한 노년층으로, 이러한 인구 현상은 유럽의 다른 국가와 대동소이하다. 하지만 수단, 감비아, 사우디아라비아, 과테말라와 같은 열대 지역 국가들은 이와 달리 전체 인구의 2~3%만이 65세까지 생존한다.

    연령 구성은 하나의 국가 내부에서도 지역적인 차이를 보인다. 산업화와 함께 도시화가 진행되면서 농촌의 청년층 인구가 도시로 많이 이동하였고, 그 결과 선진국 농촌에서 45세 이상의 장·노년층이 지배적인 사회 집단이 되었다. 미국에서 겨울에 따뜻한 지역은 노인들에게 이상적인 은퇴지로 각광받아

왔는데, 애리조나 주 피닉스 부근의 선 시티와 같은 곳은 거주 가능한 자를 아예 노인으로만 제한하는 법령을 정하고 있기도 하다. 영국은 내륙 지방보다 해안 지방에 더 많은 노인들이 모여 살고 있는데, 이는 영국의 노인들이 은퇴한 후 노후 생활을 보내는 곳으로 해안 지방을 가장 선호하기 때문이다.

전 세계적으로 남성 인구와 여성 인구는 균형을 이루고 있지만, 대륙·국가·지역별로 보면 그렇지 않다. 여성 인구에 대한 남성 인구의 비율로 산출되는 성비(sex ratio)는 대륙·국가·지역별로 차이가 있다. 특히 근래에 정착된 곳은 전형적으로 여성 인구보다 남성 인구가 더 많은데, 그 대표적인 사례가 미국 알래스카 주의 일부 지역, 캐나다 북부, 오스트레일리아의 열대 지역이다. 최근의 인구센서스에 의하면, 알래스카 주는 남성 인구가 전체 인구의 53%를 차지하고 있다. 하지만 미시시피 주는 여성 인구가 52%를 차지하고 있는데, 이는 경제적으로 낙후된 고향을 버리고 남성 인구가 새로운 일자리를 찾아 다른 주로 이동했기 때문이다. 이와 유사한 경우가 남아프리카공화국의 빈곤 지역으로 여성 인구가 전체 인구의 59%에 육박하고 있다.

여성에 대한 차별로 인해 성비의 공간적 불균형이 발생하기도 한다. 가정, 학교, 직장, 지역 사회에서 여성에 대한 차별이 극심한 국가는 성비의 공간적 분포가 불균등할 가능성이 높다. 사회적 지위, 지식에 대한 접근도, 사회 복지의 기회에 대한 불평등과 함께, 이러한 여성에 대한 차별은 성비의 공간적 불균형을 일으킨다. 어떤 문화권은 종교적 교리에 입각하여 여성에 대한 차별을 더욱 의도적으로 실현한다. 이 경우에는 공간적 격리와 통제에 의한 여성 차별이 일상적인 수준과 범위를 훨씬 초월하기도 한다. 예를 들면, 이슬람 국가는 여성들이 출입할 수 있는 공간과 장소를 엄격히 제한하고 있다. 그리스의 마운트 아토스 반도는 기독교 수도원의 규율에 의하여 여성은 물론 포유류 동물의 암컷도 출입이 일체 금지되어 있다.

전쟁과 같은 사회적 혼란은 남성 인구의 급격한 감소에 따른 성비의 불균형을 초래하기도 하고, 남아를 선호하는 뿌리 깊은 전통은 남성 인구의 상대적 증가를 부채질하기도 해왔다. 과거에 중국과 인도에서는 여아살해라는 비인도적인 방법으로 여성 인구의 성장을 억제하기도 했다. 오늘날까지도 중국에서는 초음파 검사를 통해 태아가 여아로 감별되면 바로 낙태해 버리는 사람들이 적지 않다. 이는 남아를 선호하는 사회적 관습이 아직 남아 있기 때문이다. 1990년 현재, 중국에는 약 10만 개의 초음파 검사기가 사용되었다. 1990

년 중반에는 2세 미만 유아의 성비가 1.21(여아 100명당 남아 121명)로 남아가 여아를 훨씬 초과하였다. 이런 추세라면, 2020년쯤이 되면 결혼 적령기에 도달한 인구의 성비는 1.1(여자 100명당 남자 110명 이상) 이상을 보이게 될 것이다. 초음파 검사가 중국만큼 보급되어 있지 않음에도 불구하고, 인도의 성비 불균형(남자 1,000명당 여자 930명)도 중국 못지않게 심각한 상황이다.

2. 인구와 질병의 전파·확산

경제적인 기회를 추구하거나 정치적인 망명을 도모할 때, 인간은 개인 또는 집단으로 거리에 구애받지 않고 거주지를 옮긴다. 인류의 거주지 이동은 때때로 문화의 재위치 전파·확산을 수반하는 인구 이동으로 발전하기도 한다. 인간의 질병은 인구 이동과 무관하게 퍼져 나가는 경우가 흔하지만 그렇지 않은 경우도 있다.

1) 집단 이주의 모든 형태

태고이래, 인류는 한곳에만 얽매여 살지 않고 끊임없이 다른 곳으로 거주지를 옮겼다. 아프리카 대륙에서 진화한 인류는 다른 대륙으로 이동할 때마다 새로운 자연환경에 문화적으로 성공적인 적응을 했다. 그러나 인류는 남극의 빙설지대와 아라비아 반도의 사막지대만큼은 끝내 적응하지 못했다. 특히 아라비아 반도의 사막지대는 '공백 지역(Empty Quarter)'이라는 별칭을 얻을 정도로 인류가 정착을 포기한 곳이다.

인류는 수평적으로나 수직적으로 넓은 범위에 걸쳐 자리를 잡고 살아오고 있다. 수평적으로는 빙설지대의 주변으로부터 해변까지이고, 수직적으로는 해발 0m 이하의 사막 계곡으로부터 산의 경사면까지이다. 물론, 이렇게 지구상에 인간이 살지 않는 곳이 거의 없을 정도로 거주지가 확대된 것은 장구한 세월에 걸친 인구 이동의 결과이다.

인간의 집단적 이주는 재위치에 따른 전파·확산을 수반하지만, 이주하려는 결정 자체는 팽창 전파의 형태로 주위로 확대된다. 이러한 집단적 이주는 크게 자발적인 것과 강제적인 것으로 나눌 수 있는데, 강제적인 것보다는 자발적인 경우가 훨씬 더 많다. 아프리카 대륙에서 처음으로 시작된 인간 집단의 자발적 이주는 지금까지도 인류 전체의 보편적 성향으로 이어지고 있다. 자발적인 이주는 살던 곳에 머무르는 것보다 다른 곳으로 떠나는 것이 더 낫다고 스스로 생각할 때만 가능하다. 이런 경우는 거주 이전의 효과가 이에 따르는 손해를 충분히 상쇄한다고 기대할 때 나타난다. 다시 말해서, 이러한 자발적 이주에 가장 큰 영향을 주는 요인은 경제적인 것이다. 토지를 포함한 자원에 대한 기회를 확대하기 위하여, 인간 집단은 지금까지 살던 곳을 버리고 다른 곳으로 이주하는 속성이 있는 것이다.

물론 그동안 이주에 대한 결정 중에는 생물적인 본능에 근거한 것 또한 적지 않았다고 주장하는 학자들도 있다. 인간은 다른 동물들과 같이 자연 속에서 가능하면 최적의 생태적 지위를 차지하려는 본능이 있다. 이러한 생물적인 본능이 인간으로 하여금 끊임없이 거주지의 이동을 반복하게 한다는 것이다. 실제로, 이주의 사례 중에는 생태학적인 관점에서 보면 무모한 정착 시도로 실패를 반복한 경우가 적지 않다. 합리적 결정보다는 생리적인 충동에 이끌려 새로운 땅과 장소를 찾아 끊임없이 거주지를 이동한 사례가 얼마든지 있다는 것이다. 이 경우에는 이주의 습관이 마치 유전적 인자와 같이 인간의 본능으로 굳어진 것처럼 보인다.

모국에 대해 부정적이지만 타국에 대해서는 매력을 느끼는 사람들에게 국제적인 이주는 적극적인 검토 대상이 된다. 5,000만 명의 유럽인들이 유럽 대륙을 떠난 19세기에는 인종과 민족의 세계적인 분포에 혁신적인 변화가 있었다. 1970년경까지, 조상 대대로 유럽 대륙에 살아온 코카서스 인종(백인종)의 절반가량이 다른 대륙으로 이주한 것이다.

때때로 타국 국민들에게는 호감의 대상이 되는 모국을 싫어하는 경우도 있다. 예를 들면, 아일랜드, 아시아 남부, 서인도 제도의 사람들에게 영국은 오랫동안 이민의 목적지가 되어왔다. 그럼에도 불구하고 매년 25만 명에 가까운 영국인은, 영국을 떠나 다른 국가에 정착하였던 것이다. 이는 여건이 허락한다면 미국과 캐나다 같은 신대륙에 거주하는 것을 선호하는 영국인들이 많았기 때문이다.

국가 내부의 인구를 재배치시키기 위해 정책적으로 국민들에게 이주를 적극적으로 권장하기도 한다. 가장 야심적인 것은 인도네시아 정부가 주도한 대규모 이주 사업인데, 이는 네덜란드 식민 정부가 실시한 '횡단 이주 사업(Transmigration Program)'의 폐해를 최대한 시정하기 위한 것이었다. 인도네시아는 네덜란드로부터 독립할 때, 전체 인구의 2/3 이상에 해당하는 2억 명 이상의 인구가, 국토 면적의 7%에 불과한 자바 섬에 몰려 살고 있었다. 1949년까지 플랜테이션 농장에 필요한 노동자들을 얻기 위해, 네덜란드 식민 정부는 사람들을 자바 섬으로 이주시켰다. 독립 이후, 인도네시아 정부는 자타 섬의 인구 과밀을 해소시키기 위하여 매년 30만여 명의 인구를 다른 섬으로 이주시

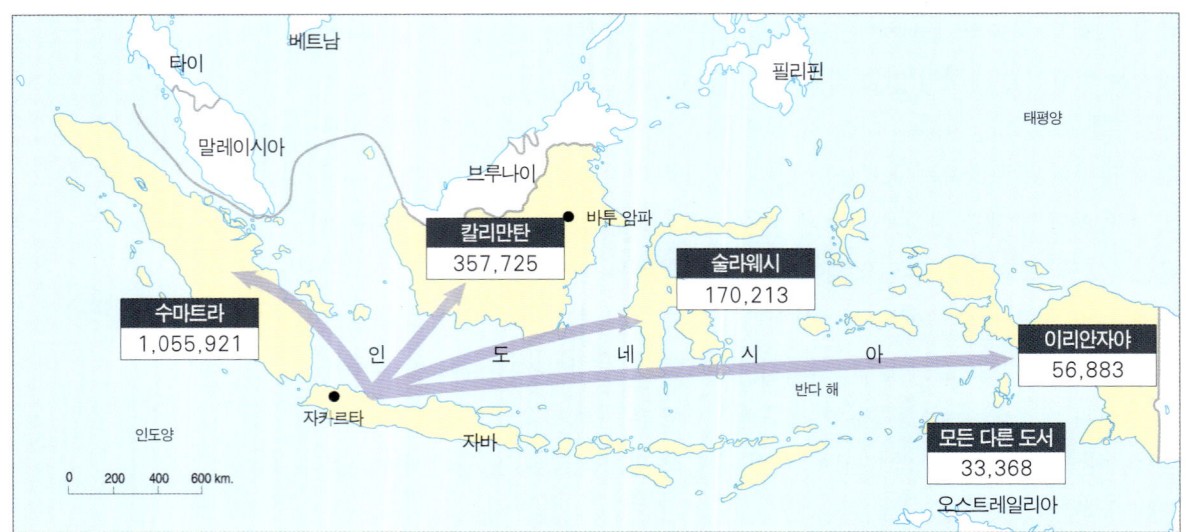

그림 5-4
인도네시아 정부의 후원을 받은 대량 이주 1995년까지 인도네시아 자바 섬으로부터 다른 섬으로 이주한 사람은 대단히 많았다. 이러한 대량 이주는 자바의 인구 과잉을 적극적으로 해소하기 위한 정부 사업에 따른 것이었다. 표시된 숫자는 대량 이주에 참여한 가구 수를 나타낸다.

켜 왔다.(그림 5-4) 이 결과 1994년까지 총 600만여 명에 달하는 167만 5,000가구가 수마트라 섬을 비롯한 다른 곳으로 이주하였다. 그럼에도 불구하고, 인도네시아 인구 분포의 심각한 불균형은 지금까지도 근본적으로 해소되지 않고 있다.

강제 이주는 식민·제국주의 지배에서 흔히 일어나는 인구의 이동 현상이다. 미국 정부에 의한 인디언 원주민의 강압적 이주, 로마제국에 의한 이스라엘로부터의 유대인 분산과 추방, 대서양 삼각무역 상인들에 의한 아메리카 대륙으로의 아프리카인 노예 수출 등이 그러한 사례들이다. 오늘날에도 세계 도처에서 전제 군주적 정치 탄압, 전쟁, 인종·민족 간 반목과 대립, 기근 등으로 인해 발생한 피난민의 행렬이 끊임없이 이어지고 있다. 아프리카 대륙의 에티오피아·수단·소말리아, 카리브 해 연안의 아이티, 이라크의 쿠르디스탄, 중동의 이스라엘, 유럽 대륙의 보스니아, 동남아시아의 캄보디아 등지에서 발생한 난민들은 아직도 낯선 이국 땅을 떠돌고 있다. 1990년대 중반, 이러한 부류의 난민은 총 1,800만여 명에 달했으며, 그 대다수가 동남아시아와 아프리카 출신이었다. 또한 정치적 박해로 고향 땅에서 쫓겨나, 다른 국가로 망명하지 못하고 있는 난민 또한 무려 2,100만 명에 달한다.

2) 산아제한의 전파·확산

인구 변천의 제3, 4단계를 성공적으로 통과하려면, 산아제한법의 효과적인 보급과 함께 소가족에 대한 선호도가 사회 전반에 확산되어야 한다. 출생률의 지속적인 저하는 최초로 1800년대 초반 유럽에서 사회 현상으로 출현하였다. 프랑스는 의도적으로 출생률을 억제시켜 사회적 쇄신을 일으킨 진원지였다.(그림 5-5) 산아제한에 대한 사회적 관념이 처음에는 천천히 주위로 퍼져 나갔지만, 나중에는 점차 먼 곳까지 빠르게 전파·확산되었다. 이제, 산아제한은 유럽 대륙 전역에서 일어나는 보편적인 현상이 되었다. 국가가 산업화되면서 산아제한이 사회적 관습으로 수용되는 가장 근본적인 이유는 노동력에 의

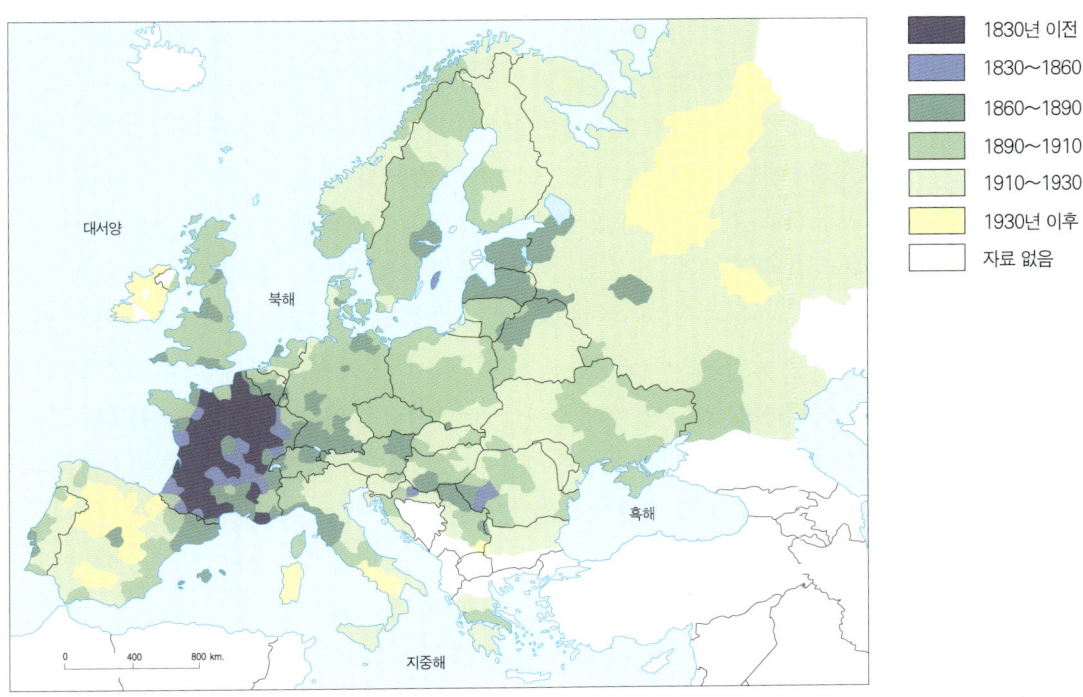

그림5-5
유럽에서 전개된 출생률 감소의 확산 출생률 감소라는 사회적 변혁은 프랑스에서 최초로 발생하여 유럽의 다른 국가들로 서서히 퍼져 나갔다.

존하던 농업에 아이들이 더 이상 필요하지 않기 때문이다.

저개발국가의 '인구 폭발(population explosion)'은 산아제한이라는 유럽적 사고가 성공적으로 수용되지 못했기 때문이다. 가족에 대한 아이들의 경제적 기여도가 높은 저개발국가에서, 산아제한이 사회 전반적으로 수용되기란 쉽지 않다. 예를 들면, 인도의 농부들에게 아이들은 가난한 생활로부터 탈출하고 노후의 생계를 보장받을 수 있는 유일한 자산일지도 모른다. 선진국은 미성년 노동을 금지하고 있고 아이들의 교육에 많은 돈을 써야 하는 반면, 후진국은 아이들을 양육하는 비용이 매우 적게 들고 미성년 노동이 허용되어 있다. 그러므로 선진국은 아이들이 가계에 재정적 부담이 되지만, 후진국은 아이들이 부모들에게 경제적 이득이 된다. 후진국에서 아이들은 어린 나이부터 농장의 임금 노동자로 일을 하고, 부모가 늙었을 때는 생계를 부양한다.

예를 들어, 인도의 농촌에서 빈곤, 소작 제도, 노후 생활의 불확실성은 높은 출생률의 근원이 되고 있는 것이다. 또한 인도에서는 유아 사망률이 높아서 많은 아이를 가지기 위해서는, 더 많은 아이를 낳을 수밖에 없어 출생률은 더 높아지는 것이다. 이러한 사회적 모순을 타파하고 개혁하려는 정부의 대책이 없는 한 산아제한은 인도 농부들에게 아무런 설득력이 없을 것이다.

출산율을 낮추고자 하는 정부의 노력이 국민의 호응을 제대로 받지 못하는 경우에는 국가가 강제적으로 산아제한을 실시하는 경우도 있다. 예를 들면, 중국 정부는 인구 성장을 억제하는 정책을 강력하게 추진하고 있는데, 오늘날 중국 전역에는 '한 가정 한 자녀'라는 구호로 국민을 계몽시키는 광고 벽과 간판을 흔히 볼 수 있다.(그림 5-6) 그리고 중국에서 산아제한의 비의학적 방법으로 가장 보편적으로 권장되고 있는 것은 만혼(晚婚)이다. 이러한 정부의 정책을 외면하고, 하나 이상의 자녀를 낳는 사람은 우선 상당한 액수의 벌금을 물어야 한다. 또한 이런 사람은 정부가 공급하는 주택을 신청할 수 없으며, 정부가 지급하는 노인 연금도 받을 수가 없다. 그들은 자녀들이 고등교육을 받을 기회를 박탈당하기도 하고, 자신이 근무하는 직장에서 쫓겨나기도 한다.

그 결과 중국의 출산율은 1970년부터 1980년까지 5.9‰에서 2.7‰로 급락하였다. 그후 출산율은 1990년 2.2‰에 이어 1994년 2.0‰로 계속 떨어졌다. 중국은 세계 역사상 유래가 없을 만큼 짧은 기간에 출생률이 가장 많이 떨어진 국가 중 하나가 되었다. 근래에는 경제 성장의 영향으로 정부의 통제력이 약화되면서 산아제한에 대한 중국 정부의 태도가 다소 완화되어, 농촌을 중

그림 5-6

중국의 인구 억제 정책 중국 정부는 인구 과잉을 해소하는 노력의 일환으로 '한 가정 한 자녀'라는 정책을 추진해 왔다. 이러한 정부의 메시지는 거리의 입간판에도 표현되어 있다. 한 명 이상의 자녀를 출산한 사람들은 벌금의 부과, 노년 연금의 박탈, 주택 신청의 금지 등과 같은 불이익을 받는다.

심으로는 한 명 이상의 자녀를 가지는 가정이 다시 늘어나고 있는 추세이다. 하지만 도시에는 한 명의 자녀를 선호하는 사회적 분위기가 자연스럽게 확산되어 있다. 경제적 기회의 확대와 생활수준의 향상을 희구하는 젊은 부부를 중심으로 소가족을 선호하는 전통이 사회 전반에 뿌리를 내리고 있다. 이와 같이, 중국은 강제적인 정책과 경제 성장을 통하여 인구 변천의 단계적 이행을 성공시키고 있는 국가이다.

3) 질병의 분포와 확산

세계의 질병은 의약품에 대한 저항력이 나날이 강해지고 있어, 전염 확산을 방지하는 대책이 시급히 요청되는 것들이 많다. 세계보건기구(WHO)와 미 보건센터 같은 기관들이 세계 전역에서 다양한 경로로 발생하는 전염병들을 감시한 결과, 지구상에서 전염병으로부터 자유로운 곳은 거의 없다고 발표했다.(그림 5-7)

인간의 목숨을 앗아가는 질병의 종류는 대륙·국가·지역별로 다양하다. 선진국은 사람들 대부분이 심장병과 같은 노인성 질환이나 환경오염으로 인한 질병으로 죽는다. 선진국은 도시와 공업지대에서 나타나는 환경오염이 다양한 유형의 암을 유발하는 직·간접적인 원인이 되고 있다. 하지만 후진국은 아직도 전염병과 같이 접촉을 통해 발생하는 각종 질병이 가장 일반적인 사

그림 5-7
1996~1997년에 발생한 전염과 기생충에 의한 질병 여전히 아프리카가 질병의 중심지로 남아 있지만, 미국과 같은 선진국이라도 질병으로부터 완전히 자유로운 것은 아니다.

망 원인이 되고 있다.

인류의 공포의 대상으로 나타난 에이즈는, 동·중부 아프리카와 서부 아프리카의 기니 고지를 흐르는 나이저 강 상류 유역에서 최초로 발생하였다고 한다. 이러한 면역 결핍증을 일으키는 바이러스에는 HIV-1(Human Immunodeficiency Virus-1)과 HIV-2의 두 가지 유형이 있다. HIV-1형은 동·중부 아프리카가 기원지이지만, HIV-2형은 서부 아프리카가 기원지로 알려져 있다. 그런데 원숭이의 바이러스 균에 가장 근접하는 HIV-2형 바이러스는 아프리카 대륙을 넘어 다른 대륙으로 멀리 전파·확산되지 못했다. HIV-1형 바이러스는 인간에게 감염된 후에 급격한 도시화와 함께 동·중부 아프리카 전역으로 전파·확산되었다.(그림 5-8)

아프리카에서 바이러스 감염으로 인한 면역 결핍증은 원래 원숭이의 질병이었다. 에이즈는 원숭이의 피를 최음제로 주입하는 국지적인 문화 관습으로 인해 인간에게 전염되었다. 원숭이에게서 뽑은 피를 인간의 혈관에 주입할 때 바이러스 균도 같이 인간의 핏속으로 흘러 들어간 것이다.

지금까지 알려진 바에 의하면, 1960년대 초반 감염된 사람들 중에 서인도 제도에서 콩고공화국에 파견되어 나와 있던 아이티 공무원들이 있었다. 이들 중에 에이즈에 걸린 채 아이티로 돌아간 사람들이 있었고, 또한 중부 아프리카를 방문한 유럽인들 가운데 에이즈에 감염된 다음 모국으로 귀환한 사람들도 있었다. 곧이어 휴가를 보내러 아이티에 놀러 온 미국인 동성연애자들 중에 에이즈에 걸려서 미국으로 되돌아 간 사람들이 있었다. 이들이 기국으로 돌

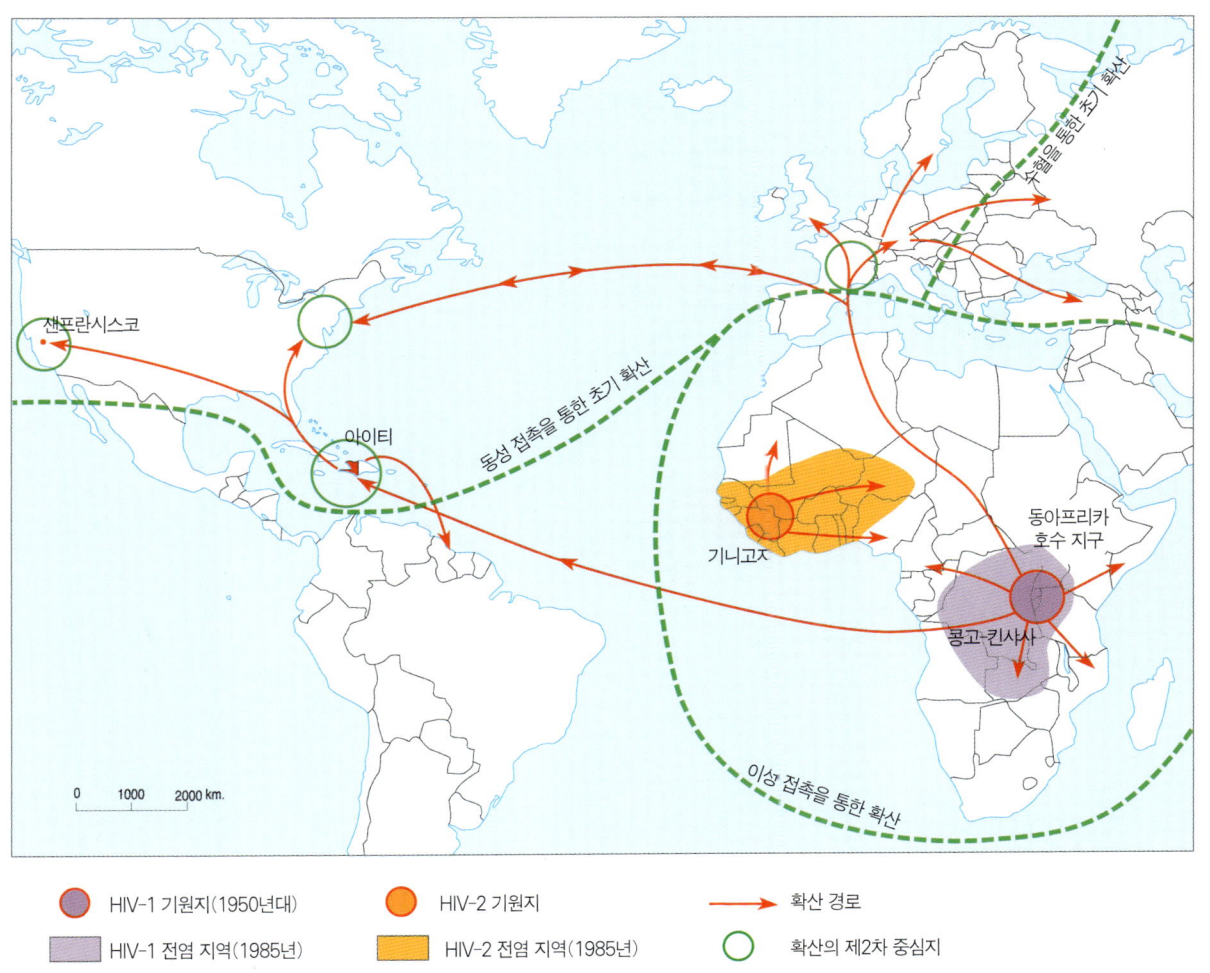

그림 5-8
에이즈를 발병시키는 바이러스 균의 초기 확산 경로 추정 이 확산의 경로와 순서는 아프리카를 기원지로 가정하여 추정한 것에 불과하다. 에이즈의 확산에는 다양한 수단과 방법이 개입되었다고 하지만, 이를 구체적으로 입증하려면 앞으로 이에 대한 연구가 더 많이 필요하다.

아간 다음, 에이즈가 게이 커뮤니티(gay community)를 통해 미국 전역으로 전파·확산된 것으로 추정된다. 이로 인해, 미국인들은 에이즈의 전염과 확산에 시종일관 동성연애자들이 연루되어 있다는 그릇된 인식을 가지게 되었다.

전염성 질병은 항상 전염을 통해 주위로 퍼진다고 알고 있지만, 실상은 꼭 그렇지만은 않고 다른 형태의 전파·확산 과정을 거치기도 한다. 즉 전염병이 퍼져 나가는 양상은 전염 확산 이외에도 재위치 또는 팽창 전파의 형태를 띤다. 예를 들면, 에이즈는 이러한 유형의 확산 과정을 모두 거치면서 세계 각지로 퍼져 나갔다.

아프리카를 방문한 국제 관광객, 트럭의 장거리 운송, 콩고에 일시적으로 파견된 아이티 공무원 등은 모두 에이즈의 재위치 전파에 관여하였다. 아프리카의 도시에서 다른 대륙의 도시로 에이즈가 퍼져 나간 과정은 분명히 계층 전파에 해당한다. 에이즈에 감염된 도시의 주민들 중에서 부유한 계층이 국제 관광을 목적으로 다른 대륙으로 여행할 때 에이즈가 다른 대륙의 도시로 퍼져 나간 것 또한 계층 전파로 분류된다.

3. 인구 분포와 자연환경과의 관계

문화생태학자들은 일정한 생태계에 정착한 인구 규모는, 인간이 선택해 온 적응 전략이 성공한 수준을 가늠하는 척도라고 한다. 잘못된 적응은 인구 규모의 축소로 귀결되고 심할 때는 인구의 전멸로 이어지기 때문이다.

또한 인간 집단이 새로운 장소로 이주해 정착할 때, 성공과 실패의 여부는 부분적으로 사전 적응에 달려 있다. 사전 적응이란 이주하기 전에 가지고 있었던 적응 전략 중에서 일부가 이주한 후에 새로운 환경에 성공적으로 정착하는 것을 우연히 돕는 것을 말한다.

1) 인구 분포에 대한 자연환경의 영향

때때로 인구 분포는 어떠한 적응 전략과도 관계없이 단순히 자원의 국지적 분포와 직결되어 있기도 하다. 중위도 지역의 인구 밀도는 지세가 평탄한 곳, 기후가 온난·습윤한 곳, 토양이 비옥한 곳, 광물자원이 풍부한 곳, 바다로의 접근이 용이한 곳에서 가장 높다. 이와 반대로 기복이 극심한 곳, 기후가 한랭·건조한 곳, 지세가 울퉁불퉁한 곳, 해안으로부터 거리가 먼 곳 등은 인구 밀도가 낮다.

기후 요소는 인간이 정착할 곳을 선택하는 데 근본적인 영향을 준다. 인간의 관점에서 볼 때, 세계에서 인구가 희박한 곳 대부분은 기후 환경에 결함이 있는 곳이다. 유라시아 대륙과 북미 대륙의 북쪽 가장자리는 날씨가 극도로 춥고, 아프리카 북부에서 유라시아 심장부에 이르는 사막지대는 몹시 건조하다. 이와 같이, 인류는 습윤하거나 반습윤한 열대·아열대와 중위도 지방에는 잘 적응하지만, 극도로 한랭하거나 건조한 환경에는 잘 적응하지 못한다.

하지만 이뉴잇족과 라프족(Lapp: 스칸디나비아 반도의 소수 민족) 같은 소수 민족은 예외적으로 극한 환경에 비교적 잘 적응해 오고 있다. 이는 생물학적인 의미에서 인류가 적응 능력이 뛰어나다는 것을 입증해 주는 것으로, 실제로 인류는 다양한 자연환경에서 생존할 수 있는 적응 전략을 지니고 있다.

지금까지 인류는 조상들이 사하라 이남의 아프리카에서 살 때부터 익숙해진 온난·습윤한 기후 환경을 완전히 잊지는 못했을 것이다. 추운 곳을 기피하는 인류의 습성이 오늘날까지 존속하는 것을 보더라도 인류가 열대 지방에서 기원하였다는 사실은 부정하기 힘들다. 낮은 고도를 선호하는 인류의 태생적 성향은 중위도와 고위도 지방에서 더욱 뚜렷이 나타난다. 실제로 중·고위도 상에 있는 산지들은 대부분 인구가 희소한 지역으로 남아 있다.(그림 5-9)

이와 대조적으로, 열대 지방 사람들은 높은 고도를 선호하기 때문에 산간 계곡과 분지가 인구 밀집 지역이 되었다. 이러한 거주 성향은 열대 저지대의 습윤하고 뜨거운 날씨를 피하기 위한 것으로, 남미 대륙의 열대 지방에서 안데스 산맥은 인접한 아마존 분지보다도 더 많은 인구를 수용하고 있다. 열대와 아열대 지방 국가들은 대부분 해발 약 900m 이상 지점에 수도가 위치하고 있다.

인류에게는 해안이나 해안 가까운 곳에 살기를 좋아하는 원초적인 성향이 있다. 해안에 인구가 집중되어 있는 유라시아·오스트레일리아·남미 대륙에서 인구 분포의 유형은 마치 도넛과 같은 모양을 하고 있다. 오스트레일리아는 전체 인구의 절반이 네 개의 항구 도시에 몰려 있고, 그 나머지 절반은 이 항구 도시들 주위에 흩어져 있다. 해안을 선호하는 인간의 욕망은 무역과 어업의 기회를 극대화하려는 의도에서 비롯되었다.

이에 반해, 해안에서 멀리 떨어진 내륙 지방은 극단적인 기후 현상이 인간의 거주를 방해하는 곳이기도 하다. 오스트레일리아인들은 극단적으로 건조

그림 5-9

세계에서 중국 다음으로 인구가 많은 인도
인도는 세계에서 인구 밀집 지역의 하나로 유라시아 대륙 변두리에 위치하고 있다. 때문에 인도의 도시는 어디나 매우 혼잡하며, 인구 과잉은 심각한 사회 문제가 되고 있다.

하고 더운 내륙 지방을 '죽은 심장'이라고 부른다. 또한 사람들이 신선한 식수를 얻을 수 있는 장소를 선호하기 때문에, 사막지대의 경우 인구 밀집 지역은 나일 강과 같이 사막 외부에서 발원하는 하천과 오아시스를 중심으로 분포한다.

인간과 가축의 질병은 인구 분포에 영향을 주는 또 다른 자연환경 요소이다. 로마제국시대 지중해 연안 이탈리아의 해안 지방은 인구 밀집 지역으로, 농업생산성이 높은 곳이었다. 그러나 로마제국시대 이후 말라리아가 창궐하면서부터 사람이 거의 살지 않게 되었다가, 최근 현대의 과학적인 방법으로 말라리아가 근절되자 비로소 새롭게 정착되었다.

또한 인간이 필요한 음식과 의복의 재료가 되는 가축들을 희생시키는 질병은 인구 밀도에 간접적인 영향을 끼친다. 예를 들면, 아프리카 동부의 일부 지역은 소를 비롯한 가축들이 수면병에 곧잘 걸리는 곳이다. 수면병은 인간에게는 별로 해롭지 않지만 소에게는 거의 치명적인 전염병이다. 이 지역에 사는 부족들은 생계를 전적으로 소의 목축에 의존하고 있다. 그들에게 소는 음식의 재료, 부의 상징, 종교적 행위의 대상이 되는 소중한 자산이다. 그렇기 때문에 자신의 거주지에서 소의 수면병이 발생하면, 부족들은 소를 데리고 새로운 거주지를 찾아 떠나는 것이다.

2) 인구 분포에 대한 환경인지의 영향

자연환경을 바라보는 시각은 인간 집단이 정착할 곳을 고르는 데 영향을 준다. 환경인지는 문화 집단별로 다르기 때문에 궁극적으로 인구 분포의 지역적 차이에 영향을 준다. 예를 들어, 알프스 산맥의 일부 지역에서 독일어와 이탈리아어를 사용하는 사람들은 서로 다른 유형의 환경인지를 보인다. 알프스 산맥은 스위스, 이탈리아, 오스트리아의 국경이 교차하는 곳에서 동서 방향으로 달리며, 양지바른 남사면과 응달진 북사면이 서로 대칭을 이루고 있다. 이탈리아어 사용자들은 난대성 작물을 재배하면서 오래 전부터 따뜻한 남사면에 거주해 온 반면, 독일어 사용자들은 남사면보다 고도가 200m 더 높고 서늘한 북사면에서 낙농업을 하며 살아왔다.

간혹 시간이 흐르면서 문화 집단이 환경인지를 바꾸는 행위는 인구가 재배치되는 원인이 되기도 한다. 서부 유럽에서 석탄 광산은 처음엔 아무런 쓸모가 없다고 간주되었기 때문에 그 주위에 사람이 별로 많이 모여 살지 않았다.

산업혁명 이전에 영국의 웨일스 남부, 폴란드의 오데르 강·비스툴라 강 상류, 영국 잉글랜드의 미들랜드에는 거주 인구가 매우 적었다. 하지만 산업혁명 이후, 증기기관의 발명과 제철 공업의 발달은 석탄 사용량의 엄청난 증가를 초래하였고, 그 결과 영국을 비롯한 서부 유럽 국가에서 석탄 광산 부근으로 공장들이 몰려들었다. 석탄지대 부근에서 새롭게 성장하는 공업지대로 사람들은 일자리를 찾아 몰려들었다. 새로운 기술의 발달로 말미암아 사람들은 석탄에 대한 문화적 평가를 바꾸었던 것이다.

사람이면 누구나 쾌적한 기후와 아름다운 경치를 즐기려는 생리적 욕구를 가지고 있다. 예를 들면, 미국인들이 선호하는 자연환경은 온화한 겨울 날씨와 산지 지형, 삼림을 포함한 다양한 자연 식생과 습도가 낮고 덥지 않은 날씨, 호수와 하천이 있는 지형, 해안에 가까운 위치 등이다. 최근의 연구에서 오늘날 미국에서 일어난 지역 간 인구 이동은 인간이 건강에 유익한 자연환경을 추구한 결과라고 했다. 미국에서 애리조나 주로 이주하는 사람이 많은 이유가 무엇보다도 일년 내내 햇빛이 따뜻하게 비치는 날씨 때문이라는 것이다. 또한 이런 따뜻한 날씨와 같은 매력적인 자연환경은 플로리다 주의 인구와 경제가 성장하는 주요 요인이 되기도 했다.

3) 환경 변화에 대한 인구 밀도의 영향

인간의 거주 행위는 다른 종류의 적응 전략과 함께 환경을 변화시키기도 한다. 특히 인구 밀도가 높은 곳은 인간의 거주에 의한 환경 변화가 더욱 빈번하게 일어난다. 중세 이후, 서부와 중부 유럽에서 인구 밀도와 적응 전략의 변화는 식생의 장기적인 변화를 초래하였다. 중세시대에 농부들은 서부·중부 유럽의 평원과 계곡의 막대한 면적의 삼림을 제거해 인구가 조밀한 비옥한 농토로 탈바꿈시켰다. 그후 전쟁과 전염병으로 말미암아 인구가 격감할 때마다 삼림은 상당히 회복되었다. 영국과 프랑스 사이에 '1337년부터 1453년까지 계속된 100년 전쟁'은, 프랑스의 삼림 면적을 크게 확대시켰다. 이러한 기현상을 겪은 프랑스 농민들은 '숲이 영국인들과 함께 프랑스로 되돌아왔다'라고 감탄하였다.

현재와 같은 수준의 인구 밀도에서는 환경을 보전하면서 동시에 경제를 발전시킬 수 있는 적응 전략은 그리 많지 않다. 지금 인류가 직면해 있는 세계적인 생태적 위기는 인구 폭발과 긴밀하게 관련되어 있다. 예를 들면, 농촌의 인구압이 극심한 아이티에서는 사람이 먹을 수 있는 식물이라면 무엇이든지 자그마한 텃밭에 심고 기른다. 이러한 무모한 경작으로 인해 주위의 농토와 목초지는 더욱 파괴되고 있다. 문화생태학자들은 이러한 인구 과잉에서 비롯된 환경 파괴는 궁극적으로 생태계의 붕괴로 귀결될 것이라고 주장하고 있다. 이러한 빈곤의 악순환에서 벗어나는 방법은 우선적으로 인구 성장을 억제하거나 반전시키는 것이다. 만일 그렇게 하지 않는다면 생태계의 균형을 회복하려는 어떠한 노력도 실패할 수밖에 없다.

일반적으로, 높은 인구압이 환경 파괴의 근원이 된다고 하지만 반드시 그런 것은 아니다. 때때로 인구압은 오히려 환경 친화적인 적응 전략을 선택하도록 자극하기도 한다. 세계 전체의 생태적 위기를 전적으로 인구 과잉 탓으로만 돌릴 수는 없다. 인구의 수용 능력은 지역과 문화별로 차이가 많기 때문에 인구 밀도가 높다고 해서 반드시 환경 파괴의 가능성이 많다고 할 수는 없다.

이와 반대로, 인구 밀도가 낮지만 균형이 깨지기 쉬운 생태계를 가진 곳은 환경 파괴의 위험성도 크다. 극히 소수의 인구가 세계의 산업 기술을 거의 독점하고 막대한 양의 자원을 소비하고 있기 때문이다. 세계 인구의 5% 미만을 차지하는 미국인들은 매년 세계 자원의 40% 가량을 소비한다. 미국에서 태어난 아기 한 명이 지구 환경에 추가하는 영향은, 인도나 중국에서 태어난 아기 한 명보다 훨씬 더 크다. 만일 모든 인류가 미국인과 똑같은 생활수준을 향유한다고 가정하면, 지구는 단지 5억 명 가량의 인구(현재 인구의 1/10 미만)를 부양할 수 있을 것이다.

4. 인구 분포와 인문환경과의 관계

국가·지역·대륙에서의 인구 이동과 성장은 자연환경 이외에 인문환경으로부터 영향을 받는다. 인구의 성장과 이동에 대한 태도, 식생활 관습과 결혼 풍습, 상속 제도를 포함한 정치·사회 제도는 인구 분포에 영향을 주는 인문환경 요소들이다.

1) 인구의 성장과 이동에 대한 태도

인구의 성장과 이동에 대한 태도는 문화 집단별로 무시할 수 없는 차이가 있다. 프랑스는 산업혁명 초기부터 산아제한이 사회적 관습으로 자리잡은 예외적인 국가이다. 그렇기 때문에 19세기에 프랑스는 출생률이 급격히 감소했지만, 독일·이탈리아·영국과 같은 국가들은 그렇지 않았다. 1720~1930년에 프랑스의 인구성장률은 인접 국가들과 비교가 안 될 만큼 낮았다. 프랑스는 1800년 서부 유럽의 4개 국가 중에서 가장 인구가 많았지만, 1930년 직후 오히려 가장 인구가 적은 국가로 전락하였다. 이처럼 상대적으로 인구가 적은 프랑스의 상황은 오늘날까지 이어지고 있다. 또한 프랑스의 해외 이민자는 독일, 영국, 이탈리아가 수백만 명에 달하는 것과 달리 극소수에 지나지 않았다.

하지만 일찍이 캐나다로 이주한 퀘벡 주의 프랑스계 캐나다인은 이민 초기부터 지금까지 변함없이 대가족을 선호하고 있다. 이러한 높은 출산율로 인해, 이민 초기(1608~1750년)에 1만 명이었던 프랑스계 캐나다인은 오늘날 700만 명으로 크게 증가되었다. 캐나다에서 미국의 뉴잉글랜드 지방으로 이주한 사람들까지 포함한다면 퀘벡 주의 인구 증가율은 매우 놀라운 수준이다. 프랑스 자국 내 사람들과 비교할 때, 퀘벡 주의 프랑스계 캐나다인은 훨씬 더 높은 출산율을 보인다. 신개척지에서 프랑스인은 영국인과 경쟁을 벌이는 상황에서 인구의 자연적 증가를 억제할 필요가 없었던 것이다. 프랑스계 캐나다인에게는 경지의 개척과 영국인과의 실력 대결을 위하여 대가족 제도가 필요하였던 것이다.

인구 이동에 대한 태도가 문화 집단별로 분명한 차이를 보이는 경우도 있다. 종교적 결합력은 때때로 문화 집단이 옛날부터 전해 내려오는 고향 땅을 떠나지 못하게 한다. 또한 성스러운 모국 땅을 벗어나는 것 자체를 비도덕적인 행위로 간주하는 문화 집단도 있다. 공산 혁명 이전에, 중국인들은 조상들의 묘지를 관리하면서 일정한 기일에 조상들에게 제사를 지내기 위하여 고향 땅을 떠나지 않는 것을 자손으로서의 도리와 의무로 여겼었다. 미국 남서부의 나바호 인디언들은 신생아가 태어나면 곧바로 그 탯줄을 자기가 사는 집의 바닥 밑에 묻는 관습을 가지고 있다. 이러한 관습은 나바호 인디언들에게 집에 대한 애착을 끊고 다른 곳으로 이주하는 것을 꺼리게 하는 심리적인 효과를 주었다.

이와 대조적으로, 인구 이동을 당연한 생활 방식으로 받아들이고 기회만 있으면 다른 곳으로 거주지를 옮기려는 경향을 보이는 문화 집단도 있다. 아일랜드인은 조국의 가난을 창피하게 여기기 때문에 기회만 주어지면 해외로 이민을 떠나는 경향이 있어, 예나 지금이나 인구의 해외 유출이 많은 나라이다. 그렇다 보니 아일랜드의 현재 인구는 1840년의 절반가량밖에 되지 않는다.

또한 한 개인이 일상생활 속에서 자기가 소속되어 있다고 느끼는 공간의 물리적 범위는 문화 집단별로 다르다. 사적이고 개인적인 공간에 대한 관념이 발달한 미국인은 인구가 과밀한 환경을 노골적으로 싫어한다. 미국인의 개인적 공간이 크고 넓은 경향은 고립 농가 또는 산촌의 전통에서 비롯된 것으로 보고 있다. 미국의 도시들은, 개인 정원으로 둘러싸인 단독 주택이 압도하는 거대한 교외 지역이 서로 연결되는 형태로 성장한다. 이에 반해, 건물의 밀도가 높은 유럽의 도시들은 거주 구역이 대체로 단독 주택이 연이어 있거나 공동 주택인 아파트로 채워져 있다.

2) 식생활 관습과 혼인 풍습

특정한 농업 유형과 밀접한 관계가 있는 식생활 관습은 인간의 건강 상태에 직접적인 영향을 준다. 동남아시아에서 농촌의 인구 밀도가 높은 이유는 쌀밥을 주식으로 하는 식생활 관습에 있다. 열대·아열대 아시아의 습윤한 지역은 다작이 가능한 논벼가 재배되면서 인구가 크게 팽창할 수 있었다. 때문에 동남아시아와 유사한 자연환경을 가졌으면서도 논농사를 짓지 않는 곳은 인구 밀도가 그렇게 높지 않다. 또한 1700년대 아일랜드는 재래 작물들에 비해 단위 면적당 생산성이 훨씬 더 높은 감자가 도입되면서 농촌 인구가 크게 증가할 수 있었다. 이와 반대로, 1840년대 기아와 해외 이민에 따른 아일랜드 인구의

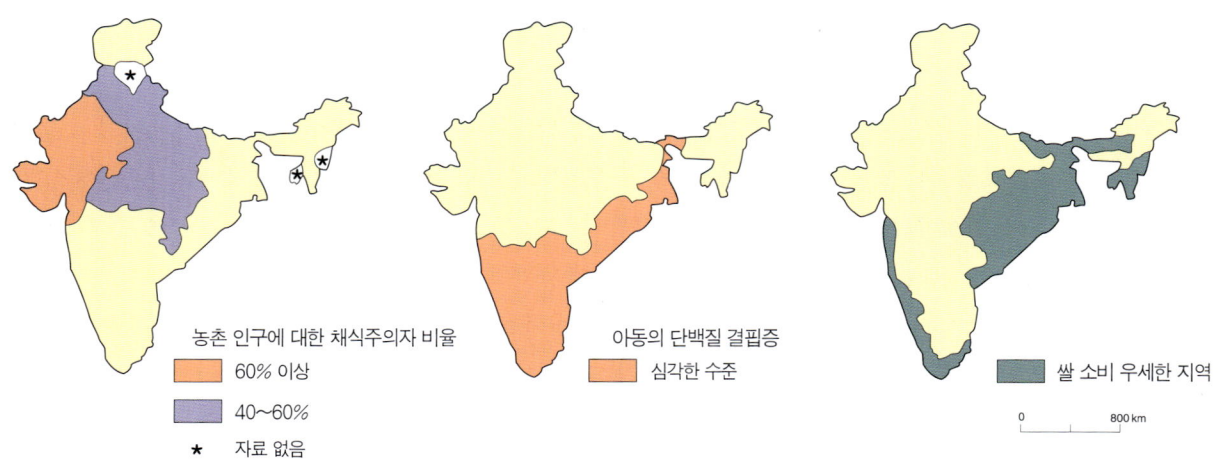

그림 5-10

인도의 단백질 결핍증, 채식주의와 쌀 소비 인도에서 단백질 결핍증으로 인한 질병과 죽음은 분명히 채식주의와 아무런 관계가 없고 오히려 쌀 소비와 깊은 관계가 있다.

급격한 감소는 주식량인 감자의 흉작이 초래한 결과였다.

특정 식품을 선호하는 식생활 관습을 고집하는 문화 집단은 그렇지 않은 문화 집단보다 영양 결핍증에 걸릴 확률이 더 높다. 이 때문에 힌두교 신앙에 근거한 채식주의가 인도 전역에서 단백질 결핍증과 영양실조를 비롯한 건강 문제를 일으킨다는 견해도 있다. 그러나 최근의 연구 결과에 의하면, 인도에서 채식주의자와 단백질 결핍증은 아무런 상관관계가 없다고 한다.(그림 5-10) 인도에서는 비채식주의자들도 채식주의자들과 마찬가지로 육류를 거의 섭취하지 않든지 아니면 아예 입에 대지도 않는다. 실제로 채식을 위주로 하는 북서부는 단백질 결핍증을 심각하게 앓고 있는 인구가 상대적으로 적다. 그 대신 밀로 만든 빵보다 쌀밥을 주식으로 하는 지역에서 단백질 결핍증이 가장 심각하다. 단백질 결핍증이 상대적으로 심한 인도의 남부와 서부는 채식을 위주로 하지 않고 쌀밥을 주식으로 하는 지역이다. 쌀은 단백질을 제외하면 인체에 필요한 영양의 대부분을 공급할 수 있는 작물이다. 이 지역은 논농사에 지나치게 매달리다보니 단백질을 공급하는 작물에 관심을 가지지 못한 것이다.

인구 이동은 혼인을 목적으로 하는 젊은 남성과 여성의 촌내혼(村內婚)·촌외혼(村外婚)과 같은 혼인 풍습으로부터도 영향을 받는다. 인도 북부와 서부의 농촌에서 전형적인 혼인이란 촌외혼으로 서로 다른 촌락의 남녀가 짝을 짓는 것이다. 이곳은 신부가 신랑이 사는 촌락으로 시집을 가는 것이 전통이므로 여성 인구의 유동성이 높다. 인도 북부와 서부에는 혼인한 여성의 1/5 또는 그 이하만이 자기가 태어난 촌락에 살고 있다. 이곳의 여성들은 혼인을 하기 위해 자기 촌락으로부터 평균 29km 또는 그 이상 떨어진 촌락으로 이동하였다.

이와 대조적으로, 인도의 남부와 서부, 그리고 동북부 말단의 카슈미르 지방은 촌내혼이 지배적이다. 이 지역은 여성들이 촌락 바깥으로 시집가는 일이 훨씬 적다. 특히 인도 남부에는 사위가 장모와 함께 살고 딸이 어머니의 가계를 이어가는 모계 사회의 전통이 강하게 남아 있다. 이곳에서는 딸이 장차 어머니의 재산권을 상속받기 때문에 혼인한 후에도 자기가 태어난 가정에 계속 살게 된다.

3) 정치·사회적 제도

정부의 정책은 출산율의 증감에 직접 개입하기도 하고, 정치적 박해는 인간 집단의 강제적 이주를 부추기기도 한다. 또한 정부는 국민들의 자발적 이주를 제한하는 강압적인 정책을 채택할 수도 있다. 카리브 해 연안의 서인도 제도에 속하는 히스파니올라 섬은 아이티와 도미니카공화국에 의해 동서로 양분되어 있다. 아이티는 인구 밀도가 240/km²명이지만, 도미니카공화국은 170/km²명에 불과하다. 이러한 동서의 인구 밀도 차이는 양국 간 이민에 대한 정부의 엄격한 규제에서 비롯되었다. 인구 밀도가 높은 아이티로부터 인구 밀도가 낮은 도미니카 공화국으로의 이민은 양국 정부의 정책에 의해 원천적으로 봉쇄되어 있다. 만일 히스파니올라 섬이 단일한 국가가 된다면 섬 전체의 인구 분포는 지금보다 훨씬 더 균등하게 바뀔 것이다.

상속 제도를 포함한 법률 제도는 인구의 분포에 직접적인 영향을 주는 정치·사회적 요인이다. 현재, 서부 유럽에서 통용되고 있는 상속법은 로마법에서 유래된 이른바 균등분할상속법의 전통을 이어받은 것이다. 이 상속법에는 부모의 모든 재산이 자식들에게 균등하게 분배되어야 한다고 규정되어 있다. 이와 반대로, 독일의 전통적인 상속법은 이른바 장자상속법이다. 장자상속법은 부모의 재산 일체를 오직 장자(맏아들)에게만 상속하는 것이다. 현대 독일은 전국적으로 장자상속법을 원칙으로 하면서도 균등분할상속법을 국지적으

그림5-11
독일 문화의 동서 간 차이
독일에서는 과거의 정치적 경계에 따른 인구 분포의 차이는 현재의 문화 지역을 동서로 구분하는 토대가 되고 있다. 현재와 같이 독일의 동부와 서부를 구별하는 문화 경계는 과거의 로마제국, 슬라브족, 동독과의 정치적 경계와 대체로 일치하는 경향을 보인다.

― 독일의 현재 경계
― 1945~1990년의 '철의 장막'
― 분할상속제도 북쪽 한계선 (로마제국의 유산)
··· 가톨릭의 북쪽 한계선
··· 봉건 영지의 서쪽 한계선(1800년)
― 게르만족-슬라브족 또는 기독교도-이교도의 경계선(A.D. 800년)
▢ 독일어 사용 지역

로 허용하고 있다.

균등분할상속법을 사회적 전통으로 하는 지역은 세대가 거듭되면서 농토가 계속 분할되므로 인구 밀도가 점차 높아져 왔다. 이에 반해, 장자상속법이 사회적 관습으로 되어 있는 지역은 토지를 상속받지 못한 장자 이외의 자식들이 다른 곳으로 이주하므로 인구 성장이 억제되었다. 19세기 후반, 독일에서 인구 과잉을 가장 심각하게 경험한 지역은 남서부 지방, 즉 라인 강과 그 지류 유역이었다. 이곳은 로마제국이 멸망한 지 2000여 년이 지났음에도 불구하고, 로마법에 근거한 균등분할상속제도를 고수하고 있었던 것이다.(그림5-11)

6 농업

오늘날 인류가 종사하는 생계 활동은 일일이 다 열거할 수 없을 정도로 매우 다양하게 분화되어 있다. 그중에서도 농업은 인간이 생존을 위하여 매일 섭취해야 하는 식료(食料)를 공급하는 가장 기본적인 생계 활동이다. 아무리 산업화된 도시에 사는 사람들이라도 먹을 농산물이 없다면 단 하루라도 일을 할 수 없다. 하지만 때때로 사람들은 농업이 모든 생계 활동의 기반이 된다는 사실을 쉽게 망각하곤 한다.

농업은 식료·사료·음료·옷감 등을 생산하는 활동으로 식물을 재배하는 농경과 가축을 사육하는 목축 모두를 포함한다. 산업혁명 이전의 농업은 세계 각국에서 가장 중요

The Agricultural world

한 경제 활동이었지만, 이후 선진국을 중심으로 농업의 중요도가 크게 감소했다. 하지만 전 세계적으로 농업은 여전히 가장 중요한 경제 활동으로 남아 있으며, 대부분의 국가에서 가용 토지 면적과 노동 인구에 대한 농업의 비중이 상대적으로 높은 것으로 나타나 있다.

세계적으로 노동 인구 중에 농업 인구의 비율은 평균 45%에 달한다. 이 비율은 산업화의 수준에 따라 국가·지역·대륙별로 많은 차이가 있다. 아시아와 아프리카의 일부 지역들은 농업 인구의 비율이 80%를 초과하는 데 반해, 북미 대륙은 2%에도 못 미칠 정도로 농업 인구의 비율이 지극히 낮다. 1880년대까지 44%를 차지하던 미국의 농업 인구는 지난 1세기 동안 지속적으로 감소해, 1910년 3,200만 명에서 지금은 겨우 500만 명 미만에 불과하다. 이와 마찬가지로, 서부 유럽 또한 산업화에 따른 도시화로 농업 인구 비율이 최저 수준으로 떨어졌다.

오늘날과 같은 세계 농업의 지역 분화는 기원과 전파·확산의 과정 또는 농업과 자연환경 간의 관계를 거쳐 탄생한 것이다. 어떤 유형의 농업이 다른 지역으로 퍼져 나가는 과정은 상당히 오랜 세월에 걸쳐 일정한 속도로 진행되었다. 어떤 지역에서 다른 지역과 구별되는 유형의 농업이 발달한 것은 자연환경에 적응한 결과이다. 하지만 농업과 자연환경과의 관계는 일방적이거나 단선적인 것이 아닌, 쌍방적이고 복합적인 것이다. 즉 자연환경이 농업 발달에 영향을 주기도 하지만, 그러한 농업 발달이 반대로 자연환경에 영향을 주기도 한다는 뜻이다.

1. 세계의 주요 농업

지금부터 1만여 년 전 농업은 중동지방에서 처음으로 발생한 후 세계 전역으로 전파되었다. 이 과정에서 농업은 세계의 다양한 자연환경에 적응하게 되었고, 지금과 같은 지역 분화가 나타난 것이다.(그림 6-1)

농업 지역의 경제적인 속성을 구성하는 요소들은 노동 또는 자본·기술의 집약도와 시장에 대한 의존도이다. 이에 반해, 농업 지역의 문화적인 속성은 기후·토양·식생 등의 자연환경과 그에 대한 문화적 적응을 통하여 형성된다.

1) 이동식 경작

중남미, 아프리카, 동남아시아 내륙, 인도네시아 열도의 열대 저지대와 구릉지대에 사는 원주민들은 주기적으로 휴경지를 두는 이동식 경작(shifting cultivation)을 한다. 이때의 이동식 경작이란 세계적으로 공인된 학술 용어에 불과하며, 이 유형에 대한 명칭은 지역마다 다르게 통용되고 있다. 동남아시아는 이동식 경작을 수도작(水稻作)인 사와(sawah)와 구별하여 스위든(swidden)이라고 부른다. 아프리카에서는 경작 방법 그대로를 묘사하는 '베어내고 불 지르기(slash-and-burn)'라는 단순한 명칭을 사용하기도 한다. 이 유형은 인류가 균형이 깨지기 쉬운 생태계를 가진 열대의 자연환경을 가장 효율적으로 이용하기 위해 오랜 기간 경험을 통해 개발한 것이다.

이동식 경작을 하는 사람들은 농사지을 땅을 조성할 때 날이 크고 넓은 칼이나 칼날이 서 있는 다른 도구들을 사용한다. 그들은 먼저 덤불을 베어내고 몸통의 껍질을 완전히 벗겨내어 나무를 죽인다. 그 다음에 죽은 식생들이 완전히 말라버리면 여기에 불을 놓고 태워서 경작할 땅이 노출되게 한다. 이와 같이 경작지를 조성하는 독특한 방법으로부터 '베어내고 불 지르기'라는 속칭이 생겨난 것이다.

그 다음의 경작 순서는 굴봉(掘棒) 또는 호미로 땅을 판 곳에 소위 간작(間作)이라는 방식으로 다양한 종류의 작물을 심는 것이다. 이때 경작자들은 열대성 폭우에 의해 토양의 유기질이 씻겨 내려갈 소지가 많다는 염려에서 밭

그림 6-2
이동식 경작
이 여인은 브라질의 아마존 분지에 사는 인디언으로 전형적인 경지에서 작물을 돌보고 있다. 이 경지에는 바나나와 함께 간작하는 작물들이 자라고 있으며, 나무 그루터기에는 타다 남은 재들이 붙어 있다.

갈이를 깊이 하지 않는다. 끝으로, 이동식 경작은 일단 작물을 심고 나면 추수할 때까지 비료를 전혀 주지 않는 특징이 있다. 이동식 경작자들은 추수할 때까지 작물을 거의 돌보지 않고 내버려 둔다.

이동식 경작에서 재배하는 작물은 대륙·지역별로 많은 차이가 있다. 아메리카 인디언들은 옥수수, 콩, 바나나, 타피오카(manioc)를 재배하고, 동남아시아의 산간 부족들은 얌(참마 속 식물)과 밭벼[陸稻]를 심는다.(그림 6-2) 일반적으로 이동식 경작은 키가 다른 작물들을 함께 재배하는 사이짓기[間作]라는 방법을 채택하고 있다. 이는 키가 크고 강한 내성을 가진 작물이 키가 작고 연약한 작물을 열대성 폭우로부터 보호해 줄 수 있기 때문이다.

이동식 경작자들은 한곳에 정착하여 대략 4~5년 동안 농사를 짓다가 그곳의 지력이 많이 쇠퇴하게 되면 다른 곳으로 이동한다. 이때 토지는 10~20년 동안 그대로 방치해 둔다. 이는 열대기후 환경에서는 태양 광선과 수분의 공급이 충분한 상태에서 식생의 생육 속도가 매우 빠르기 때문에, 휴경 기간이 경과한 곳은 밀림 상태가 다시 회복되어 경작이 가능해지기 때문이다. 이동식 경작은 가족과 지역 공동체에 전적으로 식료를 공급하는 전형적인 자급자족형 농업이다. 이 유형에서는 가축을 사육하는 일이 거의 없으며, 동물성 단백질은 수렵과 어로를 통해 얻는다.

이 농업 유형은 내용을 잘 모르는 사람에게는 매우 단순하고 낙후된 것으로 보일 가능성이 크다. 하지만 이동식 경작은 특수한 자연환경을 최대한 이

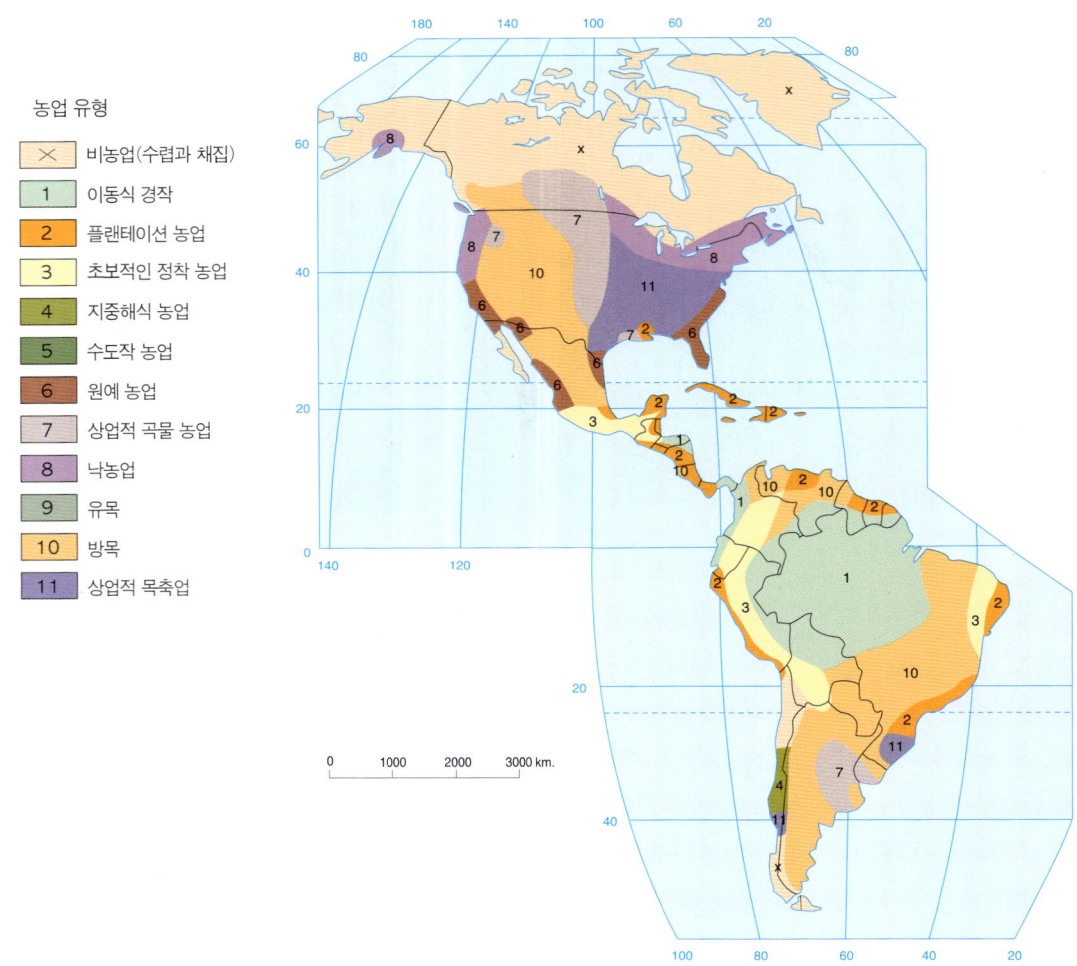

그림6-1
현대 세계의 농업지역   세계에는 종합적인 기준으로 분류한 11개 유형의 농업 지역이 분포한다.

용하기 위해 의도적으로 선택된 적응 전략이다. 어떤 유형의 현대식 농업과 비교하더라도, 이동식 경작은 단위 토지 면적당 투여한 노동량을 기준으로 할 때 가장 높은 비율로 칼로리를 얻는다. 또한 이것은 지난 수천 년 동안 균형이 깨지지 쉬운 열대 생태계를 보전하는 한편, 인구 위기를 초래하지 않은 '지속 가능성(sustainability)'이 있는 농업 유형이었다. 소규모의 토지에서 풀과 나무를 베어내고 불을 지르고 농사를 지은 다음 일정 기간 휴경(休耕)하는 방법은 현대의 어떠한 농업 유형에 비하더라도 환경 친화적인 것이었다. 그럼에도 불구

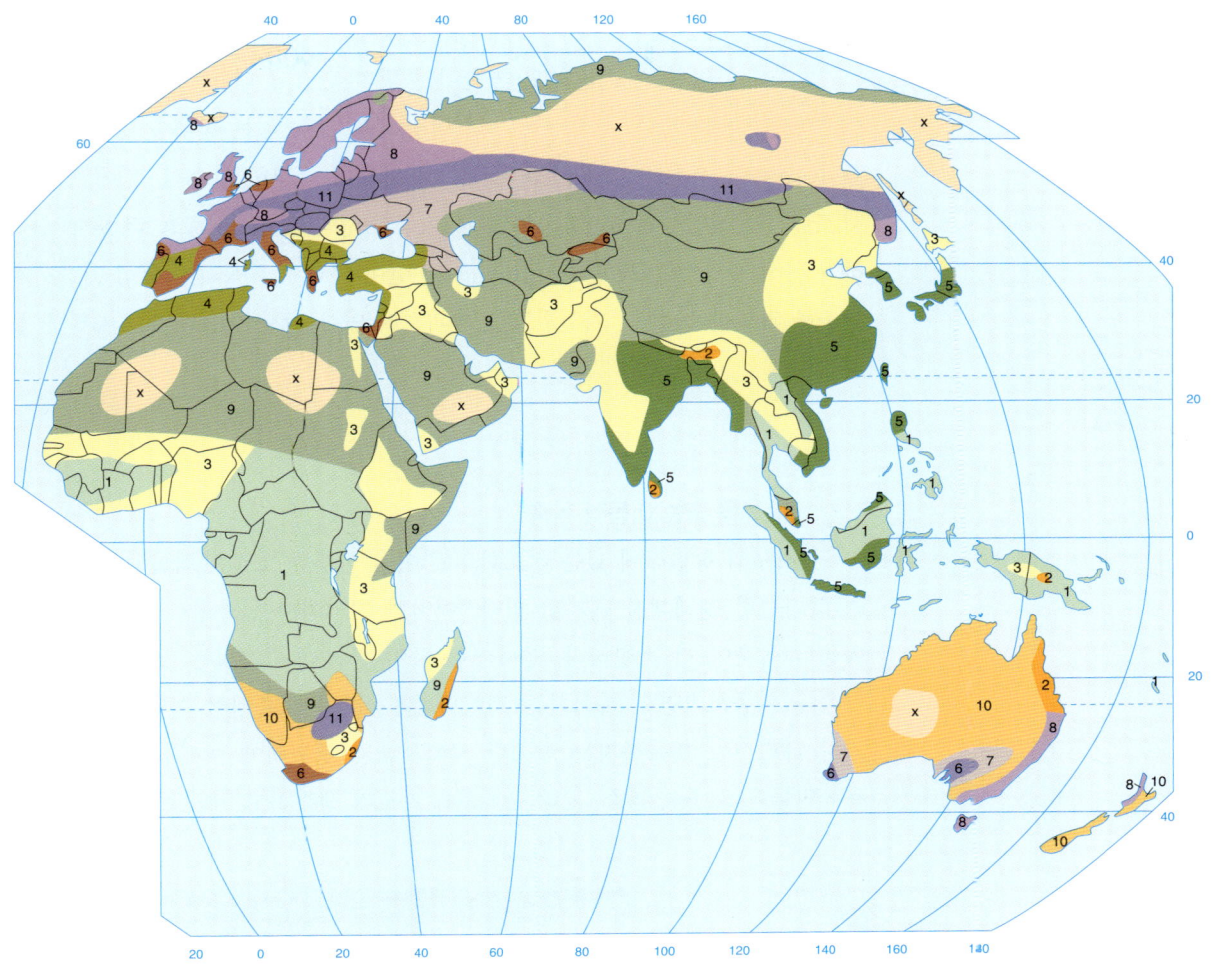

하고, 이동식 경작은 서구의 농업 전문가들로부터 저급한 단계의 농업에 불과하다는 비난을 받아왔다.

　　서구의 농업 전문가들은 농촌 개발 사업의 일환으로 이동식 경작을 중단시켰다. 그나마 이동식 경작이 지속되던 곳도 인구의 급격한 증가로 인해 전통적인 경작체계가 붕괴되는 현상이 일어났다. 정착 농업을 위한 농촌 개발과 서구 의료 기술의 도입이라는 외부적인 요인들은 열대 생태계의 균형을 뿌리째 흔들어 놓았던 것이다. 수십 세기에 걸쳐 유지해 온 이동식 경작의 체계가 불과 1~2세기라는 짧은 기간에 붕괴되었던 것이다.

새로 도입된 서구의 의료 기술이 주민의 건강 상태를 크게 개선시키자, 인구가 증가해 이동식 경작으로는 더 이상 부양할 수 없는 한계를 넘어서게 되었다. 높은 출생률은 그대로 유지되고, 사망률이 급격히 감소해 '인구 변천의 제2단계'에 진입했던 것이다. 그 결과 이동식 경작자들은 식료를 더 많이 생산하기 위해 휴경 기간을 단축시켰다. 이와 같이 지력이 회복되는 휴경 기간까지 단축한 과도한 농경은, 자연환경을 파괴하며 인류 역사상 유례없는 재앙을 몰고 왔다.

2) 유목 또는 이동식 목축

지구의 동반구에 있는 건조한 사막이나 한랭한 초원은 작물의 재배가 전혀 불가능한 생태계를 가지고 있다. 이러한 지역에서는 농경보다는 유목이나 이동식 목축이 더 적합하다. 유목이란 풀이 완전히 고갈되는 것을 막기 위해 가축을 이동시키면서 사육하는 것이다. 아프리카 대륙에서 아라비아 반도를 거쳐 유라시아 대륙까지는 건조한 사막지대가 광활하게 이어진다. 이곳에서 유목민들은 소, 양, 염소, 낙타, 말 등을 기르며 생활하고 있다.(그림 6-3) 유라

그림6-3

쿠르디스탄의 쿠르드족 유목민
터키의 동쪽 끝에서 이들은 눈이 완전히 녹지 않는 5월 중순에 양을 비롯한 가축들을 높은 산지에 있는 초원지대로 이동시킨다.

시아 대륙의 한랭한 초원지대인 툰드라는 순록을 기르는 유목민들의 생활 무대가 되고 있다.

세계 각지의 유목지대에서 보편적으로 가장 귀중하게 여기는 가축은 말과 낙타이다. 전통적으로 말은 초원에서 전쟁에 이용되어 왔으며, 낙타는 사막에서 없어서는 안 될 운송 수단으로 이용되어 왔다. 그러나 사하라 사막 이남의 아프리카 대륙에서는 오로지 소만을 키우고, 유라시아 대륙의 툰드라에서는 오직 순록만을 기른다.

계절의 변화에 따라 이동하는 유목의 형태는 목축을 하는 장소의 특징을 기준으로 세 가지 유형으로 분류된다. 첫번째는 사막에서 여름을 보내다가 겨울이 되면 인접한 반건조 초원으로 가축을 이동시키는 것이다. 두번째는 툰드라에서 여름을 보내다가 겨울에 그 부근의 삼림으로 가축을 이동시키는 것이다. 세번째는 겨울에는 저지에서 목축을 하다가 여름이 되면 산지로 이동해 가축을 사육하는 것으로 특별히 이목(移牧)이라고 부른다.

유목민은 끊임없이 이동하는 생활을 해야 하므로 모든 소유물은 가능하면 적고 운반이 용이해야만 한다. 집 또한 예외가 아니어서 그들은 이동할 때 조립과 해체가 간편한 천막(텐트)을 이용한다. 유목민들은 평소에 필요한 일용품 일체를 자신들이 키우는 가축으로부터 직접 얻었고, 그밖에 필요한 것들은 하천 계곡이나 오아시스의 정착 농경민들과 교역을 통해 얻었다. 간혹 유목민들은 정착 농경민으로부터 물품을 약탈하기도 했는데, 그 때문에 지난 수세기 동안 세계 각지의 유목민들은 인접한 농경민들에게 경계의 대상이 되었다.

대체적으로 유목은 오늘날 세계적으로 소멸의 위기를 맞고 있다. 중앙집권화를 강화하기 위해 각국 정부들은 유목민들로 하여금 정착 농경에 종사하도록 종용하는 정책을 실시해 오고 있다. 유목민의 정착은 19세기 아프리카 북부에서 영국과 프랑스의 정부 관리들에 의해 처음 실시되었는데, 이는 중앙정부가 유목민을 통제하고 감시할 수 있는 권한을 확대시키기 위한 것이었다. 곧이어 러시아 또한 영국과 프랑스의 식민 정책을 답습해 유목민에 대한 통제를 강화하였다. 중동지방에서는 새로운 생활을 위하여 전통적인 생활을 스스로 포기하는 유목민들도 그동안 적지 않았다. 그들이 추구하는 새로운 생활이란 도시나 유전(油田)에 있는 직장에 출퇴근하는 것이었다. 최근에는 자연환경의 악화가 그나마 잔존하고 있는 유목 생활의 존립을 위협하는 새로운 도전이 되고 있다. 사하라 사막 이남의 아프리카 대륙에서는 심각한 가뭄으로 수많은

그림6-4
뉴기니의 반자급적인 농업
뉴기니의 고지대는 초보적인 농경 지역으로 다양한 작물이 재배되지만 고구마와 돼지가 가장 중요한 식료이다. 특히 이 지역 농부들은 높게 돋운 밭이랑에 고구마를 심고 기른다.

가축들이 일시에 희생되기도 했다. 지금 유목은 고립되고 외진 곳을 중심으로 겨우 명맥을 유지하고 있지만, 머지않은 장래에 모두 소멸될 것이다.

3) 초보적인 정착 농업

초보적인 정착 농업은 별로 좋지 않은 자연환경에 적응하기 위하여 곡물의 재배, 근경(根莖) 작물의 재배, 가축의 사육 등을 한데 결합한 것이다. 이런 유형의 농업은 날씨가 춥고 건조하여 수도작 농업에 부적합한 아시아 대륙의 일부 지역, 중동지방의 하천 계곡, 유럽과 아프리카 대륙의 일부 지역, 라틴 아메리카와 뉴기니의 산간 고지 등에 분포한다.(그림 6-4) 초보적인 정착 농업은 농산물의 일부를 시장에 내다 팔기 때문에 반자급자족적인 유형에 속한다. 이 농업 지역에서는 식료로 경작되는 곡물이 밀, 보리, 수수, 기장, 귀리, 옥수수 등으로 다변화되었고, 면화, 아마, 대마, 커피, 담배 등이 환금작물로 재배된다.

이 농업 지역에서도 구대륙을 중심으로 소, 돼지, 양 등이 부업으로 사육되고 있다. 특히 남미 대륙에서는 야마(llamas)와 알파카(alpaca)라는 가축이 사육된다. 이러한 가축들은 쟁기를 끌고 짐을 나르는 한편, 인간에게 젖과 모피를 제공하고 경작지에 뿌릴 퇴비를 공급한다.

4) 수도작 또는 논벼 농업

이동식 경작과 유목은 극단적인 자연환경에 적합한 조방적 농업(粗放的農業) 방식이다. 이에 반해, 수도작(논벼) 농업은 자연환경의 특성을 최대한 활용하여 노동력을 최대한 투입하는 집약적 농업 방식이다. 산업혁명 이전까지, 수도작 농업은 세계적으로 가장 높은 인구 부양력을 가진 토지 이용 방식이었다. 아시아 대륙에서 습윤한 열대·아열대 지역은 수도작 농업의 중심지대로, 강우량이 풍부한 자연환경의 특성을 이용한 것이다. 밭벼와 구별되는 논벼(水稻)는 생태적 속성이 독특해, 기후·토양·물 등의 조건이 허락되는 한까지 다작이 가능한 작물이다.

수도작 농업 지역은 아시아 대륙에서 몬순(계절풍)의 영향을 받는 범위에 분포한다. 즉 논벼를 재배하는 범위는 인도의 해안에서 동남아시아와 중국 동남부를 거쳐 한반도와 일본까지 동서로 넓게 걸쳐 있다. 계곡의 경사진 비탈에 논이 조성될 때는 높은 곳에서 낮은 곳을 향하여 계단 형태로 논이 배열된다. 별다른 기술 없이 논에 물을 대려면 중력이라는 자연의 힘을 이용해야 하기 때문이다. 이때 산간 계곡이나 구릉의 사면을 차지하고 늘어선 계단식 논은 일대 장관을 연출하기도 한다.(그림 6-5)

논벼는 거의 모든 영양과 칼로리를 식물로부터 섭취하는 채식주의 문명의 토대가 되는 작물이다. 수도작을 하는 농민들은 자급자족을 목적으로 논벼를 재배하는 한편, 차·사탕수수·뽕나무·황마(黃麻) 등을 환금작물로 재배한다. 채식 위주의 식생활을 하는 사람들이라고 동물성 단백질을 전혀 섭취하지 않는 것이 아니다. 수도작 농가들은 동물성 단백질을 스스로 조달하기 위하여 가축과 어류를 기르기도 한다. 즉, 돼지·소·닭·오리 등은 집 주위에서 키우고, 물고기는 관개용 저수지에서 기른다. 농업에 노동력을 투여하는 방식은 국가·지역별로 차이가 있는 자연환경과 경제 발전 수준으로부터 영향을 받는다. 예를 들면, 밭갈이를 할 때 인도는 물소나 소를 많이 이용하지만 일본은 농기계를 주로 사용한다.

공산주의 국가를 제외하면, 아시아의 수도작 농업 지역은 경작지 규모가 세계에서 가장 작다. 이 지역에서 농가 한 가구가 가족 전체를 부양하기 위해

그림6-5

인도네시아 발리 섬의 계단식 논
수도작 농업은 막대한 양의 노동력을 필요로 하며, 단위 토지 면적당 생산성 또한 매우 높다.

경작하는 토지의 규모는 평균 1ha 가량에 불과하다. 단위 면적당 논벼의 생산량이 매우 높기 때문에, 그렇게 작은 면적의 논을 경작해도 온 가족이 먹고 살 수 있는 것이다. 하지만 작은 규모의 논에서 쌀을 가능한 많이 생산하기 위해서는 최대한의 노동력을 투입해야 한다.

전통적으로 모내기는 고도의 집약적인 노동을 요구하는 작업이다. 이 작업은 오랫동안 허리를 굽히고 일일이 손으로 모를 심어야 하는 신체적 고통을 수반한다. 또한 수도작 농민들은 대체로 일년에 두번씩 모내기를 해, 추수를 하는 이기작(二期作)을 하고, 모내기 후에도 추수 때까지 계속해서 비료를 주고 잡초를 뽑아주어야 한다. 논둑은 매년 추수 후에 논의 물을 빼기 위해 허물고 다시 쌓는 작업이 반복되어야 하는데, 이 작업에도 적지 않은 노동력이 소요된다. 미국과 같은 곳의 농업체계와 비교해 볼 때, 아시아의 수도작 농업은 토지생산성은 상대적으로 높지만 노동생산성은 그렇지 못한 것이다.

5) 지중해식 농업

지중해는 '유럽, 아시아, 아프리카의 3대 대륙으로 에워싸여 있는 바다'라는 의미를 가진 이름이다. 이 세 대륙 중에서 지중해를 끼고 있는 지역은 어느 곳이든지 지중해성 기후의 특색을 보인다. 이곳에서는 이러한 기후 환경에 적응하는 과정에서 이른바 지중해식 농업이 자연스럽게 발달하였다. 지중해식 농업은 고대 그리스에서 발생한 다음 다른 곳으로 널리 퍼져 나가, 한때 지중해 연안 대부분을 점유하였다고 한다. 하지만 지금은 단지 일부 지역에 국한되어 지중해식 농업이 남아 있을 뿐이다.

이러한 잔존 지역은 지금도 옛날과 같이 자급자족을 원칙으로 하고 있으며, 우기인 겨울에는 밀과 보리를 경작하고 건기인 여름에는 가뭄에 잘 견디는 덩굴식물과 포도·올리브·무화과 등의 과수 작물을 재배한다.(그림 6-6) 또한 이 지역은 곡물을 재배하는 경지의 지력을 회복시키기 위하여 비료를 주지 않고 2년에 한번씩 휴경을 한다.

전통적으로 지중해식 농업 지역은 작물 재배를 주업으로 하고 가축 사육을 부업으로 하기 때문에, 가축의 사료를 따로 마련한다거나 배설물을 모아 퇴비를 만드는 일 등은 거의 하지 않는다. 농가 부근에서 가축을 사육하는 일이 거의 없으며, 굳이 한다면 경지에서 상당히 떨어진 곳에서 사육한다. 양과 염

그림 6-6
전통적인 지중해식 농업
곡물 농업, 과수 농업, 가축 사육이 적절하게 배합되어 있음에도 불구하고 지금은 급속하게 사라지고 있는 농업 유형이다. 그리스의 크레타 섬에는 곡식을 간작으로 재배하는 과수원들이 많다. 이곳에서는 금방 수확한 밀은 다발로 묶어 올리브 나무 사이에 놓아둔다. 멀리 보이는 산지에는 양과 염소를 사육하는 목초지가 있다.

소를 공동으로 사육하는 곳은 토양이 척박하여 농경을 하기에 부적합한 암석 산지 사면이다.

자급자족을 원칙으로 하는 이들 농가에서는 빵, 음료, 과일, 우유, 치즈, 육류 등의 식료품 이외에 의복의 원료가 되는 모피와 가죽 등도 스스로 조달한다. 하지만 1850년경부터 이러한 전통적인 방법은 상업화와 특화로 많은 변화를 겪게 되었다. 상업혁명 이후, 판매를 목적으로 특정 작물의 재배 방법을 특화시킨 농가가 유럽 대륙의 지중해 연안을 중심으로 증가하였다. 이 지역에서는 생활수준의 향상에 따른 수요의 증대를 충족시키기 위하여 영농 형태를 원예 농업으로 바꾼 농가가 적지 않다. 특히 이 지역은 근래에 관개 농법을 도입하여 감귤류의 작물을 재배하는 농가가 크게 증가하였던 것이다.

6) 원예 농업

지난 수세기 동안 도시의 성장과 생활수준의 향상은 고급 농산품에 대한 수요를 증대시켰고, 이러한 수요를 충족시키기 위하여 원예 농업과 같은 상업적 유형의 농업이 출현하였다. 원예 농업은 유럽 대륙에서 가장 먼저 탄생한 상업적 농업의 전형적 유형으로 일명 트럭(truck) 농업이라고 한다. 이런 원예 농업은 선진국에 보편적으로 분포하는데, 성장기에 열대 기후를 필요로 하지 않는 과일, 채소, 덩굴식물 등을 집약적으로 재배한다.

원예 농업 지역은 미국 캘리포니아 주에서 멕시코 만과 대서양 연안까지 불연속적으로 길게 이어지고 있다. 지중해식 농업과 구별되는 원예 농업의 특징은 가축을 전혀 사육하지 않는다는 것이다. 이 농업은 포도, 포도주, 건포도, 오렌지, 사과, 상추, 감자 중에서 하나나 둘을 선택해 집중적으로 생산한다. 생산물들은 대부분 협동조합을 통해 시장에 판매되며, 추수기에 부족한 노동력을 충당하기 위하여 계절에 따라 이동하는 농업 노동자들을 고용하기도 한다.

7) 플랜테이션(재식) 농업

열대·아열대 기후대의 일부 지역에서 지난 수세기 동안 유럽인과 미국인들은 플랜테이션(재식, 裁植) 농업을 개발하였다. 이러한 유형의 상업적 농업은 원주민들이 오랫동안 종사해 온 자급자족적 농업과 영농 방법이나 작부(作付)체계가 근본적으로 다른 것이었다. 플랜테이션 농업은 인간의 손이 많이 가는 작물을 재배하므로 대량의 값싼 노동력을 필요로 했다. 아프리카 서부 열대 해안의 도서에서 1400년대 포루트갈인에 의해 최초로 실시된 플랜테이션 농업은, 15세기 이후 서양 제국주의가 세계 전역으로 확대될 때 아메리카 대륙을 비롯한 다른 대륙으로 퍼져 나갔다. 오늘날은 아메리카 대륙의 열대 지방에 플랜테이션 농업이 가장 많이 집중되어 있다.

플랜테이션이란 단일 종목의 열대·아열대 작물의 시장 판매를 위해 형성된 거대한 면적의 토지를 가리킨다. 때문에 플랜테이션 대부분은 수출하기 쉬운 항구 부근에 위치하고 있다. 플랜테이션은 해안에서 토지가 비옥한 곳을 점유하고는 있지만, 주변의 전통적인 농업 지역과는 아무런 관계가 없이 고립되어 있다.

플랜테이션에서 일하는 원주민 노동자들은 대부분 농장에 기거하며, 절대 빈곤층인 노동자들은 부유층인 백인 경영자들과 사회·경제적으로 철저히 분리되어 있다. 세계 곳곳에서 원주민 노동자와 백인 경영자 간의 긴장 관계는 다반사로 일어나고 있으며, 이러한 플랜테이션의 사회적 병폐는 현대까지 여전히 치유되지 않은 채 남아 있다.

남북 전쟁 이전에 미국의 남부에서 플랜테이션을 소유한 대지주가 아프리카 대륙으로부터 흑인 노예를 수입하였는데, 그 이유는 현지에서 구할 수 없는 원주민 노동력을 충당하기 위해서였다. 유럽 제국주의에서 독립한 국가에서는 회사나 정부가 본국으로 철수하는 백인 지주로부터 플랜테이션을 인수하였다. 왜냐하면 플랜테이션을 경영하기 위하여 투자해야 하는 거액의 자본을 개인으로서는 감당할 수 없었기 때문이다.

플랜테이션은 유럽과 미국이 제3세계로 경제적 팽창을 도모하는 전진 기지로 이용되었다. 아시아·아프리카·라틴아메리카의 열대 지역에서 플랜테이션이 유럽과 미국의 자본에 의해 개발되었다. 때문에 이러한 플랜테이션 작물의 판매로부터 얻는 막대한 이윤은 플랜테이션이 있는 국가에 축적되지 않고 유럽과 미국으로 빼돌려진다. 사탕수수, 바나나, 커피, 코코넛, 향료, 차, 카카오, 담배와 같은 기호 작물이 플랜테이션에서 대량 생산되어 서방 국가들로 공급되었다.(그림 6-7) 또한 서방 국가들은 재식 농업 지역으로부터 섬유 공업의 원료가 되는 면화, 사이잘삼, 황마, 대마 등을 얻는다.

플랜테이션에서 특정한 작물 한 가지를 특화하여 재배하는 작물 중 하나인 커피는, 아메리카 대륙의 열대 고지대에서 전문적으로 생산된다. 커피는 세계적으로 수요가 많은 까닭에, 저개발 국가의 경제를 지탱하는 생계 수단으로 남아 있다. 차는 인도와 스리랑카의 구릉 사면에 있는 플랜테이션에서, 사탕수수와 바나나는 아메리카 대륙의 열대 저지대에 있는 플랜테이션에서 대량으로 재배된다. 그리고 이렇게 재배된 작물들은 거두어들인 다음 가공되어 멀리 떨어져 있는 시장으로 보내진다. 예를 들어, 사탕수수는 분쇄되고 면화는 조면

그림 6-7

파푸아뉴기니의 고원지대에 있는 차 플랜테이션
플랜테이션은 소유주와 노동자 소수에게는 혜택을 가져다주었지만, 재래식 농업에 종사하는 농민 다수의 경작지를 빼앗는 부작용을 가져왔다.

(繰綿)된 다음 플랜테이션에서 시장으로 보내진다. 이처럼 작물의 재배와 가공을 결합한 생산 과정은 플랜테이션 농업의 또 다른 특징이다.

최근에는 농기계가 도입되면서 플랜테이션에 대한 노동력의 수요가 크게 감소하고 있다. 노동 집약적인 형태의 전통적인 플랜테이션이 점차 기술 집약적인 형태의 플랜테이션으로 대체되면서, 플랜테이션을 이탈한 원주민 노동자들이 새로운 일자리를 찾아 가까운 도시로 몰려들고 있다. 이러한 노동력의 대량 이동은 미처 산업화를 일으키지 못한 도시들의 규모만 성장시키는 결과를 초래했다.

8) 상업적 곡물 농업

상업적 곡물 농업은 시장 판매를 목적으로 밀, 논벼, 옥수수 중에서 한 가지를 특화하여 생산하는 유형이다. 세계적인 밀 재배 지역은 오스트레일리아, 북미 내륙의 대평원, 우크라이나의 스텝지대, 아르헨티나의 팜파스지대이다. 미국, 캐나다, 아르헨티나, 카자흐스탄, 우크라이나의 밀 생산량을 다 합치면, 세계 밀 총생산량의 35%를 차지할 정도이다. 세계 어느 곳이든지 상업적인 목적으로 밀을 재배하는 농장은 경작하는 토지의 규모가 예외없이 크다. 예를 들면, 미국의 대평원에 있는 가족 농장은 400ha 이상의 토지를 소유하고 있고, 남미 대륙의 농업 회사나 러시아의 집단 농장은 규모가 이보다 훨씬 더 크다.(그림 6-8)

그림6-8

농기계로 밀을 수확하는 미국의 대평원
북미 대륙에서 상업적 곡물 농업을 하는 사람들은 기계, 화학비료, 살충제를 투입하는 자본집약적인 방법으로 농장을 관리한다.

상업적 곡물 농업을 특징짓는 또 다른 요소는 기계, 화학 비료, 살충제, 개량 품종의 적극적인 이용이다. 다른 유형의 농업과 비교할 때, 상업적 곡물 농업은 곡물을 파종하고 추수하는 작업이 고도로 기계화되어 있다. 특히 미국에서 논벼 재배는 씨앗과 농약을 비행기로 뿌릴 정도로 기계화되어 있다. 텍사스 주와 루이지애나 주의 해안 평야지대, 아칸소 주와 캘리포니아 주의 저지대에는 시장 판매를 목적으로 논벼를 재배하는 대규모 농장들이 많이 있다.

상업적 곡물 농업에서는 추수할 때와 같이 노동력을 많이 필요로 하는 시기에 계절적으로 이동하는 농업 노동자들을 고용하기도 한다. 예를 들면, 세계 제2차 대전 이후에 미국 대평원 북부의 밀농사지대에서는 '여행가방 농장(suitcase farm)'이 출현하였다. 이런 유형의 농업에서는 농장을 소유한 사람들은 경작지에 살지 않으면서 고용된 농업 노동자들이 모든 일을 도맡아 하도록 감독만 할 뿐이다. 대평원에서 남북 방향으로 배열된 농장들은 곡식이 익는 속도가 북쪽으로 가면서 점차 늦어지므로, 농장 소유주는 이런 농장들을 시차를 두고 관리할 수 있다. 농장 소유주는 같은 집단의 노동자들이 계절의 변화에 따라 남북으로 이동하면서 농사를 짓도록 관리하는 것이다.

여행가방 농장이란 이처럼 계절의 변화에 맞추어 농업 노동자들이 여행가방을 들고 남북으로 이동하는 농장이라는 의미이다. 농장 소유주들은 대량의 농기계를 보유해 농업 노동자들에게 대여하고, 그들은 기계를 가지고 농장을 따라 남북으로 이동하면서 밀의 파종·재배·수확과 시비(施肥) 같은 작업을 한다. 그래서 계절에 따라 남북으로 이동하는 농업 노동자들을 제외하면, 여행가방 농장에는 평소 아무도 상주하지 않게 된다.

그런데 최근 고도로 기계화되고 부재지주가 대규모로 경영하는 기업적인 농장의 세력이 커지면서, 전통적으로 미국의 상업적 곡물 농업의 근간이 되었던 가족 농장 형태가 급속하게 붕괴되고 있다. 더구나 미국 정부의 정책이 기업 농장에 유리하게 실시되면서 이러한 붕괴는 더욱 가속화되고 있다.

9) 상업적 낙농업

상업적 낙농업은 낙농 제품을 전문적으로 생산하는 유형으로 시장 판매를 목적으로 한다. 이 유형은 농업체계에 있어서 상업적 목축업과 많이 유사하다. 상업적 낙농업은 미국의 뉴잉글랜드 지방으로부터 중서부 북부지방에 이르는 5대호 연안, 유럽의 서부와 북부, 오스트레일리아 동남부, 뉴질랜드 북부에 분포한다. 이 지역들은 모두 넓은 면적의 목초지에서 다량의 젖소를 기른다는 공통점을 가지고 있다. 그러나 겨울이 추운 곳은 젖소가 실내에서 먹을 사료 작물(건초)을 재배하는 경작지를 별도로 마련해야 한다.

낙농 제품의 종류는 시장으로부터 농장이 떨어져 있는 거리에 따라 달라진다. 대도시에서 가까운 곳은 보통 부패되기 쉬운 생우유를 생산하지만, 좀더 멀리 떨어져 있는 곳은 버터, 치즈 또는 가공된 우유를 전문적으로 생산한다. 세계 시장으로부터 상당히 멀리 떨어져 있는 뉴질랜드는 운반의 편의를 위해 우유를 버터로 가공하여 수출한다.

가축사육장을 별도로 갖춘 낙농 농가가 증가하면서, 다른 곳에서 구입한 사료로 소를 키우는 목축 농가도 급격히 늘어나고 있다. 특히 대도시 시장에 신속하게 접근할 수 있는 교외 지역에는 가축사육장이 많이 설치된다. 이러한 가축사육장은 대부분 공장 농장(factory farm)의 형태로 운영되고 있다는 특징이 있다. 가축사육장은 여느 제조 공장과 마찬가지로 가축을 사육하는 과정이 대부분 자동화되어 있다.

가축사육장을 운영하는 낙농업자들은, 제조업체의 사장들처럼 가축들을 관리하는 노동자들을 고용한다. 그들은 농장에서 사료를 직접 마련하거나 가축의 새끼를 배양하지 않고, 사료와 가축의 새끼를 모두 시장에서 구입한다. 세계적으로 볼 때에도, 가축사육장에서 키우는 소의 수는 가족 농장에서 기르는 것보다 훨씬 더 많다. 그런데 기업적인 가축 사육장은 외관은 물론이고 냄새가 혐오감을 준다는 결함을 가지고 있다.

10) 상업적 목축업

상업적 낙농업이 우유를 비롯한 낙농 제품의 시장 판매를 위한 것이라면, 상업적 목축업은 식용 육류를 얻기 위해 소와 돼지를 사육하는 것이다. 세계에서 가장 발달한 상업적 목축 지역은 미국 중서부의 '옥수수지대(Corn Belt)'이다. 여기서 옥수수지대란 이 지역에서 농부들이 소와 돼지의 사료로 쓰일 옥수수와 콩을 대량으로 재배하기 때문에 붙여진 이름이다. 또한 유럽의 서부와 중부 대부분 지역에서도 상업적 목축업이 행해지는데, 이 지역의 사료 작물은 냉량한 기후에 잘 견디는 귀리와 감자이다. 그밖에 브라질 남부와 아프리카 남부에도 소규모의 상업적 목축지대가 발달해 있다.

　　상업적 목축업의 주요 특징은 하나의 농장에 작물 재배와 가축 사육이 결합되어 있다는 것이다. 어떤 지리학자들은 경작과 목축이 혼합되어 있다는 이유에서 전통적인 상업적 목축업을 혼합 농업이라고도 부른다. 이런 전통적인 상업적 목축업은 가축에게 먹일 작물을 재배할 뿐만 아니라 가축의 새끼를 배양하기도 했다.

　　그런데 1950년경 새끼의 배양과 가축의 사육 중 한 가지 활동을 선택해 전문화하는 경향이 미국을 중심으로 생겨났다. 공장과 같은 사육장에서, 시장에서 구입한 사료를 소와 돼지에게 먹이는 새로운 유형의 목축업이 출현한 것이다.(그림 6-9) 물론, 이때 기르는 소와 돼지들도 자체적으로 배양하지 않고 외부에서 사들인 것들이었다. 이런 기업적 사육장이 가장 흔한 곳은 겨울이 그다지 춥지 않은 미국의 서부와 남부이다.

　　상업적 목축업은 그 사육 방법이 마치 정밀한 조립 생산라인을 갖춘 공장과 같다. 그런데 최근 지구상에 대규모 기근이 발생하자 이러한 농업 유형의 과학성과 효율성에 대해 의문이 제기되었다. 특히 상업적 목축업에는 에너지 효율성이 매우 낮다는 결정적인 결점이 있다는 주장이 제기되었다.

　　1900년대까지 세계의 곡물 생산량은 세계의 총인구보다 더 높은 비율로 증가하였으며, 그때까지 곡물은 세계 인구가 필요로 하는 단백질의 주요 공급

그림6-9

소고기를 생산하기 위한 소 사육장
미국 클로라도 주에 있는 이 사육장은 세계에서 규모가 가장 크다.

원이었다. 하지만 지금은 세계 도처에서 곡물의 공급이 부족한 나머지 식량 위기가 빈발하고 있다. 이는 미국을 비롯한 선진국에서 곡물 생산의 증가분 대부분이 가축의 사료로 전환되었기 때문이다. 특히 미국인들은 단백질의 공급원으로 육류를 절대적으로 선호하기 때문에, 소와 돼지의 먹이로 막대한 양의 곡물을 소비한다. 농경지의 절반가량에서 가축의 사료가 되는 작물이 재배되고, 추수하는 곡물의 70% 이상이 가축의 사료로 쓰인다.

에너지 또는 영양분의 효율성을 따져 보면, 가축의 사육은 단백질을 생산하는 경제적인 방법이 결코 아닌 것이다. 예를 들면, 0.5kg의 동물성 단백질을 생산하기 위하여 소 한 마리가 섭취해야 하는 식물성 단백질은 무려 9.5kg이나 된다. 이와 같이 식물성 단백질이 동물성 단백질로 전환될 때 상실되는 단백질의 양만으로도 단백질 결핍증에 걸린 사람들을 대부분 구제할 수 있다. 또한 미국인 전체가 먹어치우는 음식의 양은 15억 명의 중국 인구가 소비하는 음식의 양과 거의 맞먹는다.

이러한 에너지의 비효율성은 코스타리카 또는 브라질과 같이 빈곤한 국가에까지 파급되었다. 자본가들은 미국의 패스트푸드 점에 소고기를 공급할 목적으로 중·남 아메리카의 열대 우림을 파괴하고, 소를 상업적으로 사육할 수 있는 목초지를 조성하였다. 그들은 단지 자본의 이윤을 추구하기 위하여, 환경 친화적인 이동식 경작을 환경 파괴적인 상업적 목축으로 대체하였던 것이다.

11) 방목

언뜻 보기에, 방목은 유목과 별로 차이가 없지만 실제로는 근본적으로 다른 유형의 목축업이다. 방목업자는 유목민들처럼 반건조·건조 지역에 살면서 작물 재배를 하지 않고 전적으로 가축 사육만을 하지만, 유목민과 달리 일정한 장소에 정착해 개인 단위로 생활한다. 그들은 대부분 유럽인의 후예들로서 자급자족을 하지 않고 시장 판매를 겨냥하여 기업적인 목축업을 운영한다.

방목업자들은 기후가 작물 재배에 부적합하다는 이유로 농경민들이 정착을 기피한 곳을 방목지대로 개척하였다. 여기서 그들이 대량으로 방목하는 가축은 오직 소와 양 두 종류뿐이다. 미국과 캐나다의 건조·반건조 지역, 라틴아메리카의 열대·아열대 지역, 오스트레일리아의 온난한 지역에는 소가 전문적으로 방목되지만, 남반구의 중위도에는 양의 방목이 특화되어 있다. 오스트레일리아·뉴질랜드·남아프리카 공화국·아르헨티나에서 생산되는 양모는 세계 전체 수출량의 70%를 차지한다. 그중에서 오스트레일리아는 인구 1명당 8마리를, 뉴질랜드는 인구 1명당 16마리의 양을 사육할 정도로 양의 방목업과 양모의 생산이 특화되어 있다.

2. 농업의 기원과 전파·확산

농업은 작물 재배(농경)와 가축 사육(목축)이라는 두 개의 활동 영역으로 구성된다. 이 둘의 결합 형태는 대륙·지역·국가별로 차이가 있는데, 이는 농업이 세계 각지로 퍼져 나갈 때, 농경과 목축의 상대적 비중이 달라졌기 때문이다. 즉 농경과 목축을 받아들일 때 채택하는 작물과 가축의 종류가 대륙·지역·국가별로 차이가 있었던 것이다.

1) 농경의 기원과 전파

인류가 최초로 시도한 농업 활동은 가축 사육이 아니고 작물 재배였으며, 야생 식물이 농작물로 순화되는 과정은 어느 한순간에 일어난 것이 아니다. 작물 재배는 수백 내지 수천 년 동안 지속된 인간과 자연 식생과의 밀접한 관계에서부터 자연스럽게 비롯되었다. 작물 순화의 첫번째 단계는 어떤 종류의 야생 식물이 인간에게 유용하다는 인식에서 출발하였다. 처음에는 야생 식물을 보호하고 채집하다가 나중에는 의도적으로 재배하려는 마음을 먹게 되었던 것이다.

칼 사우어(Carl Sauer)를 비롯한 문화지리학자들은 작물 재배의 발생 과정에 대하여 지금까지 많은 관심을 가져왔다. 이들에 의하면, 다양한 종류의 야생 식물이 제각기 다른 시기와 장소에서 개별적으로 순화된 다음 주위로 퍼져 나갔다고 한다.

사우어는 작물 재배의 기원에 관한 가설로서 배제해야 하는 것 몇 가지를 꼽았다. 우선, 작물 재배는 적어도 굶주림에 대한 반응의 결과는 아니라고 믿었다. 기아에 허덕이는 사람들은 모든 시간을 먹을 것을 구하는 데 사용하지 않으면 안 되었기 때문에, 야생 식물의 순화를 실험할 수 있는 여가란 전혀 없었던 것이다. 또한 사우어는 작물 재배의 기원에는 '필요가 곧 발명의 어머니이다'라는 원리가 적용되지 않는다고 주장하였다. 그는 한곳에 정착 생활을 하면서 식료를 충분히 확보한 사람들이 작물 재배를 실험했을 것으로 보았다. 그들은 식물의 보호와 관리에 상당한 시간을 쏟을 수 있었기 때문에, 작물의 순화라는 새로운 실험을 시도할 수 있었다는 것이다.

또한 사우어는 광막한 초원이나 거대한 하천 유역 범람원에서는 작물 재배가 발생하지 않았을 것이라고 추론하였다. 기술 수준이 낮은 고대에 온통 잔디로 뒤덮여 있는 초원과 강물이 주기적으로 범람하는 범람원에서 정착 농업을 하기란 매우 어려웠을 것이다. 그는 작물 재배의 발생지는 다양한 종류의 야생 식물이 자라는 산록 또는 구릉지대라고 주장하였다. 이곳은 해발 고도의 변화에 따라 태양 광선이 비추는 각도가 달라지므로 다양한 종류의 야생 식물이 자랄 수 있는 환경을 가지고 있다. 야생 식물의 종류가 풍부한 산록 또는 구릉지대에서는 작물의 재배와 교배를 실험할 기회가 상대적으로 많았던 것이다.

현재, 지리학에서는 인류 역사상 최초로 농경이 발생한 곳으로 세 개 지역을 꼽는다.(그림 6-10) 이곳들은 모두 야생 식물의 종류가 풍부한 곳인데, 그 중에서 가장 오랜 역사를 가진 곳은 기름진 초승달지대의 외곽이다. 지리학자들은 중동지방에 위치한 기름진 초승달지대를 일차적인 농경 중심지로 지목했다. 이 지대는 지중해 동쪽 연안의 고지대로부터 터키 남부의 토로스 산맥과 이란 서부의 자그로스 산맥의 산록지대까지 마치 휘어진 활 모양으로 뻗어 있다. 이런 초승달지대에서 밀, 보리, 호밀, 귀리 이외에 포도, 사과, 올리브와 같은 작물들이 인류 최초로 재배되었다고 추측된다. 또한 이곳에서 가장 오래된 고고학적 증거가 발굴되기도 했는데, 고고학자들은 여기서 작물을 재배한 시대가 무려 1만여 년 전까지 거슬러 올라간다고 주장한다.

기름진 초승달지대에서 시작된 작물 재배는 중앙아프리카로 전파·확산되었다. 그리고 중앙아프리카는 아프리카의 다른 지역으로 농업을 전파·확산시키는 이차적인 농경 중심지가 되었다. 일단 농경에 대한 개념을 습득한 중앙아프리카인들은 다른 종류의 야생 식물을 새롭게 농작물로 순화시킨 다음, 아프리카의 다른 지역으로 전파·확산시켰다. 오늘날 아프리카 전역에서 흔히 재배되는 수수, 땅콩, 참마, 커피, 오크라 등은 모두 중앙아프리카에서 최초로 순화된 작물들이다.

또 다른 이차 농경 중심지는 동남아시아의 해안으로, 지금은 일부가 침강하여 얕은 바다로 변한 곳이다. 이 지역에서 최초로 재배된 작물은 벼(쌀), 감귤류, 타로토란, 바나나, 사탕수수 등이다. 중국 동북부는 동남아시아로부터 농경을 받아들인 이후 기장을 새로운 작물로 순화시켰다.

중동지방보다 늦었음에도 불구하고, 중앙아메리카는 지금부터 약 5000여 년 전에 중동지방에 필적할 만한 일차적인 농경 중심지가 되었다. 사우어는

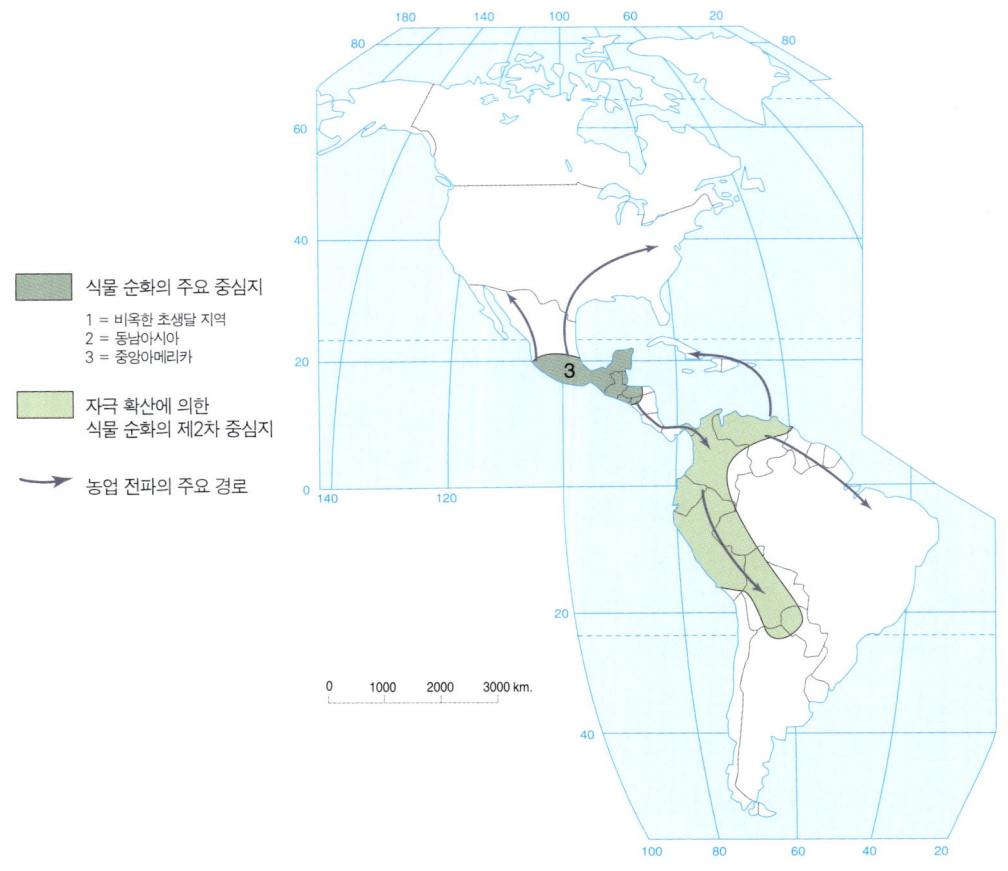

그림6-10

세계 농업의 기원과 전파 농업의 전파는 오랫동안 지속되어 왔다. 농업의 기원이나 그 전파 과정은 증거의 부족으로 이처럼 추측할 수 있을 뿐이다.

특히 아메리카 인디언들이 구대륙으로부터 영향을 전혀 받지 않고 농경을 독자적으로 발명하였다고 주장하였다. 중앙아메리카에서 인디언들은 옥수수, 토마토, 고추, 콩, 스쿼시(호박의 일종) 등을 최초로 재배하였다. 이 작물들은 나중에 남아메리카로 전파·확산되었으며, 남아메리카의 북서부에서는 감자와 타피오카가 새롭게 순화되었다.

전반적으로, 신대륙의 아메리카 인디언들은 영양가가 매우 뛰어난 농작물들을 순화시켰다. 인디언의 농작물들은 구대륙에서 최초로 재배한 그 어떤 농작물보다도 영양가가 훨씬 더 높은 것이 특징이다. 이 농작물들은 콜럼버스의 신대륙 발견 이후 다양한 경로를 통해 신대륙에서 구대륙으로 전파되었다.

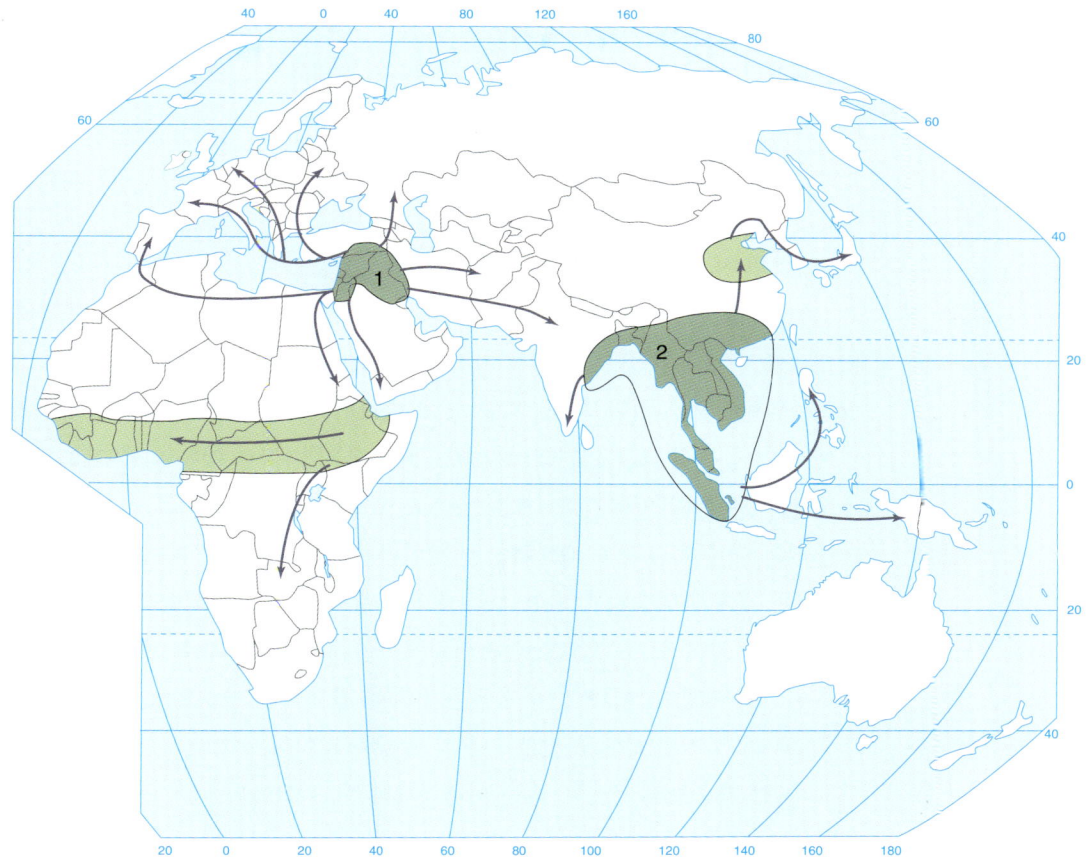

고추와 옥수수는 포르투갈인들이 아시아 남부의 식민지에 최초로 소개했다. 그 밖에 오늘날 유럽(혹은 구대륙)에서 흔히 맛볼 수 있는 파인애플, 해바라기 씨, 바닐라, 호박, 담배, 파파야 등도 모두 중·남미 대륙에서 전래된 식물들이다.

  이와 반대로, 콜럼버스가 신대륙을 발견한 이후에 구대륙에서 신대륙으로 전파된 식물들도 적지 않다. 레몬, 오렌지, 포도, 대추 야자 등의 과수 작물은 18세기 에스파냐의 선교사들에 의해 미국의 캘리포니아 주에 최초로 전래되었다. 이런 작물들이 소개되기 전에 이곳의 원주민들은 단지 수렵과 채집 생활만을 영위하고 있었다. 밀, 보리, 호밀, 귀리 등의 곡물류는 유럽 이민자들에 의해 신대륙과 남아프리카공화국에 전래되었다. 오늘날 이러한 곡물들은 남북

아메리카, 오스트레일리아, 뉴질랜드와 같은 신대륙과 남아프리카공화국에서 많이 재배되고 있다. 특히 신대륙에서 밀은 유럽 대륙으로 수출하기 위하여 상업적 곡물 농업의 형태로 재배되고 있다.

2) 목축의 기원과 전파

야생 동물의 순화도 식물과 마찬가지로 오랜 세월에 걸친 인간과 동물과의 접촉에서 비롯되었다. 하지만 가장 먼저 순화된 개를 제외한 다른 종류의 가축은 일반적으로 어떤 작물보다도 늦게 순화되었음이 분명하다. 중동지방에서 가장 먼저 야생 개를 인간의 애완용으로 기르기 시작한 것은 다른 가축들보다 훨씬 오래 전의 일이었다. 개는 아마도 쓰레기 더미에서 먹을 것을 찾으려고 인간의 거주지 부근을 배회하였을 것이다. 이때 사람들은 자기들 거주지에 접근하는 개에게 익숙하게 되고, 마침내 애완동물로 기르게 되었을 것이다. 소를 순화시킨 동기도 추측건대 종교 의식에서 술을 담을 용기로 사용할 소뿔을 얻기 위한 것이었다. 이와 같이 지금은 가축을 경제적인 자산으로 여기고 있지만, 선사시대까지만 하여도 결코 그렇지 않았을 것이다.

이런 가축들의 조상이 되는 야생 동물들은 시리아와 터키 동남부로부터 동쪽으로 이라크와 이란을 거쳐 중앙아시아에 이르는 비옥한 초승달지대에 몰려 살았다. 이곳은 오늘날까지도 소, 돼지, 양, 염소의 야생종이 풍부하게 남아 있다. 현재 학자들은 세계 전역에서 사육되고 있는 가축의 대부분이 이곳에서 최초로 순화되었다고 추정한다. 이곳에서 농부들은 영양을 골고루 섭취하기 위하여 작물 재배와 가축 사육을 병행하는 방법을 생각해냈는데, 그 방법이란 곡물의 일부를 따로 남겨 가축의 사료로 이용하는 것이었다. 또한 그들은 쟁기를 끄는 데 소의 힘을 이용하는 방법을 발명함으로써 경작지의 면적을 크게 확대하였다.

그런데 이곳을 벗어난 사람들 중에는 불행하게도 작물의 재배가 상대적으로 불가능한 땅에 정착한 부류가 있었다. 그들은 포화 상태에 이른 비옥한 초승달지대를 어쩔 수 없이 이탈한 사람들로, 농경이 불가능한 곳에 정착한 후에는 가축의 사육에 전념할 수밖에 없었을 것이다. 그러나 이곳은 워낙 건조한 까닭에 가축들에게 먹일 수 있는 풀이 연중 무성하게 자라지는 않았다. 이와 같이 풀이 많지 않은 목초지를 회복 불능의 상태로 만들지 않고 목축을 하는 방법으로 개발한 유형이 다름 아닌 유목이다. 일정한 시간 간격을 두고 장소를 바꿔가면서 풀을 뜯어먹게 하는 유목은, 현지의 자연환경에 적절하게 적응한 생계 활동인 것이다.

중동지방과 비교할 때, 동남아시아의 이차 농경 중심지는 순화된 가축의 종류가 많지 않다. 또한 아메리카 대륙에서 순화된 야생 식물은 종류가 다양하였지만, 야생 동물은 그렇지 않고 단순했다. 아메리카 대륙에서 최초로 순화된 동물은 야마, 알파카, 기니피그(속칭 모르모트), 칠면조 등으로 극히 소수에 불과하다. 어떤 학자들은 아메리카 대륙에는 동물의 야생종이 적었기 때문에 아메리카 인디언들이 가축 사육을 실험할 수 있는 기회가 제한되어 있었다고 주장한다.

3) 농업의 현대적 쇄신과 그 확산

세계 농업의 전파·확산은 지나간 먼 과거의 사건이 아니라 지금까지도 지속되고 있는 현상이다. 일반적으로 그동안 어느 한곳에서 탄생한 농업의 새로운 방법과 기술은 다른 곳으로 재빠르게 퍼져 나갔다. 특히 인류 역사상 20세기는 농업의 현대적 쇄신과 확산이 가장 활발하게 일어난 시기였다고 한다. 예를 들면, 미국에서 잡종 옥수수는 아이오와와 일리노이 주에서 개발된 다음 동부 지역 전체로 급속하게 확산되었다. 또한 미국에서 펌프를 이용한 관개 기술과 같은 농업 쇄신이 건조한 기후를 가진 대평원으로 확산되어 나간 것도 20세기의 일이다.

물론 모든 종류의 농업 혁신들이 마치 파도가 치듯이 급속하게 주위로 확산되어 나가는 것은 아니다. 현실 세계에는 아시아의 녹색혁명과 같이 농업 혁신이 공간적인 차별성을 보이며 확산되는 경우가 더 많다. 녹색혁명이라고 불리는 잡종 종자, 화학 비료, 살충제를 사용하는 방법은 인도 대부분의 지역에서 단기간에 보편적 현상이 되었다. 그러나 미얀마와 같은 국가들은 녹색혁명을 아직도 거부하며, 전통적인 농업 방법을 고수하고 있다.

또한 인도 전역에서 일어난 녹색혁명은 분명히 단위 면적당 수확량을 크게 증대시키는 효과는 가져왔지만, 사회적 모순으로 인해 농촌의 빈부 격차를 더욱 확대시키는 부작용을 낳았다. 논벼와 밀의 새로운 잡종 종자는 1966년 세상에 처음 그 모습을 드러내었다. 신품종의 도입으로 1970년대의 수확량은

1950년대에 비해 2배로 껑충 뛰었다. 하지만 신품종을 재배하려면 화학 비료와 살충제를 필수적으로 투여하지 않으면 안 되었고, 대다수의 가난한 농부들은 이를 구입할 만한 재정 능력이 없었다. 그들에게 일명 '기적의 씨앗'이라고 하는 신품종은 그림의 떡에 불과하였던 것이다. 이에 반해, 부유한 농민층은 신품종의 재배를 통해 농가 소득을 많이 증대시켰다. 점차 땅을 처분하는 농부들이 생겨났고, 일자리를 찾아 도시로 무작정 전입하는 이들 또한 늘어났다.

녹색혁명의 잡종 종자 재배는 식물의 다양성 혹은 유전 인자의 다양성을 일시에 파괴하는 부정적 결과를 초래하였다. 신품종이 보급되기 전에 농부들은 토지의 환경 조건에 가장 알맞은 품종을 스스로 개발해 왔다. 그들은 추수기에 얻은 종자들 가운데 나은 것들을 골라내어 다음 파종기에 뿌리는 과정을 반복해 왔는데, 농부들이 외부로부터 신품종을 구입하게 되면서부터 어떤 종류의 작물이든지 유전 인자의 다양성이 급격히 소멸되었던 것이다. 이는 그 누구도 전혀 예기치 못한 부정적 결과였다. 비록 늦게나마 일부 선진국들은 식물 종자들을 보전하기 위하여 '종자 은행'을 설립했지만, 이 또한 미국과 같은 선진국에서나 가능한 일이다.

3. 농업과 자연환경과의 관계

농업의 유형이나 체계는 자연환경에 대한 인간 집단의 문화적 적응의 산물이다. 농경민과 목축민들은 모두 땅 위에서 일하며 살기 때문에, 자연환경과 매우 밀접한 관계가 있다. 때문에 곳곳의 농업 지역들은 제각기 환경의 변화에 대한 인간의 적응 전략을 고스란히 반영하고 있는 것이다. 이와 동시에, 수천 년 동안 인류가 지속해 온 농업적 토지 이용은 자연환경이 크게 변모하는 원인이 되기도 했다. 이러한 인간과 토지와의 상호 작용을 연구하는 분야가 바로 농업생태학이다.

1) 자연·인문 환경에 대한 문화적 적응

농업 활동을 하는 인간이 적응 전략을 선택할 때 고려하는 기본적인 자연환경 요소는 기상, 기후, 물, 토양, 지세 등이다. 이중에서 기상과 기후는 농업 형태의 지역적 차이를 가져오는 가장 중요한 환경 요인이다. 예를 들면, 서리에 민감한 작물들은 열대·아열대 기후대의 외곽에서 재배된다. 플랜테이션 농업이 열대·아열대 기후대에 한정되어 있는 이유 중 가장 중요한 것은 기후 조건 때문이다. 중위도 지방의 기후 환경에서는 재배할 수 없는 기호 작물들이 열대·아열대 지방에서 생산되는 것이다. 미국의 남부와 남서부에는 감귤류, 겨울 채소, 사탕수수 등을 특화·재배하는 원예 농업이 발달하였다. 이러한 아열대·열대성 원예작물들은 겨울이 추운 동북부의 대도시 시장에 공급된다.

동남아시아의 수도작은 논벼의 생육기간에 강우량이 집중하는 몬순기후에 적응한 농업 유형이다. 이러한 논벼 재배 지역은 동남아시아로부터 북쪽에 있는 중국의 남부 지방까지 이어진다. 일반적인 상식과 달리, 이동식 경작과 유목은 기술이 단순한 원시 단계의 농업 유형이 아니다. 이 둘은 모두 오랜 세월에 걸쳐 불리한 자연환경에 현명하게 적응한 농업 유형이다. 이동식 경작은 조금만 경작이 지나쳐도 토양의 영양분이 유실되기 쉬운 열대기후 환경에 적응한 농경 형태이며, 유목은 건조한 기후 환경으로 인해 지속적인 목축이 불가능한 초원이나 산지에 적응한 목축 형태이다. 지형이나 지세 또한 농업 활동에 기후만큼 중요한 고려사항이다.

집약적 농업이란 단위 면적에서 가능하면 가장 많은 생산량을 얻기 위하여 노동이나 자본을 최대한 투여하는 농업을 가리킨다. 이때 노동 또는 자본의 집약도는 단위 토지 면적당 투여된 에너지의 양을 계산하거나 생산성의 수준을 측정하여 얻는다. 아시아의 수도작 농업 지역은 단위 토지 면적당 수확량이 가장 높다는 명성을 가지고 있다. 이 유형은 막대한 양의 인간 노동을 쏟아 부어 지극히 높은 노동 집약도를 달성하였다. 반면, 서부 유럽과 미국의 농업은 농부 한 명당 작물 생산량, 즉 노동 생산성이 가장 높다. 이 지역의 농업은 자본 집약도가 매우 높으며 화학 비료, 살충제를 농토에 최대한 살포한다.

인구와 시장은 농업 활동에 종사하는 사람들이 적응 전략을 선택할 때 우선적으로 고려하는 인문환경적 요소들이다. 특히 이 둘은 노동 또는 자본의 집약화에 중대한 영향을 주는 핵심적인 사회·경제적 요소들이다. 사회과학자들의 견해에 의하면, 인구 성장은 일인당 경지 면적을 축소시키지만 토지 이용의 집약도를 높인다. 농부들이 조방적인 농법을 버리고 집약적인 농법을 선택하는 목적은 증대되는 식량의 수요를 충족시키기 위해 단위 토지 면적당 수확량을 최대한 늘리기 위한 것이다.

이른바 경제결정론자들은 시장이 농업적 토지 이용의 집약도를 높이는 가장 중요한 요인이라고 주장한다. 그들은 튀넨(Thünen, J. H.)이 19세기에 창안한 '고립국 이론'에 나오는 핵심부와 주변부에 관한 모델이 옳다고 믿는다. 튀넨은 몇 가지 비현실적인 가정을 전제로 외부 세계와 아무런 교역 관계가 없는 '고립된 국가'를 인위적으로 설정하였다. 첫번째 가정은 전체적으로 동일한 토양·기후와 평탄한 지세를 가진 국가의 중심에 단 하나의 시장이 있다는 것이다. 두번째 가정은 모든 농부들이 시장으로부터 동일한 거리에 살기 때문에 시장에 대한 접근도가 균등하다는 것이다. 세번째 가정은 농부들이 시장 판매를 통해 생산의 이윤을 극대화하려고 노력한다는 것이다. 이러한 가정을 전제로, 튀넨은 시장으로부터 거리가 멀어질수록 경작의 집약도가 떨어진다는 이론을 제시하였다. 즉 시장에 가까이 사는 농부들은 운송비가 적게 들기 때문에, 노동·장비·비료 등을 경작에 최대한 투입할 수 있다는 것이다.

2) 인간 활동에 의한 자연환경의 변화

식물과 동물이 작물과 가축으로 순화된 다음부터 지금까지 인류는 자연

그림 6-11
터키의 에게 해 연안 부근 식생이 제거된 지역
이 지역은 지난 수천 년 동안 염소와 양의 과다 목축으로 인해 목초지가 심각하게 손상되었다. 과거에는 이 지역에도 떡갈나무와 키가 큰 풀들이 무성하게 자라고 있었다.

환경을 변화시키는 주요 인자가 되어 왔다. 특히 인류 역사상 무엇보다도 식생은 인간의 간섭으로 인한 변화가 가장 심한 자연환경 요소였다.(그림 6-11) 수렵인과 채집인에게 삼림은 가치 있는 식료로 쓰이는 식물과 동물이 서식하는 장소로 여겨졌다. 이에 반해 농경민에게 삼림이란, 식료를 공급하는 곳이 아니라 오히려 농경을 방해하는 곳이라는 인식이 일반적이었다. 그래서 농경민들은 식료의 원천이 되는 경지를 개간하기 위하여 삼림을 제거하지 않으면 안 되었던 것이다. 지난 수천 년 동안, 인구의 성장과 함께 농업에 대한 의존도가 증대되면서 인류가 제거한 삼림 면적은 더욱 확대되었다. 농부들이 지금까지 마구 도끼로 베어내고 불로 태워버리는 사이에 엄청난 면적의 삼림이 지구상에서 사라져 갔다.

그동안 지구상에서 가장 많은 삼림이 소멸한 곳은 중국, 인도, 지중해 연안이며, 그 다음으로 많이 감소한 곳은 알프스 산지, 유럽, 미국이다. 중부 유럽은 900년부터 1900년까지 약 1000년 동안 구릉과 산지를 제외한 지역에서 삼림의 대부분이 소멸되었다. 또한 이동식 경작자들이 경지를 만들기 위해 태우는 연기는 심각한 대기 오염을 일으킨다. 이 때문에 아프리카 열대 우림지대는 산성비의 심각성이 어느 공업 지역 못지않게 되었다.

3) 사막화

그동안 프레리 같은 지구상의 광활한 초지는 대부분 농경이나 목축으로 인해 파괴되어 왔다. 건조한 초원을 경작지로 개간하고 반건조한 초원에서 하는 과도한 목축 활동은 초지의 파괴를 초래하였다. 이러한 초지의 파괴는 사막의 확대, 즉 사막화라는 환경의 악화로 곧바로 이어진다.

아프리카 북부 사하라 사막의 주변부는 사막화 현상이 가장 극심한 지역에 속한다. 로마시대 이후 1500년 동안, 리비아와 튀니지는 농업의 점진적 쇠퇴에 따라 인구가 절대적으로 감소하였다. 원래, 아프리카 북부는 로마제국의 곡창지대로서 거주 인구가 지금보다 훨씬 더 많았다. 지금까지 아프리카 북부에서 일어난 농경의 쇠퇴와 인구의 감소는 다름 아닌 사막화가 주범이었던 것이다.

사막화에 대한 최근의 연구는 아프리카 대륙의 사하라 사막 바로 이남에 있는 사헬지대(Sahel Zone)에 집중되어 있다.(그림 6-12) 원래 사헬지대는 초지와 경지로 덮인 땅이었다. 하지만 식생의 파괴가 한계 수준에 도달하면서, 이곳은 풀 한 포기도 자라지 않는 모래땅으로 바뀌었다. 이에 잇따른 강우량의 감소와 기온의 상승으로, 사헬지대는 식물의 재생산이 전혀 불가능한 사막으로 돌변한 것이다. 모래 언덕이 즐비한 사막이 사하라 사막에서부터 사헬지대에까지 확대된 것이다.

물론 이러한 견해는 일반적으로 받아들여지고 있는 것이지만 그렇다고 모두 동의하는 것은 아니다. 사헬지대의 사막화 범위가 실제보다 과장되었다는 주장도 있으며, 최소한 1960년부터 사하라 사막의 남한계선이 사헬지대로는 이동하지 않았다는 주장도 있다. 이 주장에 따르면, 습윤한 기후와 건조한 기후의 주기적인 변화에 따라 사막의 범위는 수축과 팽창을 반복한다는 것이다. 즉 사하라 사막의 남한계선은 기후가 습윤해지면 북쪽으로 올라가고 기후가 건조해지면 남쪽으로 내려갔던 것이다. 그리고 이러한 현상은 정확한 관련 자료가 없는 1960년 이전과도 별다른 차이가 없었다. 기후의 자연적 악화에 따른 사막화는 토양·식생의 인위적인 파괴에 따른 사막화와는 엄연히 다른 현상인 것이다. 때문에 사헬지대의 사막화에는 자연적 요인과 인위적 요인이 복합적으로 작용하여 왔으며, 기후 변화에 따른 사막의 확대는 장기적으로 보면 실질적인 사막화가 아닌 것이다.

관개 농업은 토양의 건조화를 방지하기 때문에 사막화의 우선적인 해결

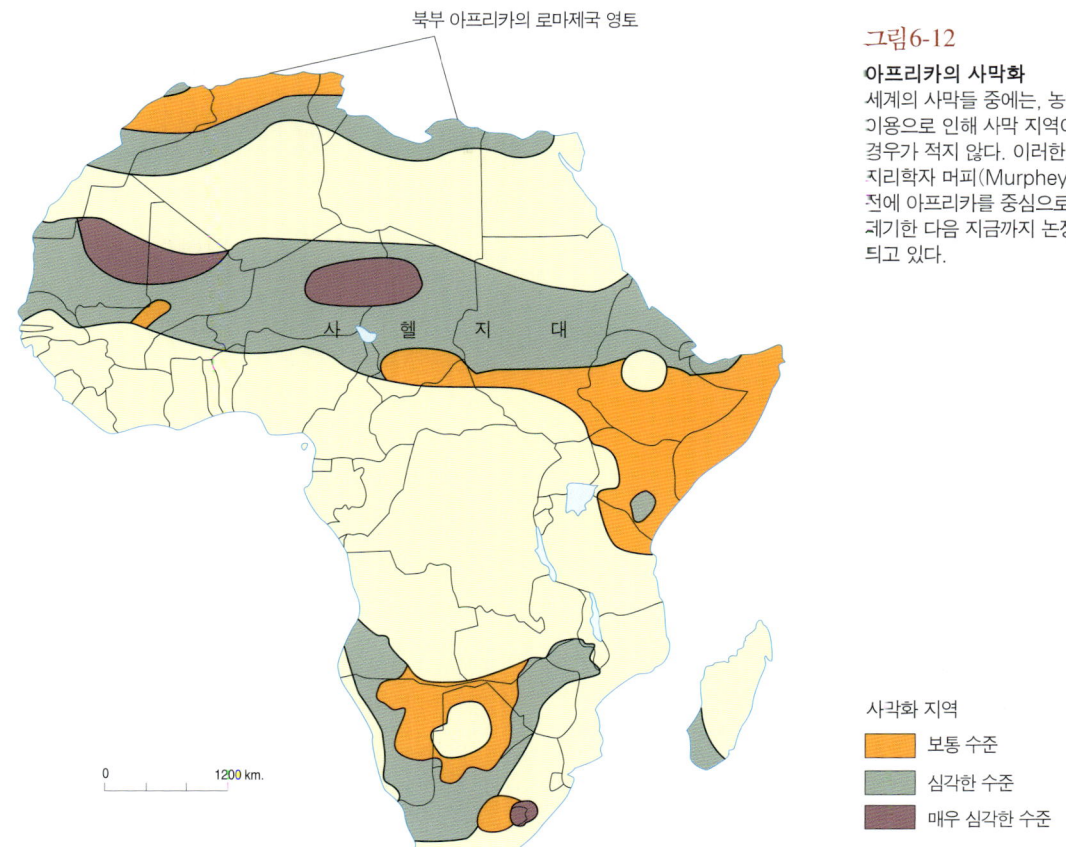

그림 6-12
아프리카의 사막화
세계의 사막들 중에는, 농업적 토지 이용으로 인해 사막 지역이 확대된 경우가 적지 않다. 이러한 견해는 지리학자 머피(Murphey)가 반세기 전에 아프리카를 중심으로 최초로 제기한 다음 지금까지 논쟁의 대상이 되고 있다.

사막화 지역
- 보통 수준
- 심각한 수준
- 매우 심각한 수준

책으로 제시되기도 하지만, 때때로 예기치 않은 사막화의 원인이 되기도 한다. 지하수를 수로로 끌어들여 물을 공급하는 건조 지역의 관개 농업은 지하수면의 상승을 초래한다. 이때 지하수에 녹아 있던 광물질이 수분을 따라 지면으로 올라오면, 수분이 햇볕에 의해 증발하고 염분이 토양에 그대로 남게 되는 염화 현상이 일어나는 것이다. 파키스탄의 경우, 관개 농업으로 인해 지하수면이 3~10m 상승하고 염분이 토지 1ha당 900~2,200kg이 축적되었다. 미국의 텍사스 주 대평원에 속하는 지역은 관정(管井)과 펌프를 이용한 관개 농업이 사막화를 촉진시켰다.

중앙아시아에서 카자흐스탄과 우즈베키스탄의 국경지대는 관개 농업으로 인해 사막이 확대된 지역이다. 아랄 해로 흘러 들어가는 강물을 빼돌려 관개수로 이용한 결과, 주위의 환경이 치명적으로 악화되었다. 이로 인해 호수의 물이 고갈되면서 밖으로 드러난 드넓은 호수의 바닥이 건조한 모래땅으로 바뀌었다. 호수에서 어업으로 생계를 꾸려 온 원주민들은 삶의 터전을 송두리째 빼앗겼다. 그밖에 사막화된 호수의 바닥으로부터 불어닥치는 모래 바람은 인근 주민들의 건강을 해치고 있다. 왜냐하면 이 모래바람은 인체에 유해한 화학 물질을 함유하고 있기 때문이다.

4. 농업 경관의 유형

촌락의 형태와 함께 농업 지역의 특성을 구별하는 여러 가시적인 지표를 농업 경관이라 한다. 이러한 농업 경관 중에서 외부자의 눈에 가장 쉽게 띄는 것은 경지의 분할 형태이다. 경지의 분할 형태는 경작 단위를 구획하고 이용하는 사회·문화적 제도와 관습으로부터 영향을 받는다. 다시 말해서, 경지를 측량하고 경지의 소유권을 등록하는 방식은 대륙·국가·지역별로 적지 않은 차이가 있다.

1) 토지의 경계 유형: 측량 유형과 소유 유형

일반적으로 토지의 경계는 측량에 의한 유형과 소유권 등록에 의한 유형으로 분류된다. 측량 유형은 국가가 납세를 목적으로 토지를 측량할 때 그은 경계로 구성된다. 이러한 경계는 통상적으로 정착과 경작이 있기 이전의 지형과 지세 조건을 고려하여 그어진다. 소유권의 분할과 변동이 일어나기 이전에 최초로 작성된 지적도에는 측량 유형의 원형이 그대로 표현되어 있다.

측량 유형은 측량할 때 기하학적인 원리를 적용했는지의 여부에 따라 불규칙적인 유형과 규칙적인 유형으로 분류된다. 불규칙적인 유형은 인류 역사상 가장 오래된 유형으로, 구대륙의 대부분 지역과 신대륙의 일부 지역에 분포한다. 물론 구대륙에는 불규칙적인 측량 유형이 보편적이기는 하지만, 규칙적인 유형이 전혀 없는 것은 아니다. 오늘날 유럽과 아시아 대륙에는 고대에 규칙적인 측량 유형을 실시한 흔적이 일부 지역에 남아 있다. 규칙적인 유형은 불규칙적인 유형에 비해 늦게 출현하였으며, 유럽인들이 개척한 신대륙에 보편적으로 분포한다.

미국의 경우 국가로 독립한 이후에 서부를 중심으로 출현한 규칙적인 측량 유형이 보편적이 되었다.(그림 6-13) 그러나 미국의 동부에는 예외적으로 식민지 초기의 '미츠 앤드 바운즈(metes and bounds)'라는 불규칙적인 측량 유형이 지금까지 유지되고 있다.

미국의 규칙적인 측량 유형은 서부 개척자들에게 토지를 신속·정확하게 분할·매각하기 위하여 고안된 것이다. 이러한 측량 유형을 구성하는 토지

- 정방형 측량 유형
- 미츠 앤드 바운즈 측량 유형
- 롱롯 측량 유형
- 집촌을 포함한 분산적 토지 소유
- 불규칙적인 정방형 측량 유형

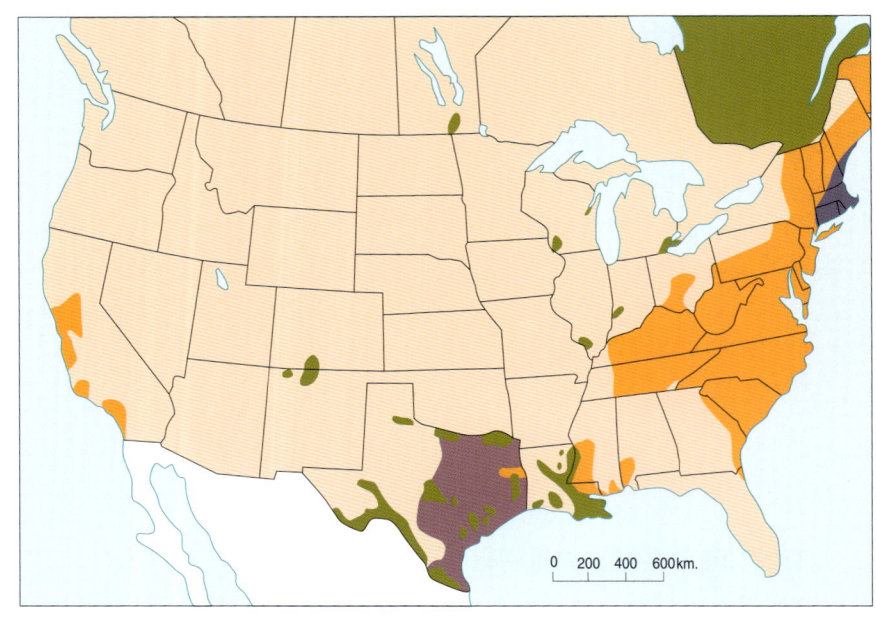

그림 6-13
미국과 캐나다 남부의 전통적인 토지 측량 유형 현재의 토지 소유 유형에는 토지 측량 유형의 흔적이 여전히 남아 있다.

그림 6-14
미국의 정방형 측량 유형
캘리포니아 임페리얼 계곡의 바둑판 모양 푸른 들판을 만들어낸 것은, 정방형 측량 유형이었다.

의 경계는 '정방형 측량 체계(rectangular survey system)'로 동서남북 모든 방향으로 직선이 된다. 이때 서로의 선이 만나는 지점들이 연결된 정방형의 토지 한 필지는 섹션(section)이라고 했다. 이 하나의 섹션은 가로와 세로가 각기 1.6km이고 넓이가 259ha이었지만, 실제로 토지를 팔고 살 때는 하나의 섹션을 둘 또는 넷으로 쪼개어 거래하기도 하였다. 또한 한쪽 변이 10km이고 면적이 93km^2가 되는 정방형의 토지를 카운티(county)의 하부 행정 구역인 타운쉽(township)으로 하였다. 이 경우에도 바둑판 모양의 토지 구획 형태를 유지하기 위하여 섹션과 타운쉽의 경계선을 따라 도로를 개설하였다.(그림 6-14) 그밖에, 캐나다는 프레리를 중심으로 미국의 정방형 측량 체계를 거의 그대로 답습하였다.

소유 유형은 소유하고 있는 토지가 분산되어 있는 상태를 기준으로 분산적 유형과 집중적 유형으로 분류된다. 분산적 유형은 인간 정착의 역사가 오래된 한국, 일본, 인도와 서부 유럽의 농촌 지역에 보편적으로 분포한다. 이 지역의 농촌은 집촌이나 소촌의 형태를 하고 있는데, 개별 농가의 경지는 작게 쪼

개진 채 마을로부터 사방으로 일정한 거리에 흩어져 있다. 이러한 분산적 유형은 극단적인 경우에 백 개 또는 그 이상의 조그마한 필지가 여기저기 흩어져 있는 형태를 하고 있기도 하다. 이와 대조적으로, 집중적 유형은 유럽인들이 식민지로 개척한 아메리카 대륙, 오스트레일리아, 뉴질랜드, 남아프리카에 보편적으로 분포한다. 이러한 집중적 유형은 일반적으로 미국과 같이 규칙적인 측량 유형이 실시된 곳에서 볼 수 있으며, 소유 토지가 한곳에 모여 있는 형태를 하고 있다.

2) 경지 형태

아시아와 유럽 남부는 농경지의 형태가 정방형에 가깝지만, 서부와 중부 유럽은 한쪽 변이 다른 한쪽 변에 비해 훨씬 기다란 장방형과 유사하다. 장방형 중에서도 가장 극단적인 것은 기다란 땅을 의미하는 '롱롯(long-lot)'이라는 경지 형태이다. 이러한 특수 유형의 경지는 도로, 하천, 수로(운하) 등의 특정 지점에서 반대쪽으로 좁고 길게 뻗어 있는 형태를 하고 있다.(그림 6-15)

일반적으로, '롱롯'은 도로, 하천, 수로를 따라서 집단으로 조성되어 있다. 이때 개별적인 경지 하나에 위치하는 농가 한 개는 예외 없이 도로, 하천, 수로에 임하여 있다. 이러한 경지 형태는 중·서부 유럽의 구릉과 저습지대, 브라질과 아르헨티나의 일부 지역, 프랑스인이 개척한 캐나다의 퀘벡 주(세인

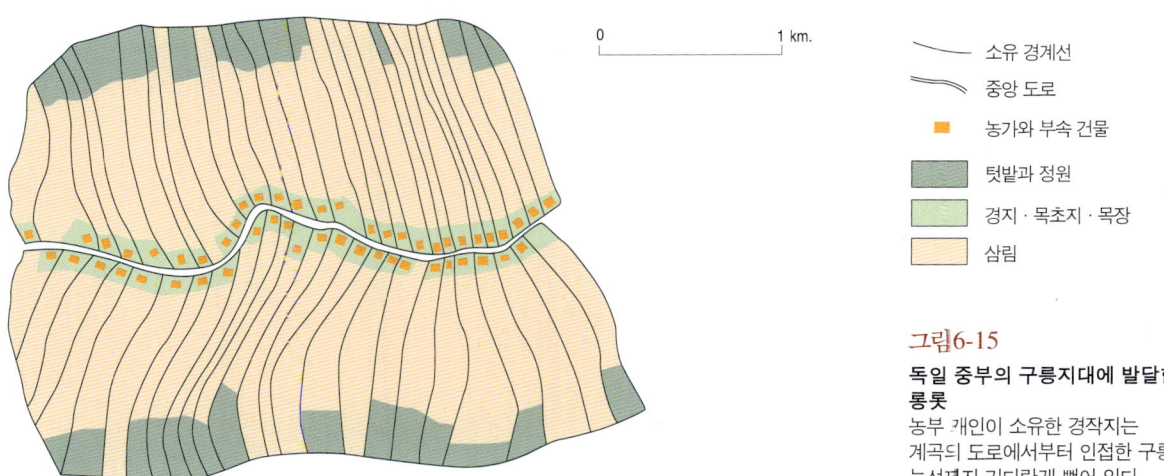

그림 6-15
독일 중부의 구릉지대에 발달한 롱롯
농부 개인이 소유한 경작지는 계곡의 도로에서부터 인접한 구릉 능선까지 기다랗게 뻗어 있다.

트렌스 강 유역)와 미국의 루이지애나 주 남부(미시시피 강 유역), 텍사스 주 일부 지역과 뉴멕시코 주의 북부에 분포한다.

유럽에서 경지의 한쪽 변이 길어지게 된 이유는 무엇보다도 밭을 갈 때 사용하는 크고 무거운 쟁기 때문이었다. 힘이 많이 드는 무거운 쟁기의 방향을 돌리는 횟수를 최대한 줄이기 위해 경지 형태를 그렇게 길게 만들었던 것이다. 농부들이 롱롯을 만든 또 다른 이유는 도로, 하천, 수로를 통한 교통의 편의를 최대한 도모하기 위한 것이었다. 예를 들면, 캐나다의 프랑스인 정착지에서도 롱롯은 세인트로렌스 강을 따라 좌우로 열을 지어 나타난다. 이는 식민지 개척 시대에 프랑스인들이 하천을 식민지로 진입하는 주요 통로로 이용하였기 때문이다. 유럽 중부의 구릉지대에 위치한 롱롯은 계곡 밑을 통과하는 도로를 출발하여 구릉의 꼭대기를 향해 뻗어 올라간다.

3) 담과 생울타리에 의한 경계

흔히 농부들은 경지의 소유 경계와 구획을 담이나 생울타리를 쳐서 표시한다. 작물 재배가 주업이고 가축 사육이 부업인 지역에는 일반적으로 개방된 경지가 발달하였다. 이런 지역에서는 가축을 보호할 필요가 없기 때문에, 경지가 외부로 개방된 형태를 하게 되었다. 개방된 경지는 구대륙에 있는 인도, 중

그림6-16

파푸아뉴기니의 산지에 설치된 전통적인 울타리
이 울타리는 돼지가 고구마 밭에 침입하는 것을 방지하기 위하여 설치되었다. 최근에는 울타리를 장식하기 위하여 그 꼭대기에 깡통 조각을 덧붙이기도 한다.

국, 한국, 일본, 유럽 서부에 보편적으로 분포한다. 이에 반해, 폐쇄된 경지는 경지의 경계에 담이나 생울타리가 둘러싸여 있는 것이다. 이러한 형태는 정착 농업에서 가축 사육이 차지하는 비중이 상대적으로 높은 지역에서 발달하였다.

담과 생울타리는 멀리에서도 눈에 잘 띄어 특징 있는 농업 경관이 된다.(그림 6-16) 이와 같이 경지의 경계를 표시하는 방법은 특정한 문화 지역을 인식하고 구별하는 지표가 되기도 한다. 특히 담의 재료로 쓰이는 철조망, 통나무, 막대기, 잡목, 바위, 흙 등은 독특한 정경을 구성한다. 뉴잉글랜드, 아일랜드 서부, 유카탄 반도에서 돌담이 끝도 없이 늘어서 있는 농촌의 정경은 대단히 인상적이다. 또한 전기가 흐르는 철조망은 지금 거의 사라지고 없지만 100여 년 전까지만 해도 미국의 농촌 풍경을 지배하였다. 생울타리는 경지의 경계에 식물을 의도적으로 심고 가꾼 것으로 일명 '살아 있는 담'이라고 한다. 프랑스의 브르타뉴와 노르망디 지방이나 영국과 아일랜드의 대부분 지역에서 생울타리는 흔히 볼 수 있는 농업 경관이다.

7 촌락

촌락 (rural settlement)은 땅을 점유하여 만든 인간의 집단 거주지 중에서 가장 원초적인 유형이다. 촌락에 거주하는 사람들은 대부분 농업에 종사하므로 자연환경과 밀착되어 생활한다. 촌락의 형태(rural settlement pattern)는 가옥, 도로, 경지, 부속 건물의 공간적 배열로 구성된다. 특히 가옥과 촌락의 형태는 자연환경이나 인구 분포와 깊은 상관관계를 가지고 있다. 예를 들면, 현대 기술이 보편화되기 이전에 가옥의 건축 재료는 대부분 주위 환경에서 얻기 쉬운 물질을 이용하였다.

독일의 지리학자들은 민족 문화의 기원을 탐구하는 작업의 일환으로 일찍부터 촌락

Folk Geography

형태의 분류에 관심을 가졌다. 때문에 현재 사용하고 있는 촌락 형태에 관한 용어는 독일에서 유래된 것이 대부분이다. 그들은 촌락 형태의 유형별 분포와 상호 관련성의 비교·연구를 통해 민족의 이동과 민족 간의 접촉 관계를 규명하고자 하였다. 실제로 촌락 형태에 관한 연구는 유럽 대륙에서 민족주의가 확산되던 19세기 후반~20세기 초반에 성행하였으며, 근대 이후에는 상이한 민족 문화들을 보다 객관적으로 구별하는 데 지대한 공헌을 하였다.

19세기 후반부터 독일의 촌락지리학은 민족주의를 고취시키기 위한 내용을 구성하였다. 고대와 중세의 독일 민족, 즉 게르만 민족은 중부 유럽에서 다른 곳으로 이동해 새로운 거주지를 개척할 때면 언제나 자기 고유의 촌락 형태를 재현하려는 습성이 있었다. 독일 지리학자들은 이러한 역사적 사실을 근거로 독일 민족의 고유성과 우수성을 강조하고자 촌락의 형태에 주목하였던 것이다.

더구나, 촌락 형태는 유럽의 지리학계가 문화 경관의 개념을 활용하여 가장 먼저 연구한 대상이다. 이런 유형의 연구를 최초로 정립시킨 사람은 독일의 문화지리학자인 오토 슐뤼터(Otto Schlüter)였다. 이에 영향을 받은 프랑스 지리학자들도 자국의 실정에 맞게 촌락 형태의 분류 방법을 수정·보완하여 프랑스 민족의 정체성을 탐구하였다. 블라슈는 프랑스 촌락의 형태적 연구를 최초로 시도한 사람으로 프랑스에서 근대 지리학의 아버지로 추앙되고 있다.

1. 세계 주요 촌락 형태의 유형별 분포

촌락 형태의 유형 분류에는 가옥의 수와 밀집도가 가장 중요한 기준으로 활용된다. 밀집도는 가옥 간의 거리에 의해 결정되는데, 세계 전역에서 가장 흔히 볼 수 있는 촌락 형태의 유형은 집촌(clustered or agglomerated rural settlement)과 산촌(dispersed rural settlement)이다. 전자는 가옥들이 빽빽하게 밀집되어 있는 유형이고, 후자는 가옥들이 일정한 거리를 두고 서로 떨어져 있는 유형이다. 그리고 이 두 유형 중 어느 하나에 속한다고 단정하기 어려운 촌락 형태는 반집촌(semi-clustered rural settlement)으로 분류한다.(그림 7-1)

1) 집촌

집촌은 세계 각지에서 가장 흔히 볼 수 있는 촌락 형태로 일상적으로 농촌(farm village)이라고 불린다. 집촌의 규모는 거주 인구가 적게는 300~500명으로부터 많게는 2만 5,000명에 이를 정도로 다양하다. 이중에서 규모가 크면서 거주 인구가 모두 농업 종사자인 경우에는 특별히 애그로 타운(agro-town)이라고 지칭한다.

일반적으로 집촌의 농가는 살림하는 가옥을 중심으로 광, 가축우리, 저장 창고의 부속 건물과 마당으로 구성되어 있다. 집촌에서는 경지, 목초지, 초지 등이 모두 마을 바깥에 놓여 있어, 가옥이 경지로 에워싸여 있는 경우가 없다. 이 때문에 농부들은 마을 바깥에 있는 경지와 마을 사이를 매일같이 왔다 갔다해야 한다. 이러한 집촌은 공중에서 내려다보았을 때 가옥이 모여 있는 모습에 따라, 괴촌(compact village), 가촌(street village), 녹지촌(green villlage), 격자촌(checkerboard village) 등으로 분류된다.

① 괴촌

괴촌은 일반적으로 구불구불한 좁은 길과 서로 엉겨 붙은 듯한 농가들이 한데 어우러져 매우 불규칙한 형태를 하고 있다. 이러한 형태는 오랜 시간 동안 어떠한 인위적인 계획 없이 자연발생적으로 촌락이 성장한 결과이다. 이와 같은 형태는 중국, 인도, 서부 유럽과 같이 인구 밀도가 높고 거주의 역사가 오

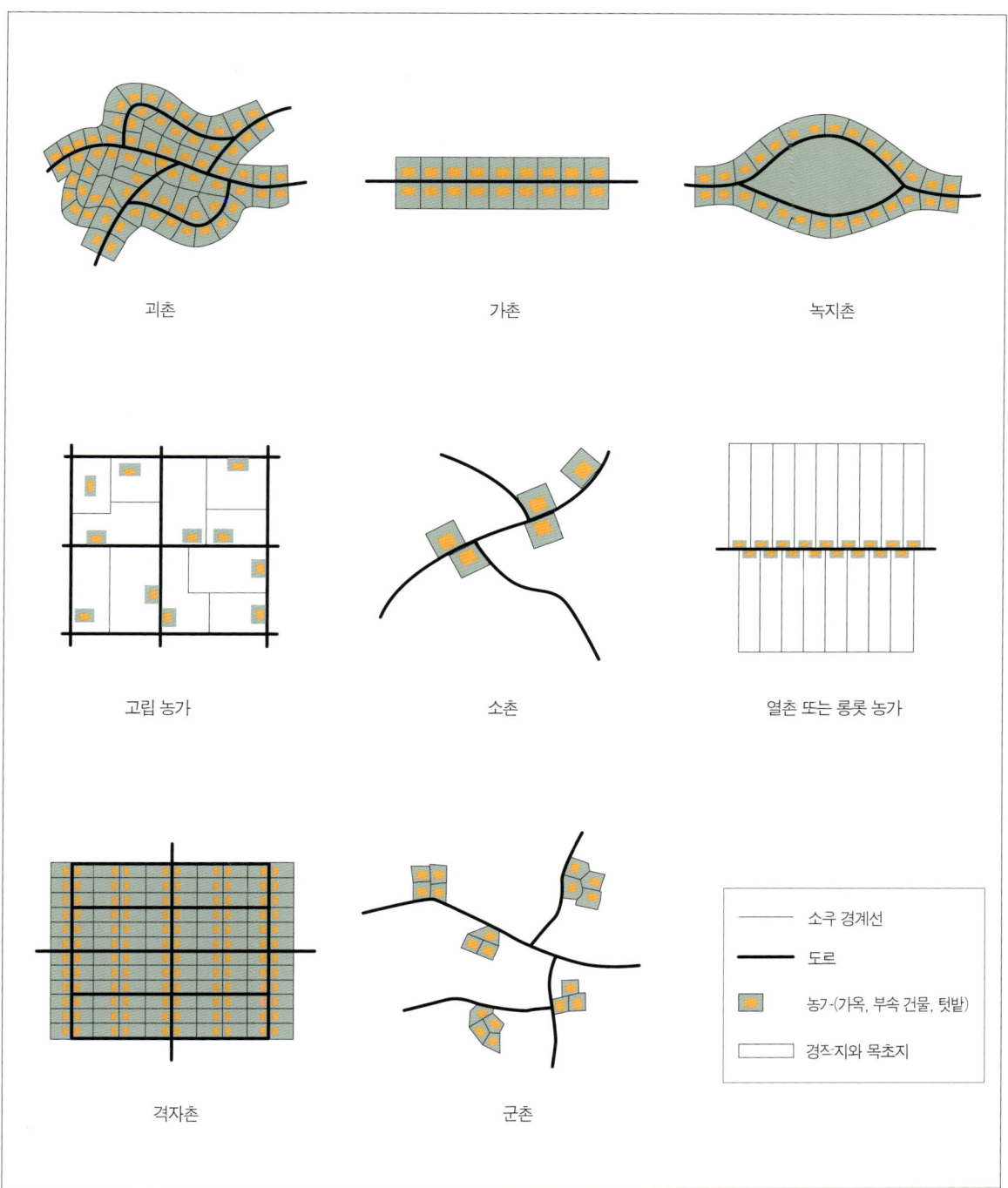

그림7-1
촌락 형태의 모든 유형 일반적으로 촌락 형태는 농부 개인이 농가의 위치를 선택하는 방식에 의하여 결정된다. 농가들이 분산된 채 고립되어 있는 지역이 있는가 하면, 농가들이 무리를 지어 있는 지역이 있다.

래된 지역에서 흔히 발견된다.

② 가촌

가촌은 괴촌 다음으로 흔한 집촌 유형이며, 하나의 도로를 중심으로 양쪽으로 농가들이 서로 인접하여 열을 지어 있는 형태이다. 가촌은 계획적인 평면 구성에 따라 취락으로 성장하였기 때문에, 농가들이 한데 모여 있는 모양이 괴촌보다는 훨씬 더 규칙적이다. 하지만 가촌을 구성하는 가옥의 밀집도는 괴촌에 뒤떨어지는데, 이 유형은 러시아의 대부분 지역을 비롯하여 유럽 동부에서 슬라브족이 거주하는 지역에서 흔히 발견된다.

③ 녹지촌

녹지촌은 계획에 의해 건설된 또 다른 집촌 유형으로, 농가·도로·경지가 어느 정도는 기하학적 질서에 따라 배열되어 있다. 녹치촌의 중심에는 흔히 공동 소유의 녹지가 있고, 여기를 관통하는 도로의 양쪽으로 가옥들이 밀집되어 있다. 이때 녹지란 촌락 주민들이 공동으로 목축을 하는 목초지에 붙여진 이름이다.

녹지촌은 형태 면에서 가촌과 유사하며, 영국을 포함한 북부 유럽과 북서부 유럽의 평야지대에서 주로 발견된다. 또한 북미 대륙의 뉴잉글랜드 지방에도 분포하는데, 이는 식민지 개척 초기 영국계 이민자들이 영국의 녹지촌을 모방하여 건설했기 때문이다.

④ 격자촌

격자촌은 가장 규칙적인 평면 구성을 하고 있는 유형으로, 이름 그대로 격자로 교차하는 도로의 양쪽에 농가들이 일정한 간격을 두고 배치되어 있다. 미국 유타 주에 모르몬교도들이 계획적으로 건설한 농촌이 격자촌의 전형적인 모습을 하고 있다. 격자촌이 구대륙에서는 상대적으로 드문 유형이지만, 유럽 남동부에는 상당한 규모로 분포하고 있다.

2) 산촌

산촌은 일명 고립 농가(isolated farmstead)라고도 하는데, 하나의 농가가 이웃 농가와 1km 이상 떨어져 있는 촌락 형태이다. 이 경우에 농가들은 지리적 고립성은 물론이고 사회적 고립성도 어느 정도 가지고 있는 것이 특징이다. 일반적으로 집촌은 오랜 세월에 걸쳐 형성되었지만, 산촌은 비교적 짧은 기간에 출현하였다.

세계 각지의 산촌들은 대부분 지난 2~3세기 동안 새로 개척된 경지를 기반으로 발달하였다. 산촌이 가장 많이 발견되는 곳은 유럽인들이 개척한 신대륙으로 북미 대륙, 오스트레일리아, 뉴질랜드, 남아프리카 등이다. 구대륙에서는 유럽·일본·인도의 일부 지역에서 산촌이 국지적으로 가끔 발견된다.

3) 반집촌

집촌만큼 밀집되어 있지도 않고 또한 산촌처럼 완전히 분산되어 있지도 않다면, 딱히 집촌이나 산촌이라고 분류하기는 어렵다. 이럴 경우 그 중간 형태인 반집촌 또는 반산촌(semi-dispersed rural settlement)으로 규정할 수밖에 없는데, 가옥들의 밀집 정도와 형태를 기준으로 소촌(小村, hamlet), 군촌(群村, loose irregular village), 열촌(列村, row village) 등으로 분류한다.

① 소촌

소촌은 현실적으로 지구상에서 가장 흔히 볼 수 있는 반집촌 유형으로, 집촌과 달리 소수의 농가가 듬성듬성 무리를 지어 있는 형태이다. 소촌을 구성하는 농가들은 모두 경지로부터 분리되어 따로 조성된 택지에 위치하고 있다. 하나의 소촌을 구성하는 농가의 수는 적게는 3~4가구로부터 많게는 15~20가구까지 된다. 이러한 형태는 경지 면적을 넓게 확보할 수 없는 구릉지대에서 수세기에 걸쳐 발달한 것으로, 중국, 인도, 필리핀, 베트남, 한국 등지의 구릉지대는 전형적인 소촌이 흔히 발견된다.

② 군촌

군촌은 소촌들이 연이어 있지 않고 서로 마주 보일 만큼 가까운 거리에 모여 있는 반집촌 유형이다. 이러한 유형의 촌락은 농가의 숫자와 밀집도 면에서 집촌에는 뒤지지만 소촌에는 앞선다. 언뜻 보면, 군촌은 가옥이 어느 정도 밀집되어 있어서 집촌으로 착각할 수 있다. 가옥, 도로, 경지, 부속 건물 등의 공간적 배열이 불규칙하다는 점에서 군촌은 소촌 또는 집촌과 전혀 다를 바가 없는 것이다.

군촌은 몇 개의 소촌이 개별적으로 분산되어 있는 듯이 보이는 까닭에 외형상 단일한 촌락으로 인식되기 어렵다. 또한 하나의 군촌을 구성하는 소촌들이 서로 긴밀한 사회적 유대를 가지고 하나의 촌락 공동체를 구성하고 있는지의 사실 여부는 직접 방문을 통해서만 확인된다. 하지만 각 소촌의 주민들이 같은 친족이나 종교 집단에 소속되어 있다면 이러한 내부 상황은 비교적 쉽게 포착된다.

아시아 대륙에서도 특히 인도, 방글라데시, 말레이시아, 한국, 일본 남부는 군촌의 전형적인 형태가 보편적으로 분포한다. 인도의 경우 카스트(caste)의 제5계급인 불가촉천민(Untouchable)들은 자기보다 지위가 높은 다른 계급의 사람들과 격리되어 거주지를 구성해야만 한다. 그들의 거주지는 대부분 소촌의 형태를 하고 있는데, 이러한 소촌들이 일정한 구역에서 상호 연결되어 하나의 군촌을 구성하고 있다. 이에 반해, 유럽 대륙에는 발칸 반도를 중심으로 하는 동남부를 제외하면 군촌 형태의 촌락은 드물게 발견된다.

③ 열촌

열촌은 도로, 하천, 인공 수로의 한쪽으로 농가들이 일정한 간격으로 하나의 열을 지으며 서 있는 형태로 가장 드물게 보이는 유형이다. 가촌은 농가들이 도로 양변에 두 개의 열을 이루고 있는 반면, 열촌은 농가들이 도로 이외에도 하천과 인공 수로의 한쪽 변에 한 개의 열을 짓고 있다.

이와 같이 농가가 한 줄로 길게 늘어서 있는 열촌의 모습은 자칫하면 가촌으로 오인되기 쉽다. 실제로 유럽 대륙에서 제법 규모가 큰 열촌은 그 길이가 보통 몇 킬로미터는 충분히 되는 것이 있다. 하지만 열촌은 가촌과 달리 농가들이 서로 다닥다닥 맞붙어 있는 대신 어느 정도의 간격을 두고 서로 떨어져 있는 특징이 있다.

이러한 촌락 형태는 우선적으로 중부와 북서부 유럽의 구릉지대와 해안 저지대에서 흔히 보인다. 북미 대륙의 열촌은 캐나다 퀘벡 주와 미국 루이지애나 주에서 프랑스인들이 최초로 정착한 하천 유역의 인공 수로 변에 집중되어 있다. 이는 식민지 개척 초기에 프랑스인들이 이 지역의 하천 수로를 따라가며 거주지를 확대하였기 때문이다. 이 지역에서 열촌은 수로 변의 농가로부터 내륙 쪽으로 기다랗게 뻗어나가는 롱롯과 함께 독특한 농촌 경관을 연출하고 있다. 그밖에 열촌 형태는 남미 대륙의 브라질 남부와 이에 인접한 아르헨티나 일대에 국지적으로 분포한다.

2. 촌락 형태와 자연환경과의 관계

세계 각지에 분포하는 집촌, 산촌, 반집촌 등의 촌락 형태는 오랫동안 인간과 자연환경이 서로 어우러져 내려온 결과이다. 과거에는 세계 각지에서 비록 정도의 차이는 있지만 생존에 관한 문제를 촌락 주민 스스로 해결하였다. 중앙 정부의 정책이 촌락의 발달에까지 영향을 주기 시작한 것은 비교적 최근의 일이다. 따라서 촌락의 기원이 오래될수록 자연환경이 촌락 형태의 발달에 미친 영향은 그만큼 컸을 것이다.

1) 집촌

집촌은 사람들이 가능하면 한곳에 모여 살려는 본능적 욕구가 실현된 촌락 형태이다. 과거에는 국가가 농촌 주민들까지 안전하게 보호해 주지 못했기 때문에, 농촌 지역 대부분은 유랑하는 무법자와 도적의 무리로부터 생명의 위협을 받았다. 이에 농촌 주민들은 집단으로 거주한다면 외부로부터의 위험에 좀더 효과적으로 대처할 수 있을 것이라는 생각에 다양한 형태의 집촌을 개발했던 것이다. 사회 불안기에는 이런 욕구가 더욱 강해져 집촌의 인구가 증가한 반면 안정기에는 감소한 사례들도 세계 도처에 많이 있다. 그런데 이런 집촌 중에서 특히 방어에 유리한 입지에 의도적으로 건설한 유형을 방어지점촌락(防禦地點村落, strong-point village)이라고 한다.

현대와 같은 상수도 시설이 개발되지 않았던 과거에는 식수의 확보가 촌락의 성립에 필수적인 조건이었다. 흐르는 물은 식수로 적합하지 않았으므로 일정한 깊이로 땅을 파서 우물이나 샘을 만들어 식수를 얻었다. 지하수의 개발 기술이 현저히 낮았던 과거에는 특정 지역에서 얼마나 많은 우물이나 샘을 팔 수 있는가는 전적으로 지하수의 수량과 수위에 달려 있었다. 그러므로 식수를 얻을 수 있는 지점이 제한되어 있는 곳일수록 집촌이 발달할 가능성이 상대적으로 높았다. 예를 들면, 지하로 물이 금방 빠져버리는 사막지대나 석회암지대는 사람들이 식수를 얻을 수 있는 곳에 모여 살아야 했기 때문이다.

이와 같은 집촌의 유형을 수원지점촌락(水源地點村落, wet-point village)이라고 하는데, 그중에는 오아시스나 우물 부근에서 괴촌 형태를 이루고 있는 것도 있다. 이에 반해, 저습지, 늪지, 하천 유역과 같이 물이 지나치게 풍부한 곳은 침수의 위험이 없는 고지대에 촌락이 발달한다.

일반적으로, 공동체 의식을 가진 사람들은 사회적 관계를 긴밀하게 유지하려고 한곳에 모여 살고 싶은 욕망을 가진다. 친족 관계를 포함한 혈연적 유대, 종교적 관습, 토지공유제도, 언어, 민족 등은 집촌의 구성원들에게 사회적 연대감을 조장하는 요소들이다. 예를 들면, 미국에서 모르몬교도들이 계획적으로 건설한 집촌은 같은 종교를 믿는 사람들이 함께 모여 살고자 하는 욕망의 실현이었다. 1960년대 히피 공동체를 비롯한 유토피아에 대한 대중적인 실험 대부분은 괴촌 형태를 가진 거주지를 중심으로 시도되었다. 또한 중국, 소련, 이스라엘의 일부 지역에서 토지의 공동소유제도나 국가소유제도는 집촌과 애그로 타운이 탄생하는 배경이 되었다.

가옥들이 빽빽하게 들어찬 집촌에 사는 사람들은 대부분 목축보다는 농경에 종사한다. 농업은 목축에 비해 단위 면적당 노동력이 많이 소요되므로 토지 이용이 더욱 집약적이다. 특히 논농사 같이 공동 노동을 많이 필요로 하는 농경 지역에서는 사람들이 모여 살면서 노동력을 상호 교환하지 않을 수 없다. 이곳의 주민들은 농가에서부터 경지까지 이동하는 거리를 최소화하기 위하여 경지를 일정한 거리 내에 소유하려는 경향이 있다. 이에 반해, 낙농업이나 방목을 하는 지역은 일시에 많은 노동력을 필요로 하지 않기 때문에 일반적으로 산촌이 발달하는 것이다. 하지만 이러한 집촌과 농경과의 상관관계는 어디에나 일률적으로 적용되는 것은 아니다. 즉, 아프리카 대륙에서는 소를 목축하는 데도 불구하고 산촌 대신 집촌이 발달한 지역이 예외적으로 남아 있다.

2) 산촌

일반적으로 산촌의 발달 요인은 집촌의 발달 요인과 정반대 관계에 있는 것으로 대략 여섯 가지로 요약된다. 첫째, 산촌은 정치적·사회적으로 안정되어 큰 위협이 없는 곳으로 외부에 대한 방어가 더 이상 필요 없는 곳에서 발달한다. 둘째, 산촌은 혈연 관계나 종교와 같은 인연으로 묶인 집단이 아니라 개별적인 하나의 가족 집단이 거주지를 개척한 곳에서 발달한다. 셋째, 산촌은 토지공유제도가 아닌 토지사유제도를 가진 곳에서 발달한다. 넷째, 산촌은 농민 개인이 관리할 토지 면적이 넓고 목축이 지배적인 곳에서 발달한다. 다섯째, 산촌은 식수를 얻기 쉽고 배수가 잘 되는 곳에서 발달한다. 여섯째, 산촌은 정부가 농업의 효율성을 향상시키려고 인구를 분산시키고 분산적 토지 소유를 개혁하는 곳에서 발달한다.

3. 유럽 대륙의 촌락 형태별 기원과 발달

다른 대륙과 비교할 때, 유럽 대륙은 지역에 따라 매우 다양한 촌락의 형태를 보여준다. 유럽 대륙의 차원에서는 물론 일개 국가의 차원에서 볼 때에도 농촌 경관의 지역적 차이는 매우 뚜렷하다. 유럽의 촌락 형태는 이베리아 반도와 스칸디나비아 반도가 서로 다르듯이 하나의 국가 내에서도 지방들마다 서로 다르다. 이러한 지역적 차이는 오랜 세월에 걸친 자연환경에 대한 문화적 적응의 결과이거나 또는 민족의 이동과 접촉에 따른 문화의 전파·확산의 산물로 보인다.

1) 집촌의 기원과 분포

① 괴촌

괴촌은 유럽 대륙에 가장 광범위하게 분포하는 촌락 형태로, 독일 서부, 프랑스 북부, 영국 저지대, 유럽 남부의 대부분 지역에 보편적으로 분포한다.(그림 7-2) 괴촌의 인구 규모는 지역별로 다양해, 독일은 400~1,000명, 이탈리아 남부는 1만 명 이상, 헝가리 분지는 2~3만 명에 달한다. 그중에서 헝가리 분지의 초대형 괴촌은 동쪽으로부터 밀려오는 투르크족의 군사적 위협에 대처하기 위해 마자르족이 건설한 것이다. 또한 이탈리아 남부의 구릉 정상에 있는 거대한 괴촌은 로마제국이 멸망한 후, 이탈리아인들의 군사적 불안감을 해소하려는 의도로 만들어진 것이다.

괴촌의 또 다른 특징은 어떠한 사전 계획에 근거하지 않고 자연발생적으로 성장했다는 것이다.(그림 7-3) 이러한 괴촌의 성장에 가장 중요한 역할을 한 것은 무엇보다도 친족 간의 유대이다. 촌락 발생의 초기에는 가까운 친족 관계에 있는 가족들이 모여 소촌을 형성하다가, 그들의 친족 관계가 멀리 확대되면서 소촌은 괴촌으로 성장하였을 것이다. 토지의 분할상속제도가 실시되는 곳에서는 인구의 증가와 함께 촌락의 규모와 밀집도가 증대하였을 것이다. 하지만 애초에 고립 농가가 소촌으로 발전한 다음 소촌이 다시 괴촌으로 발전했을 가능성이 전혀 없는 것은 아니다.

집촌
- 괴촌
- 가촌
- 녹지촌
- 격자촌

산촌
- 고립농가

반집촌
- 소촌
- 롱롯 촌락
- 군촌

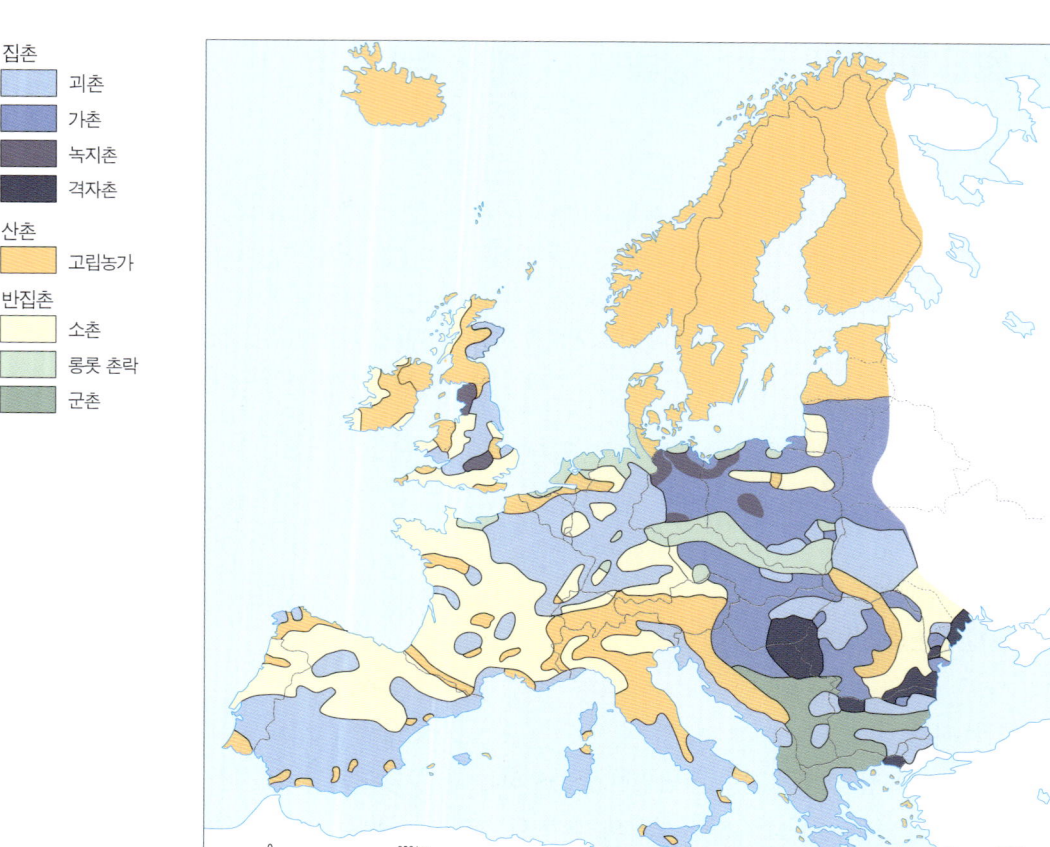

그림 7-2
유럽의 촌락 형태별 분포 유럽 대륙에서 가장 보편적으로 분포하는 촌락 형태는 괴촌과 반집촌 유형이다. 소촌과 산촌은 대체로 유럽 전역에 걸쳐 분포하지만, 가촌, 녹지촌, 롱롯 등은 지역적으로 편중되어 있다.

그림 7-3
괴촌의 두 가지 유형 티벳 동남부의 공가르 부근.(왼쪽) 북대서양의 패뢰 섬.(오른쪽)

② 가촌

800년경 게르만족과 슬라브족 간의 경계는 대체로 엘베-잘레-잘차흐 강을 연결하는 선과 일치하였다. 그때까지 이 경계선을 기준으로 서쪽의 게르만족은 동쪽의 슬라브족과 다른 형태의 촌락에 거주하였다. 지금도 서쪽 지역은 자연 발생적인 괴촌이 보편적이지만, 동쪽 지역은 계획적으로 건설한 촌락이 남아 있다. 그런데 슬라브족이 살았던 촌락은 가촌의 전형으로 매우 규칙적인 형태를 하고 있다.

가촌에는 단 하나의 직선 도로가 마을의 중앙을 통과하고 이 도로를 중심으로 양쪽에 농가가 들어서고, 그 뒤로 텃밭과 부속 건물들이 자리잡고 있다.(그림 7-4) 이러한 가촌의 규모는 중앙을 통과하는 도로의 등급과 상관관계가 있다. 즉 소규모의 가촌은 지방도로나 소로가 통과하는 반면 대규모의 가촌은 국도가 통과한다.

가촌은 슬라브족 문화를 반영하는 촌락 형태로, 고대 슬라브족의 거주지역에서 최초로 발생하였다. 독일 동부의 가촌 중에서도 특히 작은 규모는 다수가 슬라브어 어원의 이름을 가지고 있다. 예를 들면, 이름에 -ow, -in, -itz, -zig 등의 접미사가 붙은 것은 모두 슬라브족에 의해 건설된 가촌일 가능성이 크다. 슬라브족, 특히 북방계 슬라브족들은 자신들의 개척지에 의도적으로 가촌의 형태를 건설하였다. 이러한 가촌의 가장 전형적인 형태는 화재가 번지는 위험을 방지하기 위하여 약간의 간격을 두고 목조 가옥들을 배치한 것이다.

그림7-4
시베리아 지방에 위치한 사카공화국의 가촌
이 지역에서 러시아인은 이러한 가촌에 살지만, 원주민인 야쿠트족은 격자형 촌락에 거주한다.

그런데 현재로서는 슬라브족이 가촌 형태를 선호한 이유에 대한 대답을 명확히 제시하는 것이 불가능하다. 다만, 방어를 위한 시설들을 근거로 가촌 자체가 방어의 편의를 고려해 설계된 촌락 형태이었을 가능성만을 추측할 뿐이다.

그후 게르만족은 엘베 강과 잘레 강을 넘어 동쪽으로 이주할 때 그전까지 익숙해 있던 괴촌 형태를 포기하고 슬라브족의 가촌 형태를 모방하였다. 이때 게르만족은 슬라브족과의 접촉을 통해 촌락을 계획적으로 건설하는 사고와 방법을 습득했던 것이다. 슬라브족 자체는 게르만족에게 동화되었음에도 불구하고 슬라브족의 고유한 촌락 형태인 가촌은 오늘날까지 남아 있는 것이다. 또한 게르만족은 단순한 모방에 그치지 않고 가촌을 변형하여 새로운 유형의 촌락 형태를 개발하기도 하였다.

③ 녹지촌

녹지촌은 가촌보다도 발생 연원이 더 멀리 거슬러 올라가는 집촌 유형이다. 고고학자들에 의하면, 녹지촌의 기원이 철기시대 또는 그 이전까지 거슬러 올라간다는 증거가 충분하다. 이러한 녹지촌 형태는 영국의 저지대로부터 폴란드에 이르는 유럽 북부 평원까지 광범위하게 분포한다. 여기서 가장 핵심적인 요소인 녹지는 전통적으로 공동 목초지로 이용되는 것 이외에 축제의 장소와 시장으로도 활용된다. 그런데 녹지촌의 전체적인 형상은 원형, 삼각형, 타원형 등으로 나타나는데, 이런 형상을 근거로 환촌(round village) 유형과 환촌·가촌의 복합 유형으로 분류한다.

환촌 유형은 중앙의 녹지가 완전한 원형이거나 그와 유사한 형태를 하고 있으며, 그 주위를 가옥의 무리들이 에워싸고 있다.(그림 7-5) 환촌은 독일어로 룬트도르프(Runddorf)라고 하는데, 슬라브족으로부터 기원하였다고 추정된다. 이러한 환촌의 분포 범위는 과거 한때 덴마크에까지 걸쳐 있었지만 지금은 많이 축소되었다. 현재는 동독과 서독의 구경계를 가로지르는 엘베 강 하류의 일부 지역, 잘레 강의 동쪽 연안, 체코공화국 서부의 일부 지역에 국한되어 있다.

환촌은 고대에 산발적인 전투가 흔하였던 게르만 민족과 슬라브 민족 간의 경계에 집중적으로 분포하는데, 이를 근거로 환촌은 방어를 위한 계획 촌락이라고 판단되기도 한다. 중앙 녹지는 최후의 방어가 이뤄지는 성채의 정원과 같은 기능을 가진 공간으로, 녹지의 외곽에 둘러쳐진 목책은 제1차 방어선이

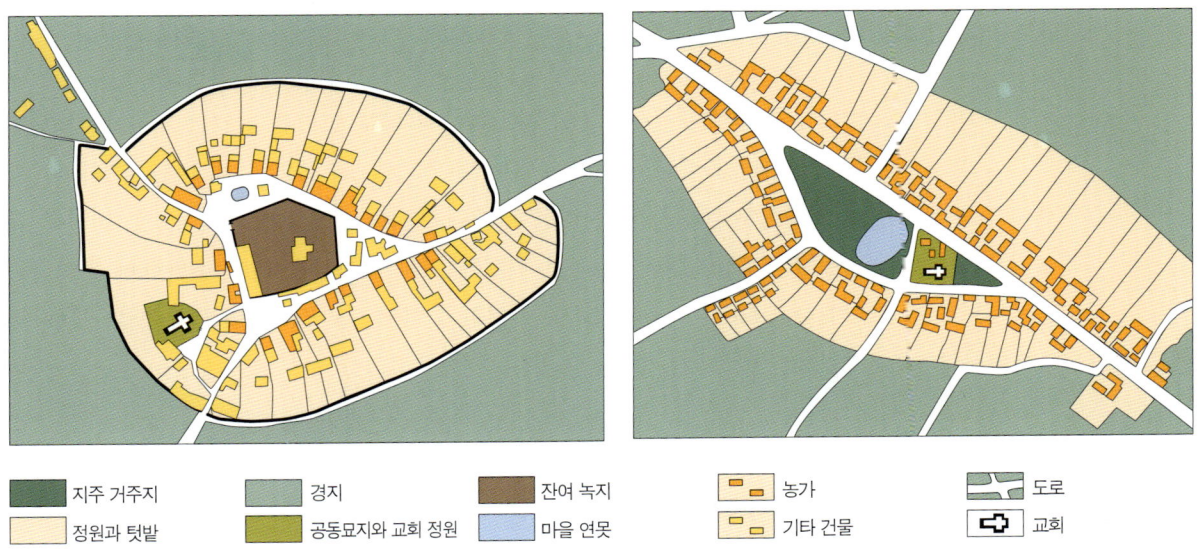

그림 7-5
독일 작센 지방의 환촌 과거 슬라브족에 의해 건설된 것으로 슬라브족과 게르만족이 서로 다투었던 지역에 남아 있는 유형이다. (왼쪽)

유럽 동부의 녹지촌 가촌을 연상시키는 형태를 하고 있지만, 타원형의 중앙 녹지에 교회와 연못이 자리잡고 있는 것이 가촌과 다르다. (오른쪽)

고, 녹지를 빽빽이 에워싸고 있는 농가들이 이것이 뚫리면 후퇴하는 제2차 방어선이었다.

　외부에서 촌락으로 들어오는 길들은 중앙의 녹지로 모여 끝나도록 설계되었으므로, 유사시에 모든 길의 입구들을 차단하기만 하면 적의 출입을 효율적으로 봉쇄할 수 있었다. 또한 녹지에는 물을 공급하는 촌락의 공동 우물과 연못이 있어, 가축들을 외부의 적으로부터 보호해 가면서 안전하게 키울 수 있었다. 중세 봉건시대에는 이런 녹지에 봉건 영주의 장원이 자리잡기도 하고, 촌락 주민들이 기독교도인 경우에는 교회가 건립되기도 하였다.

　환촌·가촌의 복합 유형은 북방계 슬라브족의 가촌과 동부 게르만족의 환촌이 결합되어 있는 혼합형 촌락으로 독일 동부에서 가장 흔하게 발견된다. 이러한 유형의 촌락은 중심 도로가 중앙을 향하여 넓어지면서 녹지를 형성하는 것을 제외하면 기본적으로 가촌과 같은 형태를 하고 있다.

④ 격자촌

이 유형은 동부 유럽에서 가장 최근에 발생한 계획적인 촌락 형태로 헝가리, 유고공화국, 루마니아, 불가리아의 일부 지역을 흐르는 다뉴브 강의 중류와 하류 계곡에 집중되어 있다. 이는 1700년대 중반 헝가리-오스트리아제국이 전쟁으로 폐허가 된 지역을 재건하기 위해 격자촌을 계획적으로 건설한 결과이다. 그리고 에게 해 북부 해안에 이와 유사한 형태의 촌락들이 분포하는 이유는 1920년대 터키인들이 물러간 구역에 그리스인들이 격자촌을 건설하였기 때문이다.

2) 산촌의 기원과 분포

유럽 대륙의 대부분 농촌 지역에는 집촌이 발달하였지만, 산촌이 전혀 발달하지 않은 것은 아니다. 오히려 오늘날 미국의 농촌 지역에 보편적으로 분포하는 산촌의 원형이 유럽 대륙으로부터 기원하였다. 유럽 대륙에서 산촌은 스칸디나비아 반도, 영국의 고지대, 알프스 산지를 비롯한 산지에 주로 분포한다. 그밖에 산촌이 국지적으로 분포하는 곳은 독일 서부의 플랑드르, 뮌스터, 콘스탄츠 지방과 프랑스의 루아르 강 하류 계곡이다.

유럽 대륙의 산촌은 그 기원과 역사를 기준으로 신형(新型)과 구형(舊型)의 두 가지로 분류된다. 구형은 정부의 간섭이 없던 때 농민들이 자발적으로 발전시킨 유형으로 독일 북서부와 이에 인접한 네덜란드에서 발견된다. 이 지역에서는 분할 상속이 철저하게 배제되었기 때문에, 상속자를 제외한 자녀들이 대부분 다른 곳으로 이주하여 경지를 새롭게 개척하지 않으면 안 되었다. 이에 반해, 신형은 정부의 최근 조치와 경제적 변화로 인해 스칸디나비아 반도를 중심으로 출현한 유형이다.

우선적으로 산촌은 경제적 효율성에 있어서 집촌보다 우월하다는 장점을 가지고 있다. 이는 무엇보다도 산촌이 집촌보다 농가에서 경지로 이동하는 데 소요되는 시간이 훨씬 짧기 때문이다. 이러한 장점에 착안한 근대 국가의 정부는 새로운 개척지에 산촌의 건설을 종용하거나 집촌의 농민들을 분산시켜 산촌의 발달을 유도하였던 것이다.

3) 반집촌의 기원과 분포

유럽 대륙에는 다른 대륙과 달리 소촌, 군촌, 열촌 등을 망라한 반집촌의 유형이 모두 분포한다. 그중에서 소촌은 고대 로마제국의 지배를 받은 지역에 지금까지 적지 않게 남아 있다. 또한 군촌은 소촌들의 연합으로 구성되는데, 그 규모와 형태가 소촌 상호 간의 사회적 관계에 의하여 결정된다.

① 소촌

소촌은 반집촌의 유형 중에서 가장 흔한 것으로, 독일어로 Weiler 또는 Drubbel이라고 한다. 소촌은 규모와 밀집도에 있어 내부적인 편차가 존재하는데, 가옥 수가 적게는 3~5가구에서 많게는 15~20가구까지 된다. 따라서 대규모의 소촌과 소규모의 집촌을 구별하는 기준은 다소 자의적이다. 유럽 대륙에서 소촌 유형은 프랑스 남부, 독일의 일부 지역, 이베리아 반도와 이탈리아 북부의 대부분 지역에 집중되어 있다. 영국의 고지대에서도 과거에 켈트족이 고립되어 살고 있는 곳은 산촌이 보편적이었지만 지금은 소촌이 보편적이다.

유럽 대륙에서 소촌의 기원에 관한 문제는 그동안 지리학자들에게 열띤 논쟁거리가 되어왔다. 이러한 논쟁에서 가장 설득력을 얻고 있는 견해 중 하나는, 소촌이 고대 로마제국시대에 최초로 출현하였다는 것이다. 분할상속을 제도화했던 로마제국의 법률은 유럽 대륙에서 산촌이 소촌으로 성장하는 데 결정적인 기여를 했다는 것이다.

예를 들면, 독일 남부와 이에 인접한 스위스와 프랑스에서 소촌은 로마제국의 지배를 받았을 때 최초로 출현하였다. 이 지역에서 -weiler라는 접미사가 붙은 이름을 가진 소촌은 모두 로마제국시대에 기원한 것으로 추정된다. 특히 현재의 독일 영토를 흐르는 다뉴브 강 유역에는 -weiler라는 접미사가 붙은 명칭을 가진 소촌이 아직까지 많이 남아 있다.

소촌의 기원에 관한 또 다른 견해는, 유럽 대륙에서 소촌이 집촌으로 성장하지 못한 원인이 자연환경의 제약에 있다는 것이다. 생산 잠재력이 상대적으로 낮은 지역은 산촌에서 성장한 소촌이 집촌으로까지 발전하지 못할 가능성이 크다는 것이다. 실제로, 프랑스의 중앙 산지와 같이 토양이 척박한 지역은 토지 생산력이 높지 않았기 때문에 집촌이 발달하기 어렵다. 독일 북부는 분할상속제도가 실시되었음에도 불구하고 토양이 척박하였기 때문에 소촌이 집촌으로까지는 성장하지 못하였다.

② 군촌

하나의 군촌을 형성하는 3~5개의 소촌들은 거리와 상관없이 동일한 공동체 의식을 가지고 있다. 여기에 소촌들은 친족 관계, 종교, 언어, 민족 등의 사회·문화적 동질성을 근거로 서로 긴밀하게 연결되어 하나의 촌락 사회를 구성하고 있다. 이때 군촌을 구성하는 소촌들의 인구가 계속 증가하면 농가의 숫자는 집촌에 근접하지만 가옥의 밀집도만큼은 집촌에 미치지 못한다. 하지만 인구의 증가와 함께 소촌 간의 간격이 가옥들로 채워져서 군촌이 마침내 괴촌으로 발전하는 경우가 전혀 없는 것은 아니다. 예를 들면, 발칸 반도는 전체적으로 군촌이 지배적이지만 예외적으로 토양이 비옥한 분지와 평야에서 괴촌이 국지적으로 발달하였다.

유럽의 군촌은 발칸 반도에서도 남방계 슬라브족이 거주하는 구역에 집중되어 있다. 이 구역에서 확대가족제도는 개별적인 소촌들이 하나의 군촌을 구성하게 하는 사회적 토대가 되었다. 아들과 손자가 분가할 때마다 모두 자기 아버지의 집 근처에 집을 마련하였기 때문에 산촌이 소촌으로 성장하였다. 이 소촌들은 구릉이 많은 지형적 제약으로 인하여 집촌으로까지는 성장하지 못하고 일정한 거리에 떨어져 사회적 유대를 유지하고 있는 것이다.(그림 7-6) 또한 발칸 반도에서 같은 혈통과 언어를 공유하는 민족끼리만 거주지를 구성하는 전통은 남방계 슬라브족에 의하여 군촌이 발달하는 배경이 되었다.

③ 열촌

가옥들이 도로변에 한 줄로 배열되어 있는 열촌의 모습은 언뜻 보면 가촌과 흡사하다. 하지만 열촌은 전반적으로 가옥의 밀집도가 가촌보다 훨씬 낮으므로 집촌이 아닌 반집촌으로 분류된다. 유럽 대륙에서 열촌을 구성하는 농가의 수는 최소 여섯 가구에서 최대 100가구 이상으로 그 편차가 매우 크다. 또한 경지는 폭이 20m 이상 200m 이하이고 길이는 300m 이상 수 킬로미터 미만이다.

가촌은 농가와 경지가 분리되어 있는 반면, 열촌은 농가와 롱롯이 서로 연결되어 있다. 이러한 농가와 경지의 연속성은 산촌과 유사하지만 정작 산촌이 되기에는 가옥 간의 거리가 너무 가깝다. 일반적으로 열촌을 구성하는 농가들은, 사회적 유대감을 통하여 같은 촌락에 소속되어 있다는 공동체 의식을 가지고 있다.

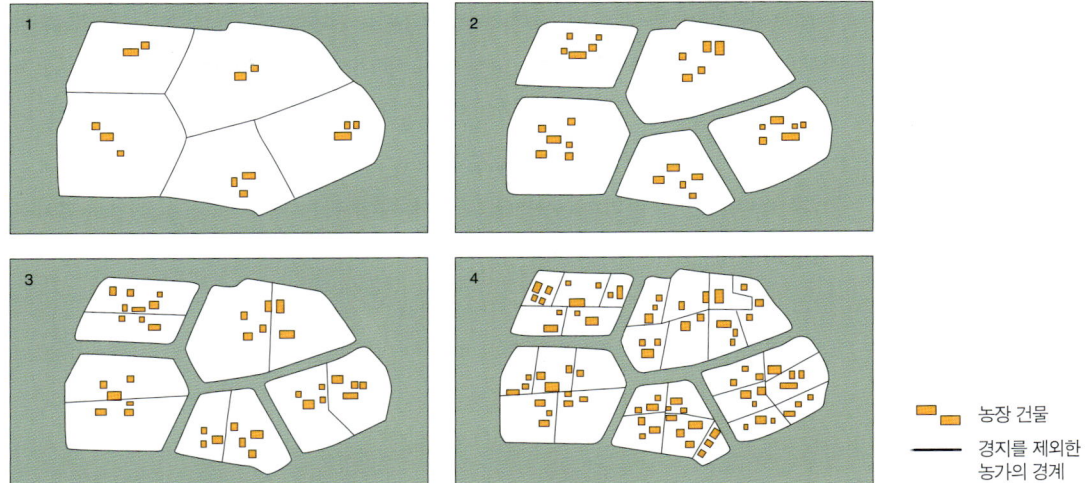

그림 7-6
발칸 반도에 있는 반집촌의 진화 과정 반집촌은 지금까지 대체로 4단계의 진화를 거쳐 완성되었다. 핵가족의 고립 농가는 먼저 확대 가족의 소촌으로 진화하고, 이 소촌은 종족 단위의 반집촌으로 진화하였다.

　　열촌은 그것이 위치해 있는 지역의 자연환경을 기준으로 삼림지대 유형과 저습지대 유형으로 분류된다. 삼림지대 유형은 계곡을 따라 나 있는 도로변에 농가가 열을 지어 위치하고, 이러한 농가의 후면으로부터 구릉의 정상을 향하여 경지가 길게 뻗어 있다. 이러한 유형은 유럽 중부의 구릉지대를 형성하는 폴란드 남부의 수데테 산지와 카르파티아 산지, 동독의 에르츠게비르게 산지에 불연속적으로 분포한다. 그밖에도 열촌은 서독의 구릉지대와 독일 북부 평원에 국지적으로 분포한다.

　　저습지대 유형은 개척할 때 지형의 제약을 적게 받았기 때문에 삼림지대 유형에 비해 촌락과 경지의 형태가 규칙적이다. 이러한 유형은 프랑스 북부로부터 덴마크, 독일, 폴란드의 발트 해 연안에 이르는 해안의 황무지와 습지에 집중되어 있다. 이곳에서는 불량한 배수 상태를 개선하고 농사를 지으려고 배수로를 우선적으로 건설하였다. 이때 도로와 농가는 해수의 침입을 피하기 위하여 배수로의 인공 제방 위에 열을 지어 위치하였다. 그리고 경지는 인공 제방 위의 농가로부터 저지대를 향하여 길게 뻗어 나가도록 조성하였다.

　　지금까지 논의된 결과에 의하면, 저습지대 유형의 열촌이 유럽에서 최초로 출현한 시기는 네덜란드의 저습지대에 인공 배수로가 건설된 900년경으로 추정된다. 그후 수세기 동안 이러한 열촌 유형의 분포 범위는 동쪽과 서쪽으로 확대되어 1500~1600년대에는 폴란드의 해안 습지와 프랑스의 센 강 유역 저지대에까지 도달하였다. 이 기간에 저습지대 유형의 열촌을 네덜란드에서 다른 곳으로 확산시킨 주인공들은 네덜란드인 이주자들이었다.

    이에 반해, 삼림지대 유형의 기원에 대해서는 아직까지 서로 다른 의견이 엇갈리고 있는 게 현실이다. 그 의견의 하나는 이 유형이 저습지대 유형을 모태로 나중에 발전하였다는 것이다. 저습지대의 독일인들이 그들과 인접해 있는 네덜란드인으로부터 열촌에 관한 정보와 기술을 배운 다음, 유럽 중부의 구릉지대를 새로이 개척할 때 적용하였다는 것이다. 또 다른 의견 하나는 독일 북부의 개척지대에서 토지에 대한 상속권이 없는 사람들이 삼림지대 유형을 처음으로 개발하였다는 것이다.

4. 민가 형태에 대한 환경의 영향

전통적인 촌락을 구성하는 가옥들은, 주민들 스스로가 거주하는 지역에서 대대로 전승되어 내려오는 기술과 지식을 이용하여 건설하였다. 이러한 가옥들은 건축 전문가에 의해 설계된 현대적인 주택과는 달리 민속 문화의 일부로 민속가옥 또는 민가(folk housing)로도 불린다.

좁은 의미의 민가는 살림집(dwelling)만을 가리키지만, 넓은 의미의 민가는 살림집과 다른 부속 건물들 모두를 포함한다. 민가의 형태는 주택 건설의 정보와 기술이 제한된 상황에서 주위의 자연환경으로부터 영향을 많이 받을 수밖에 없었다.

1) 건축 재료에 대한 자연환경의 영향

민가의 형태 중에서 자연환경에 가장 큰 영향을 받는 요소는 건축 재료이다. 민가란 특별한 기술이나 지식을 가지고 짓는 것이 아닌 만큼, 민가를 지을 때는 주위에서 얻기 쉬운 재료들을 이용한다. 민가의 건축에 사용된 재료는 돌, 벽돌, 흙, 목재, 잡목, 풀 등 영구적인 것에서부터 일시적인 것에 이르기까지 매우 다양하다.(그림 7-7) 그러나 실제로 집을 지을 때는 한 가지 재료에 국한되지 않고 두 가지 또는 그 이상의 재료들을 혼합하여 사용하는 경우가 많다.

세계의 기후대별로 다양한 지형, 기후, 토양, 식생 등과 같은 자연환경은, 건축 재료의 선택에 많은 영향을 끼친다. 열대우림기후 환경에서 이동식 경작을 하는 사람들은 주위에서 흔히 얻을 수 있는 나뭇가지나 나뭇잎을 재료로 집을 짓는다. 기후가 건조한 고지대, 사막지대의 오아시스, 하천 계곡의 주민들은 주위의 흙을 긁어모아 덩어리로 반죽한 다음 햇볕에 건조시키거나 발로 밟아 만든 흙벽돌을 사용한다. 그리고 이보다 기술 수준이 더 높은 주민들은 흙을 일정한 틀에 넣어 일정한 크기로 빚은 다음 가마에 넣고 구워서 만든 벽돌을 이용한다.

사바나기후 지역 중에서도 특히 아프리카 대륙은 주위의 초원에서 쉽게 구할 수 있는 거친 풀과 가시덤불로 초가집을 짓는다. 지중해 연안은 대부분 바위가 많고 나무가 거의 없는 땅으로 돌을 건축 재료로 이용한다. 인도의 내륙 지방과 남부 아메리카 안데스 산지의 일부 지역들도 주위의 자연환경에서

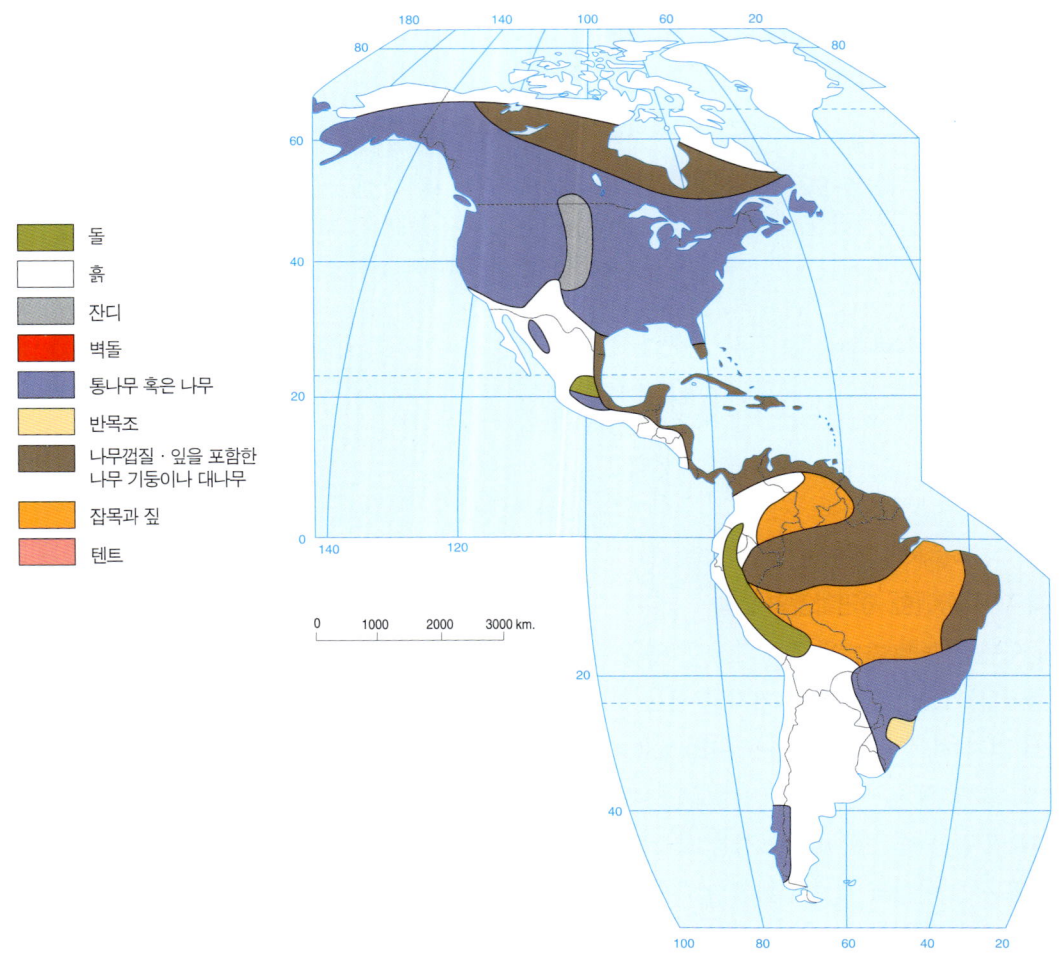

그림 7-7

민속 건축 재료의 분포   민속 건축에 사용하는 재료의 종류는 흙, 풀, 돌, 나무, 헝겊, 가죽 등으로 매우 다양하다.

가장 쉽게 얻을 수 있는 돌로 집을 짓는다.

중위도와 고위도 지방처럼 삼림이 울창한 곳에는 목재로 지은 민가 형태가 보편적으로 분포한다. 특히 미국, 유럽 북부, 오스트레일리아의 동부에는 독특한 형태의 통나무 오두막(log cabin)과 그 변형들이 많이 있다.(그림 7-8) 유럽 중부 또는 중국과 같이 삼림이 많이 제거된 곳에는 목재와 다른 물질을 결합하여 지은 반목조(half-timgering) 가옥이 적지 않다. 그밖에 러시아의 스텝지대와 미국의 대평원에는 잔디 또는 뗏장을 재료로 지은 것이 민가의 전형적인

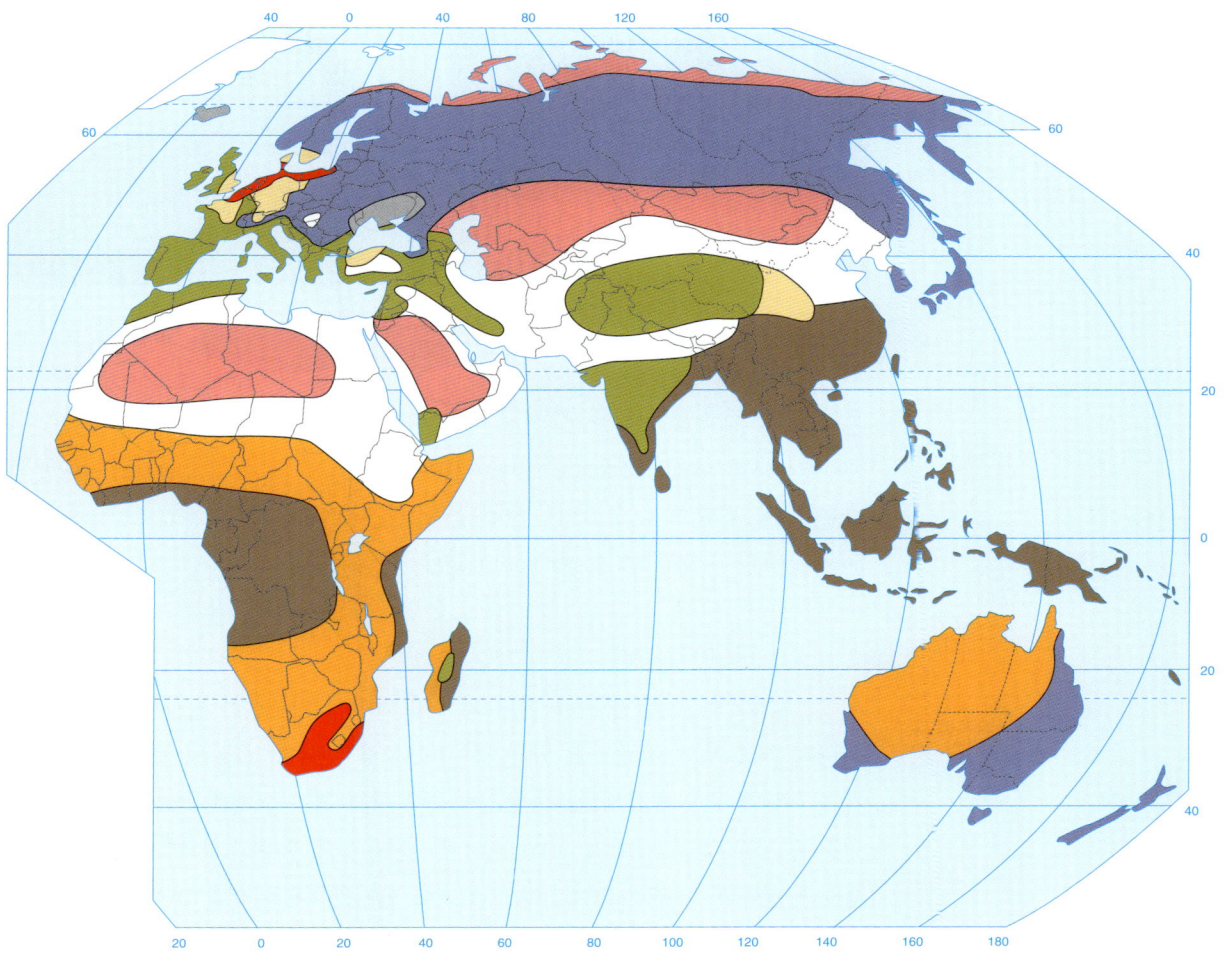

2) 평면 구성에 따른 민가 유형 분류

평면 구성(floor plan) 또는 공간 구성(layout)은 건축 재료 다음으로 중요한 세계의 민가를 분류하는 기준으로, 민가를 구성하는 건물들의 상대적 배열을 공중에서 내려다봤을 때의 형태를 의미한다. 평면 구성은 살림집을 포함한

그림 7-8
통나무를 재료로 하는 민가의 두 가지 유형
오스트레일리아에서는 통나무를 수직으로 세우지만,(왼쪽) 미국에서는 통나무를 수평으로 눕힌다.(오른쪽)

모든 민가 건물들의 연결 관계를 기준으로 통합민가(unit farmstead), 안뜰민가(courtyard farmstead), 분산민가(strewn farmstead) 유형 등으로 분류된다. 또한 민가는 내부 건물로의 출입이 자유로운 정도를 기준으로 폐쇄형 민가(enclosed farmstead)와 개방형 민가(open farmstead)로 분류된다.

① 통합민가 유형

통합형은 건물 자체가 하나로 되어 있어서 가족, 가축, 저장 시설 등이 하나의 지붕 밑에 공존하고 있는 것이다.(그림 7-9) 이 유형의 가장 단순한 형태는 장방형의 단층집으로, 건물 안에는 사람과 가축을 위한 공간이 정반대 방향으로 서로 멀리 떨어져 있다. 이처럼 건물 구조가 단순한 경우에는 사람과 동물을 분리하는 구역에 벽조차 설치되어 있지 않다. 이러한 건물 구조는 나중에 유럽 대륙에서 2층짜리 민가로 발전해, 1층은 가축을 기르는 공간으로, 2층은 사람이 사는 공간으로 구분되기도 했다. 오늘날 유럽 대륙을 대표하는 통합형 민가들은 외부로부터의 침략에 대비하기 위한 목적으로 탄생하였다고 여겨지고 있다.

그림 7-9
통합형 민가의 두 가지 유형
독일어 지역의 반목재 유형의 농가는 단층으로 정면에 저장 공간이 있고, 후면에 거주 공간이 있다.(왼쪽) 티베트 남부의 2층 농가는 마치 요새와 같은 모양을 하고 있는데, 아래층에는 가축을 기르고 위층에는 사람이 산다.(오른쪽)

② 안뜰민가 유형

안뜰형은 외부로부터 폐쇄된 안뜰을 중심으로 그 주위를 건물들이 에워싸고 있는 형태를 하고 있다. 이 유형은 비록 정도는 떨어지지만 외부 세계에 대하여 폐쇄적인 상태에 있기는 통합형 민가와 같다. 즉 안뜰형 민가는 통합형 민가와 같이 사생활과 자기보호에 대한 인간의 본능적 욕구를 충족시키는 효과가 있는 유형이다. 이 유형은 세계 전역에 보편적으로 분포하지만 그중에서도 안데스 산지의 잉카족 거주지, 독일 중부의 구릉지대, 중국 동부 등에 집중되어 있다. 이들 분포 지역에서 안뜰형 민가는 상호 간 문화 교류가 없는 상태에서 독자적으로 탄생하였다고 추정된다.

③ 분산민가 유형

분산형은 농가 건물들이 서로 일정한 거리를 두고 떨어져 있는 개방적 형태를 하고 있다. 이 유형은 게르만어를 사용하는 유럽인들이 이주하여 정착한 신대륙 국가인 미국, 오스트레일리아, 뉴질랜드에 집중되어 있다. 분산형 민가는 외부 세계의 위협은 적지만 화재의 위험이 많은 곳에서 발달하였다. 특히 신대륙의 중위도와 고위도 지방은 목조 건물이 흔하여 화재의 위험이 상대적으로 많은 곳이었다. 신대륙으로 진출한 유럽인들은 이러한 화재의 위험을 의식한 나머지 그 이전까지는 전혀 생소했던 분산형 농가를 적극적으로 채택했던 것이다.

5. 유럽과 북미 대륙의 민가 형태

어떤 유형의 민가라도 그 기원과 전파·확산 과정을 충분히 규명하기란 결코 쉬운 일이 아니다. 어떤 지역이나 민가에 관한 문헌 자료는 거의 전무하기 때문에, 연구자가 직접 방문하여 관찰하거나 주민들에게 일일이 탐문하여 민가에 관한 자료를 얻어야 한다. 때문에 어떤 연구자는 민가의 발달 과정을 탐구하기 위하여 전파의 경로나 문화적 적응의 과정을 수년에 걸쳐 추적하여 조사하기도 한다. 유럽과 북미 대륙의 민가에 대한 연구에는 독립적인 발명이냐 아니면 전파·확산이냐는 케케묵은 논쟁이 항상 존재해 왔다.

1) 유럽 대륙의 건축 재료

민가를 만드는 가장 원시적인 건축 재료는 무엇보다도 흙과 뗏장이었다. 이 재료들은 선사시대 유럽 대륙에서 보편적으로 이용되었지만 오늘날은 전혀 그렇지 않다. 유럽 대륙에서 지중해 연안의 크고 작은 반도 내부나 돌이 귀한 삼각주 평야지대에는 옛날에 흙벽돌로 지은 민가들이 지금까지 남아 있다. 하지만 아프리카 북부의 지중해 연안, 중동지방, 인도로부터 모로코에 이르는 사막지대는 아직도 흙벽돌로 건물을 많이 짓는다. 우크라이나를 포함하는 유럽 동부의 초원지대는 뗏장과 흙을 한데 섞어 반죽하여 만든 벽돌을 현재까지 이용하고 있다. 집을 짓는 또 다른 원시적인 방법은 나뭇가지, 갈대, 골풀 줄기 등을 엮은 틀에 진흙을 발라서 건물의 벽면을 만드는 것이다. 이러한 전통적인 방법은 아일랜드의 저지대, 프랑스의 벤데 습지, 루마니아의 평야지대 등지에서 과거에 상용되었다.(그림 7-10)

이에 반해, 내구성이 강한 돌을 사용한 석조 가옥은 유럽 남부의 대부분 지역에서부터 북쪽으로 영국의 대서양 연안까지 분포한다. 이 지역들은 대부분 벌거숭이 상태의 암반이 노출되어 있는 산지와 구릉지대로 되어 있다. 남부 유럽은 삼림이 뒤덮여 있었던 과거에는 목조 건물을 선호했지만, 이러한 삼림이 소멸된 다음에는 목조 건물 대신 석조 건물을 지었다. 그후 유럽 남부를 중심으로 석조 건축술이 고도로 발달하였는데, 이러한 석조 건축술은 마침내 유럽 서부와 북부로 전파·확산되었다. 실제로 중세시대에는 성당을 비롯한 중

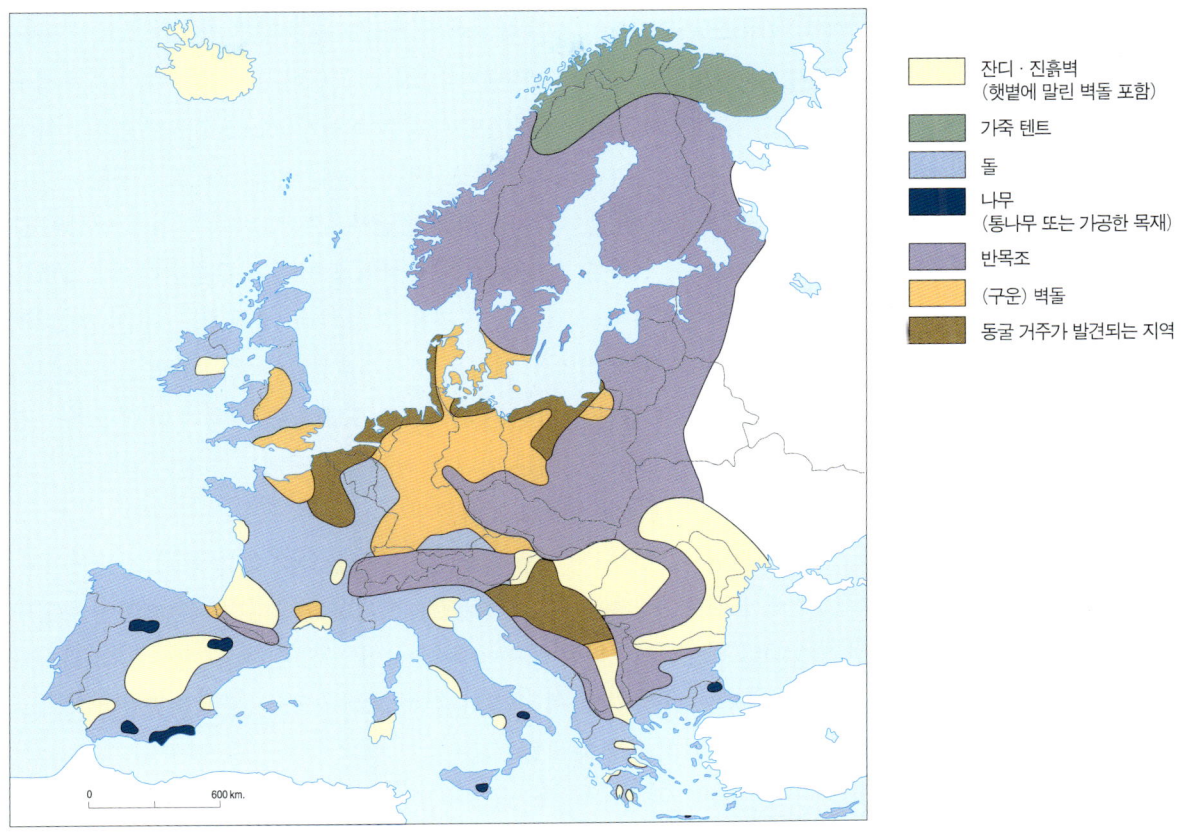

그림 7-10
유럽 전통 민가의 건축 재료 석조 가옥은 유럽 남부로부터 북쪽으로 대서양을 건너 영국에 이르기까지 유럽 서부 전역에 걸쳐 분포한다.

요한 건물들을 짓기 위해 남부 유럽의 전문 건축가들이 알프스 산지 이북으로 초빙되기도 했다.

목조 가옥은 유럽 북부와 동부, 즉 스칸디나비아 반도, 슬라브족 거주 구역, 유럽 중부의 구릉과 산지지대에 집중적으로 분포한다. 이 지역은 삼림이 풍부한 지역으로 지금은 비록 중단된 상태지만, 과거에는 통나무 원목으로 민가를 짓는 전통이 있었다. 러시아, 몰도바, 노르웨이 등에는 목재로 건축된 교회 건물들이 아직도 아름다운 모습을 간직한 채 남아 있다. 또한 북미 대륙의 통나무 오두막은 스웨덴, 핀란드, 독일의 '흑색 삼림(Black Forest)' 지대를 떠난 이민자들에 의해 지어진 것이다.

진흙을 가마에 구워 만든 벽돌은 북해 연안의 독일 저지대와 발트 해 연안에서 프랑스 북부까지 이르는 범위에서 지금도 전통적인 건축 재료로 이용되고 있다. 이 지역들은 하천의 빈번한 범람으로 삼림이 전무한 상태이고 두꺼운 퇴적층으로 덮여 있어 돌을 구하기도 어려운 곳이다. 그밖에 유고공화국 북부 내륙에 있는 평야지대의 민가 대부분도 구운 벽돌을 건축 재료로 이용한다.

반목조 가옥은 독일, 덴마크, 스웨덴 남부, 프랑스 북부의 노르망디와 알자스, 영국의 저지대 일부 지역에서 가장 보편적인 민가 유형이다. 이 유형은 두껍고 단단한 참나무 목재로 건물 골격을 만든 다음 그 사이를 나뭇가지로 엮고 거기에 진흙을 발라 벽면을 채우는 방식으로 완성된다. 이때 골격이 되는 목재는 검은 색깔로 칠하고 벽면은 흰색으로 도배되어, 독특하고 인상적인 광경을 연출한다. 하지만 최근에는 이러한 전통적인 형태의 벽면이 벽돌이나 돌로 만든 벽면으로 대체되어 가고 있다.

그런데 이런 반목조 가옥이 지금은 독일을 상징하는 문화 경관이어서, 독일 전역에 보편적으로 분포하는 것으로 오해하고 있다. 사실 이러한 유형의 민가는 독일 내부에서보다는 외부에서 더 많이 눈에 띈다. 또한 독일의 다뉴브 강 이남 지방과 라인 강 서쪽 지역과 같이 로마제국의 지배를 받았던 곳에는 반목조 가옥이 거의 존재하지 않는다.

2) 북미 대륙의 민가 형태

미국과 캐나다의 전통 민가는 빠르게 변화하는 현대 문화 경관의 틈바구니에서 마치 화석 같은 존재로 남아 있다. 식민지 개척 초기부터 고유한 지역적 특색을 가지고 발달한 북미 대륙의 민가 유형은 제각기 특정한 민속 지역을 대변하고 있다.(그림 7-11)

① 양키형 또는 뉴잉글랜드 유형

양키형은 전형적인 목조 가옥으로 간혹 지붕널(지붕을 이는 판자)이 외벽까지 덮는 형태를 하고 있다. 이 유형의 민가는 겨울이 길고 추운 뉴잉글랜드 지방에서 대부분의 작업을 실내에서 해야 하기 때문에 점차 그 규모가 거대해진 것으로 보인다.(그림 7-12) 양키형은 평면 구성을 기준으로 수직 익벽(垂直翼壁 upright and wing) 유형, 케이프코드(Cape Cod) 유형, 뉴잉글랜드(New England Large) 유형 등으로 분류된다. 그중에서 뉴잉글랜드 유형은 측면에서

퀘벡-프랑스형 농가

양키-뉴잉글랜드형 농가

양키-수직익벽형 농가

아프리카-미국형(속칭 엽총형) 농가

그림 7-11

북아메리카의 민가 유형 사례 이 네 가지 유형은 제각기 미국과 캐나다의 특정한 지역에 편중되어 분포한다.

볼 때 중앙에 굴뚝이 있고 2.5층의 높이와 방 두 칸의 폭을 가진 대형 민가이다. 수직 익벽 유형은 뉴잉글랜드인(양키)들이 서부로 이주할 때 뉴잉글랜드 유형을 모태로 하여 새로이 개발한 것이다.

② 오두막형 또는 미국 남부 유형

오두막형 민가 중에서 통나무집은 남부 고지대의 민가로 통나무를 서로 끼워 맞춰 지은 형태이다. 이러한 건축술은 식민지 개척 초기 스칸디나비아 반도에서 건너 온 이민자들이 델라웨어 강 하류 유역에 처음으로 도입한 것이다. 전형적인 통나무 오두막은 방 두 칸으로 구성되어 있는데, 화로가 설치되어 있는 유형과 통로가 설치되어 있는 유형으로 분류된다. 여기에서 화로는 한 쌍의 굴뚝으로 연결되어 있고, 통로는 바람이 앞뒤로 통하도록 터져 있다. 그런데 이러한 유형들은 멀리서 보이는 모습에 빗대어 속칭 '말 안장에 다는 주머니

그림 7-12

뉴잉글랜드 지방의 민가와 쵸지판 오하이오 주 동북부에는 식민지시대에 발달한 양키 문화의 흔적이 여전히 남아 있다. 이 2층 민가는 뉴잉글랜드 유형에 속한다.

그림7-13
미국 중부 지방의 전형적인 통나무집
이 유형의 민가는 '종종 걸음'이라고 불리며, 방과 방 사이로 통로가 뚫려 있는 것이 특징이다.

(saddlebag)'와 '종종 걸음(dogtrot)'이라고 한다.(그림 7-13)

남부 해안의 저지대에서 아프리카계 미국인들이 개발한 오두막형 민가는 전면에서 볼 때 가로는 방 한 칸, 세로는 방 2~4칸의 크기를 가진 형태이다. 이 유형은 앞쪽 입구에서 엽총을 쏘면 총알이 그대로 뒤쪽 출구로 빠져나간다고 하여 속칭 '엽총(shotgun)'이라고 한다. 루이지애나 주에서 프랑스계 이민들이 개척한 곳에는 중앙에 굴뚝이 있고 현관이 건물 내부와 연결되는 특징이 있는 '크리올(Creole)'이라는 유형의 오두막이 발달하였다.

③ 캐나다 유형

오늘날 캐나다 또한 미국에 버금갈 만큼 다양한 형태의 민가를 보전하고 있다. 특히 프랑스어를 공용어로 하는 퀘벡 지방에서 가장 흔히 발견되는 민가 유형의 하나는 지하실(포도주 저장실) 위로 본채가 있고 종 모양의 둥근 지붕 아래 다락방이 있는 형태이다. 여기에서 현관의 난간은 발코니가 바깥으로 돌출되어 있지만 처마로 덮여 있어 비나 눈을 피할 수 있다.

또한 퀘벡 지방은 길고 추운 겨울에 견딜 수 있는 석조 가옥을 짓는데, 이러한 가옥 내부에는 여름에만 사용하는 부엌이 밀폐되어 있다. 퀘벡 지방의 서쪽에 있는 캐나다 고지대에는 '온타리오 농가(Ontario farmhouse)'라고 하는 유형의 민가가 보편적으로 분포한다. 이러한 유형의 농가는 대개 벽돌을 재료로 이용하여 1.5층의 높이로 지으며, 박공벽의 정면에 창문이 외부로 돌출해 있는 것이 독특하다.

8 도시

도시라는 거주 형태의 출현은, 인류 역사가 200만 년이라는 사실에 비춰 볼 때 비교적 최근의 일이라고 할 수 있다. 중동지방에서 농촌의 정착 생활과 함께 농업 문명이 발생한지 약 6500년이 지난 후에야 도시 문명이 처음으로 탄생했다. 문명을 뜻하는 'civilization'의 어원은 'civitas'라는 라틴어로, 로마제국시대 유럽에서 인간의 거주지를 가리키는 용어로 처음 사용되었다. 이 단어가 나중에 읍과 도시를 지칭하는 것으로 굳어지면서 '문명화'라는 것이 문자 그대로 '도시화'를 의미하게 되었던 것이다.

The city in time and space

지난 200년 동안 도시의 폭발적 성장은 산업혁명과 더불어 진행되면서, 문화, 사회, 도시 간의 상호 관련성을 강화시켜 왔다. 특히 세계의 도시 인구는 1950년대부터 1980년대까지 두 배 이상 증가하고 1980년대부터 2000년대까지 또다시 두 배 이상 증가하였다. 이런 추세라면 2000년대는 세계 인구의 50% 이상이 도시에 살게 되고 도시 생활양식이 농촌 생활양식을 압도하는 시대가 될 것이다.

중세 이후 서부 유럽에서는 상공업의 중심지로 성장하던 도시가, 산업혁명을 기점으로 폭발적인 성장을 했다. 그후 이러한 유형의 산업 도시가 세계 전역으로 전파·확산되면서 서부 유럽은 세계의 도시 문명을 주도하게 되었다. 서구식 도시는 서양 제국주의의 팽창과 함께 세계 전역으로 퍼져 나가, 지금은 지구상의 어느 곳에서도 경험할 수 있는 거주 형태가 되었다.

그러나 서구 이외의 국가에서 나타난 도시화는 서부 유럽이 거친 단계를 순차적으로 거치지 않고 있다. 이는 비서방세계의 도시들 대부분이 식민지 도시로 개발되어, 서구식 도시와 차별되는 도시 경관의 진화 과정을 경험했기 때문이다. 서구의 도시 경관이 고대부터 현대까지 시대별로 특징이 구별되는 단계를 거치면서 장기간 진화해 온 반면, 서구 이외의 도시 경관은 단기간에 걸쳐 이루어진 탓에 상반되는 형태적 요소들이 혼합되면서 발전하여 왔다.

1. 세계 주요 도시의 분포

도시화된 인구란 어떤 국가의 총인구에서 도시에 사는 인구가 차지하는 비율을 가리킨다. 국가별로 도시화의 역사가 다르기 때문에, 도시화된 인구는 많게는 90%에서 적게는 20%에 이를 만큼 그 편차가 매우 크다. 세계의 국가들은 도시화된 인구를 기준으로 농촌형과 도시형으로 분류된다.

하지만 도시화된 인구의 국가 간 비교에서는 도시를 정의하는 기준이 국가별로 다르다는 사실이 반드시 전제되어야 한다. 인도 정부는 거주 인구가 5,000명 이상이고 성인 남성 인구의 대다수가 비농업 활동에 종사하는 취락을 도시라고 규정하고 있다. 미국은 인구 2,500명 이상의 인구밀집 지역을 도시로 분류하고, 남아프리카공화국은 인구 500명 이상의 취락을 도시로 간주한다. 뿐만 아니라 하나의 국가에서 정치·사회적 상황의 변화에 따라 도시를 정의하는 기준이 임의로 변경되기도 한다.

일반적으로 한 국가의 도시화된 인구는 경제 성장에 비례하여 증가하는 경향이 있다. 현재까지 고도로 산업화된 국가들은 도시화된 인구가 저개발 국가들에 비해 많은 것이 사실이다. 하지만 생활의 개선을 위해 농촌에서 도시로 이동하는 인구로 인하여 개발도상국가의 도시화는 급속하게 진행되고 있다.(그림 8-1) 이러한 개발도상국가의 급속한 도시화로 말미암아 앞으로 10년 안에 세계의 도시화된 인구는 엄청난 규모로 성장할 것이다.

그런데 이러한 도시로의 대량 이주는 유럽 대륙이나 북미 대륙의 산업화 시기와는 전혀 성격이 다른 것이다. 개발도상국가에서는 농촌의 자급자족적 공급 체계가 붕괴되면서 생계를 유지할 수 없게 된 농민들이 무작정 도시로의 이주를 감행한다. 하지만 도시에서도 그들에게 먹을 것을 공급해 주는 일자리가 그렇게 쉽게 구해지는 것은 아니다. 개발도상국가의 농촌에서 도시로 전입한 인구의 실업률은 보통 50%를 상회한다.

개발도상국가의 도시는 도시로 전입하는 인구와 자연 증가로 늘어나는 인구로 인하여 지속적인 성장을 한다. 이때 자연 증가율이 높은 이유는 도시 전입자의 다수가 자녀가 가계를 분담할 수 있다는 기대에서 가능하면 많은 자녀를 가지려고 하기 때문이다. 도시 전입자들은 자녀의 수가 많으면 많을수록 가족 구성원의 취업 확률도 높아질 것이라고 믿는다. 도시에서 대가족으로부터 소가족으로의 전환은 가족의 생계가 보장된 이후에야 비로소 가능해지는 것이다.

오늘날 개발도상국에서는 농촌 인구가 도시로 이동하면서 도시 인구의 포화상태를 유발시키고 있다. 인구 500만 이상의 도시를 '세계 도시(world city)'라고 부르는데, 이러한 초거대 도시는 의외로 개발도상국가에 상대적으로 많다. 세계 20대 도시 중에 그 절반 이상이 개발도상국가에 분포하는 것은 그 대다수가 선진국에 분포하였던 30년 전과 비교할 때 실로 엄청난 변화이다. 서부 유럽과 북미 대륙에 의하여 주도되어 온 도시화가 근본적으로 뒤바뀌었던 것이다. 지금도 개발도상국들의 도시들은 일본, 북미 대륙, 유럽 대륙의 도시들보다 더 빠르게 성장하고 있다. 그래서 앞으로 10년 후에는 세계 20대 도시 안에 들어가는 개발도상국가의 도시가 더욱 늘어날 것이다.

개발도상국가에서 농촌을 떠나 도시로 이주하는 사람들의 행렬이 궁극적으로 지향하는 목적지는 다름 아닌 '종주 도시(primate city)'이다. 종주 도시란 영향력이 국가 전역으로 확대되어 국가의 생활 전반을 좌지우지하고 있는 거대 도시를 말한다. 멕시코의 종주 도시인 멕시코시티는 제2의 도시인 과달

마닐라의 거주 구역

리우데자네이루의 불량 주택

그림8-1
개발도상국가의 도시화 농촌의 자급자족적 공급 체계가 무너지면서, 개발도상국가들은 급속한 도시화를 경험하고 있다.

라하라와 비교가 되지 않을 만큼 대단한 규모와 중요성을 가지고 있다. 오늘날 개발도상국가의 종주 도시 중에는 멕시코시티와 같이 과거 식민지 통치 권력의 중심지였던 곳이 적지 않다.

2. 도시의 기원과 전파·확산

인류 최초의 도시 생활은 초기 단계의 농업, 영구적인 정착 촌락, 새로운 사회 형태 등을 토대로 하여 탄생한 것이다. 수렵인과 채집인들이 식료를 획득하는 일이 점차 안정되어감에 따라, 일시적으로 이용하던 거주지가 반영구적이 되었다. 그들이 한곳에 머무는 기간이 짧게는 수개월에서 길게는 수년으로 연장되고, 재배하는 농작물과 사육하는 가축의 종류와 수량이 늘어나면서 반영구적인 촌락은 점차 영구적인 촌락이 되었다.

중동지방에서 약 1만 년 전에 출현한 영구적인 촌락들은 사회적으로 상호 연결되면서 도시의 탄생을 예고하였다. 이러한 초기 촌락들은 친족 조직을 기반으로 발달하였으며, 거주 인구가 200명을 넘지 않을 정도의 작은 규모였다. 현재의 이라크에 위치하고 있는 자르모(Jarmo)라는 인류 초기의 촌락에는 25개의 주거지가 저장 창고의 주위에 밀집되어 있었다. 자르모의 주민들은 쟁기를 사용하지 않고, 밀과 보리와 같은 곡물을 재배하는 정착 농경민이었을 것으로 추정된다. 그밖에 이들은 식용 육류를 얻으려고 개, 염소, 양 등을 가축으로 사육하는 한편, 부족한 식료를 보충하는 수단으로 수렵과 채집 활동을 부분적으로 지속했을 것이다.

인류 역사상 자르모와 같은 작은 촌락이 도시보다 앞선 시기에 발달했음이 세계 곳곳에서 실제로 확인되고 있다. 하지만 촌락(village)이 서서히 읍(town)으로 진화되고, 그 다음에 읍이 계속 팽창하여 도시(city)가 되었다고 하는 것은 틀린 가설이다. 진정한 의미에서 인류 최초의 도시는 그 이전의 농촌 촌락과는 질적으로 다른 것이었다. 농촌 촌락의 주민들은 모두가 경작을 하든지 아니면 농산물을 거두어들여 가공하든지 하는 방식으로 식료의 생산에 종사했지만, 도시 주민들은 육체적이나 정신적으로 농촌 주민들보다 일상적인 농업 활동으로부터 자유로웠다. 도시 주민 중에는 스스로 식료를 조달하는 농업 활동에 직접적으로 종사하지 않고, 기술이나 종교적인 서비스를 제공하는 다른 계층의 사람들이 살고 있었던 것이다.

이러한 도시의 탄생이라는 혁명적인 사회 변화를 이끈 요인 두 가지는 잉여 농산물의 발생과 계층화된 사회체계의 발달이었다. 식료의 잉여 생산은 행정과 군사 또는 수공업에 종사하는 비농업 인구를 부양하는 데 필수적인 것이었다. 그리고 잉여 식료를 비롯한 자원의 저장과 분배를 하는 사회적 수단의 확보는 도시화의 또 다른 필수 조건이었다. 지배 계층과 피지배 계층으로 구성되는 사회체계의 발달은 도시 주민들에게 공급할 잉여 농산물을 확보하기 위하여 반드시 필요했다. 사회를 통제할 수 있는 권한을 가진 지배 계층이 잉여 식료를 비롯한 자원을 수집·저장·분배하는 역할을 담당할 필요가 있었던 것이다.

1) 도시의 기원에 관한 모든 학설

인류의 거주 형태가 촌락에서 도시로 진화되는 과정을 연구하는 학자들 중에는 도시의 발생 원인을 단일한 것으로 보려는 부류가 있다. 이들의 주된 관심사는 농업 사회에 그렇게 중요한 영향을 미치는 활동은 무엇이고, 얼마나 중요하기에 농민들이 기꺼이 잉여 식료를 제공하였는가이다. 도시 기원에 관한 학설은 이러한 활동의 종류에 따라 기술·종교·정치 기원설 등으로 분류된다.

① 기술 기원설

칼 비트포겔(Karl Wittfogel)은 대규모 관개 시설의 발달이 도시화의 주된 요인이라는 관개 문명 모델을 제시하였다. 관개 농업으로 인해 작물 생산량은 증가하고, 이에 따른 잉여 식료의 축적은 비농업 인구의 성장을 가능하게 했다. 도시에 기반을 가지고 군대의 지원을 받는 강력한 중앙 정부는, 그 인근 지역으로 세력을 확장하였다. 이때 새로운 권위에 저항하는 농민들은 물에 대한 이용권이 박탈되는 반면, 관개 시설을 조직적으로 관리하는 지배 계층의 권한은 계속 강화되었다. 그리고 이러한 계층의 분화와 함께 노동의 전문화가 더욱 촉진되면서 마침내 새로운 직업이 탄생하였다. 관개 시설을 전문적으로 유지하고 관리하는 사람, 관개 시설의 유지에 필요한 도구를 만드는 수공업자, 지배 계층을 보좌하는 행정 요원 등이 출현하였던 것이다.

하지만 관개 문명 모델의 결점은 중국, 이집트, 메소포타미아(현재의 이라크)를 제외한 나머지 지역의 도시 발생을 완전하게 설명하지는 못한다는 것이다. 예를 들면, 중앙아메리카의 일부 지역은 관개 문명과 그것을 관리하는 전문적인 기술 인력이 충분히 확보되지 않은 상태에서도 도시 문명이 만개하였다. 관개 문명 모델의 또 다른 결점은, 관개 문명을 최초로 발전시킨 지역의 문화에 관한 의문을 충분히 해명하지 못하는 것이다. 즉 이 모델은 관개 문명의 발생과 지역의 문화가 구체적으로 어떠한 관계에 있었는지를 명확하게 설명하지 못하고 있는 것이다.

② 종교 기원설

지리학자 폴 휘틀리(Paul Wheatley)는 종교가 도시 발생의 배경이 되었다고 제안하였다. 실제로 중국을 비롯한 세계의 각지에서 최초의 도시는 종교 의식을 거행하는 장소를 중심으로 발생하였다. 초기의 도시와 요새들은 악귀나 죽은 사람의 영혼으로부터 취락을 방어하기 위한 목적으로 건설된 것이 대부분이다. 인류 역사상 방어 기능을 가진 도시와 요새는 종교적 기능을 가진 도시와 요새보다 늦은 시기에 출현하였던 것이다.

초기 농업 사회의 사람들은 기상·기후의 상태와 같은 분야의 지식은 종교의 영역에 속한다고 생각했었다. 농작물을 심는 시기와 방법을 결정하기 위해 천문 현상을 해석하는 특권이 종교 지도자들에게 부여되었다. 그리고 사람들이 풍년이 드는데 이들의 역할이 결정적이라는 인식을 가지면서 종교 지도자들에게 더 많이 의존하게 되었다. 처음에 종교 지도자들은 풍년과 흉년을 점치고 기상·기후 상태를 예측하기 위해 종교 의식을 거행하는 정도였다. 그후 이들의 임무가 도시 전체를 정치·사회적으로 관리하는 일에까지 확대되면서, 종교 지도자의 숫자는 크게 증가하였다. 이때야 비로소 종교 지도자들은 사회의 특권층을 형성하기에 충분한 인구 규모로 성장한 것이다.

③ 정치 기원설

도시사(都市史)를 연구하는 학자인 루이스 멈포드(Lewis Mumford)는 도시 발생의 기반이 되는 중앙집권적 권한이 종교적인 질서가 아닌 정치적인 질서에서 파생되었다고 주장한다. 그는 도시 발생의 정치적 요인으로 한 명의 왕이 종교·사회·경제적인 영역을 모두 장악하고 관리하는 왕정제도를 지적하였다. 그의 주장에 의하면, 왕정제도에서 왕은 백성들로부터 거의 무한한 존경과 절대 복종을 받으며 신에 가까운 지위를 향유하였다. 이러한 왕을 정점으로 하여 사회적 위계질서가 발달하고, 수공업·농업·무역·종교 방면의 활동이 분화되었다는 주장이다. 다시 말해서, 왕정제도에서 발달한 복합적인 사회적 구성은 곧이어 탄생할 도시의 제도적 기초가 되었다는 주장인 것이다.

④ 복합 요인 기원설

현실적으로 기술·종교·정치적인 요인들을 분리시켜 초기 도시의 발생을 설명하기란 결코 쉬운 일은 아니다. 왕은 세속적인 업무와 신성한 업무를 구별하지 않고 의사, 천문학자, 율법학자 등과 같은 역할 모두를 혼자서 수행한 증거가 있다. 이러한 증거를 근거로 정치 기원설이 종교 기원설과 별로 다를 바가 없다고 지적하는 학자들도 있다. 이들의 주장에 의하면, 아무리 같은 선사시대라고 할지라도 지역별로 도시의 발생 배경에는 특수성이 있기 때문에, 기술·종교·정치 기원설과 같은 단일 요소 이론으로 세계 각지의 도시 발생을 설명하려는 것은 무리라는 것이다. 그들의 이론에 따르면, 이러한 한계를 극복하는 길은 여러 가지 요인들이 복합적으로 상호 관련되어 도시가 발생하였다는 사고를 받아들이는 것이다.

2) 초기 도시의 기원지

인류 역사상 초기 형태의 도시들은 메소포타미아 지방, 나일 강 유역, 인더스 강 유역, 황하 유역, 중앙아메리카 대륙 등지에서 발생하였다.(그림 8-2) 그런데 이러한 도시들의 발생 시기는 서로 같지 않고 일정한 시간적 격차가 있는 것이 특징이다. 일반적으로 도시가 최초로 발생한 곳은, 지금의 이라크가 있는 메소포타미아 지방, 즉 티그리스 강과 유프라테스 강 유역이라는 견해가 가장 지배적이다. 이 지역의 초기 도시들은 면적이 1.28~5.12km²이고 인구

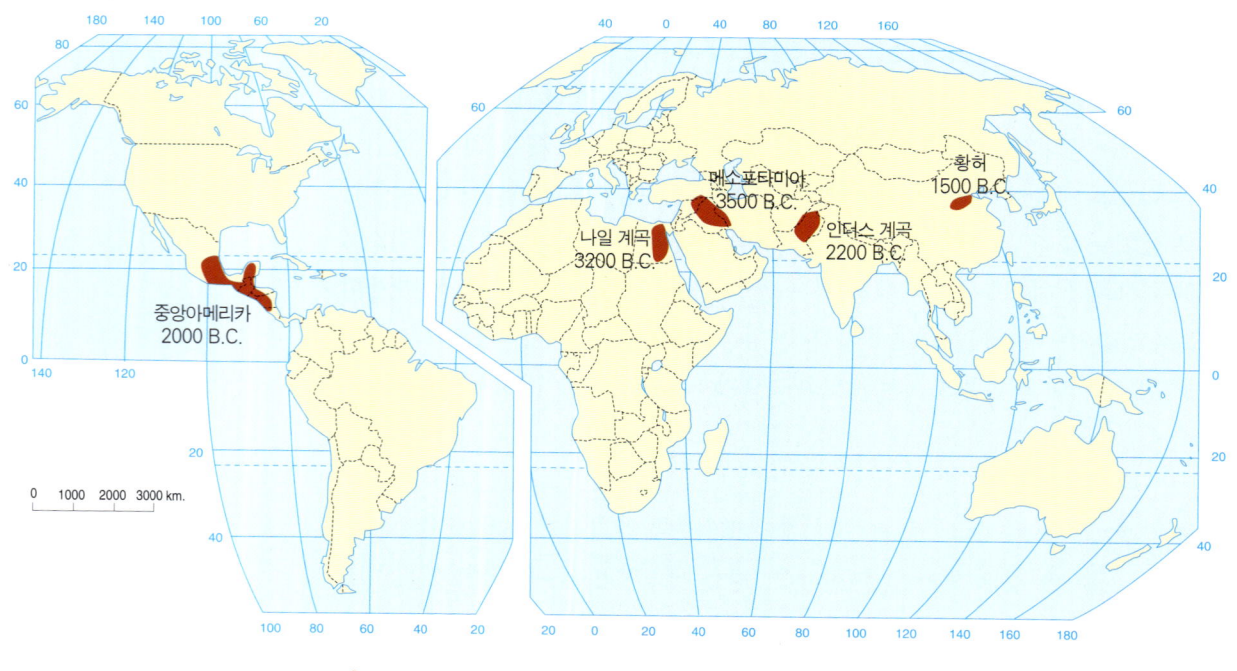

그림 8-2

도시 문명의 5대 발상지   지도에 표시된 숫자는 도시 생활이 최초로 발생한 대략적인 시기를 가리킨다.

가 3만 명 미만으로 상당히 작은 규모였다. 하지만 이 도시들은 작은 면적에 비해 많은 인구가 밀집되어 있었으므로, 인구 밀도가 평균 4,000명/km² 이상으로 현대 도시에 필적하였다.

세계 각지의 초기 도시들은 공간적 구성이 서로 유사해 그들 상호 간 영향을 주고받았음을 암시한다. 특히 이 도시들이 공통적으로 지니는 공간적 특성에는 세 가지가 있다.(그림 8-3)

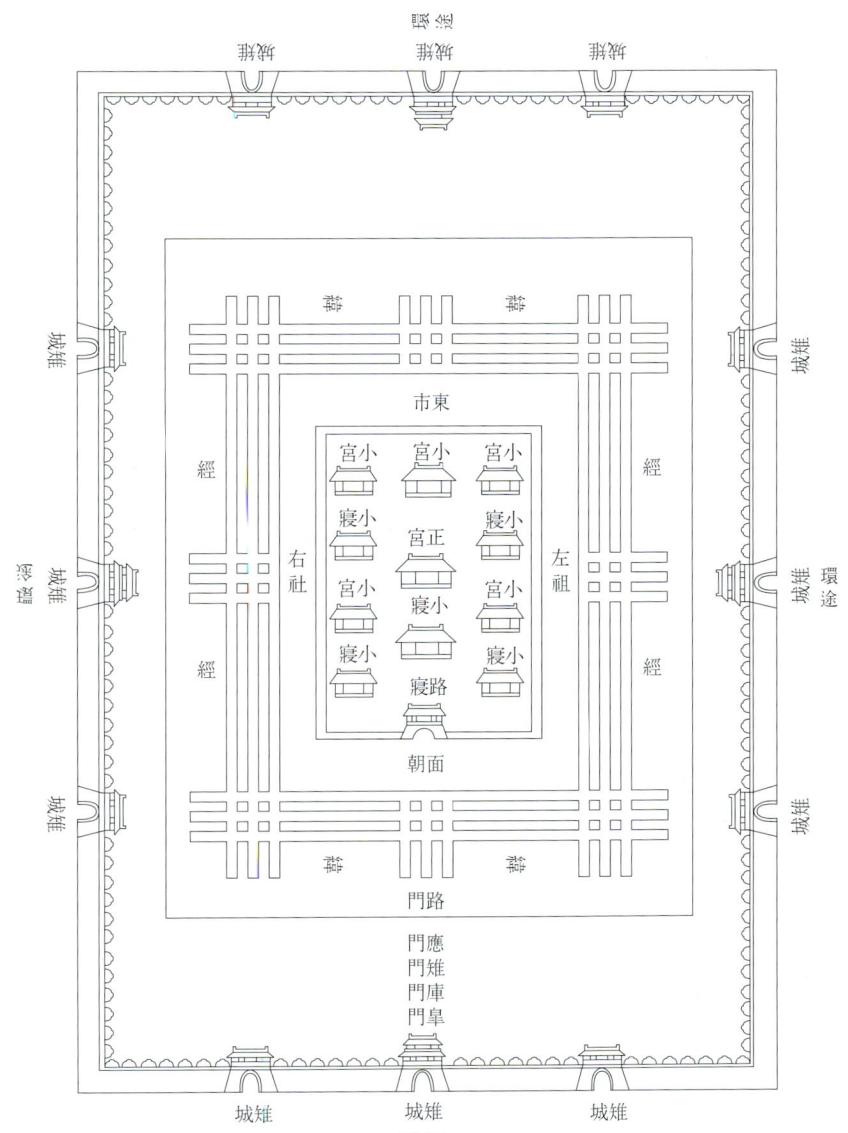

그림 8-3

고대 중국의 도시 계획
실제로 이러한 계획 그대로 건설된 도시는 많지 않다. 도시의 물리적 공간(소우주)은 천상의 거대한 세계(대우주)를 그대로 재현하였다. 예를 들면, 사방으로 둘러싸인 성벽은 지각기 사계절을 상징하고 있다.

첫번째 공간적 특성은, 도시의 상징적 중심에 최상의 중요성이 부과되었다는 것이다. 이러한 도시 중심은 도시 자체의 중심에 그치지 않고 그 도시가 지배하는 영역 전체의 중심이었다. 이곳은 가장 신성한 장소로 추앙되었으며, 하늘에 가장 가까운 지점임을 상징하는 고층 기념물이 건축되어 있었다. 물론 이 기념물들은 지역별로 다양한 형태로 건축되었지만, 그 기능만큼은 공통적으로 종교적 지도자가 우주의 절대자에게 제사를 지내는 것이었다. 그 사례가 메소포타미아 지방의 지구라트(ziggurat), 중국의 궁궐이나 사원, 이집트와 중앙 아메리카의 피라미드, 인더스 강 유역의 스투파(stupa, 솔도파〔窣堵婆〕) 등이다. 이러한 고층의 종교적인 건축물은 흔히 궁궐, 행정 기관, 곡식 창고 등과 가까운 곳에 있었다. 이 건물들은 모두 성벽으로 둘러싸여 도시의 외부와 격리되어 있었는데, 이는 성곽 내부에서 도시 전체를 물리적·정신적으로 지배하는 상징적 중심이 되도록 하기 위한 것이었다.

바빌론과 같은 메소포타미아 지방의 초기 도시는 인구의 대부분이 성곽 내부에 거주하고 있었다. 성곽 너머, 즉 성문 바깥으로는 가옥이 밀집되어 있는 교외 거주지가 몇 군데 발달하고 있었다. 이 교외 거주지들은 도시 내부에 거주할 수 없는 사람들과 도시를 방문하는 사람들의 구역이었을 것이다. 외부 성곽의 안쪽으로 성채(citadel)라는 내부 성곽이 쌓여져 있었고, 이 성채는 보호를 받는 도시 안의 도시로 왕, 신하, 군인들이 살았다. 기원전 2000년 이전에도 성채 내부에는 도로가 포장되어 있었고, 하수 시설이 설치되어 있었다. 여기에는 사원, 궁전, 곡식 창고 외에 지배 계층의 화려한 고급 주택가가 있었다.(그림 8-4) 그중에서도 지구라트라는 사원은 계단을 통해 올라가야 하는 높은 곳에 제단이 설치된 형태를 하고 있었다. 구약성서에 나오는 바벨탑은 계단을 포함하여 무려 61.5m의 높이로 솟아 있는 거대한 지구라트로 전해지고 있다.

내부 성곽의 성채 바깥은 일반 대중의 거주 구역으로 도시 내부에서 가장 넓은 면적을 차지하고 있었다. 여기에는 1층 내지 2층 높이의 가옥들이 흙벽돌로 건축되어 있었고, 이러한 가옥 하나에는 3~4개의 방이 있었다. 가옥들은 포장되지 않은 좁은 도로에 면하여 있었고, 하수 시설이 되어 있지 않은 도로에는 쓰레기가 아무 곳에나 버려졌다. 메소포타미아 지방의 초기 도시 중 하나인 '우르'를 발굴해 본 결과, 이곳은 처치할 수 없는 쓰레기 더미로 인해 큰 골치를 앓았다는 사실이 밝혀졌다. 도로에 내다 버린 쓰레기 더미가 한없이

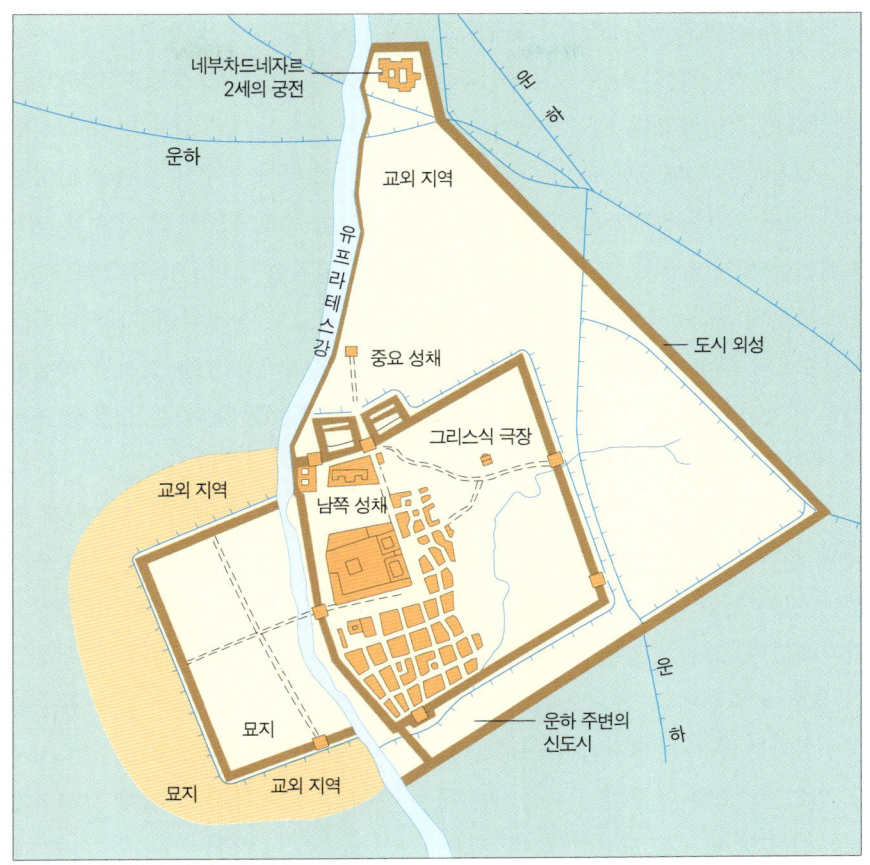

그림 8-4
메소포타미아의 초기 도시 형태를 묘사한 바빌론의 지도 도시 내부의 성채는 지구라트, 주요 사원, 궁전, 곡식 창고를 특징으로 한다. 거주 구역은 성채를 넘어 하천의 양쪽을 점령하였다. 교외 구역은 주요 성문 바깥으로 성장했고, 여기에는 성곽 내부에 살 수 없는 사람들이 살았다.

높아져서 1층으로 출입할 수 없게 되자, 도시 주민들은 아예 2층에 새로운 출입구를 만들었던 것이다.

고대 도시에서 유일한 공공장소는 도시 내부에 산재해 있는 작은 면적의 공설시장(market square)뿐이었다. 수공업자들은 자신들의 물건을 팔기 위해 시장에 모여들었고, 이곳을 통해 식료품이 도시 주민들에게 공급되었다. 또한 시장은 군인들이 이따금씩 자신들의 통치자가 내린 칙령을 알리기 위해 도시 주민들을 불러모으는 곳으로 사용되기도 했다. 도시 성곽의 바로 안쪽에는 인류 역사상 최초의 빈민가가 형성되어 있어, 신분이 가장 낮은 사람들이 흙벽돌 대신 진흙과 갈대로 지은 초라한 오두막집에서 살았다.

　　두번째 공간적 특성은 동서남북의 네 방향을 기준으로 건물 부지와 도로의 구획이 설정되었다는 것이다. 도시의 주축 도로를 동서와 남북 방향으로 수직·교차하도록 배열한 이유는 도시의 기하학적 형태에 우주의 질서를 반영하려는 의도 때문이었다. 이러한 공간 구획을 통하여 통치자들이 얻고자 한 것은 지배하는 세계에 대한 조화와 질서였다. 도시를 에워싼 성벽은 외부 세계의 혼돈으로부터 내부 세계의 질서를 지키는 물리적이고도 상징적인 기능을 하였다. 중국의 역대 왕조에서는 하나의 도시를 정복하거나 새로운 도시를 건설한 다음 황제가 성벽을 걸어서 한바퀴 도는 의식이 거행되었다. 이는 새로운 영토에 대한 그의 통치권이 확립되었음을 상징하기 위한 것이었다.

　　세번째 공간적 특성은 자신들이 상상하는 우주의 형태를 도시의 실제 형태에 재현시키고자 노력했다는 것이다. 통치자들은 도시 공간에 질서를 부여하는 일이 인간세계와 영혼세계 사이의 근본적인 조화를 위해 필수적이라고 생각하였다. 그들은 신들의 세계를 상징적으로 복제하면, 인간의 세계도 우주의 질서에 맞추어 순조롭게 다스릴 수 있다고 믿었다. 예를 들면, 비록 특수한 경우이기는 하지만 별자리의 패턴을 모방하여 공간을 구성하려고 노력한 도시도 있었다. 또한 우주의 질서를 재현하는 가장 흔한 방법은 신화에 묘사되고 있는 우주의 형태를 도시의 공간 구성에 상징적으로 표현하는 것이었다. 그 대표적인 사례가 앙코르톰(Ankor Thom)이라는 인도의 초기 도시로, 이곳은 우주의 본질에 대한 인도 신화의 내용이 도시 공간의 구성에 반영된 것이었다.

　　그러나 이러한 초기 도시의 기본 형태가 메소포타미아 지방을 비롯한 세계 전역에서 골고루 확인되지는 않는다. 나일 강 유역의 초기 도시들에는 성곽이 없었는데, 이는 이 지역의 도시들이 서로 전쟁을 하지 않아도 되는 관계를 맺고 있었기 때문이다. 예외적으로 인더스 강 유역의 모헨조다로(Mohenjo-daro)라는 거대한 도시는 16개의 블록으로 구성된 격자상의 공간 구성을 하고 있었다. 이 도시의 성채는 16개 블록 중에서 가장 중심에 있는 블록의 서쪽 구석에 자리잡고 있었다.

　　중앙아메리카의 초기 도시들은 다른 지역에 비해 인구 밀도가 낮은 대신 면적이 넓은 것이 특징이다.(그림 8-5) 이 지역의 도시 문명은 수레, 쟁기, 야금술, 사역용 동물 등을 전혀 모르는 상태에서 기원전 200년경에 발생하였다. 중앙아메리카의 도시 발생이 가장 늦은 이유를 이러한 기술적 후진성에서 찾는

그림 8-5
치첸이트사의 마야 문명
기념 건축물과 종교 건축물은 때때로 도시 형태와 경관을 지배하고 지배 계급의 권력을 강화하였다.

학자도 있다. 하지만 이 지역 사람들은 옥수수를 재배함으로써 도시 발생의 물적 토대가 되는 잉여 농산물을 축적할 수 있었다. 왜냐하면 옥수수는 열대기후 환경에서 별다른 농업 기술이 없어도 일년에 몇 번씩 파종하고 추수할 수 있는 작물이기 때문이다.

3) 도시 기원지로부터의 전파 · 확산

오늘날은 도시들이 세계 전역―북미 대륙, 아프리카 대륙, 동남아시아, 라틴아메리카 대륙, 오스트레일리아―에 골고루 분포하고 있다. 세계의 도시들은 기원별로 분류하면 15세기 이전과 이후에 발생한 것들로 양분된다.(그림 8-6) 15세기 이후에 발생한 도시들은 유럽의 식민정책, 그리고 제국주의의 팽창과 깊은 관계를 가지고 있다. 비교적 최근에 탄생한 이 도시들이 지금까지 발달해 온 과정을 설명하는 것은 그렇게 어렵지 않다. 그러나 도시 기원이 15세기 이전으로 거슬러 올라가면 그 발달 과정을 구체적으로 설명하기가 결코 쉽지 않다.

고대 도시가 세계 각지에서 발생한 경위에 대해서는 두 개의 상반된 의견이 대립하고 있다. 첫번째 의견은 주민들이 새로운 기술과 사회제도를 창안하는 과정에서 도시 생활이 탄생했다는 것이고, 두번째 의견은 다른 지역의 도시와 접촉하지 않고는 한 지역의 도시가 도저히 발생할 수 없다는 것이다. 두번째 의견을 주장하는 학자들은 이른바 전파론의 입장에서 도시 생활에 필요한 개념과 기술의 전파 · 확산이 도시 발생의 배경으로 가장 중요하다고 본다.

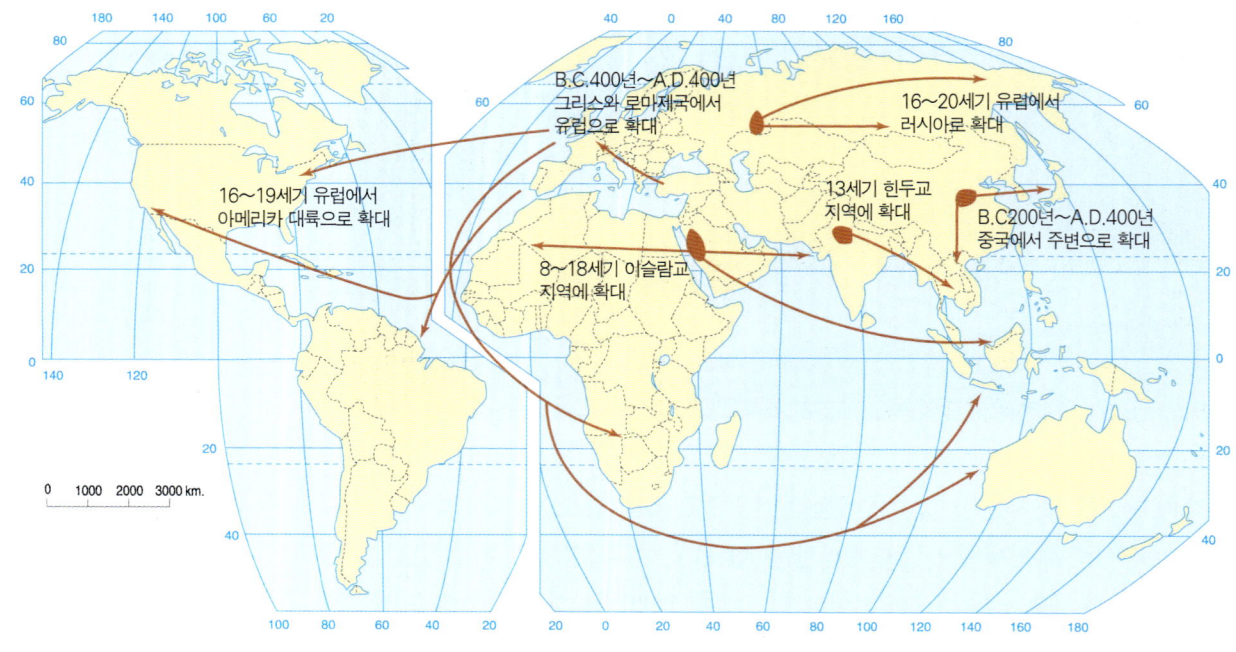

그림 8-6

제국의 팽창에 따른 도시 생활 확산 도시 생활의 확산이 군사력에 의한 정복과 밀접한 관계가 있음을 알 수 있게 한다.

일반적으로, 지리학자들은 메소포타미아 지방에서 처음 발생한 초기 도시의 형태가 그 인접 지역으로 퍼져 나갔다고 믿고 있다. 이런 전파론에 근거한 학자들은, 도시 생활에 관한 개념과 기술도 메소포타미아 지방에서 나일 강 유역과 인더스 강 유역으로 전래되었다고 믿고 있다. 실제로 메소포타미아 지방, 나일 강 유역, 인더스 강 유역의 문명들은 서로 접촉하고 교류했다는 증거가 있다. 이 지역 간에는 어떤 형태로든 교역 관계가 있었음이 고고학적인 발굴 자료로 증명이 되었다.

메소포타미아 지방의 테페 야햐(Tepe Yahya)라는 곳에서 활석을 갈아서 만든 물건이, 그곳에서 동쪽으로 수천 킬로미터 떨어져 있는 인더스 강 유역의 도시 유적지에서 발굴되었다. 또한 인더스 강 유역에서 쓰이던 문자와 문장(紋章)이 메소포타미아 지방의 도시 유적지에서 발견되기도 하였다. 이러한 증거들은 세계 각지의 도시 문명이 한곳에서 발생하여 다른 곳으로 퍼져 나갔다는 전파론자들의 주장을 뒷받침하고 있다. 이에 반해, 전파론에 반대하는 학자들은 이런 지역 간의 교역은 어디까지나 도시 문명이 독립적으로 발생한 다음에 일어났다고 믿고 있다.

 그런데 도시 문명의 기원설에 있어서 중앙아메리카의 경우는 예외적으로 고립적 발생설이 인정을 받고 있다. 고립적 발생설을 주장하는 학자들은 이 지역의 도시 문명이 태평양 또는 대서양과 같은 대양에 의해 격리된 채 독자적으로 발생했다고 주장한다. 다시 말해서, 아시아 또는 아프리카와 같은 구대륙의 도시 문명이 중앙아메리카에는 전래되지 못했다는 것이다.

 이러한 주장에 대해서도 소수이기는 하지만 신대륙과 구대륙 사이에 있었던 문화적 접촉의 흔적을 근거로 전파설을 제기하는 학자들도 있다. 아메리카 대륙의 인디언 문화에서 지중해 연안의 문화와 접촉하고 교류한 흔적이 확인되고 있다는 것이다. 또한 중앙아메리카에서 도시가 최초로 생겨나기 전에 어부들이 일본의 해안으로부터 남·북 아메리카 대륙의 해안으로 건너갔다는 증거도 있다. 이를 증명하기 위해 고대의 바다 뗏목을 재현한 다음 이것을 타고 대서양과 태평양을 횡단하는 항해를 실험한 학자도 있다. 그 결과, 그들은 고대에 이 두 개의 대양을 가로지르는 문화의 전파와 교류가 충분히 가능했다고 단정지었다.

 인류의 역사를 통틀어 도시 문명의 전 세계적인 확대는 의심할 여지없이 전파와 확산에 의한 것이었다. 동·서양의 역사를 막론하고, 도시는 하나의 제국이 세력과 영토를 확장하는 전초기지로 많이 활용되었다. 일반적으로, 어떤 지역의 도시 문명은 제국의 정복과 그에 따른 영토의 확장에 따라 다른 지역으로 퍼져 나갔다. 제국들은 새로 얻은 영토에 군사적 통제를 가하고, 그 영토 내에서 각종 산물을 수집하는 중심 지점에 도시들을 건설하였다. 그리고 이 도시들에서 얻은 각종 자원은 제국의 수도로 공급되어 제국 전체의 경제 운용에 이용되었다.

 제국들이 정복한 영토에 대한 정치·군사적인 통제가 확립되자, 군사적인 거점으로 성장하던 도시들의 기능은 점차 다양한 방향으로 분화·발전하여 나갔다. 수공업자, 상인, 관료 등의 새로운 직업이 생겨나고, 가족을 중심으로 하는 사회 구조가 탄생하였다. 도시 주민의 대다수를 점유하는 노동자들은 도시에 편입된 농민들이 도시 생활에 동화되면서 직업을 바꾼 사람들이었다. 군사 기지로 출발했던 초기 도시들이 각종 자원을 수집하는 곳에서 성장한 결과, 물건을 생산하고 공급하는 도시가 되었다.

제국에 의해 정복된 영토 안에 새로이 도시가 건설된 사례는 인류 역사에서 얼마든지 찾아볼 수 있다. 고대 그리스의 알렉산더 대왕은 건축가들에게 자신이 정복한 영토에 총 70개의 도시를 건설하도록 명령하였다. 로마제국은 유럽, 아프리카 북부, 소아시아 등지에 무려 수천 개나 되는 도시를 새로이 건설하였다. 그밖에 이와 같은 방식으로 도시 문명을 전파·확산시킨 제국으로는 고대 페르시아제국, 마우리아제국, 인도의 무굴제국, 중국의 한(漢)제국 등이 있다.

15세기 이후에는 유럽 제국들이 앞을 다투어 개척한 식민지에 도시 문명을 전파·확산시켰다. 특히 에스파냐, 포르투갈, 영국, 프랑스 등은 신대륙에 식민지를 개척하는 전초 기지로 군사 도시를 건설하였다. 북미 대륙에서는 동부 해안으로부터 서부 지방으로 식민지 개척이 확대될 때 도시 문명이 전파·확산되었다. 이 식민지 개척 초기에는 인디언과 야수로부터 백인 취락을 보호한다는 명목으로 요새 형태의 군사 기지가 전략적 요충지에 설치되었다. 그후 이 군사 기지는 주위의 사람들이 모여드는 상업 중심지로 발전하였다. 미국의 디트로이트, 피츠버그, 시카고, 샌프란시스코 등은 식민지시대에 군사적 요새로부터 출발하여 상업 도시로 성장한 사례들이다.

3. 도시의 입지와 환경과의 관계

동서고금을 막론하고, 도시의 입지를 선정할 때 우선적으로 고려하는 사항은 자연환경이다. 선사시대에 도시가 최초로 발생한 곳들은 대체로 그럴만한 자연환경 조건을 공유하고 있다. 일단 특정한 입지에 도시가 건설되고 나면, 그 도시는 주변의 환경 변화로부터 영향을 받으며 성장한다.

전통적으로, 도시 입지의 선정에는 방어와 교역에 대한 욕구가 가장 많이 반영되었다. 방어를 목적으로 할 때는 요새를 비롯한 군사 기지를 설치하기에 적합한 지형·지세를 갖춘 입지에 도시가 건설되었다. 또한 과거에는 교통로가 국지적인 지형·지세의 제약을 받아 발달했기 때문에, 교역을 위한 도시들은 대부분 특정한 입지 조건을 갖춘 곳에 발달하였다. 서부 유럽의 현대 도시 중에는 방어나 교역에 편리한 입지에 건설된 중세 도시가 계속 발전해 오늘에 이른 것들이 적지 않다.

1) 절대적 입지와 상대적 입지

도시의 입지는 고정적인 자연환경을 중심으로 평가되는 절대적 입지(site)와 가변적인 인문환경을 중심으로 평가되는 상대적 입지(situation)로 분류된다. 절대적 입지는 국지적인 자연환경에 의해 결정되지만, 상대적 입지는 지역적인 인문환경에 의해 규정된다. 그러나 현대 도시의 발달에 가장 많은 영향을 주는 입지 조건은 자연환경보다는 공간 관계를 중심으로 하는 인문환경이다.

예를 들면, 샌프란시스코에서 인간 활동에 의한 상대적 입지의 변화는 도시의 성장에 결정적인 영향을 주었다. 현재의 샌프란시스코는 원래 해안의 수심이 얕은 작은 만입(灣入)에서 멕시코인 거주지로 출발하였다. 이곳은 만입의 건너편에 있는 작은 취락들과 왕래하는 해상 교통의 요지로서 상대적 입지는 매우 중요하였다. 하지만 이러한 입지 조건은 재화를 옮겨 싣는 샌프란시스코의 기능이 쇠퇴하면서 근본적으로 변화할 수밖에 없었다.

샌프란시스코의 절대적 입지는 '골드러시(gold rush)시대'에 해안 간척에 의하여 천지개벽과 같은 변화를 겪었다. 이 시기에 간척에 의하여 조성된 평지 위에는 창고가 들어섰고, 부두는 수심이 깊은 바다 쪽으로 옮겨졌다. 그후 간척지는 더욱 도시화되었으며, 지금 이곳에는 중심업무지구(CBD)가 들어서 있다. 상대적 입지 또한 골드러시시대에 무역과 교통 기술의 발전으로 인하여 급격한 변화를 경험하였다. 금을 캐는 광산 취락에 물품과 서비스를 공급하는 기능이 재화를 옮겨 싣는 기능을 급격하게 대체하였던 것이다. 이는 샌프란시스코가 금 광산에 이르는 두 개의 하천 본류와 해상 교통로가 직접 연결되는 지점에 위치하고 있었기 때문이다.

2) 방어를 위한 절대적(국지적) 입지

기술 수준이 낮은 과거에는 적의 공격으로부터 도시를 방어할 때 지형·지세 조건을 최대한 이용하였다. 옛날 도시의 절대적 입지는 방어의 측면에서 곡류 하천 입지, 하중도 입지, 연안 도서 입지, 반도 입지, 천연 항만 입지, 구릉 사면 입지 등의 유형으로 분류된다.

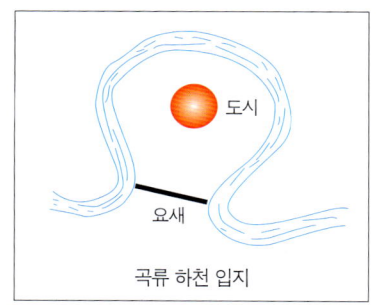

곡류 하천 입지(river-meander site)는 하천이 곡류할 때 만들어지는 고리 모양의 하천 안쪽에 도시가 위치하고 있는 유형이다. 이러한 절대적 입지 유형은 하천이 육지의 대부분을 휘감아 돌기 때문에, 외부의 적으로부터 방어에 유리한 이점을 가지고 있다. 이 입지 유형은 삼면이 하천의 수로로 가로 막혀 있고, 육로로의 접근은 오로지 한쪽 방향으로만 가능하다. 때문에 외부로부터 쳐들어오는 적의 공격을 방어할 때, 하천으로 둘러싸인 삼면을 제외하고 육로로 통하는 한쪽 면에 군사를 집중적으로 배치할 수 있어 유리하다. 스위스의 베른과 미국의 뉴올리언스가 곡류 하천 연변에 입지한 대표적인 도시들이다. 실제로 뉴올리언스의 별명이 '초승달 도시'인 이유는 그것이 위치한 미시시피 강의 곡류가 초승달 모양을 연상시키기 때문이다.

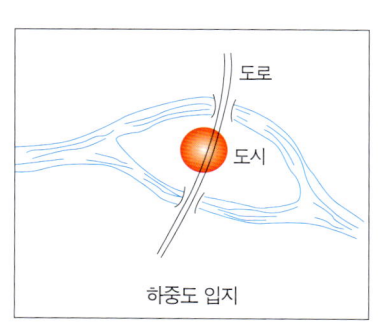

도시가 하중도(河中島)에 입지하면 곡류 하천에 입지하는 것보다 교통에는 불편할지 몰라도 방어에는 유리하다. 하중도 입지(river-island site)는 하천이 섬을 가운데 두고 두 갈래로 흐르기 때문에 하천의 수로를 천연적인 방어벽으로 이용할 수 있다. 프랑스의 파리는 센 강 중류의 하중도에 입지했던 '도시의 섬(Ile de la Cite)'이라는 별칭의 작은 도시를 모체로 발전하였다. 캐나다의 몬트리올은 세인트로렌스 강의 본류와 지류에 의해 에워싸여 있는 커다란 섬에 입지한 군사 기

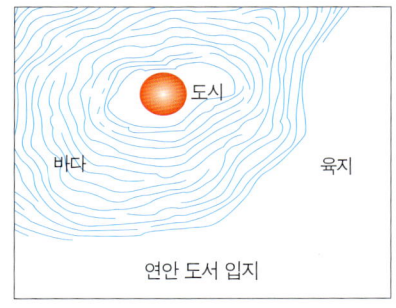
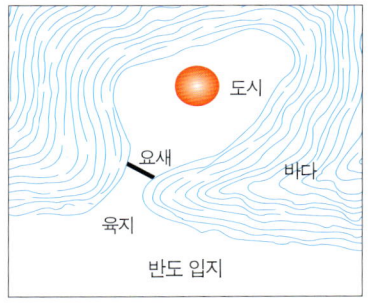
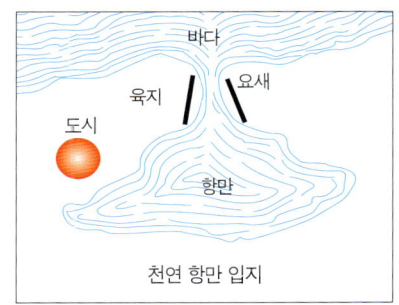

지로부터 발전한 도시이다.

연안 도서 입지(offshore-island site)도 바다나 호수에 위치한 섬들이 외부와 격리되어 있다는 점에서 하중도 입지와 유사한 입지적 이점을 가지고 있다. 멕시코의 수도인 멕시코시티는 호수 가운데 있는 섬에 입지한 인디언 취락에서 출발하였다. 이탈리아의 베니스는 연안 도서에 입지한 도시의 고전적인 유형이다. 미국의 뉴욕은 이민 초기 네덜란드인들이 맨해튼 섬에 세운 교역의 전진 기지에서 출발하였다.

반도 입지(peninsular site)는 한쪽 방면을 제외한 모든 방향이 바다로 둘러싸여 있기 때문에, 하중도 입지보다는 못하지만 곡류 하천 입지보다는 나은 방어 조건을 갖추고 있다.(그림 8-7) 바다로 돌출한 반도에 입지한 미국의 보스턴은 군사 기지로 출발하였다. 이곳은 육로를 통해 반도로 들어오는 입구에 말뚝을 박아 울타리를 만들어 외부의 적을 저지하는 목책으로 삼았다. 그러나 이 입지 유형은 육지로부터의 공격에 대처하기에는 유리하지만, 바다로부터 접근해 오는 적을 격퇴하기가 쉽지 않은 결점이 있다. 인도의 뭄바이(봄베이)도 반도에 입지한 대표적 도시이다.

반도 입지와 비교할 때, 천연 항만 입지(sheltered harbor site)는 육지로부터의 침입을 격퇴하기에는 어려운 반면 바다로부터의 공격은 효과적으로 방어할 수 있다. 해안에서 깊숙이 안으로 들어오는 만입에 입지한 도시들은 방어에 유리한 조건을 가지고 있는데, 이는 적이 출입하는

그림 8-7

프랑스 몽생미셸의 방어적 입지
중세의 수도원을 중심으로 발달한 소도시인 몽생미셸(Mont St. Michel)은 과거에 만조가 되면 육지와 분리되는 섬에 위치하였다. 하지만 지금은 해안과 연결되는 도로가 개설되어 많은 여행자들이 드나들고 있다.

해로의 폭이 좁을 수밖에 없기 때문이다. 이러한 입지 유형은 육로보다는 해로를 통해 외부와의 접촉이 빈번한 곳에서 많이 선택된다. 브라질의 리우데자네이루, 일본의 도쿄, 미국의 샌프란시스코 등이 해안에서 깊숙이 들어온 만입의 천연 항만에 입지한 도시들이다.

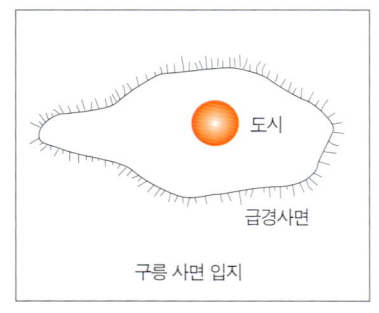

구릉 사면 입지

구릉 사면과 같이 해발 고도가 높은 지점은 적의 동태를 감시할 수 있기 때문에 전투에 유리한 입지이다. 고대 그리스의 아크로폴리스가 입지한 곳과 유사한 지형 조건을 갖추고 있으므로, 구릉 사면 입지(acropolis site)를 일명 아크로폴리스 입지라고도 한다. 이러한 입지 유형의 도시들은 지금은 시가지가 저지대까지 확대되어 있지만, 원래는 높은 언덕에 설치된 요새 주위에 국한되어 있었다. 그리스의 아테네는 구릉 사면 입지 또는 아크로폴리스 입지의 원시적 유형으로, 오늘날까지 그 원형이 비교적 잘 보존되어 있다. 그밖에 캐나다의 퀘벡과 오스트리아의 잘츠부르크도 이러한 입지 유형에 속한다.

3) 교역을 위한 절대적(국지적) 입지

산업혁명 이전, 방어보다는 교역의 편의를 우선적으로 고려하여 도시의 입지를 결정한 사례는 의외로 많다. 고대 또는 중세부터 오늘날까지 중요한 도시로 발전해 온 곳 대부분은 교역상의 요지, 즉 교통로가 교차하는 결절 지점에 입지하였다. 선사시대는 물론이고, 고대와 중세까지만 해도 교통로의 개설과 관리에 대해 지형이 끼치는 영향은 현대보다 훨씬 더 컸다. 옛날에는 육로보다는 오히려 수로가 한번에 더 많은 화물을 운반할 수 있었다. 그러므로 근대 이전에 도시의 입지를 선정할 때 일차적으로 고려한 조건이 바로 수로 교통이었던 것이다.

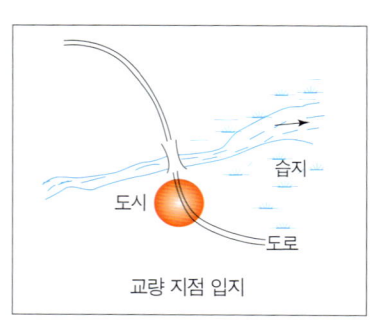

교량 지점 입지

일반적으로, 교역을 위해 건설된 도시는 두 개의 교통로가 서로 교차하든지 아니면 근접해 있는 지점에 입지한다. 내륙 수로나 해안 수로가 육로와 만나는 지점, 내륙 수로가 해안 수로와 만나는 지점, 두 개의 내륙 수로가 만나는 지점, 두 개의 육로가 만나는 지점은 모두 교역의 편의성이 매우 뛰어나다.

그중에서 내륙 수로와 육로가 연결되는 지점에 도시가 입지하는 유형을 특별히 구별하여 '도진(渡津) 또는 교량(橋梁) 입지'라고 일컫는다. 이러한 입지는 하천을 건너다니기는 쉬운 반면, 하천으로부터 범람의 피해를 받기도 쉽다. 하천의 폭이 좁고 수심이 얕으면 다리를 놓기에 유리하지만 언제든지 범람할 수 있는 위험도 크기 때문이다. 그러므로 도시 주민의 거주지는 하천의 범람으로부터 보호받을 수 있는 제방이 견고하게 되어 있는 곳이 가장 적합하다.

독일의 프랑크푸르트와 영국의 옥스퍼드는 애초에 사람이나 말이 건너다닐 수 있는 얕은 여울에 입지하였다. 이 지명들의 접미사인 -furt와 -ford는 어원상 모두 '얕은 여울'을 뜻한다. 영국의 런던은 템스 강의 하천 구배(勾配) 중에서 수심이 가장 낮은 곳에 입지하였는데, 그 이유는 그곳이 '런던 다리'를 설치하기 가장 쉬운 지점이기 때문이다. 유럽 대륙에서 도버 해협을 건너 영국 땅에 상륙하려면 템스 강을 거슬러 올라와 이 런던 다리를 건너야 했다. 오늘날의 런던은 내륙 수로와 육로가 연결되는 지점에 설치된 런던 다리를 중심으로 도시가 발전하기 시작했던 것이다.

두 개의 하천이 합류하는 지점에 입지하는 도시들은 합류 형태를 기준으로 합류(合流) 지점, 하항(河港) 종점(終點), 적환(積換) 지점의 세 가지 유형으로 다시 구분된다. 이중에서 합류 지점 유형에 속하는 대표적인 도시가 미국의 피츠버그이다. 피츠버그는 식민지 개척 초기에 내륙 수운의 편의를 극대화하려고 앨러게니 강과 머농거힐라 강이 합류하는 지점에 건설되었다.

하항 종점 유형은 육로와 내륙 수로가 연결되기 때문에 물자를 옮겨 싣기가 매우 편리한 입지이다. 실제로 하항 종점 유형은 합류 지점 유형보다 화물 운송에 더 편리하다는 평가를 받았다. 이러한 하항 종점 유형의 대표적인 사례가 미국의 미니애폴리스-세인트 폴이라는 '쌍둥이 도시'이다. 이 도시는 원래 미시시피 강 상류의 하항 종점에 개별적으로 입지한 두 개의 도시(미니애

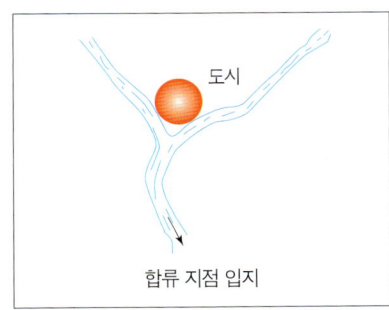

합류 지점 입지

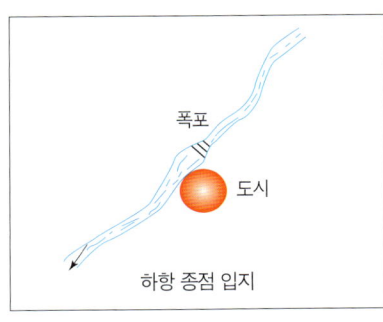

하항 종점 입지

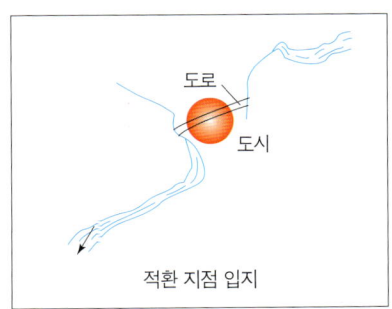

적환 지점 입지

폴리스와 세인트 폴)가 성장한 끝에 한 개의 도시로 통합된 것이다. 미국 켄터키 주의 루이빌은 오하이오 강의 하천 경사가 급변하는 지점에 입지한 하항으로 출발한 도시이다. 그밖에 스위스의 바젤은 라인 강의 하항 종점에 입지하여 성장한 유럽의 도시이다.

두 개의 내륙 수로가 서로 만나지는 않고 가까이 있을 때는 이 둘을 연결하기 편리한 지점에 도시가 입지한다. 이때 도시는 하나의 하천 수로에 도착한 화물을 또 다른 하천 수로로 운반하는 적환 지점으로 발달한다. 러시아의 수도인 모스크바는 북쪽으로 흐르는 오카 강 상류와 남쪽으로 흐르는 볼가 강 상류를 연결하는 중간 지점에 입지하였다. 미국의 시카고는 오대호와 미시시피 강의 수로를 가장 짧은 거리로 연결할 수 있는 적환 지점에 입지한 도시이다.

4. 서부 유럽의 도시 경관 진화

건물 형태, 건축 양식, 도로 형태, 토지 이용 등으로 이루어진 도시 외관은 과거와 현재의 문화를 복합적으로 반영한다. 이러한 가시적 요소들에는 토지 점유에 대한 인간의 욕구, 사고와 관념, 기술, 제도 등이 투영되어 있다. 도시 경관은 인간이 토지를 점유하면서 만들어낸 도시 형태와 기능지대의 분화라는 두 가지 측면을 가지고 있다. 이중에서 도시 형태는 구체적으로 도시의 물리적 형태를 의미하는데, 도로 형태, 건물의 크기·형상·밀집도, 건축 양식 등으로 구성된다. 기능지대의 분화는 도시 내부의 토지가 주거, 상업, 행정 등과 같은 기능으로 분화되어 이용되고 있는 양상을 가리킨다.

지구상에서 서양, 특히 서부 유럽은 고(古)건축을 비롯한 역사적 도시 경관을 가장 다양하고 풍부하게 보존하고 있는 곳이다. 서부 유럽의 도시 경관은 고대로부터 지금까지 오랜 세월 동안 과학과 문명의 지리적 중심이 되어오면서 전통적 요소에 근·현대적 요소가 추가되는 형태로 진화하여 왔다. 서부 유럽 이외의 세계, 특히 제3세계의 국가들은 도시의 역사적 전통이 그리 오래 되지 않았고, 식민지시대에 비로소 근대적 도시 경관이 탄생한 곳이 적지 않다.

1) 그리스시대

서양의 문명과 도시는 모두 고대 그리스에 그 뿌리를 두고 서로 불가분의 관계를 가지고 발달하여 왔다. 중동의 메소포타미아 지방에서 처음으로 발생한 도시 문명은 유럽 대륙으로 전파되었다. 유럽 대륙에서 가장 먼저 도시 문명을 받아들인 국가는 그리스로, 일찍이 기원전 600년경까지 본토와 부속 도서들에는 500개 이상의 읍과 도시가 발달해 있었다. 그리스 문명의 세력이 팽창함에 따라 도시 생활이 지중해 연안 전역으로 전파·확산되었다. 즉 아프리카 북부, 에스파냐, 프랑스 남부, 이탈리아 등지는 이때 도시가 처음으로 발생하였다.

그리스 문명권의 도시들은 규모가 그렇게 크지 않아서 도시 하나의 거주 인구가 5,000명이 넘는 경우가 드물었다. 그러나 아테네만큼은 예외적으로 도시 규모가 상당히 커서 기원전 5세기경 거주 인구가 30만 명에 육박하였다. 그 가운데 노동력을 제공하는 노예 인구가 약 10만 명으로 도시 전체 인구의 약 1/3을 차지하고 있었다.

고대 그리스의 도시는 '아크로폴리스(acropolis)'와 '아고라(agora)'라는 두 개의 기능지대로 선명하게 분화되어 있었다. 아크로폴리스는 메소포타미아 지방 도시에 있는 성채와 기능이 유사하였다. 여기에는 종교 사원, 귀중품을 저장하는 창고, 행정기관 등이 들어서 있었다. 특히 아크로폴리스는 전쟁에 패해 성이 함락될 경우에 최후까지 농성하며 저항할 수 있는 장소가 되기도 했다.(그림 8-8) 아크로폴리스가 지배 세력의 영역이라고 한다면, 아고라는 일반 시민들의 장소였다. 아고라는 시민들이 공공집회, 사회적 교류, 재판 등을 하기 위한 장소로 이용되었다. 다시 말해서, 이곳은 고대 그리스 남성들이 모여 토론하고 민주적인 의사 결정을 하는 시민 생활의 중추적 장소였다. 그리스 여성들은 참정권이 없었기 때문에 아고라의 시민 활동에 참여할 기회가 없었기 때문이다.

처음에 아고라는 사회적 교류의 장소로만 인식되었기 때문에 상업 활동이 허용되지 않았으나, 이러한 인식이 점차 바뀌면서 시장이 허용되었다. 이러한 사회적 기능을 가진 아고라의 전통은 훗날 에스파냐와 포르투갈을 포함하는 라틴어 문화권의 플라자로 이어졌다. 오늘날 이러한 플라자는 카페와 레스토랑으로 둘러싸인 도시 중앙의 광장으로 남아 있으며, 지금도 시민들이 서로 만나 교류하는 공공장소로 여전히 이용되고 있다.

신성한 장소인 아크로폴리스와 세속적인 장소인 아고라를 물리적으로 분리하는 전통은 메소포타미아 지방의 초기 도시에는 없었다. 고대 그리스시대에는 종교적인 영역이 정치·사회적인 권위의 원천이 되지 않을 뿐만 아니

그림 8-8

아테네의 아크로폴리스
고대 그리스의 아크로폴리스는 지금도 여전히 아테네의 도시 경관을 압도하고 있다. 세계의 도시 중에는 아테네와 같이 과거에는 요새의 기능을 가지고 있었지만 지금은 상징적인 장소로 남아 있는 곳들이 적지 않다.

라, 아고라는 아크로폴리스가 상징하는 정치·사회적인 권위에 대한 도전을 의미하였다. 아크로폴리스의 건축 양식은 인간의 미적 안목과 이성을 통하여 신을 포함한 초자연적 존재를 실현한 것이었다. 고대 그리스인들은 신들의 마음은 물론 인간의 마음을 기쁘고 즐겁게 하는 지점에 사원들을 건립하고, 그 주위의 자연 경관과 조화를 이루도록 건축물들을 배열하고 장식하였다.

중앙에 구심점이 되는 공공건물과 종교 사원이 있었음에도 불구하고, 그리스의 초기 도시는 매우 무질서한 형태를 하고 있었다. 쓰레기가 널려 있는 좁은 진흙길은 보행자들이 지나다니기도 어려웠고, 민가는 초라하다 못해 형편이 없었다. 이와 같이 도시 형태가 무질서한 이유는 아무런 계획 없이 도시가 자연발생적으로 성장하였기 때문이었다. 하지만 종교 의식을 거행하는 구역만큼은 시각적 효과를 내도록 일정한 원리에 입각한 공간 계획이 부과되었다. 특히 이 구역에서 건축물의 공간 구성은 주변의 자연 경치와 조화를 유지하는 한편, 인간의 미적 욕구를 충족시키려는 인간의 의지를 반영하였다.

그런데 예외적으로 그리스의 식민지로 편입된 지역 중에는, 계획적으로 건설된 도시들이 제법 많이 있다. 이러한 계획 도시 중 가장 대표적인 것은 지중해 동쪽 연안의 이오니아 지방(현재의 터키)에 있는 밀레투스라는 도시이다. 이 도시는 해안선의 불규칙한 굴곡으로부터 제약을 받았음에도 불구하고 격자상의 토지 구획이 엄격하게 부과되었다.

지금으로서는 이러한 도시 계획이 최초로 적용된 곳이 구체적으로 어디였는지는 도저히 알 길이 없다. 하지만 한 가지 분명한 사실은 고대 그리스의 식민지에서 유럽 최초로 도시 생활에 대한 합리적인 관념이 도시 계획에 투영되었다는 것이다. 이러한 도시 계획에 의한 공간 구성은 무엇보다도 인간이 본능적으로 추구하는 심미적이고도 종교적인 욕구를 의도적으로 희생시키는 것이었다. 추측건대, 처음에는 식민지 도시에 대한 기능적 욕구를 충족시키려는 목적으로 도시 계획이 고안되었을 것이다. 격자상의 토지 구획은 지형과 지세의 제약 조건을 극복하고 도시를 거점으로 식민지를 통치하려는 인간 의지의 산물이었을 것이다.

서양에서 계획도시의 전통은 고대 그리스시대 후기로부터 로마시대를 거쳐 르네상스시대에까지 발전적으로 계승되었다. 후기 르네상스시대(1500~1700년)의 유럽 대륙에서, 고대 그리스의 식민지 도시 모형은 이상적인 도시 계획의 전형으로 추앙되었다. 그렇기 때문에 16세기 유럽의 예술가와 건축가들은 앞을 다투어 그리스 도시 계획의 원리와 개념을 자신들의 작품과 건축물에 재현하고자 노력하였다.

2) 로마시대

기원전 200년 전쯤에는 서양 도시 문명의 중심이 고대 그리스에서 로마제국으로 이동하였다. 고대 로마인들은 자신들이 정복한 이탈리아 반도 북부의 에트루리아 문명으로부터 도시 생활을 전해 받았다. 로마제국의 팽창에 따라, 도시 생활 또한 로마 군대와 함께 현재의 프랑스, 독일, 영국, 에스파냐의 내륙 지방, 알프스 산지, 유럽 동부의 일부 지역으로 확산되었다.(그림 8-9) 이 중 새로 편입된 로마제국의 영토에 군사 기지로 건설된 '카스트라(castra)'의 다수는 다양한 기능을 가진 도시로 성장하였다. 오늘날 영국의 도시 중에서 랭커스터(Lancaster)나 윈체스터(Winchester)와 같이 -caster나 -chester라는 접미사가 붙은 이름을 가진 것들은 모두 고대 로마시대에 설치된 카스트라의 후예들이다.

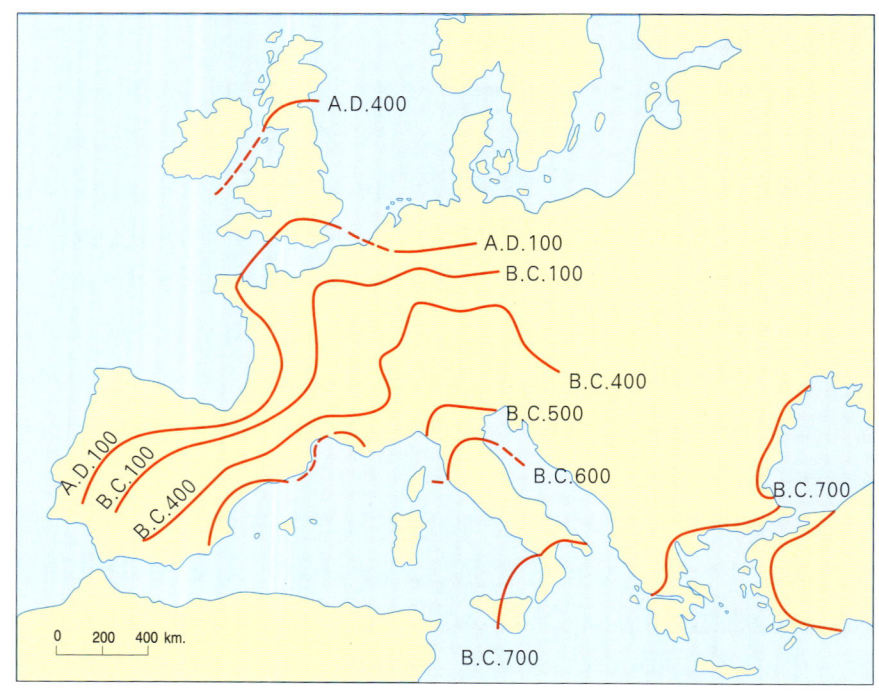

그림 8-9

유럽에서 전개된 도시화 확산 과정
기원전 700년에 그리스를 출발한 도시화는 기원전 400년까지 유럽 전역으로 확산되었다. 이런 도시화는 유럽의 남부로부터 서부와 북부로 퍼져 나간 끝에 마침내 영국에까지 도달하였다.

로마시대의 도시 경관은 그 이전의 그리스시대 도시 경관과 몇 가지 공통점을 가지고 있다. 후기 그리스시대에 처음으로 출현한 격자상의 도로 형태는 로마시대 도시의 기본 요소가 되었다. 이러한 격자형 도로망의 흔적은 지금도 베로나 또는 파비아와 같은 현대 이탈리아 도시의 중심부에 선명하게 남아있다.(그림 8-10) 지금의 로마 시는 넓은 직선 도로가 직각으로 교차하는 규칙적인 도로망과 좁고 구불구불한 길로 되어 있는 불규칙적인 도로망이 대조를 보이고 있다. 이는 불규칙적인 도로망은 중세에, 규칙적인 도로망은 로마시대에 구획되었기 때문이다.

더구나 로마시대에는 두 개의 주요 간선도로가 수직으로 교차하는 지점에 '포럼(forum)'이라는 대광장이 설치되었다. 이 광장은 고대 그리스의 아크로폴리스와 아고라의 기능과 형태를 결합한 공공장소로, 지배 세력을 위한 종교 사원, 행정기관 건물, 창고 등과 일반 대중을 위한 도서관, 학교, 시장 등이 함께 배치되어 있었다. 포럼 주위에는 고도의 위생 시설과 난방 시설을 갖춘 귀족들의 호화 주택들이 밀집되어 있었다. 이와 같이 호화롭고 사치스러운 고

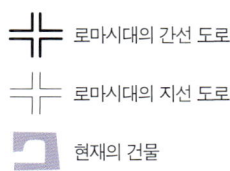

로마시대의 간선 도로
로마시대의 지선 도로
현재의 건물

그림8-10

이탈리아 파비아에 남아 있는 로마시대의 격자형 도로 유형 로마시대의 직선 도로들 중에는 오늘날에도 여전히 사용되고 있는 것들은 적지 않다. 이 지도에 표시된 점선들은 로마시대의 도로들 중 오늘날에는 남아 있지 않은 도로들이다. 이 도시에서 로마시대의 도시 범위를 벗어난 구역은 도로들이 불규칙한 패턴으로 발달하였다.

급 주택은 20세기가 되기까지 서양에서 다시 모습을 나타낸 적이 없을 정도로 훌륭하였다.

로마제국은 건축술의 높은 수준에도 불구하고 대부분의 도시 거주민들은 열악한 주거 환경에서 생활하였다. 부자들의 저택은 단층으로 널찍하게 자리를 차지하고 있었지만, 빈민들의 주거는 좁은 공간으로 제한되었기에 건물의 층수가 늘어날 수밖에 없었다. 도시 빈민들의 전형적인 주거 형태는 '인술라(insula)'라고 불리는 4~5층짜리 허름하고 비좁은 공동주택이었다. 이러한 공동주택은 서양에서 최초로 출현한 주택 유형이며, 오늘날 아파트라고 불리는 현대적 주택 유형의 효시로 보인다. 상수도와 하수도 시설도 부유층의 주택가에는 설치되었지만, 빈민층의 주거지에는 전혀 확대되지 않았다. 100만 명 정도의 도시 주민들이 도시 주위의 빈터에 마구 내다 버린 쓰레기로 인하여 도시의 위생 상태는 나날이 악화되었다. 로마제국의 도시에서 일반 서민들은 흑사병 또는 천연두와 같은 유행병에 걸릴 위험에 그대로 노출되어 있었던 것이다.

오늘날 유럽의 도시에 남겨 놓은 로마제국의 위대한 유산은 건축물이 아니라 입지 그 자체일 것이다.(그림 8-11) 로마제국은 도시와 도시를 연결하는 일반 도로와 고속도로를 통해 전국이 하나로 통일되어 있었다. 이는 로마인들은 방어보다는 교통을 우선적으로 고려하여 도시의 절대적 입지를 선정했기 때문이다. 로마시대의 도시들은 무엇보다도 외부로부터의 접근성이 탁월한 지

그림 8-11

로마의 콜로세움
콜로세움에는 6만 명의 군중들이 모여 모의전투, 서커스, 검투사의 싸움, 스포츠를 관람하였다. 거대한 로마 도시들은 대부분 이와 유사한 구조물을 보유하고 있었다. 오늘날 대부분의 도시들에 있는 스타디움은 이러한 고대 로마 도시의 전통을 계승한 것이다.

점에 입지하였다. 이는 방어를 우선적으로 고려하여 저습지, 섬, 산꼭대기와 같이 외부에서 접근하기 힘든 지점을 선호한 다른 문명들과 전혀 다른 입지 유형이었다.

로마제국이 선정한 도시들의 입지가 우수했다는 증거는 오늘날에도 여전히 번영하고 있는 유럽 대륙의 도시 가운데 상당수가 로마시대로부터 유래되었다는 사실이다. 이 도시들은 한때 로마제국의 몰락에 동반하여 급격히 쇠퇴했지만, 훗날 도시 문명이 부활할 때 옛날의 입지에서 다시 발달하기 시작하였다. 파리·런던·비엔나와 같은 유럽의 세계적인 도시들이 모두 이러한 과정을 거쳐 발달하였다. 로마시대에 도시의 입지로 선택된 곳은 그 주위의 농촌지역으로 통하는 교통이 워낙 편리하였기 때문에, 로마제국이 몰락한 후에도 도시로의 지속적인 발달이 가능하였던 것이다.

3) 중세시대

400년경 로마제국의 몰락과 함께 도시 문명 자체가 유럽 대륙 전역에서 급격히 쇠퇴하였다. 로마제국의 멸망 원인으로는 내부적인 부패와 게르만 민족을 비롯한 야만족의 침입을 손꼽는다. 도로의 관리·보수 체계가 로마제국의 멸망과 함께 붕괴되었기 때문에, 도시와 도시를 잇는 교통과 통신 또한 더 이상 제 기능을 수행하지 못하게 되었다. 그 결과, 하나의 도시가 유랑하는 야만족으로부터 공격을 받더라도 그 도시는 다른 도시로 연락하여 군사적 지원을 받을 수가 없었다. 이와 같이, 로마인들이 건설한 도시의 다수는 상호 고립된 채 로마제국이 멸망한 지 200년도 채 되지 않는 기간에 완전히 쇠퇴해 버렸다.

그러나 일부 도시들은 외부와의 관계가 완전히 끊어지지 않은 채 그런대로 명맥을 유지하기도 했다. 지중해 연안의 도시들은 콘스탄티노플을 수도로 하는 비잔틴제국과의 교역이 유지되었기 때문에 도시의 기능이 쇠퇴하지 않았다. 8세기 이후 무어제국이 점령한 이베리아 반도 남부의 도시들은 무어제국의 다른 도시들과 연계성을 가질 수 있었다. 이때 중동지방을 근거지로 성장한 무어제국의 세력 판도는 아프리카 북부를 거쳐 이베리아 반도 남부에까지 확대되었지만, 이베리아 반도 북부의 도시들은 수천 명에서 수백 명으로 인구가 감소하면서 급격히 쇠퇴하였다.

유럽의 중세는 대략 1000년경부터 1500년경에 이르는 기간으로, 이는 로마제국의 멸망 이후 600년이 넘는 기간 동안 침체되었던 도시 문명이 회복되는 시기였다. 이 시기에 새로이 발달한 도시들은 그 다음 시기로 이어질 도시 발달의 방향과 내용에 깊은 영향을 주었다. 오늘날 존속하는 유럽의 도시들 대부분이 중세에 로마시대의 도시가 부활하거나 아니면 새롭게 탄생한 것들이다. 그런데 이 시기의 신생 도시들은 대부분 게르만 민족과 슬라브 민족이 새로 편입한 영토에 건설한 것이었다. 이들 민족은 도시 문명의 북한계선이 과거 로마제국의 경계를 넘어 유럽 북부와 동부로 확대되는 데 결정적으로 기여했다. 단지 4세기에 불과한 이 기간에 게르만 민족이 새로 건설한 도시는 무려 2,500개를 헤아렸다.

11세기 유럽에서 도시 생활이 다시 살아난 과정은 학자들 간에 극심한 논쟁의 대상이 되어왔다. 그동안 논쟁에서 합의된 내용은, 도시 문명의 부흥에 직접적으로 영향을 끼친 요인이 국지적인 단거리 무역과 지역 간의 장거리 무역의 부활이라는 것이다. 왜냐하면, 유럽 대륙 전역에 걸쳐 있는 무역의 연계망을 유지하려면 시장과 상품 공급의 중심지를 보호하는 도시 기능이 필요했기 때문이다. 특히 장거리 무역을 전담하는 역할을 하는 상인층은 중세 초기에 지속적인 도시 건설을 지탱하는 정치·경제적 기반을 제공하였다. 물론, 이런 무역 활동의 부활에는 인구의 증가, 정치적 안정과 통합, 토지의 개간과 농업 기술의 발달 등의 복합적인 요인들이 지대한 영향을 주었다.

중세 유럽 도시를 지탱하는 5대 기능(방어, 정치, 행정, 경제, 종교)은 저마다 고유한 상징적 요소를 가지고 있다. 이러한 상징적 요소들은 요새(fortress), 특허장(charter), 성곽(wall), 시장(marketplace), 성당(cathedral) 등이다.

그중 첫번째 요소인 요새는 도시의 기능에서 방어가 매우 중요함을 상징하고 있다. 중세 도시들은 일반적으로 성채에 의해 요새화된 장소를 중심으로 그 주위에 건물들이 밀집되어 있는 형태를 가지고 있다. 오늘날까지 전해 내려오는 도시의 지명 중에서 접미사로 -burg, -bourg, -burgh 등이 붙은 것들은 성채로 꾸며진 군사 요새로 출발한 도시이다. 이러한 도시는 독일의 잘츠부르크(Salz-burg)와 뷔르츠부르크(Würz-burg), 프랑스의 스트라스부르(Stras-bourg), 영국의 에든버러(Edin-burgh) 등이다.(그림 8-12)

두번째 요소인 특허장은 어떤 지역의 지배 세력인 봉건 영주가 도시 주민들에게 수여하는 특권의 내용을 정부의 법령으로 명기한 종이이다. 봉건 영주는 이러한 특허장을 통하여 특정한 도시에 대한 정치적 자치권을 부여했던

그림 8-12
서부 유럽의 중세 도시를 대표하는 독일의 로텐부르크
도로변의 건물들 대부분은 상점과 주택의 겸용으로, 다수가 석조 가옥이고 소수만이 반목조 가옥이다. 이 도시 내부는 정원을 제외하면 공간이 거의 없을 정도로 가옥들로 가득 채워져 있다. 교회의 첨탑은 도시 하늘 위로 높이 솟아 주민들에게 종교의 중요성을 상기시키고 있다.

것이다. 특허장을 소지한 도시의 시민들은 예외적으로 온갖 봉건적 제약으로부터 해방되어 정치·경제 활동에 대한 자유가 보장되었다. 이들은 스스로 정부를 구성하고 군대를 조직할 뿐만 아니라 화폐를 마음대로 발행할 수 있는 자치권을 가졌다. 이러한 도시 생활은 봉건 영주의 지배에 있는 농촌의 생활보다 훨씬 더 자유로운 것으로, 도시 시민들의 사회·경제적 활동과 지적 활동을 자극하였다.

세번째 요소인 성곽은 도시의 군사적 방어보다도 도시와 농촌을 명확하게 구별하는 상징으로 더 중요했다. 성곽 내부에 거주하는 도시 주민 대부분은 특허장을 소지하고 있다는 이유로 농촌 주민들과 차별되었고, 성곽 외부에 사는 대부분의 주민들은 농노 신분으로 자유롭지 않은 생활을 했다. "도시의 공기는 인간을 자유롭게 한다"라는 격언이 유행할 정도로 중세의 도시는 자유로운 생활을 갈구하는 사람들에게 동경의 대상이 되었다. 비록 봉건적 성격을 완전히 탈피하지는 못했지만, 중세의 도시는 거주 이전의 자유가 보장되고 재산과 물건을 마음대로 사고팔 수 있는 시민사회였음에 틀림이 없다. 노예 노동에 의존하지 않고 시민들이 스스로 생산 활동을 꾸려나가는 도시는, 서양의 역사에서 중세에 최초로 출현했던 것이다.

성곽의 정문을 자유롭게 출입할 수 있는 도시의 주민들은, 그렇지 않은 도시 외부의 주민들과 엄격하게 구별되었다. 성문은 도시로 들어오는 물자의 검열과 세금을 부과하는 장소로 이용되었다. 도시 주민이 아닌 사람들은 성문의 출입 허가증을 발부 받지 않으면 안 되었다. 성문은 해가 질 때 일단 닫히고 나면 해가 다시 뜰 때까지 농촌 주민들에게 결코 열어주지 않았다. 해가 있을 때 성곽 내부로 들어온 사람 중에서도 도시 주민이 아닌 사람은, 해가 지기 전에 도시를 떠나서 성곽 바깥에서 숙박을 해야만 했다.

그런데 16세기에 들어 화약과 정밀한 병기가 사용되면서 그 이전보다 더욱 정교하고 견고한 성곽의 건축이 요구되었다. 그후 성곽의 방어 기능은 점점 감소했지만, 도시와 농촌의 주민을 구별하는 물리적 경계의 기능은 여전히 유지되었다. 성곽의 철거는 물론이고 확장도 가급적이면 억제되었기 때문에, 중세 도시의 규모는 대체로 일정한 수준을 넘어서지는 못했다. 도시의 중심에서 성벽까지의 거리가 아무리 멀어도 600m 미만밖에 안 될 정도로 중세 도시의 규모는 별로 크지 않았다. 이 정도의 규모는 현대 산업 도시의 시민들에게는 일상적으로 걸어다니기에 충분한 거리인 것이다.

네번째 요소인 시장은 중세 도시의 시민들에게 경제 활동을 상징하는 공공장소였다. 이곳에서 도시의 시민들은 농촌으로부터 공급되는 식료품을 구입하고 자신들이 만든 생산품을 사고팔았다. 또한 시장은 다른 도시들과 연결되는 장거리 무역의 중심지로, 직물, 소금, 광물, 기타 원료 등이 교역되는 장소가 되기도 했다. 보통 상업지대의 심장부인 '시장 광장(market square)'에는 길드(guild)를 위한 건물과 부유한 상인층의 주거지가 들어서 있었다. 오늘날 유럽 대륙에는 아직도 중세 도시의 모습을 간직하고 있는 도시들이 남아 있다. 이런 도시에는 중세풍의 재래식 노천시장이 일주일에 최소한 하루는 열리며, 주부들은 여기에서 장을 본다. 또한 교외에 새로 들어선 슈퍼마켓보다 도시 중심에 있는 이런 재래식 시장을 더 즐겨 찾는 도시 주민들도 있다.

매우 높은 시청 건물은 보통 시장 맨 끝에 있었는데, 이 건물은 도시의 정치적 지도자들이 만나는 장소였다. 이 건물은 시장 광장에 노적할 수 없는 물품들을 저장하고 진열하는 시장 본부(market hall)로도 이용되었다. 물론, 상업 활동의 규모가 크기 때문에 시청과 시장 본부가 완전히 분리되어 있는 도시들도 있었다. 벨기에의 브뤼주라는 유럽 북부의 중요한 무역 도시에는 중앙에 시청 건물과 시장 본부 건물이 따로 세워져 있었다. 시청과 성채는 대외적으로 폐쇄된 광장을 구성하고 있었지만, 이 광장 옆에는 외부로 개방된 시장 광장이 넓게 자리잡고 있었다. 이러한 시장 광장의 구석에는 '물의 건물(wasserhalle)'

이라고 불리는 건물이 들어서 있었다. 이 건물은 운하(運河) 바로 위에 세워져 있었기 때문에, 거룻배에 실려 온 화물을 직접 전달받을 수 있었다.

다섯번째 요소인 성당은 중세 도시를 상징하는 가장 화려하고 영광스러운 요소이다. 성당은 중세 유럽 사회에서 기독교가 지니는 절대적 중요성을 상징하였는데, 흔히 도시 외부의 먼 곳에서도 눈에 쉽게 띄는 곳에 건축되었다. 하지만 가장 신성한 요소인 성당은 가장 세속적 요소인 시장에서 가까운 곳에 위치하고 있었다. 이는 중세 도시에서 종교와 상업이 상호 긴밀한 유대 관계를 유지하고 있었기 때문이다. 중세 도시에서 성당은 종교적인 영역 이외에도 세속적인 인간사를 지배하는 정치 세력이었던 것이다.

끝으로 서양 도시의 진화 과정에서 중세 도시가 가지는 의미와 역할은 다음과 같이 세 가지로 요약할 수 있다. 첫째, 유럽의 전통 도시는 중세에서 기원한 것이 대부분이다. 둘째, 현대 유럽의 도시 생활 전통은 중세에 비롯되었다. 셋째, 중세 도시의 경관은 현대 도시의 발전에 물리적인 제약을 가하고 있다. 따라서 중세 유럽의 도시 경관에 관한 지식은 현대 유럽의 도시 생활을 이해하는데 절대적으로 필요하다.

예를 들면, 중세 도시의 도로는 폭이 4.5m를 넘는 일이 드물 정도로 좁고 구불구불한 골목길로 되어 있었다. 이렇게 비좁은 도시 중심부의 도로가 오늘날까지 그대로 이어졌기 때문에, 이 도로 위로 자동차가 통과한다는 것은 하나의 곡예에 가까운 실정이다. 독일의 141개 도시의 도로 77%가 자동차의 쌍방 통행이 불가능할 정도로 폭이 극히 좁다. 이 문제로 골머리를 썩는 도시들은 중심부로의 자동차 통행을 영구적 또는 한시적으로 금지하는 조치를 취하기도 했다. 비엔나, 잘츠부르크, 뮌헨 등과 같은 도시들은 구도심의 일부에는 자동차 없이 보행자만 다니는 거리를 두고 있다.

현재까지 유럽 도시의 구도심에 남아 있는 건축 중에는 중세시대의 유적들이 많다. 중세시대 도시 내부에 보통 3층 높이로 지어진 건물들은 지금까지도 시가지를 압도하고 있다. 중세시대에는 건물의 1층은 작업 공간으로 쓰이고, 2·3층은 주거 공간과 저장 공간으로 이용되었다. 이와 같이 수공업자와 상인들이 직장과 주거를 분리하지 않는 중세 도시의 생활은 직장과 주거가 분리된 현대 도시의 생활과는 전혀 다른 것이었다.

4) 르네상스와 바로크시대

르네상스(1500~1600)와 바로크(1600~1800)시대에는 유럽 도시의 형태와 기능이 중세 도시와는 근본적으로 다르게 변화하였다. 이 시대에는 유럽의 각 지역에서 이른바 절대 군주가 등장하여 민족 국가를 수립하고 통치하였다. 중세 이후 꾸준히 성장한 중산층은 자신들의 경제적인 이윤을 계속 추구하려면, 절대 군주에 복종하고 시민의 자유를 포기할 수밖에 없게 되었다. 유럽 제국들의 대외 정복과 함께 무역의 범위가 확장되면서 도시가 중세 도시의 범위를 초과하는 규모로 급성장하였다. 그리고 도시 계획과 군사 기술에 대한 관심은 도시의 물리적 형태를 새롭게 개조하려는 지배층의 노력으로 이어졌다.

르네상스와 바로크시대에는 유럽 역사상 최초로 도시 지역과 농촌 지역이 단일한 국가의 영토로 통합되었다. 봉건 영주들의 분할·통치를 받던 전국의 영토가 절대 권력을 가진 군주의 세력 범위로 흡수된 것이다. 이와 동시에, 국가의 수도로 지정된 도시들은 절대 군주의 세력 확장과 함께 급속하게 성장하였다. 국가의 정치권력이 수도에 집중되면서, 지방 도시들은 수도로부터 절대적인 영향을 받게 되었다. 나날이 성장하는 관료 조직을 수용하기 위하여, 정부 청사가 국가의 수도에 최초로 건립되었다. 또한 절대 군주는 수도가 곧 지방 도시의 시민들을 통제하는 장소라는 메시지를 전달하려는 목적으로 수도의 도시 경관을 의도적으로 재구성하였다. 이러한 수도에는 무엇보다도 중앙 정부의 막강한 권한을 상징하는 건물들이 새로이 배치되었던 것이다.

그런데 이런 형태의 도시 경관은 르네상스시대를 거쳐 바로크시대에 이르러 비로소 절정에 달했다. 바로크시대에 완성된 도시 경관은, 르네상스시대에 계획된 도시 경관에 대한 새로운 관심을 궁극적으로 실현한 것이었다. 그리스와 로마시대를 포함하는 고대의 도시 계획을 부흥시키려는 새로운 노력은 르네상스시대의 인본주의 정신에 근거한 것이었다. 하지만 르네상스의 인본주의라는 정신이 바로크시대의 도시 경관에 전적으로 구현되었던 것은 아니다. 현실적으로는 오히려 이 시대의 도시 경관 대부분은 특권층에 혜택을 주기 위한 것이었다.

바로크시대에 지배층은 도시를 자신들의 운명을 창조하고 운영해 나가는 무대로 재구성할 수 있다고 생각하였다. 이러한 생각이 가장 잘 반영된 도시 경관의 하나가 넓다 못해 웅장한 가로수 길이다. 부유층은 사륜마차를 타고 가로수 길을 질주할 수 있었고, 군대는 위용을 내뿜으며 이 길을 따라 행진할 수 있었다. 그밖에 바로크시대의 정신을 구현하고 있는 도시 경관이란 광장, 궁전, 공공건물, 동상 등이다. 외부를 향해 개방된 커다란 광장과 그 중앙에 우뚝 서 있는 동상, 그리고 광장에서 방사상으로 뻗어나가는 가로수 길과 그 길이 끝나는 지점에 건축된 화려한 궁전은 모두 바로크시대에 유행한 도시 경관의 인상적인 특징이었다. 또한 중세 도시를 압도한 음침하고 폐쇄적인 중산층 거주 구역은 넓고 화려한 귀족층의 거주 구역으로 대체되었다. 중산층 구역의 허름한 가옥들이 헐리고, 그 자리에 화려한 궁전, 귀족층 집단 주거지, 가로수 길이 들어섰던 것이다. 결과적으로 이러한 도시 경관의 활기차고 개방적인 분위기는 중세의 도시 경관과는 전혀 딴판이었던 것이다.

귀족적인 취향의 도시 계획 원리는 그 절정기인 바로크시대가 지난 후에도 영향력이 19세기까지 지속되었다. 예를 들면, 프랑스의 나폴레옹 3세는 무엇보다도 군중을 통제하려는 목적으로, 파리에 가로수 길을 체계적으로 건설하였다.(그림 8-13) 그는 파리의 시민들이 폭동에서 자갈을 무기로 사용하는 것을 방지하기 위하여 자갈로 포장된 도로를 빈틈없이 다지도록 명령하였다. 또한 그는 시민의 폭동을 진압하는 군대가 신속하게 이동하도록 도로를 직선으로 고치고 그 폭을 넓혔다. 그는 포병이 관측하는 시야를 확보해 주고 군대가 이동하는 공간을 다련하기 위해, 막다른 골목길은 터서 서로 연결하도록 하였던 것이다. 그런데 파리 시내에 넓은 가로수 길을 조성하는 방도는 근린지구

그림 8-13

방사상으로 뻗은 파리의 가로수 길

이러한 가로수 길은 바로크시대의 도시 계획가들이 선호하였다. 이 도로의 끝에는 지금도 공공 건물과 기념물이 있고, 도로변에는 고소득층 주택과 나무가 배열되어 있다.

의 아파트를 전부 헐어버리는 것이었다. 이때 수천 명의 중산층들은 파리의 도심을 떠나 동부와 북부 외곽의 비좁은 노동자 거주 구역으로 흘러들어 갈 수밖에 없었다.

이런 르네상스와 바로크풍의 도시 계획은 유럽 도시 이외에 미국 도시에도 많은 영향을 주었다. 미국의 수도인 워싱턴 D.C.는 바로크시대의 절정기에 프랑스인 도시 계획 전문가가 처음으로 설계하였다. 비록 최초의 계획이 나중에 다소 변경되기는 했지만, 그의 설계 의도는 널찍한 가로수 길, 외부로 개방된 공공장소, 상징적 의미가 부여된 공공건물과 기념물에 충실히 구현되었다. 또한 바로크시대의 도시 현상 중에는 현대 도시에 변함없이 재현되고 있는 것이 있다. 도시의 일반 대중이 교통의 편의라는 명분에 희생당한다던가, 근린지구가 직선 도로에 자리를 양보하는 현상은 분명히 현대 도시에서도 다반사로 일어나는 것들이다. 단지 바로크시대의 도시와 현대 도시가 다른 것은 도시 내부의 근린지구를 희생시키는 것이 가로수 길이 아니라 고속도로라는 사실뿐이다.

5) 자본주의시대

르네상스와 바로크시대에 일대 충격을 가한 것은 서부 유럽 전역을 휩쓴 사회·경제적 구조의 변혁이었다. 봉건주의에서 자본주의로의 질서 전환은 계급 구성, 경제체계, 정치제도, 문화 패턴, 인문 지리 등에 대한 근본적 변혁을 요구했다. 16세기 중반부터 18세기 중반까지 200여 년에 걸쳐 일어난 이러한 대변혁으로, 농촌 지역은 농업을 상업화하고 특화하는 한편, 사유지인 토지에 울타리를 치는 현상이 일어났다.

또한 자본주의의 발달과 함께 도시의 토지가 수입의 원천이라는 경제적 의식을 가지게 되었다. 도시의 중심과 가까울수록, 즉 보행거리가 짧을수록 토지의 경제적 가치가 높게 평가되었던 것이다. 하항이나 항만의 주위 또는 도시의 중심을 관통하는 주요 간선 도로변은 토지의 가격이 상대적으로 높았다. 결국, 토지를 평가하는 관점과 기준의 변화는 중세 도시의 기본 골격이 점진적으로 해체되는 결과를 가져왔다.

자본주의 도시에서 거주 구역은 바로크시대의 도시와 달리 경제적 계층별로 분리되었다. 도시화와 함께 재정 능력의 수준이 비슷한 사람들끼리 한군데 모여 사는 경향이 나타났으며, 부유층의 거주 구역과 빈곤층의 거주 구역은 생활 조건의 현저한 차이를 보였다. 또한 직장(일터)과 주거(삶터)가 분리되면서 상인들조차 집에서 가게로 매일 출근하였다. 이러한 작업 공간과 주거 공간의 분리는 사적인 공간과 공적인 공간의 분리를 의미하며, 이는 남성과 여성의 생활세계가 더욱 분화되는 일대 변혁을 가져왔다. 일반적으로 남성은 가정 바깥의 직장에서 경제적 소득을 창출하고, 여성은 가정에 머물면서 가사 노동에 종사하게 되었다. 남성이 공적인 공간의 주인이고 여성은 사적인 공간의 관리자라는 인식이 사회 전반에 확산되었던 것이다.

자본주의 도시의 중심에는 성당과 길드 건물을 제외한 다른 건물들이 밀집되어 있었다. 경제 활동의 중심인 도심은 산업의 성장과 더불어 몇 개의 경제 활동 구역으로 나뉘어졌다. 도시에서 부를 축적한 새로운 상류층은 토지를 돈을 버는 수단으로 이용하는 한편, 자신들의 경제적 지위를 표현하는 수단으로 삼았다. 상·공업 활동이 도심을 점령하면서, 상류층은 도시의 외곽에 배타적인 거주 구역을 조성하기 위하여 새로운 부지를 물색하였다. 이 거주 구역은 새로이 성장한 부유층에게 상류층에 소속되어 있다는 느낌을 가져다주는 상징적 장소가 되었다.

19세기에는 인구와 상업 활동이 도시에 더욱 집중한 탓에 도시 성장률이 최고조에 달했다. 19세기 말, 상인과 노동자 계층이 도시 내부를 점령하는 동안 중·상류층은 내부에서 외곽으로 이주하였다. 그런데 20세기, 즉 제2차 세계대전 이후에는 새로운 형태의 교통과 통신으로 인해 도시의 기능이 도시 내부를 이탈하여 외곽으로 이동하는 탈중심화(脫中心化, decentralization) 현상이 일어났다. 이러한 탈중심화로 인하여 수백 킬로미터나 떨어져 있는 거대 도시들은 형태와 기능이 상호 연결되었다. 결국 거대 도시들이 끝없이 연이어 있는 '메갈로폴리스(megalopolis)'라는 초거대 도시가 인류 역사상 최초로 탄생한 것이다.

이러한 메갈로폴리스의 형태는 미국의 동부 해안에서 세계 최초로 출현하였다. 이곳의 초거대 도시는 북쪽의 보스턴에서 남쪽의 워싱턴 D.C.까지 뻗어 있다는 이유로 '보스워시(Boswash)'라고도 부른다. 메갈로폴리스란 용어는 프랑스의 지리학자 장 고트만(Jean Gottmann)이 이러한 '보스워시'를 묘사하려고 처음으로 제안한 후, 점차 세계적으로 보편화되었다. 세계 각지에서 메갈로폴리스를 구성하는 도시들의 공통적인 특징은 역사가 오래되고 인구 밀도가 높다는 것이다. 이 도시들은 고속도로·철도·항공로·고속전철 등에 의한 교통 연계가 편리하기 때문에, 국가의 자본, 상업, 정치적 권력 등이 과도하게 집중되어 있다.

5. 비서방 세계의 도시 경관의 진화

세계 인구의 대부분이 사는 개발도상국가들은 오늘날에 와서야 도시 경관의 급격한 변화를 겪고 있다. 서방 세계(서부 유럽 국가)는 비교적 오랜 기간에 걸쳐 도시 경관이 단계적으로 진화해 온 반면, 비서방 세계(개발도상국가)는 비교적 짧은 도시 경관의 역사를 가지고 있다. 또한 도시 경관의 진화에 식민지의 영향을 직접적으로 받은 개발도상국가들이 의외로 많은 것도 특징이다.

1) 식민지시대 이전

비서방 세계는 15세기 이후에 서양 제국의 식민지 통치를 받은 국가와 그렇지 않은 국가로 양분된다. 그중에서 식민지 통치를 받지 않은 국가는 오늘날 비교적 고유한 형태의 도시 경관을 간직하고 있다. 아프리카 서부에서 발견되는 토착적 도시 경관은 과거의 요루바(Yoruba) 문명(현재의 나이지리아)과 깊은 관계가 있다. 그밖에 나일 강 유역 북쪽과 아프리카 동부 고지에 잔존하는 토착적 도시 경관은 과거의 이슬람제국이 만든 것이다. 중동지방에서 파키스탄과 인도를 거쳐 중국·한국·일본에 이르는 범위의 아시아 대륙에는 그 기원이 식민지시대 이전으로 거슬러 올라가는 도시 경관이 많이 분포한다.

식민지시대 이전에, 멕시코·중앙아메리카·일본·한국·중국·인도·이집트는 종교적인 원리에 근거하여 도시 공간이 구성되었다. 이러한 원리의 근간은 동서남북의 방향을 기준으로 하는 상징적 중심에 신성한 구역을 가진 정방형의 토지 구획이었다. 20세기 초반까지 명·청 왕조의 수도였던 중국의 베이징은, 이른바 우주·신화적인 도시의 경관을 고스란히 간직하고 있었다. 베이징은 청왕조의 마지막 황제가 폐위되는 1912년까지, 중국 대륙을 통치하는 대제국의 수도로 손색이 없을 정도로 위풍당당한 경관들을 보유하고 있었다. 공산 혁명이 중국의 정치와 사회를 송두리째 흔들어 놓았음에도 불구하고, 베이징의 전통적 도시 경관은 오늘날까지 상당 부분 보전되었다. 1959년 사회주의 정부가 조성한 천안문 광장에는 원래 청조(淸朝)의 신성한 건물들이 들어서 있었는데, 중국 공산당은 이 건물들을 헐고 그 자리에 사회주의를 상징하는 장소로 드넓은 광장을 조성했던 것이다.

이슬람교 지역에는 독특한 기능적 배열과 경관 형태를 가진 도시가 발달하였다. 지금까지 이 지역의 도시 중심에는 모스크라는 이슬람교 사원과 바자(bazaar)라고 하는 시장이 있고, 이러한 종교와 상업 중심지 주위에는 지배층의 주택, 정부, 시청 건물이 있다. 도시의 중심으로부터 떨어진 곳은 경제 수준과 사회적 지위가 낮은 사람들이 모여 사는 구역이다. 여기에는 최근에 도시로 이주한 사람들이나 아직까지 동화되지 않은 소수 민족들이 도시의 외곽에 모여 살기도 한다.

이슬람교 지역의 도시는 중세 유럽의 도시와 같이 직업의 종류별로 거주 구역이 분화되어 있다. 상업 활동은 사회적 위계가 높은 순서로 도시의 중심을 에워싸는 동심원의 형태를 띠고 배열되어 있는데, 종교적 행위에 필요한 초, 향, 책 등을 파는 상점이 모스크와 가장 가까이에 위치하고 있다. 여기에서 조금 더 멀리 떨어져 있는 곳에는 피혁, 양복, 양탄자, 보석 등을 판매하는 상점이 위치하고 있으며, 식료품 가게는 좀더 먼 곳에 있고, 대장간 또는 바구니와 그릇을 만드는 가게는 아예 도시 외곽에 떨어져 있다. 이와 같이, 어떤 상업 활동에 부여되는 사회적 위계의 높고 낮음은 도시의 중심으로부터 떨어져 있는 거리에 반비례한다. 이민족 집단은 특별 구역에 집중적으로 거주하기도 하고, 도시 내부에 반 자치적인 촌락을 구성하기도 한다. 보편적으로 이슬람교 지역의 도시에서 유대인과 기독교도의 거주지는 특정한 구역으로 분리되어 있다. 또한 외국인 무역상과 상인이 거주할 수 있는 곳도 도시의 특정한 범위로 제한되어 있다.

이슬람교 지역의 도시는 경제적 기능과 민족적 유대감의 차이에 근거하여 주거 구역이 분화되어 있지만, 도시 전체에 대해 가지는 방문객의 첫인상은 어떠한 질서도 결여되어 있는 것처럼 보인다. 이는 토지 구획 형태가 매우 불규칙한데다가 도로들이 좁고 구불구불하기 때문이다. 도시를 구성하는 건물의 규모와 양식은 불균등하고, 외부로 개방된 공공장소가 거의 없으며, 일반 시민들의 주택은 이슬람교 교리의 가르침대로 화려하지 않게 건축하였다.

이슬람교 교리에는 여성과 남성 간의 상호 접촉을 최소화하라는 내용이 있는데, 이에 따라 가옥 내부의 공간 배열에도 남성과 여성을 분리시키는 원칙이 철저히 적용되어 있다.(그림 8-14) 예를 들면, 이란에서 부유한 가정의 전형은 가옥의 내부 공간이 정원을 중심으로 남성과 여성의 구역이 양분되어 있는

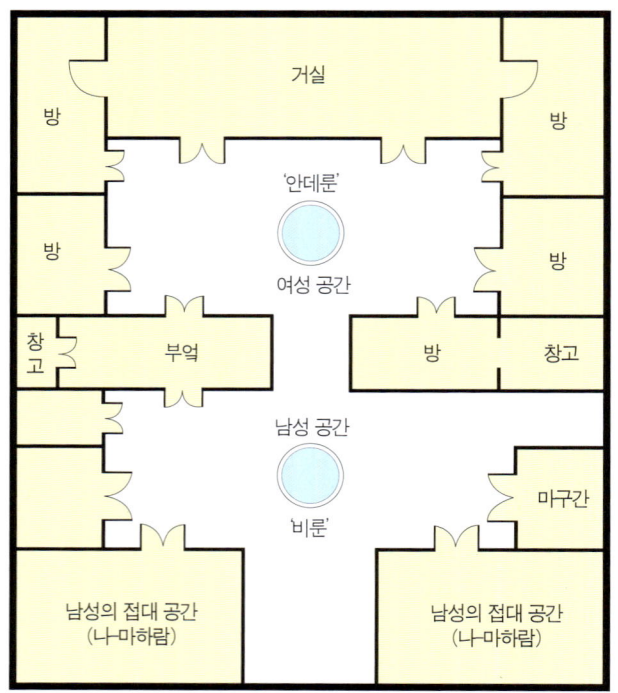

그림 8-14
부유한 이슬람교도 가족이 거주하는 전통 가옥의 평면도
여성들의 영역(anderun)은 안쪽의 사적인 공간에 있는 반면, 남성들의 영역(birun)은 바깥쪽의 공적인 공간에 있다.

것이다. 사적인 공간인 여성 구역은 주택의 후면에 마련되어 있지만, 공적인 공간인 남성 구역은 주택의 입구 부근에 배치되어 있다. 이란의 대낮에 가정 바깥은 남성이 종사하는 공공부문의 영역이 되지만 가정 전체는 여성의 영역이 되는 것이다.

2) 식민지시대

식민지 도시는 식민지로 진출하려는 외부 세력의 행정·상업·군사적 교두보로, 토착민들에게 도시 기능을 제공하기보다는 오히려 경제·군사적으로 토착민들을 억압하기 위하여 설계되었다. 영국인들이 점령한 인도에서는 그 이전부터 존재한 '델리'라는 전통 도시 옆에 '뉴델리'라는 식민지 도시를 새로 건설하였다. 이 두 도시의 경관은 그동안 서로 다른 방향으로 진화해 왔기 때문에, 지금은 극단적인 대조를 보이고 있다.(그림 8-15) 델리는 인구 밀도가 뉴델리보다 15배 이상 높을 뿐만 아니라, 공공장소가 거의 없고 거주 구역이 협소하다. 델리의 좁고 구불구불한 도로 형태는 뉴델리의 넓고 반듯반듯한 도로 형태와 현저한 차이를 보인다. 뉴델리에는 행정 관료들의 넓은 저택을 에워싼 정원들과 행정부 건물을 둘러싼 공원과 광장들이 있다. 이러한 뉴델리의 도시 경관은 바로크시대 유럽의 도시 경관을 연상시키는 것이다.

유럽 제국들의 식민지 진출이 바로크시대에 많이 있었으므로, 바로크풍 도시 계획이 식민지 도시에 실현된 것은 전혀 놀랄 일이 아니다. 유럽에서처럼 유럽 제국들은 지배층의 세력을 과시하기 위하여 바로크풍 도시를 식민지에 건설했던 것이다. 식민지 도시에서 토착민들의 거주 구역을 동강낸 웅장한 가로수 길, 그리고 재래식 건축물을 압도하는 거대한 기념 건물은 새로운 권력층을 상징하였다.

식민지 도시를 건설할 때, 유럽 제국들은 본국의 도시에서 표준화한 도시 계획 원리를 그대로 적용하기도 했다. 에스파냐인들은 신대륙에서 1573년

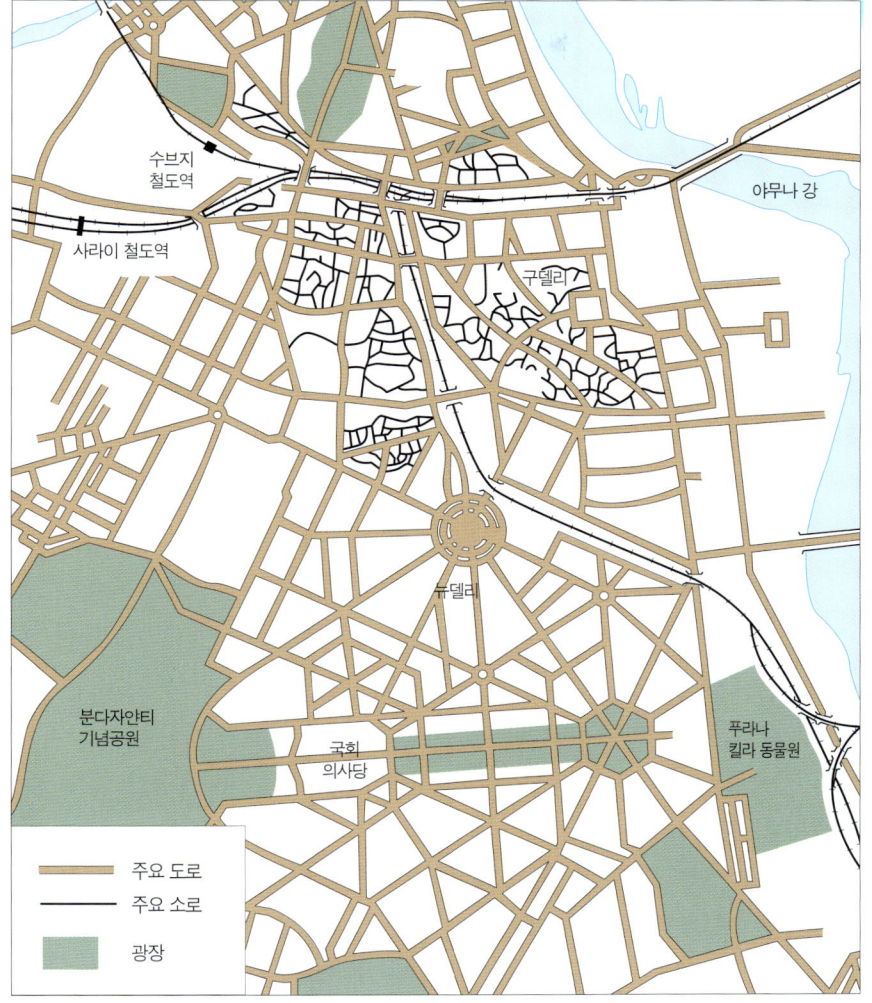

그림 8-15
인도 델리의 지도
전통 도시인 델리와 영국 식민지시대의 산물인 뉴델리는 형태와 경관에서 서로 극명한 대조를 보인다. 뉴델리에서 서로 대칭적으로 곧게 뻗은 가로수 길들과 광장들은 식민지시대에 영국인이 유럽 바로크 도시의 특징을 재현한 결과이다.

에 공포된 '서인도 제도에 대한 법령(Laws of the Indies)'에 근거해 식민지 도시를 건설하였다. 이 법령의 내용에 따라, 교회와 중앙 광장을 중심으로 격자형 도로망이 사방으로 뻗어나갔다. 이 도로망에 의해 구획된 개별적인 토지는 모두 벽이나 담으로 둘러쳐져 있었고, 그밖에 교회나 수도원이 들어선 소규모 광장들이 식민지 도시 전체에 비교적 일정한 간격으로 배치되어 있었다. 스페인 제국은 과거의 로마제국이 실현한 도시 계획의 원리를 신대륙에 그대로 재현했던 것이다.

에스파냐인들은 식민지시대 이전부터 전해 내려온 전통적 도시 경관에 식민지 도시 경관을 덮어씌우기도 했는데, 아즈텍 문명의 종교·정치적 중심 도시인 테노치티틀란의 폐허 위에 멕시코시티를 건설한 것이 이에 해당한다. 테노치티틀란은 토지 구획의 경계가 이미 직선이었기 때문에, 에스파냐인들이 격자상의 토지 구획을 쉽게 적용할 수 있었다. 또한 프랑스인과 영국인들도 격자상의 토지구획제도를 식민지 도시 계획의 기본 원리로 채택하였다. 이러한 격자상의 토지 구획은 과거에 식민지였던 아프리카와 아시아 대륙의 일부 지역에 오늘날까지 남아 있다. 미국도 식민지시대에 서부의 개척을 위해 격자상의 토지구획제도를 채택하였다. 이와 같이 식민지 도시에 질서정연한 격자상 도로망을 부과한 이유는 무엇보다도 군대의 신속한 이동을 위한 것이었다.

3) 식민지시대 이후

대부분의 개발도상국가는 식민지 지배로부터 벗어난 이후 도시화의 단계에 갑자기 진입하였다. 개발도상국가의 도시가, 19세기 유럽의 도시가 먼저 경험한 산업화를 그대로 뒤쫓아갈 것이라고 낙관하고 있는 학자들도 있다. 그러나 20세기를 돌이켜보면 개발도상국가의 도시화는 서부 유럽과 다른 점이 더 많아 보인다.

아프리카는 물론 아시아와 라틴아메리카는 도시 인구의 성장 속도가 과거의 서부 유럽보다 훨씬 더 빠르다. 그 이유는 무엇보다도 개발도상국가의 도시화가 산업화와는 관계가 별로 없이 도시로 유입하는 농촌 인구의 폭발적 증가로 인하여 일어나고 있기 때문이다. 다시 말해서, 도시가 성장하는 이유가 사람들을 끌어들이는 일자리가 많아서가 아니라, 농촌의 경제 상황이 극도로 악화되었기 때문이다. 농촌 생활에 지친 사람들은 도시에 가면 보다 나은 생활을 할 수 있으리라는 막연한 기대를 가지고 도시로 몰려들지만, 그에 따른 불행한 결과는 다름 아닌 평균 25%에 육박하는 높디높은 도시 실업률뿐이다.

농촌을 떠나 도시로 유입하는 사람들이 부닥치는 또 다른 불행은 극심한 주택난이다. 개발도상국가 중에서 주택난을 적극적으로 해결하려는 정부는 지금까지 드물었다. 그 결과, 도시에는 빈민들이 무단으로 거주하는 불량 주택지구(squatter settlement)가 발달하였는데, 라틴아메리카에서는 이러한 주택 지구를 바리아다(barriadas)라고 부른다.(그림 8-16) 페루의 수도 리마는 이런 불

그림 8-16
멕시코시티(왼쪽)와 콸라룸푸르(오른쪽)에 있는 불량 주택 지구 농촌에서 도시로의 이주가 급격하게 일어난 곳에서는 불법인 불량 주택 지구가 주택 문제의 유일한 해결책이 되고 있다.

량 주택 지구에 사는 빈민이 도시 인구의 1/4을 차지하며, 베네수엘라의 수도 카라카스 또한 불량 주택 지구의 인구가 도시 인구의 약 35%를 점유한다. 불량 주택 지구는 각국 정부의 노력에도 불구하고, 오늘날 개발도상국가의 보편적인 도시 경관으로 남아 있다.

 결론적으로, 식민지시대 이후 개발도상국가의 도시 경관이 어떤 방향으로 발전해 나갈지 예측하기란 어려운 일이다. 다만 한 가지 분명한 사실은 개발도상국가가 당면하고 있는 도시 문제가 곧 세계가 직면하고 있는 문제이기도 하다는 것이다. 하지만 이러한 문제에 대해 미국과 서부 유럽의 경험으로부터 배울 수 있는 해결책이 별로 없다는 사실을 직시하지 않으면 안 된다. 개발도상국가는 도시 문제의 해결책을 스스로 찾지 않으면 안 되는 운명에 처해 있다. 자신만의 특수한 도시 문제를 해결해 나가는 과정에서 개발도상국가의 실정에 맞는 독특한 도시 경관이 미래에 출현할지도 모르는 일이다.

9 산업

농업과

산업의 혁명은 인류의 문화 발전에 결정적 계기를 제공할 만큼 위대한 경제·기술 혁명이었다. 간혹 농업을 산업에 포함시키기도 하지만 일반적으로는 농업을 제외한 나머지 경제 활동 영역을 산업이라고 규정한다. 농업혁명은 지금부터 1만 년 전 중동지방에서 처음 발생한 이후 오랜 세월에 걸쳐 세계 전역으로 퍼져 나갔다. 산업혁명은 18세기 영국에서 최초로 발생하여 유럽 대륙을 거쳐 지금도 세계 전역으로 확산되고 있는 중이다. 특히 산업혁명이 지나간 지역은 기계, 공장, 교

Industrial Geography

통수단, 통신 기술 등이 보급되고, 인구 성장과 함께 대중문화가 성행하는 사회·문화적 변혁을 경험한다.

산업혁명은 자연환경과 밀접한 관계를 가지고 과학적 기술·제도·관념 등이 어떤 지역에서 다른 지역으로 전달되는 일종의 문화 전파·확산 과정이다. 단기간의 산업화로 말미암아, 수천 년 동안 고스란히 전해 내려오던 문화적 전통의 존립 자체가 위기에 처하기도 한다. 어떤 지역에서 전통문화가 대중문화에 의해 급격히 대체되는 현상은 산업혁명으로부터 간접적인 영향을 받은 결과이다.

사람들은 기술에 근거한 사회의 진보를 신봉하면서 미래가 현재보다 더 나을 것이라는 기대를 한다. 진보에 대한 믿음에서 파생되는 낙관주의는 자연의 절대적 능력과 잠재력을 얕잡아보게 만든다. 최근 들어 자연환경은 산업화로 더욱 악화되고 있는데, 이는 자연에 대한 인간의 공포감이나 외경심이 크게 줄어들었기 때문이기도 하다.

1. 세계의 주요 산업

흔히, 인류의 경제 활동은 5대 산업, 즉 제1·2·3·4·5차 산업으로 분류된다. 제1차 산업은 어로, 수렵, 임업, 농업, 원유 생산, 광산 등으로 천연 자원으로부터 원료를 채취하는 것이다. 농업은 제1차 산업에 포함하기도 하지만 일반적으로 산업으로 분류하지 않을 뿐더러 제6장에서 이미 취급했기 때문에 여기서는 생략하기로 한다.

제2차 산업은 원료를 가공하는 단계에 있는 것으로 흔히 제조업(manufacturing) 또는 공업이라고 불린다. 제조업에는 그 다음 단계의 제조업에 필요한 재료를 공급하는 유형과 이러한 재료를 이용하여 완제품을 생산하는 유형이 있다.

제3차 산업은 흔히 서비스 산업이라고 하는데, 원료를 채취하거나 가공하는 대신에 모든 산업 활동에 필요한 서비스를 제공하는 것이다. 서비스 산업의 범위는 광범위하기 때문에 다시 세 가지 부문, 즉 제3·4·5차 산업으로 구분하기도 한다.

1) 제1차 산업

제1차 산업의 원료로 채취하는 천연 자원은 재생 가능한 자원과 재생 불가능한 자원으로 분류된다. 재생 가능한 자원은 삼림, 물, 어장, 농토 등과 같이 인류가 적당히 사용하면 원래의 상태로 되돌아가기 때문에 영원히 고갈되지 않는 것이다. 그러나 이러한 자원들도 회복할 수 있는 근거를 남겨 두지 않고 마구잡이로 개발하면 고갈의 위기에 처하기는 마찬가지이다. 1990년대 세계의 많은 국가들이 경쟁적으로 자행한 무분별한 남획으로 인해 원양 어장에 어족이 고갈되는 위기를 경험하였다.

재생 불가능한 자원은 광물이나 원유와 같이 지나치게 사용하면 완전히 소멸되는 속성이 있는 것들이다. 특히 서남아시아의 페르시아 만 연안 국가들에서는 원유의 과다 생산으로 인하여 원유 자원이 빠른 속도로 소멸되고 있다.(그림 9-1)

2) 제2차 산업

세계의 제2차 산업(공업)은 북반구의 중위도에 위치한 국가 중에서도 미

그림 9-1
중동의 유정
제1차 산업은 지구로부터 천연 자원을 채취하는 활동이다.

국, 캐나다, 영국, 프랑스, 독일, 벨기에, 네덜란드, 이탈리아, 러시아, 일본 등에 집중되어 있다.(그림 9-2) 특히 미국 공업지대(American Manufacturing Belt)라고 불리는 미국의 동북부 지방에는 공업 활동이 극도로 밀집되어 있다.(그림 9-3) 유럽 대륙의 공업은 이른바 중앙 핵심부에 몰려 있는데, 이러한 핵심부(core)에서 주변부(periphery)로 갈수록 공업 활동의 집중도는 점차 떨어진다.(그림 9-4) 그리고 일본의 공업지대는 내해(內海) 연안과 남부 지방을 중심으로 분포한다.(그림 9-5)

일반적으로 특정한 공업 지역은 다양한 유형의 제조업으로 구성되는데, 그중에는 그 지역의 지리적 특성을 결정하는 종류의 제조업이 있게 마련이다. 이런 공업 지역의 특화는 1700년대 산업혁명과 함께 유럽 대륙에서 최초로 출현하여 세계 전역으로 확대되었다. 세계가 산업혁명의 영향으로 경제적 핵심부와 주변부라는 양극으로 분화되고, 이러한 지역의 격차에 대한 정치·사회적인 의식이 형성되었다. 세계의 핵심부에는 하나 또는 그 이상의 공업 지역들로 구성되는 선진국들이 분포한 반면, 주변부에는 산업의 발달이 부진하거나 미진한 후진국들이 분포하게 되었던 것이다.

천연 자원은 산업의 발달이 부진한 주변부에서 채취되어 핵심부로 운반되는 것이 상례이다. 이러한 세계의 불균등한 무역 구조로 인하여 주변부의 빈곤은 더욱 심화되고, 핵심부는 더욱 생활이 윤택해지는 것이다. 이러한 지리적

286 · 세계문화지리

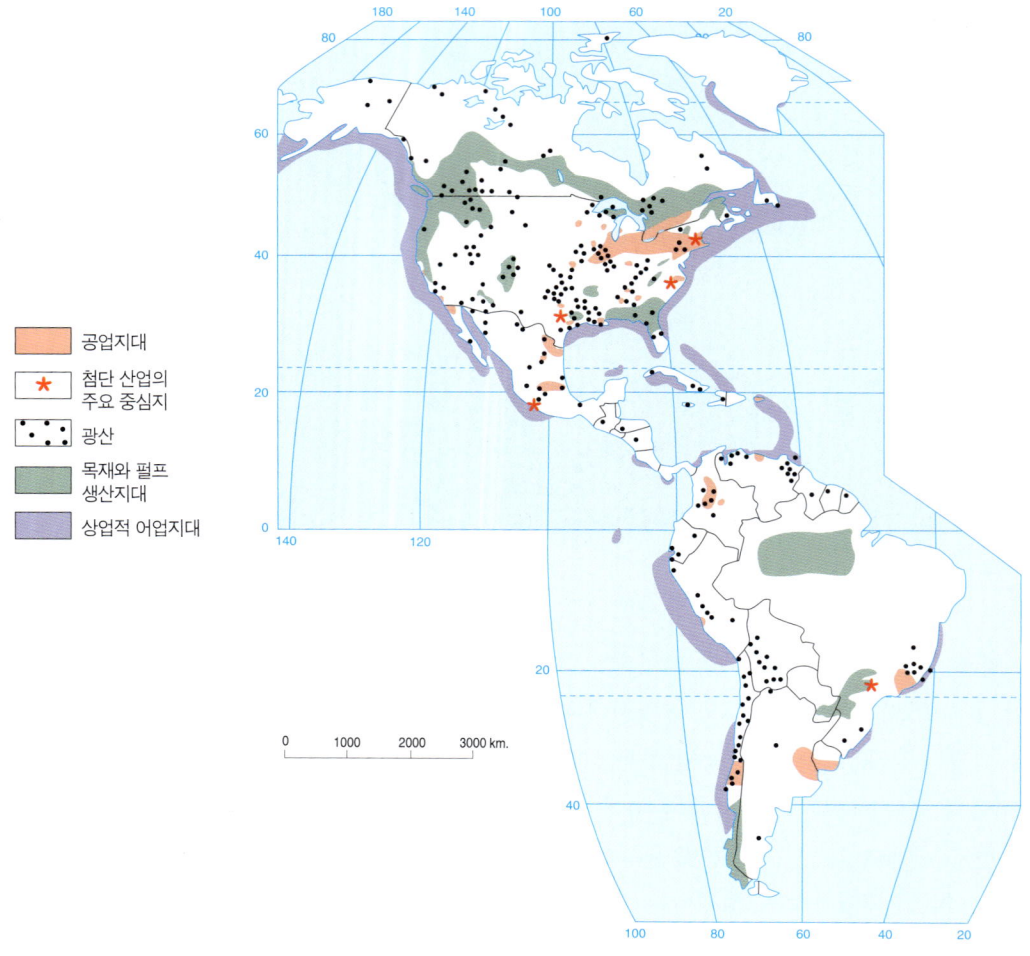

그림 9-2
제1차 산업 지역과 제2차 산업 지역 제1차 산업에 농업과 수렵은 포함시키지 않았다.

현상을 특별히 가리켜 불균등 발전(uneven development) 또는 지역적 불균형(regional disparity)이라고 한다. 그런데 이는, 인류의 평화를 위태롭게 하는 비극적 현실로 세계 전체가 앞으로 반드시 해결해야 할 과제이다.

공업은 아직도 핵심부의 선진국을 중심으로 분포하고 있지만, 20세기 후반부터 공업지대의 이동이 전 세계적인 규모로 활발하게 진행되고 있다. 핵심부의 거의 모든 국가에서는 대량 생산을 목적으로 하는 전통적인 공업들이 급격한 사양화 과정을 겪고 있다. 특히 제철공업과 같이 특별히 훈련된 노동력

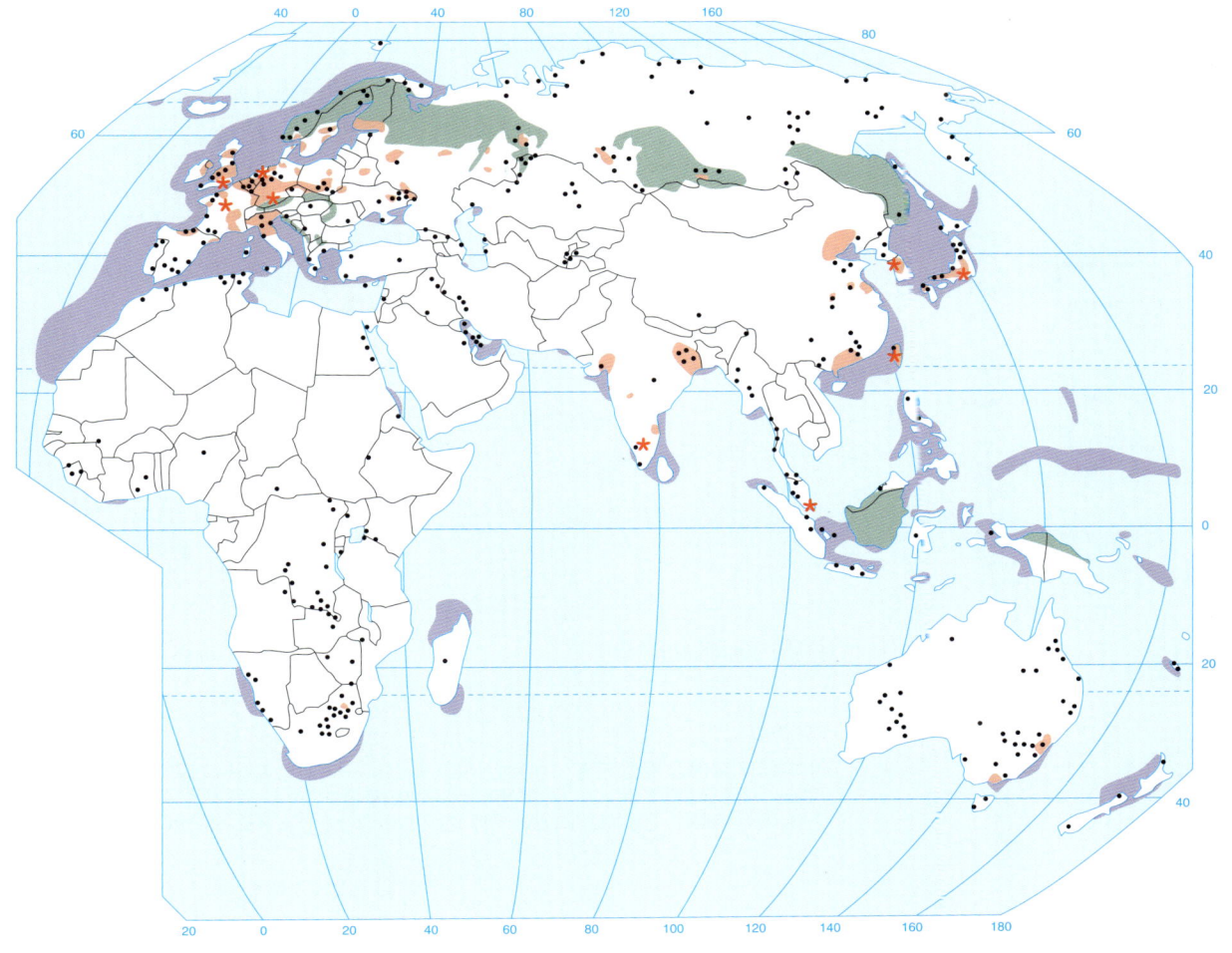

이 필요없는 업종들은 대부분 핵심부 바깥의 국가들로 적극적으로 이전되고 있다. 이렇게 핵심부 국가들에서 이탈된 제조업체들은 새로이 산업화되고 있는 주변부 국가들에서 다시금 활발하게 가동된다. 이러한 제조업체의 국가 간 이전으로 공업이 활발하게 성장한 지역은 대만, 인도, 싱가포르, 브라질, 멕시코, 중국 남부 해안의 광둥성(廣東省) 등이다.

　지금까지 미국의 전통적인 공업지대인 동북부 지방은 문을 닫는 공장들이 속출하고 있다. 이 지역에서는 지금 공장 노동자들의 실직률이 1930년대

그림9-3

북아메리카의 주요 산업 지역 미국에서 가장 중요한 대규모 산업 지역은 여전히 전통적인 산업 핵심 지대인 '미국 공업지대'이다. 이 공업지대에서 타 지역으로 제조업이 분산된 것은 제2차 세계 대전 이후이다. 현재, 이 지역에서는 전통적인 제조업이 빠져나간 자리를 첨단 산업과 정보 기반 산업이 대체하고 있다.

대공황 이래 최고치를 기록하고 있다. 이미 1950년경부터 공업 노동의 실업률이 상대적인 증가세에 있던 미국은, 특별한 기술이 요구되지 않는 서비스 업종의 취업률이 폭발적인 증가세를 타고 있다. 또한 핵심부의 국가들에서 지금까지 근근이 살아남거나 활황세를 타고 있는 공업 업종은, 주로 고품질의 소비재를 생산하는 첨단산업(high-tech industry)과 같이 고도로 기술이 숙련된 노동력을 필요로 하는 분야이다. 그런데 이러한 첨단산업은 이전의 중공업보다 훨씬 더 적은 인원의 노동자를 필요로 하므로, 그 활동이 매우 좁게 제한된 구역에 집중될 수밖에 없다.

탈산업화는 미국의 공업지대와 같이 과거에 번영하던 공장과 광산지대가 쇠퇴하고 몰락하는 과정을 종합적으로 묘사하는 전문 용어이다. 예를 들면, 펜실베이니아 주의 노후한 석탄 광산과 미시간 주의 오래된 자동차 조립공장

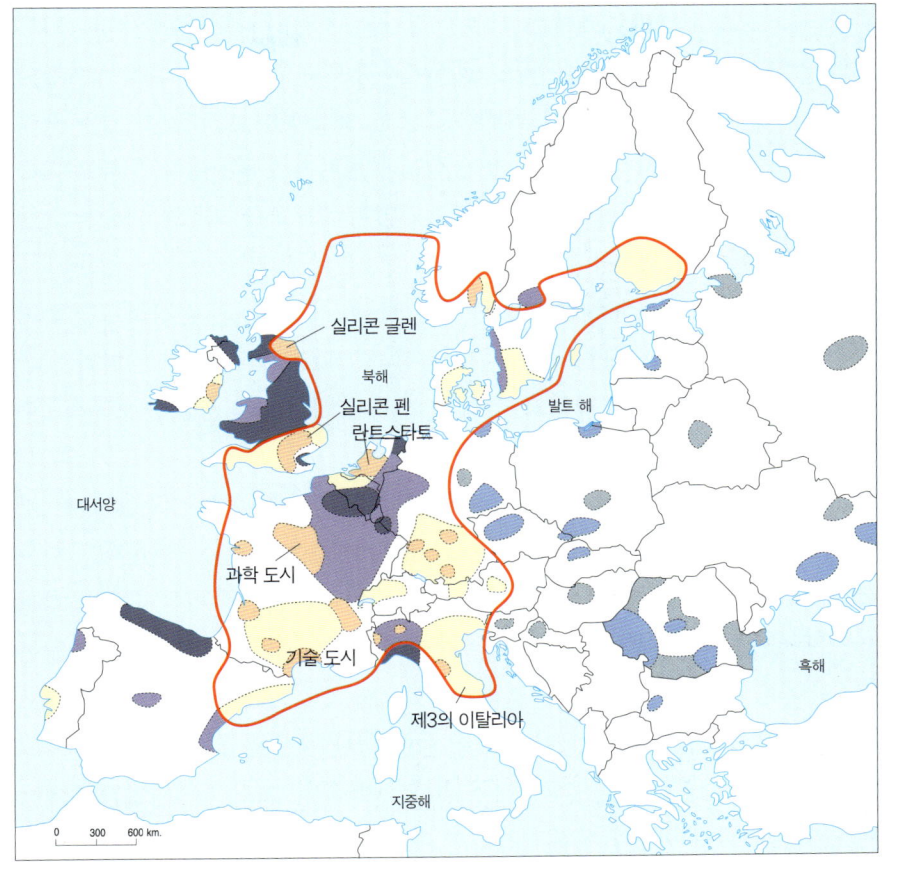

그림 9-4

유럽의 산업 지역과 탈산업화
제1·2차 산업 중심지, 즉 중공업 중심지는 쇠퇴하고 있는 반면, 고품질 제품, 호화 상품, 하이테크 제품을 생산하는 산업 중심지가 서부 유럽을 중심으로 번영하고 있다.

그림 9-5

전 세계로 공급하는 공업 제품을 생산하는 일본의 산업 지역
일본의 산업 중심지는 도쿄로부터 후쿠오카에 이르는 태평양 연안에 집중되어 있다.

들은 제1·2차 산업이 한창이던 시절이 지나고 탈산업화의 위기를 맞고 있다. 이런 공업지대는 이제 과거의 모습을 찾아보기 어려울 정도로 경제가 사양화되어 '녹슨 지대(Rust Belt)'라는 불명예스러운 별명까지 얻고 있다. 이와 같이 전통적인 공업지대가 장기적이고 만성적인 불경기에서 헤어나지 못하고 있는 이유는 무엇보다도 단순 노동자들은 첨단산업이 요구하는 새로운 기술을 습득할 능력이 없기 때문이다.

그밖에, 영국의 웨일스 지방은 석탄산업과 제철공업의 사양화로 인하여 탈산업화라는 어두운 운명을 처절하게 체험하고 있는 곳이다. 이 지역의 탈산업화는 빈곤의 악순환을 불러와, 주민들 사이에 자신들의 운명을 소극적으로 방관하는 태도가 점점 만연되어 가고 있다.

오늘날, 핵심부로부터 주변부로 제조업체를 이전시키는 일은 다국적 기업(multinational) 또는 초국가 기업(transnational)이라고 불리는 '세계적인 회사(global corporation)'들의 몫이 되고 있다. 세계적으로 분포해 있는 다국적 회사들은 무자비한 이윤의 논리를 근거로 기업의 효율성을 더욱 완벽하게 추구한다. 이러한 기업은 2개 이상의 국가에 설치되어 있는 공업 단지들을 대상으로 시장의 입지, 노동의 공급, 생산의 계획 등에 관한 결정을 공동으로 한다. 극도로 복잡한 기업 구조를 가진 국제적인 회사가 세계적이고도 거시적인 안목에서 이 공업 단지들의 생산과 판매에 관한 모든 계획을 입안하고 실천하는 것이다.

이와 같이, 세계화(globalization)란 단순한 의미에서는 다국적 기업들이 세계 전체로 확산되는 현상을 가리키지만, 실제적으로는 몇 마디로 정의할 수 없을 만큼 복합적인 의미를 내포하고 있다. 다국적 기업들은 필요하다면 언제든지 노동생산성이 높은 곳으로 투자 대상을 바꾸기 때문에, 이들에게 국경은 자본의 이동에 아무런 장애가 되지 않는다. 이러한 자본의 세계화로 인하여 하루 동안 국경을 자유로이 넘나드는 자본의 액수가 무려 1조 5,000억 달러 이상에 달한다.

다국적 기업을 지향하는 세계적인 회사는 경영과 자본의 규모가 정말 어떤 상상도 초월하는데, 그 연중 판매액 합계가 하나의 약소 국가 국민 총생산액을 초과하고도 남는다. 이러한 부류의 회사들은 미국, 유럽, 일본 등지에 근거지를 두고 국제적인 통신망, 첨단 기술, 투자 자본 등을 완벽하게 통제하고 관리한다. 또한 그들은 자본, 기술, 인력 등의 통제를 통하여 개발도상국가들의 경제구조를 효과적으로 관리하기도 한다. 멕시코를 예로 들면, 1970년을 기준으로 금

속공업의 67%, 연초공업의 84%, 고무·전기 기계·자동차 공업의 100%를 외국 회사가 소유하고 관리하였다. 아르헨티나의 경우에는 1985년 현재 상위 50위 안에 드는 회사들 모두가 세계적인 회사들에 의하여 운영되었다.

3) 제3차 산업

어떤 지역의 탈산업화, 즉 제1·2차 산업이 쇠퇴하는 현상은 곧 그 지역이 후기 산업 단계(postindustrial phase)에 접어들었음을 의미한다. 이러한 탈산업화는 미국을 비롯한 서부 유럽 국가, 캐나다, 일본 등과 같은 후기 산업 국가들에서 제3차 산업의 성장과 함께 나타나고 있는 것이다. 이 국가들에서 나타난 제3차 산업(서비스 산업)은 사회적 수요의 증대로 인하여 급속하게 성장하면서 제3·4·5차 산업으로 분화되고 있다.

제3차 산업은 교통, 통신, 설비 등과 같은 산업 단계와 후기 산업 단계의 서비스 활동을 골고루 포함한다. 고속도로, 항공로, 송유관, 전화, 라디오, 텔레비전, 인터넷 등은 모두 제3차 산업 활동의 수단으로 이용된다. 이들은 모두 현대 산업의 재화, 서비스, 정보의 보급을 촉진하는 교통과 통신체계를 구축한다. 실제로 산업 국가들은 하나같이 고도로 발달된 교통과 통신체계로부터 각종 서비스를 제공받는다. 이 국가들은 국민 한 명당 보유하는 자동차의 대수가 많은 만큼 교통을 수단으로 하는 서비스 산업의 효율성이 높다.(그림 9-6) 또한 후기 산업 국가들에서 컴퓨터를 이용한 대륙 간 자금의 전자결제와 전자통신은 정보와 사고의 전달에 가속도를 붙이고 있다.

교통수단의 상대적 중요도는 지역의 자연환경을 비롯한 제반 여건에 의하여 결정된다. 예를 들면, 러시아와 우크라이나의 교통수단으로는 철도가 가장 중요하고 내륙 수로가 그 다음으로 중요하다. 이 국가들에서 고속도로에 대한 의존도는 선진국의 평균을 훨씬 밑돌 정도로 낮으며, 반드시 필요할 것 같은 대륙횡단 고속도로는 아직 개설조차 되어 있지 않다. 이에 반해, 미국에서 철도의 중요성은 지극히 미약하지만 고속도로에 대한 의존도는 절대적이다. 서부 유럽 국가들에서 철도, 고속도로, 내륙 수로에 대한 의존도는 서로 비슷한 수준에 머물러 있다.

하지만 산업화가 아직 성숙되지 않은 개발도상국가들은 교통체계가 선진국가들보다 훨씬 낮은 수준에 정체되어 있다. 아프리카와 아시아의 내륙에

292 · 세계문화지리

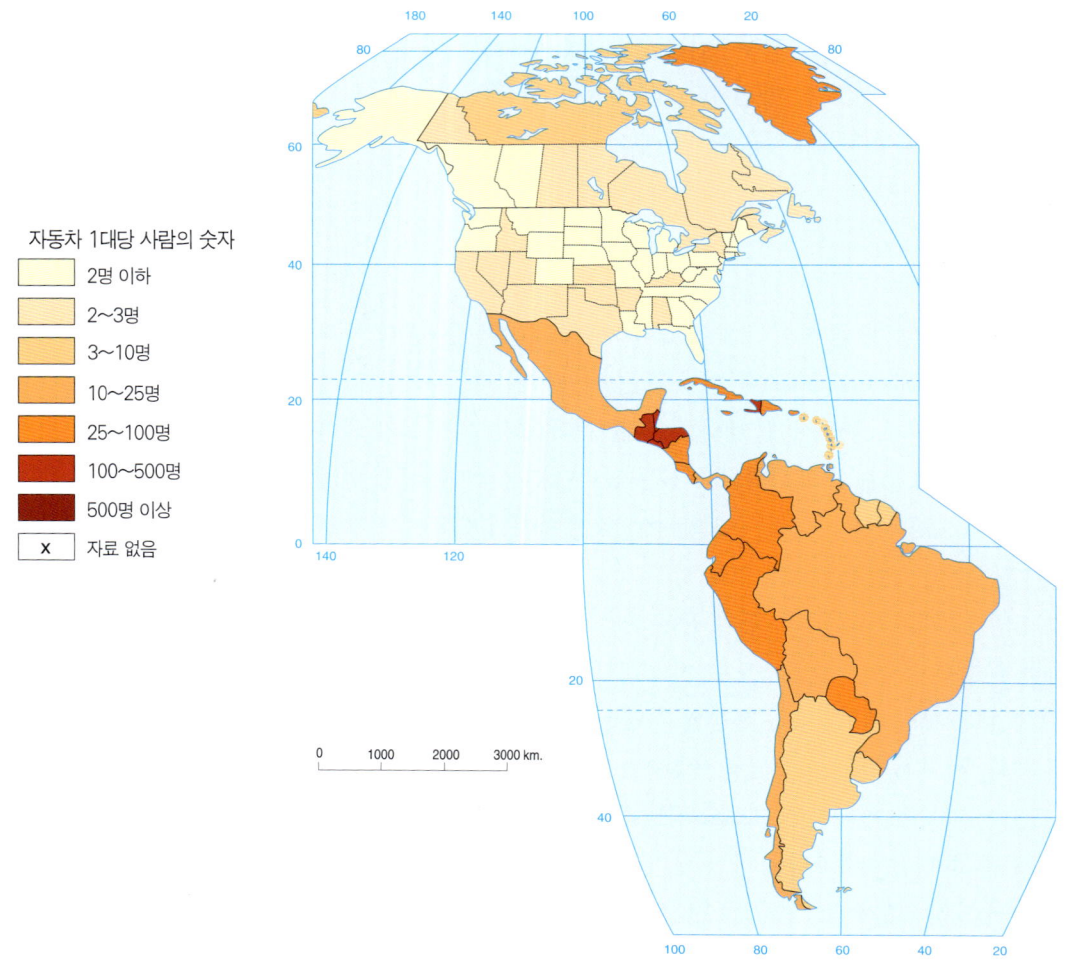

그림 9-6

세계 각지의 자동차 1대당 사람의 수 한 국가에서 국민 1인당 보유하는 자동차 대수는 그 국가의
산업화 수준에 비례하여 증가한다.

는 아직도 고속도로나 철도가 개설되어 있지 않음에도 불구하고 오히려 제3차 산업이 성장하는 기현상이 벌어지고 있는 지역들이 있다.

4) 제4차 산업

제4차 산업은 무역, 보험, 법률 서비스, 금융, 광고, 도매업, 소매업, 컨

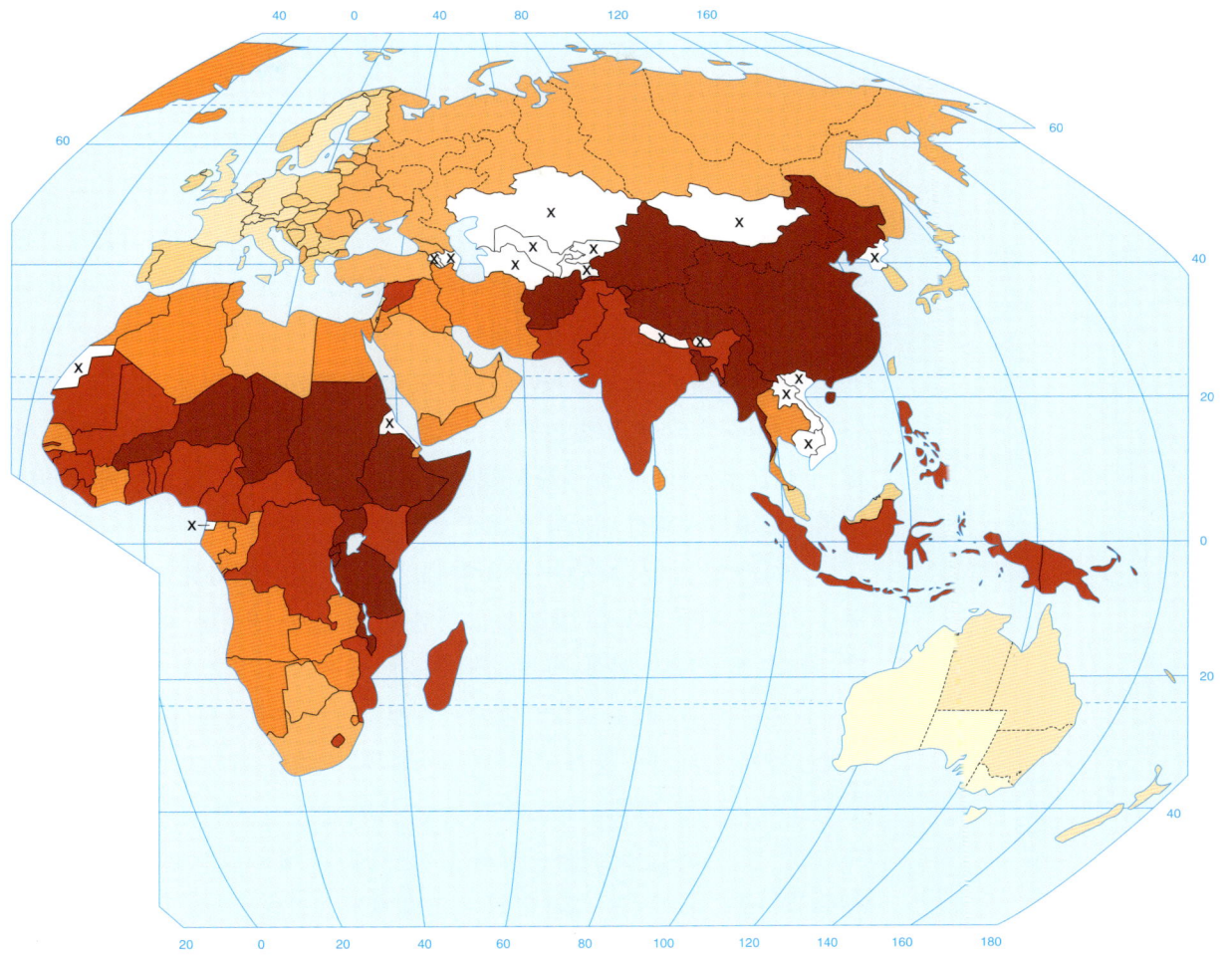

설팅, 정보 창출, 부동산 중개업 등의 서비스 활동을 포함한다. 이러한 활동들은 후기 산업 사회에서 가장 활발하게 성장하는 서비스 업종들이다. 제조업(공업) 자체는 갈수록 주변부로 이전되지만, 제조업을 관장하는 회사 본부, 시장, 생산자와 관련된 서비스 활동은 여전히 핵심부에 남아 있다.

이와 같은 공간적 배열은 세계적 회사가 주변부의 제2차 산업에 투자하면서도 그 이윤을 고스란히 핵심부인 선진국으로 다시 회귀시키는 사회·경제적 모순을 내포하고 있다. 1965년경 미국에 본부를 둔 다국적 기업들이 이런 방식으로 라틴아메리카로부터 가로챈 이윤은 전체 순이윤의 4/5 가량이나 되었다.

이러한 사회·경제적 모순으로 인하여 개발도상국가들의 산업화는 오히려 선진 국가들의 세력을 키워주는 역할을 하고 있다. 사실, 산업 기술이 그동안 세계 전역으로 퍼져 나갔다고는 하지만, 오늘날 세계의 경제력은 오히려 이전보다 더욱 제한된 지역에 편중되어 있다. 대체적으로 세계적 회사들은 산업혁명이 일찍이 뿌리를 내린 북반구 중위도 국가, 즉 서부 유럽 국가, 일본, 미국 등지의 제4차 산업 지역에 본부를 두고 있다. 개발도상국가는 산업 개발을 위해 이러한 국가들의 금융 기관으로부터 융자를 얻어야 하므로, 그나마 축적되는 자본도 융자에 대한 이자의 형태로 모두 선진국가에 빼앗기게 되는 것이다.

제4차 산업에서 나날이 중요해지고 있는 것은 전산화된 지식과 정보의 수집·창출·저장·검색·가공 등을 통한 연구, 출판, 컨설팅, 미래의 예측 등의 서비스 활동이다. 사실, 후기 산업 사회에서 지식의 창출과 정보의 혁신은 경제적 이윤을 획득하고 사회적 통제를 확보하는 매우 중요한 활동이 된다. 컴퓨터의 발달은 세계에 충격적인 영향을 주면서 극적인 사회적 변혁을 요구하고 있으며, 이러한 변혁의 속도는 1970년 이후 날이 갈수록 더욱 빨라지고 있다. 어떤 학자들은 18세기의 산업혁명에 버금가는 새로운 경제·기술 혁명이 컴퓨터의 발명과 이용을 계기로 하는 20세기에 시작되었다고 주장한다. 후기 산업 사회는 컴퓨터의 일상적 이용으로 인하여 산업 사회와는 전혀 다른 작업 방식, 생산품, 서비스를 새롭게 요구하고 있다는 것이다.

제4차 산업의 대다수 업종들은 고도로 숙련된 기술과 지적 능력뿐만 아니라 창조적이고 풍부한 상상력을 갖춘 노동력에 의존한다. 정보를 창출하는 활동들은 세계적으로 보면 전통이 오래된 핵심부에 집중되어 있고, 이를 국지적으로 보면 주요 대학교와 연구소를 중심으로 서로 뒤엉켜 있다. 예를 들면, 스탠포드 대학교와 캘리포니아 주립대학 버클리 분교는 샌프란시스코 만 연안 지역에서 제4차 산업이 발달하는 직접적인 배경이 되었다. 또한 뉴잉글랜드 지방의 하버드 대학교, MIT 공과대학, 노스캘리포니아 주의 '연구 삼각지대(Research Triangle)'를 중심으로 제4차 산업이 번성하고 있다.

이러한 첨단기술 회랑(high-tech corridor)들은 경관이 워낙 독특하여 '실리콘 밸리(silicon valley)'라는 별칭을 얻고 있지만, 실제로 그 점유 구역은 그렇게 넓지 않은 것이 특징이다. 왜냐하면 정보 산업은 제2·3차 산업과 달리 지극히 제한된 지역에 편중되는 속성을 가지고 있기 때문이다. 유럽 대륙에서도 제4차 산업의 핵심부는 제2차 산업(공업)의 핵심부보다 훨씬 더 제한된 지리적 범위를 점유하고 있다.

5) 제5차 산업

제5차 산업은 교육, 행정, 여가와 관광, 건강과 의료 등과 같이 소비자와 관련된 서비스 업종을 주로 포함한다. 그리고 하다못해 집안 청소나 잔디 관리 같은 세속적인 직업도 제5차 산업으로 분류된다.

이러한 제5차 산업 중에서 현재 가장 빠르게 성장하고 있는 업종이 다름 아닌 관광이다. 1990년 현재, 관광 산업은 이미 세계 경제의 5.5%를 차지하여 2조 5,000억 달러의 소득을 창출하고 1억 1,200만 명의 노동력을 고용하였다. 그 결과 세계의 노동자 15명당 1명꼴로 관광 산업에 종사하게 되었는데, 이러한 경제적 기여는 종래의 어떤 분야의 산업 활동과도 비교가 되지 않는 것이었다. 그후 2년이 지난 뒤에는 소득 액수가 3조 달러로 증가하고 관광 산업에 고용된 노동자는 14명에 1명꼴로 늘어났다. 그런데 이러한 관광 산업의 급속한 성장 추세는 앞으로 한동안 지속될 전망이다.

또한 관광 산업은 다른 산업과 마찬가지로 지역적 또는 국가적 차이를 가지고 성장해 왔다.(그림 9-7) 열대 도서에 위치한 국가들 가운데는 국가 경제를 전적으로 관광 수입에 의존하는 곳도 있다. 여타 산업이 가지고 있지 않은 관광 산업의 이점 중 하나는, 그 활동이 주변부를 중심으로 일어나기 때문에 경제의 불균등 발전을 해소시키는 데 어느 정도 기여할 수 있다는 것이다.

세계적으로 발생되고 있는 관광을 위한 이동의 흐름은 크게 여섯 가지 유형으로 분류할 수 있다. 그중 가장 주된 첫번째 유형은 내륙에서 해안으로 이동하는 흐름으로, 이 흐름의 목적지는 미국 남부 플로리다 주의 '황금해안(Gold Coast)' 또는 에스파냐의 '태양 해안(Costa del Sol)'과 같이 아름다운 모래 사장을 가진 곳이다.

그 다음으로 중요한 두번째 유형은 저지에서 고지를 향한 이동의 흐름이다. 알프스 산맥, 로키 산맥, 히말라야 산맥 등과 같은 산지지역은 관광업이 주된 산업 기반이다. 예를 들면, 스위스와 오스트리아와 같은 알프스 산지 국가

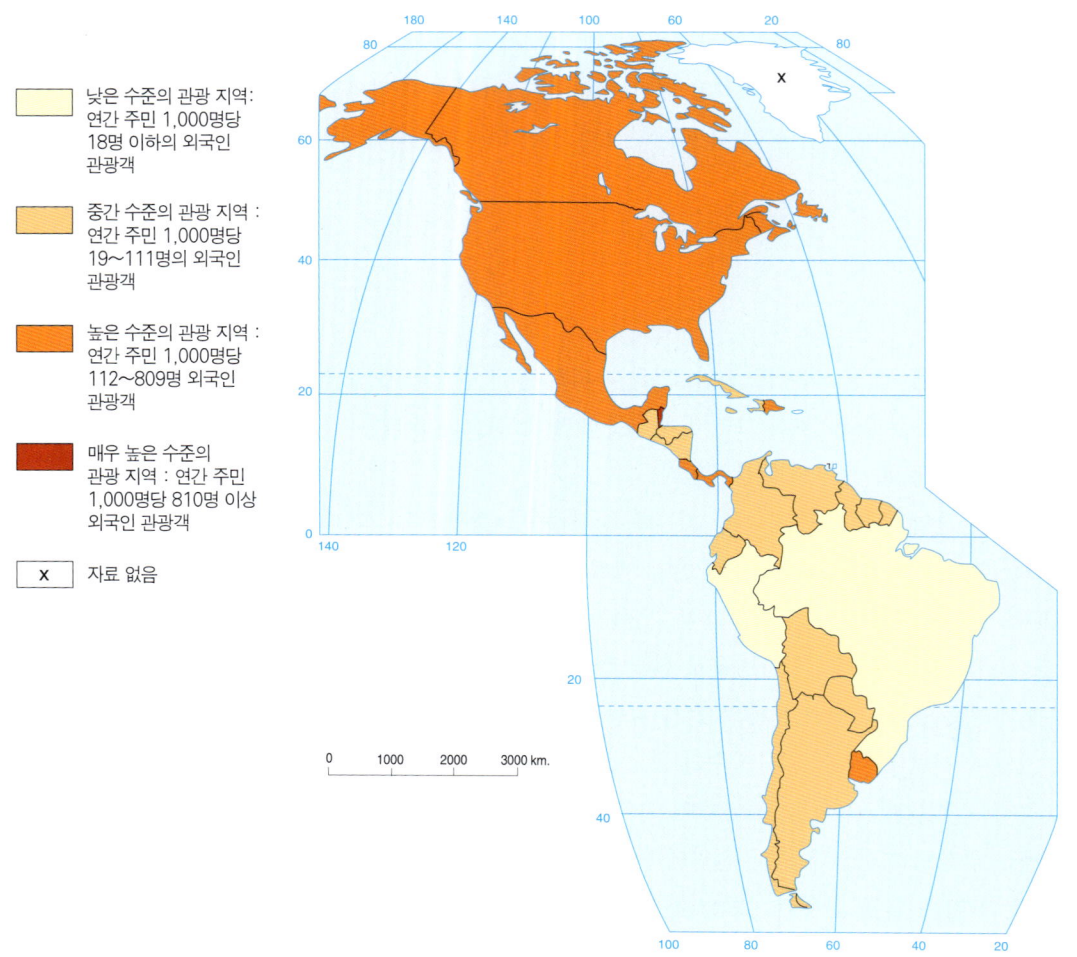

그림 9-7
관광 산업의 발달 수준 이때의 측정 지표는 국내 관광을 제외하고 해외 관광만을 고려한 것이다.

는 주민의 두 배나 되는 외국 관광객이 매년 찾고 있다.

세번째 유형은 두번째 유형과 중복되는 것으로, 도시에서 농촌으로 이동하는 흐름이다. 일반적으로 사람들은 자기들이 사는 시끄럽고 복잡한 도시를 떠나 조용한 농촌에서 휴가를 보내고 싶어한다. 특정한 계절에 농가를 빌리거나 휴가를 보내기 위해 고립된 장소에 별장을 짓는 일이 점점 더 대중화되어 가고 있다. 노르웨이의 농촌은 전체 농가의 40% 가량이 부업으로 여름에 관광객을 받아들인다. 미국의 어떤 지역 농부들은 전적으로 관광객이 이용하는

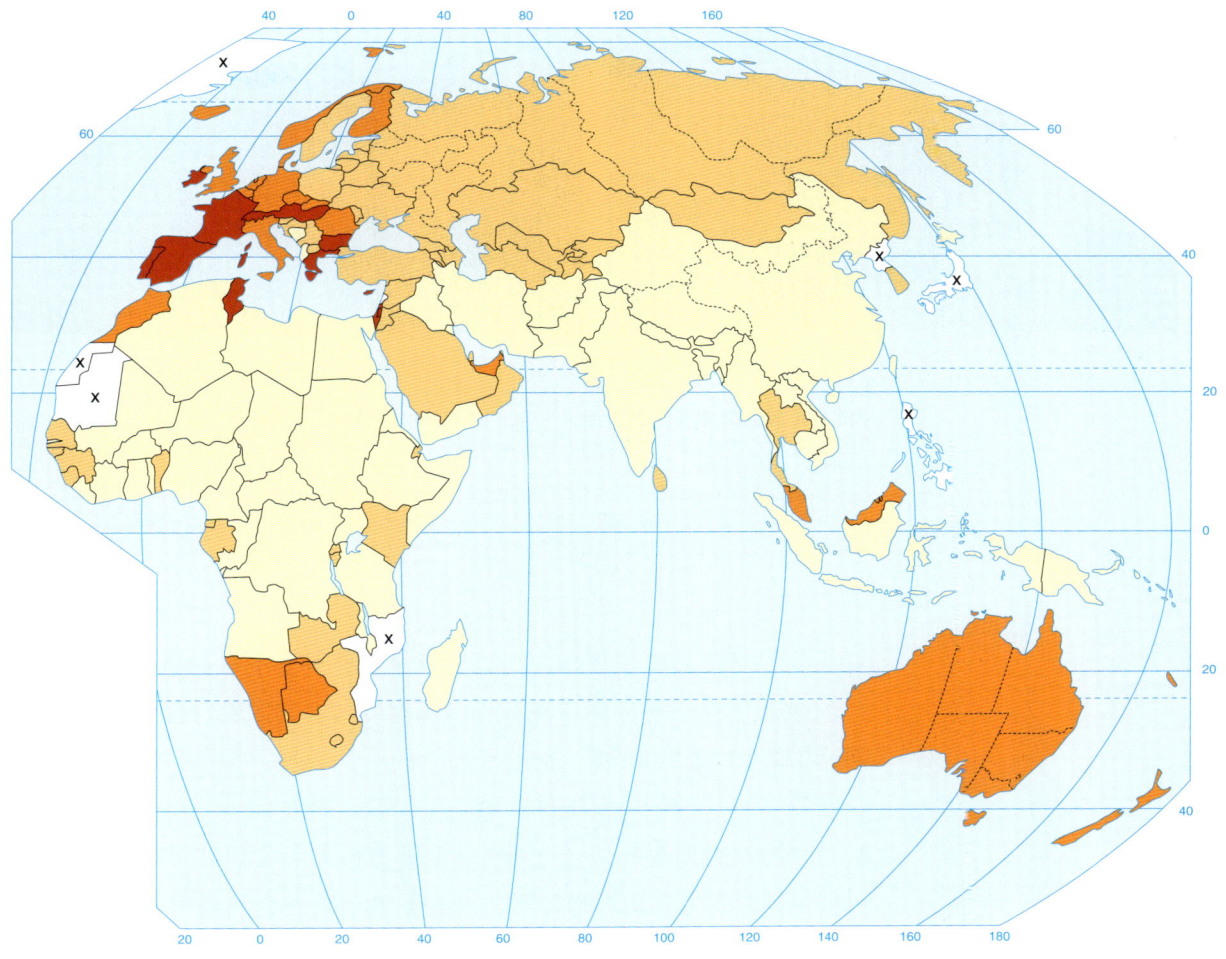

숙박시설을 갖춘 농장을 운영하기도 한다. 사실 농촌에 근거한 이러한 독특한 관광업의 초기 형태는, 미국과 캐나다 서부의 관광 목장이었다. 최근에는 매우 외딴 지역, 특히 야생 지역을 방문하는 '생태 관광(ecotourism)'이 낚시와 사냥을 위한 관광과 더불어 크게 성장하고 있다.(그림 9-8)

    네번째 유형은 문화적·역사적 중요성이 있는 장소를 목적지로 하는 관광의 흐름이다. 이런 관광 명소로는 터키의 트로이(Troy)와 같은 고고학적 발굴 장소, 미국 버지니아 주의 윌리엄스버그(Williamsburg)와 체코공화국의 프라하

그림 9-8

외국인에 의한 오지(奧地)로의 관광 자그마한 전세버스가 파푸아뉴기니의 고원지대 산 밑에 있는 관광용 초가집으로 등산객을 실어 나르고 있다. 여기는 식수가 부족한데다가 1930년까지 외부 세계에 전혀 알려지지 않았던 곳이다. (왼쪽)
오스트레일리아에서는 여행객들이 자동차로 비포장 도로를 달려 애버리진어로 'Kata Tjuta'라 불리는 '올가스(Olgas)'를 방문한다. 이런 올가스는 '적색 중심(Red Centre)'이라는 외딴 오지에서 그림 같은 모습을 하고 있는 둥근 바위이다. (오른쪽)

같이 잘 보전된 중세 도시 또는 식민 도시나 각종 박물관들이 있다.

다섯번째 유형은 아직은 가장 중요성이 낮은 것으로 건강 증진을 위한 휴양지로의 이동 흐름이다. 유명 온천지나 디즈니 월드 같은 오락 공원은 최근 수십 년 동안 '반짝 경기'를 타고 있다.

여섯번째 유형은 가장 현대적인 관광 형태로 단 한번의 여행기간 동안에 여러 군데를 연속적으로 방문하는 것이다. 이러한 유형의 관광은 미국인들이 가장 선호하는 것으로 알려져 있다. 일반적인 유럽인들은 미국인과 달리 단일한 목적지를 정해 놓고 한곳에 비교적 오래 머물며 관광도 하고 여가도 즐긴다. 근래에는 개인으로 관광하는 사람들보다 사전에 짠 여행 일정에 따라 집단으로 관광하는 사람들이 갈수록 늘어나고 있다. 21세기를 맞이하여 세계는 지금 관광 여행에 대한 취향과 풍속도가 급속하게 바뀌어가고 있는 중이다.

2. 산업혁명의 기원과 전파 · 확산

개인적인 이득이 피부로 직접 와 닿지 않는다면, 누구도 자신이 유지하고 있던 기본적인 문화 유형을 바꾸는 것에 완강하게 저항할 것이다. 하지만 선진국들은 산업혁명이 가져다 주는 생활의 혜택을 확신했기 때문에, 오래된 문화적 전통을 버리고 새로운 생활양식을 수용하였다.

산업혁명 이전에는 사람들 대부분이 땅으로부터 생활필수품을 얻는 제1차 산업에 종사하고, 사회와 문화생활은 다분히 농촌과 농업에 근거하였다. 그리고 1700년경 이전에는 도구, 무기, 그릇, 의복 등의 생필품이 가내 수공업과 길드 공업에 의하여 생산되었다.

1) 산업혁명의 발생 과정

산업혁명은 1700년대 초 영국 잉글랜드 지방의 낙후된 가내 수공업자들에 의하여 처음으로 시작되었다. 이때 단순히 손으로 옷감을 짜는 작업에 최초로 기계를 도입하자, 직공(織工)은 직조기(織造機)를 힘들게 손으로 돌리지 않아도 되었다. 자연의 힘으로 돌아가는 직조기가 발명되어 옷감을 짜는 데 걸리는 시간이 훨씬 단축되고, 직조기를 돌리는 힘이 사람의 손에서 흐르는 물, 화석 연료, 수력 전기, 원자력 등으로 바뀌어갔다. 남성과 여성들 모두는 직접 물품을 만들지 않고, 그 대신 물품을 생산하는 기계를 조종하는 사람들이 되었다. 그후 산업혁명의 불길이 제철 공업과 석탄 광산업으로 옮겨 붙으면서, 영국의 산업 구조는 근본적으로 변혁되고 사람들의 생활양식은 이전과 전혀 다른 방향으로 전환되었다.

① 방직 공업

영국에서 산업혁명의 결정적 동기가 된 것은 제2차 산업, 즉 공업(제조업) 분야 중에서도 면방직 공업이었다. 이러한 면방직 공업은 영국 잉글랜드 서부의 랭커셔 지방에서 최초로 탄생하였는데, 초기의 변화는 속도가 완만하고 좁은 범위에 국한되어 있었다. 이 지역의 면방직 수공업자들은 직조기계(織造機械)를 발명하였지만, 이 기계를 돌리는 에너지원으로 여전히 동네 물레방아를 돌리는 흐르는 물을 이용하였던 것이다. 또한 이 시기의 제조업은 대부분 농촌에 남아 있었으며, 흐르는 물 중에서도 폭포와 급류가 있는 곳에 발달하였다. 그후 19세기에 이르러 효율적인 동력원으로 증기 기관이 발명되고 나서야, 비로소 수력이 지니는 중요성이 크게 감퇴되었던 것이다.

② 제철 공업

전통적으로 제철 공업은 철광석이 매장되어 있는 지점 부근에 대장간들을 설치하고 운영하는 소규모의 기업이었다. 이때 철광석을 녹이는 연료로는 삼림에서 얻을 수 있는 숯을 이용하였다. 사람들은 그때까지도 철광석을 녹여 강철을 만드는 과정에서 일어나는 화학적 변화를 신비로운 자연의 조화로 믿었다. 이로 인해 독특한 종교적 제의, 미신적 행위, 형식적 의례 등이 제철 과정과 관련되어 발달하기도 했다. 일찍이 약 2500년 전 철기시대에 통용되던 제철 기술은 산업혁명 이전까지 거의 변함이 없이 유지되고 있었다.

그런데 산업혁명은 이러한 상태에 있었던 제철 공업을 급격하게 바꾸어 놓았던 것이다. 19세기 잉글랜드의 미들랜드 지방 콜브룩데일에 사는 제철업자들은 연속적인 발명을 통하여 제철 공업의 공정을 과학적으로 바꾸고, 제철 공장의 규모를 크게 확대하였다. 그중에서 가장 획기적인 발명 중 하나가 새로운 제철 연료로 코크스(coke)를 발견한 것이었다. 고품질의 석탄으로부터 얻는 코크스는 거의 100%가 탄소 성분으로 되어 있었으므로 연소율이 숯보다 훨씬 우수하였다. 현대식 용광로가 재래식 용철로를 대체하고, 효율적인 압연 기계가 원시적인 망치와 모루의 작업을 대신하였다. 그 결과 강철의 대량 생산이 가능해지고 그러한 강철을 원료로 하는 산업들이 탄생하고, 산업 구조 자체가 새롭게 변화하였다. 기계 공업과 같은 다른 공업 부문들도 이와 비슷한 과정을 거쳐 전혀 새로운 유형으로 탈바꿈하였다.

③ 석탄 광산업

산업혁명에 의한 기술 혁신은 마침내 제1차 산업에까지 파급되었는데, 석탄 광산업은 새로운 기술의 효과를 가장 먼저 수용한 제1차 산업 활동이었다. 증기 기관을 돌리려면 한꺼번에 많은 양의 물을 끓여야 하고, 물을 끓이기 위해 불을 피우려면 엄청난 양의 석탄이 필요하였다. 또한 코크스가 숯을 대신하여 제철의 연료로 쓰이면서 코크스의 원료가 되는 석탄에 대한 수요가 크게 늘어났다.

다행히 영국에는 풍부한 양의 석탄이 매장되어 있었기 때문에, 새로운 채광 기술과 도구의 발명과 함께 석탄 광산업은 경영 규모가 커지고 기계화되었다. 하지만 석탄은 무게가 많이 나가고 부피가 커 운반하기가 어려웠다. 이러한 난관에 부닥친 제조업체들은 석탄의 운송비를 줄이기 위하여 광산에 가까운 곳으로 몰려들었다. 석탄 이외에도 철광석과 구리는 산업혁명 이후 급격하게 성장하는 제조업 분야가 대량으로 필요로 하는 광물 자원들이었다. 곧이어 이러한 광물들을 캐는 광산업에도 석탄 광산업에서와 같이 새로운 채광 기술과 도구가 적용되었다.

④ 철도 산업

또한 산업혁명은 제3차 산업에도 대변혁을 가져왔는데, 특히 비포장 화물의 신속한 운송은 산업혁명 이후에 최초로 탄생한 서비스업이었다. 목재로 만든 전통적인 범선(帆船)이 강철로 만든 기선(汽船)으로 대체되고, 이것들이 다니는 운하와 수로가 건설되더니, 드디어 영국인들이 발명한 철도가 세상에 선을 보였다. 철도는 많은 양의 원료와 완제품을 값싼 비용으로 신속하게 이동시킬 수 있는 새로운 운송수단이 되었고, 재화와 서비스의 불균등한 분포를 극복하고 지역 간 경제의 교류와 경쟁을 촉진하는 역할을 하였다. 만일 영국의 산업혁명 초기에 철도가 발명되지 않았다면, 산업혁명은 지금과 같은 범위로 파급되고 확대되지 못했을 것이다. 즉 철도에 의한 교통수단의 혁신은 영국에서 초기의 산업혁명이 성공하기 위한 필수적인 조건이었던 것이다.

더구나 영국인들은 이에 그치지 않고 대규모의 운하를 건설하고 조선 공업의 혁명을 주도하기도 하였다. 이 시기에 영국인들이 설치한 스코틀랜드의 조선소들은 20세기까지 세계의 조선 공업을 주도하였다. 이런 교통수단의 혁신은 산업혁명과 이와 관련된 종류의 문화가 전파·확산되는 계기가 되었다. 특히 산업시대의 대중문화는 철도를 통하여 외부 세계와 접촉이 전혀 없던 지역에까지 쉽게 파고들어 갔던 것이다. 이를 빌미로 유럽의 제국주의자들은 철도를, 식민지를 정복하고 지배하는 흉기(凶器)가 아닌, 문명을 미개지에 전파시키는 이기(利器)로 미화하기도 하였다.

2) 유럽 대륙으로의 전파·확산

산업혁명이 최초로 발생한 이후 약 1세기 동안 영국은 산업의 혁신과 진보에 있어서 거의 독보적인 위치에 있었다. 산업혁명은 영국인들에게 막대한 경제적 이득을 가져다주었을 뿐만 아니라, 대영 제국의 영토 확장과 세력 강화에 크게 기여하였다. 이 때문에 영국 정부는 산업혁명을 가능하게 한 다양한 종류의 발명품들이 다른 국가로 전파되는 것을 적극적으로 봉쇄하였다. 그럼에도 불구하고 산업혁명은, 결국엔 영국 제도의 범위를 벗어나 유럽 대륙을 비롯한 다른 지역으로 전파·확산되었다.(그림 9-9)

지구상에서 유럽 대륙은 영국의 산업혁명을 가장 먼저 받아들인 지역이었다. 19세기 후반, 산업혁명은 독일과 벨기에를 비롯한 북서부·중부 유럽 국가들의 석탄 산지를 중심으로 뿌리를 단단히 내렸다. 유럽 대륙에 철도가 부설되는 지역이 확대되는 시기는, 곧 산업혁명이 전파·확산되는 시기와 거의 일치하였다.(그림 9-10) 미국은 1850년경부터 산업화와 함께 전국을 연결하는

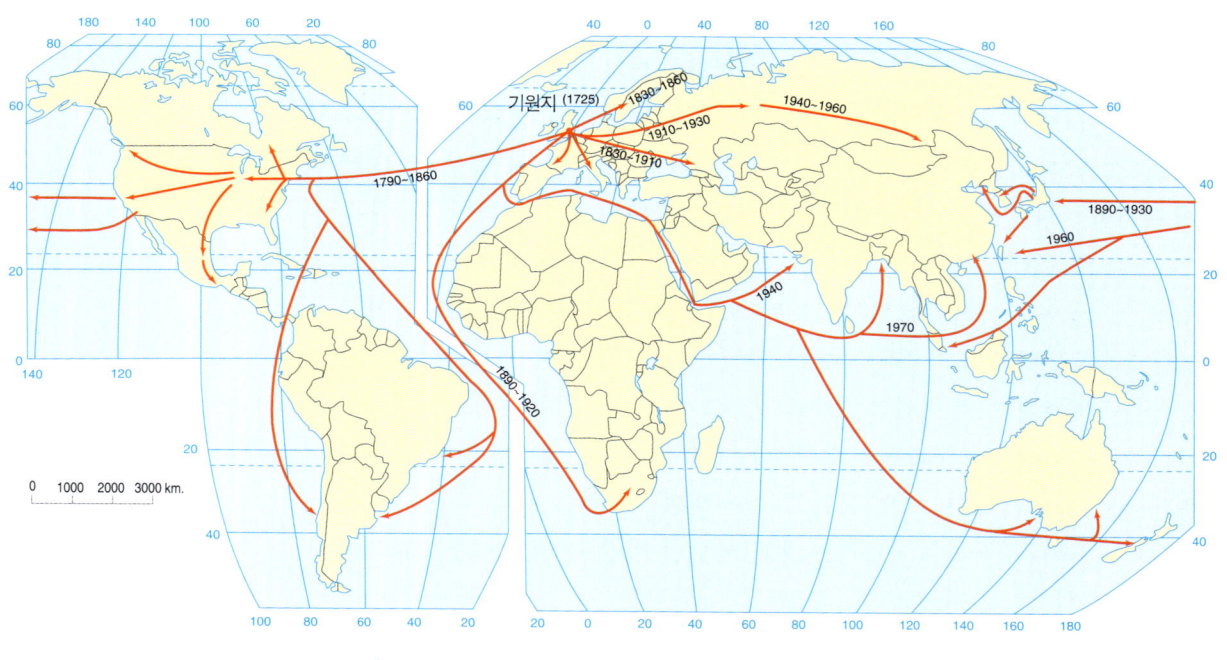

그림9-9

산업혁명의 확산 유럽의 주변 국가인 영국으로부터 전 세계로 퍼져 나간 산업혁명은, 세계 각지의 문화를 근본적으로 바꾸었다.

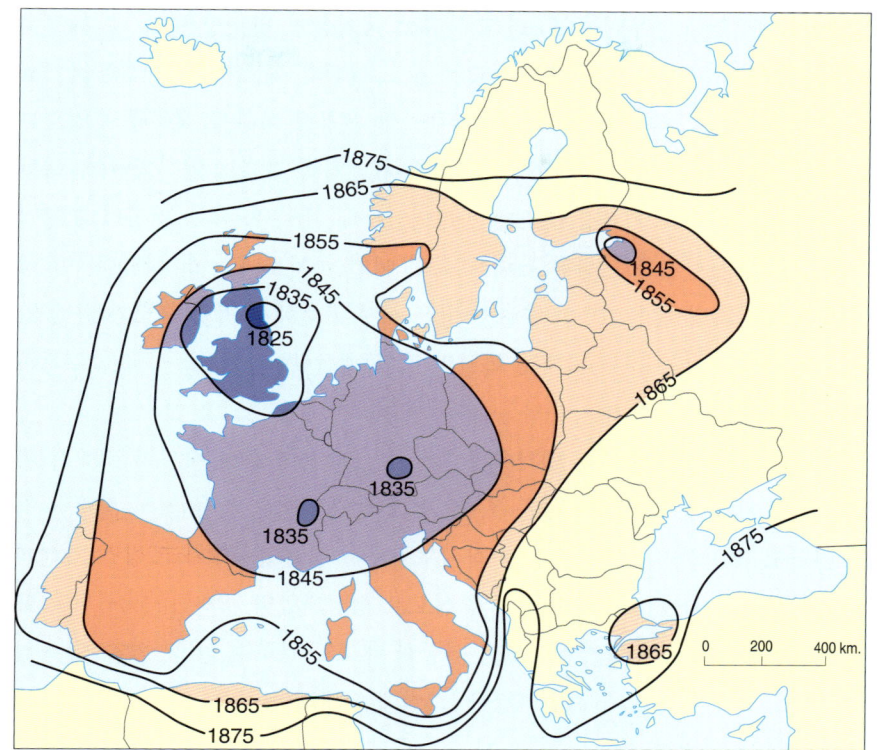

그림9-10
유럽에서 전개된 철도의 확산
산업 혁명은 철도와 함께 유럽 대륙을 가로질러 전역으로 퍼져 나갔다.

철도망을 매우 빠른 속도로 구축하기 시작하였다. 일본은 미국보다 반세기 늦게 산업혁명과 철도 교통을 받아들여 서방 세계의 외부에서 세계 최초로 산업화된 국가가 되었다.

유럽 대륙의 국가들은 19세기 초까지만 해도 영국의 산업혁명을 적극적으로 도입하려고 하지 않았다. 우선적으로, 이 국가들은 영국의 새로운 기술이 면방직 공업과 같은 유럽 대륙의 전통적 산업을 위협하는 것으로 여겼다. 또한 이들은 영국처럼 석탄의 매장량이 풍부하지 않았으므로, 제철 연료를 코크스로 바꾸는 일이 결코 쉽지 않았다. 하지만 벨기에는 예외적으로 상브르 강과 뫼즈 강 유역에서 석탄과 철광석 광산을 개발하고, 영국의 산업혁명을 적극적으로 수용하였다. 1835년 벨기에는 유럽 대륙에서 최초로 전국을 연결하는 철도를 부설하기 시작했고, 철도, 도로, 내륙 수로 등의 교통로가 전국 어느 곳으로도 연결되는 국가로 탈바꿈하였다.

마침내, 19세기 후반 벨기에를 제외한 서부 유럽에서 철도의 건설이 본

격화되었다. 1850년부터 1870년까지 유럽 국가들의 철도망은 그 총 연장이 세 배로 증가하였는데, 그중에서 독일은 철도 건설의 속도가 가장 빠른 국가였다. 산업 경제는 군사력의 강화와 제국주의의 팽창에 기반을 제공해 주었으므로, 서부 유럽 국가들에게 절대적으로 필요한 정치적 과제로 인식되었다. 독일은 유럽에서 산업화가 가장 빠르게 진행되었는데, 1870년에는 철광석과 석탄의 생산량이 프랑스를 포함한 유럽 대륙의 어떤 국가보다도 더 많았다. 이 시기에 석탄의 매장량이 풍부한 루르 지방은 서부 유럽에서 가장 규모가 큰 공업지대로 부상하였다. 1890년에는 독일의 강철 생산량이 마침내 영국을 추월하여 세계에서 미국 다음가는 순위를 차지하였다.(그림 9-11)

프랑스와 네덜란드는 벨기에와 독일에 비해 산업화의 속도가 비교적 완만하였다. 때문에 어떤 학자들은 프랑스는 산업혁명이란 것을 전혀 경험한 적이 없다고 주장하기도 한다. 유럽 북서부에서는 중공업지대가 프랑스 로렌의 철광석 산지와 독일 자르의 탄전을 중심으로 형성되었다. 하지만 20세기의 프랑스는 산업화에 대한 보수적이고도 신중한 태도로 인하여 영국, 벨기에, 독일보다 산업 성장의 속도가 완만하였다. 그밖에 이탈리아 북부, 바르셀로나를 중심으로 하는 에스파냐의 동북부, 체코의 수데텐란트 등지에도 산업 중심지가 형성되었다. 스웨덴은 새로이 부설한 철도를 통하여 철광석과 원목의 수출을 촉진하였으며, 덴마크는 기술 혁명을 농업에 적용하여 낙농업과 양계업을 재조직하고 기계화하였다.

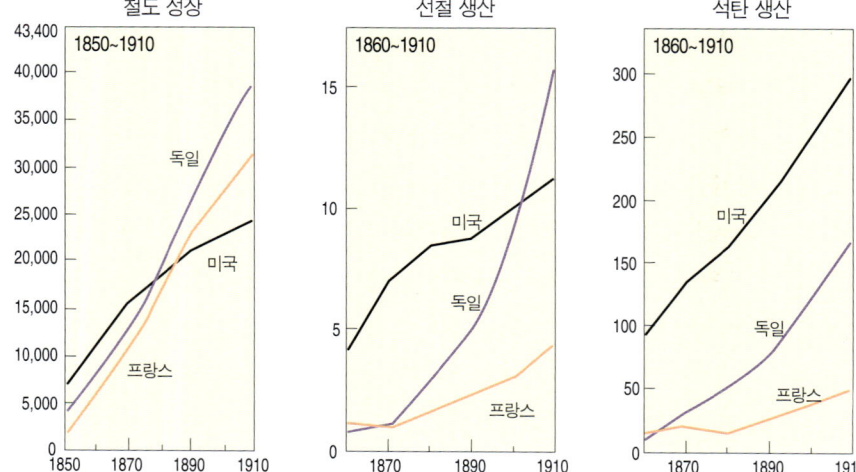

그림 9-11
19세기 유럽의 철도, 철광석, 석탄
19세기 후반 영국, 독일, 프랑스에서 철도의 부설은 중공업의 성장과 긴밀한 관계를 가지고 있었다. 철도는 거리의 장벽을 극복하고 중공업 제품의 수송을 가능하게 했다.

3) 신대륙으로의 확산

오늘날 신대륙의 산업 국가들은 대부분 과거에 유럽인들이 정착 식민지로 개척한 곳이다. 미국, 캐나다, 오스트레일리아, 뉴질랜드 등은 모두 유럽인들이 이주해 정착한 국가들이다. 그러나 라틴아메리카의 대부분 국가들의 경우는 유럽인들이 식민지로 개척하였음에도 불구하고 지금까지도 산업화에 성공하지 못하였다. 이는 이 국가들로 이민을 온 유럽인들 대부분이 산업화가 덜 성숙된 에스파냐와 포르투갈을 조국으로 하는 사람들이었기 때문이다.

유럽인들은 유럽과 유사한 온대기후를 가진 중위도 지방을 식민지로 선택하고, 여기에 제2의 조국을 건설할 목적으로 영구적인 정착을 하였다. 또한 이렇게 선택된 지역에 이주한 유럽인들은 그 수가 충분히 많았기 때문에, 유럽으로부터 산업혁명에 필요한 자본, 기술, 사회 제도, 노동력 등을 모두 들여올 수 있었다. 특히 1840년부터 1930년까지 미국이 받아들인 3,400만 명의 이민 인구 중에 80%가량이 유럽인이었다. 이들은 대부분 이미 자신들의 조국에서 경험한 산업혁명을 미국에 도입하는 데 일익을 담당하였다.

1850년경 미국 공산품의 65%가 동북부 지방에서 생산되고 있었는데, 뉴잉글랜드 지방의 매사추세츠 주에는 미국에서 최초로 대규모의 면방직 공장이 설립되었다. 하지만 미국은 1850년 이후에야 비로소 철도 산업의 성장과 더불어 산업혁명이 전국으로 확산되었다. 펜실베이니아 주는 풍부하게 매장된 석탄과 철광석을 기반으로 제철 공업이 발달한 결과 1860년까지 미국의 선철 총 생산량 가운데 절반을 공급하였다.

또한 미국은 전화, 전보, 재봉틀, 사진기, 타자기, 자동차를 자체적으로 발명함으로써 각종 산업이 눈부시게 발전할 수 있는 계기를 맞이하였다. 1869년에는 미국 최초로 로키 산맥을 관통하는 대륙횡단 철도가 놓여졌고, 1890년에는 전국 각지를 잇는 철도망이 완성되었다. 그후 미국은 제철 공업, 정유 공업, 전기 공업의 급속한 성장에 힘입어 유럽의 산업화 수준을 능가하였다. 19세기 후반 미국의 공업 생산량은 10배로 껑충 뛰었으며, 이러한 공업의 신장 추세는 20세기에 들어와서도 지속되어 제1차 세계 대전까지 다시 두 배로 뛰어올랐다.

3. 산업화가 자연환경에 주는 악영향

세계 전역에서 산업혁명의 성공은 바로 환경의 희생이라는 대가를 치르고 얻은 것이다. 현대 산업의 기술은 탄생할 때부터 생태계를 파괴하는 속성을 내부에 잉태하고 있었다. 특히 제2차 산업은 자원의 고갈, 대기 오염, 오존층 파괴, 방사능 오염 등과 같은 환경 위기나 재앙을 초래하는 주범이다. 제1·3·4·5차 산업은 제2차 산업보다는 정도가 비록 약하기는 하지만 자연환경에 악영향을 주어 인류의 생존과 건강을 위태롭게 하기는 매한가지이다.

1) 자원 고갈의 위기

제1차 산업이 지구 생태계를 파괴하는 수준과 범위는 근래에 들어 더욱 심화되고 확대되는 추세에 있다. 광산업은 땅을 보기 싫게 파헤치고, 임업과 어업은 재생 가능한 자원조차 고갈시키고 있다. 그중에서 임업에 의한 삼림의 파괴는 지구상의 자연 생태계 전체에 연쇄적인 악영향을 주고 있을 정도로 매우 심각한 수준이다. 인류 역사상 삼림의 벌채는 최소한 3000년 전부터 시작되어 지금까지 지속되고 있는 현상이지만, 지난 반세기 동안은 세계 삼림의 1/3이 소멸될 정도로 가장 극심하였다. 재목(원목)의 사용량은 1950년부터 1998년까지 세 배로 증가하였으며, 종이에 대한 수요는 다섯 배로 팽창하였다. 이로 인해 지구상에 아직까지 남아 있는 대규모의 삼림 생태계인 열대우림이 급속하게 파괴되고 있다.(그림 9-12) 특히 동인도 제도와 브라질에서 열대우림이 가장 빠른 속도로 제거되고 있는데, 이는 무엇보다도 상업적 이익을 얻기 위해 재목을 무분별하게 벌채하고 있기 때문이다.(그림 9-13)

수목은 적절하게 관리되면 재생이 가능한 자원이지만, 최근의 현실은 수목의 이러한 이점을 제대로 살리지 못하고 있다. 세계의 대다수 국가에서 미처 재생할 여유도 없이 재목을 남벌하여 왔기 때문에 오늘날 세계 곳곳에서 삼림 자원은 고갈 위기를 맞이하고 있다. 또한 1,200만 ha에 달하는 아마존 분지의 열대우림을 벌채할 수 있는 권한이 브라질인이 아닌 외국인의 손에 넘어가 있다. 때문에 캐나다나 미국인들이 브라질을 향해 열대우림을 보호하지 않는다

그림 9-12
파푸아뉴기니의 마당 부근에 있는 열대우림의 파괴
일본인 벌목업자들은 자기들이 필요로 하는 소량의 목재를 얻기 위하여 삼림 전체를 모두 베어 버렸다.

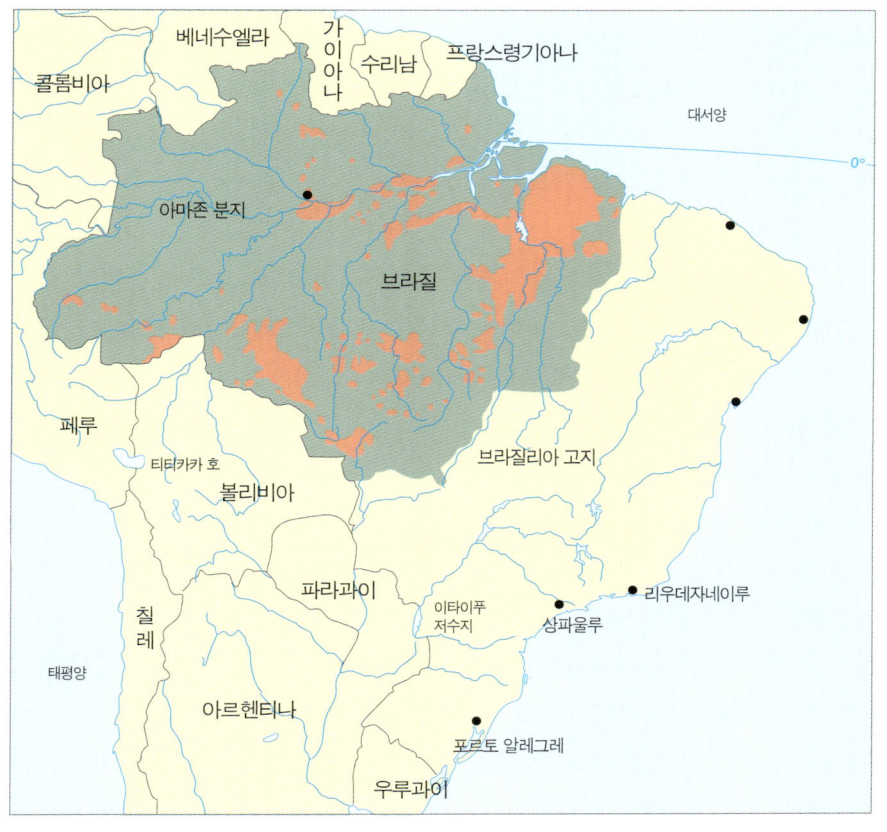

아마존 분지의 열대우림

1990년대 중반까지 삼림이 파괴된 지역

그림 9-13
아마존 분지의 열대우림
브라질에서는 열대우림이 정착민, 목장주, 상업적 벌목꾼들에 의해 위협받고 있다. 이들에 의한 생태계 파괴로 인해, 해마다 약 2만 6,000km²의 열대우림이 사라지고 있다.

고 공개적으로 비난하고 있는 것은, 철저한 자기기만이요 위선에 불과하다.

특히 캐나다와 미국에서는 북서부 태평양 해안, 브리티시컬럼비아 주, 알래스카 주를 덮고 있던 온·냉대 우림이 무분별한 벌채로 인하여 계속 감소해 왔다. 이 두 국가에서 '수목 농장(tree farm)'이란 형태로 삼림이 과학적으로 관리된다고 하더라도 삼림 생태계의 파괴는 도저히 피할 수 없는 일이다. 왜냐하면 단일 수종의 관리를 위한 상업적 임업으로는, 식물과 동물의 다양성에 의해 유지되는 자연 생태계를 보호할 수 없기 때문이다.

세계의 크고 작은 어장들에서 각종 어류의 남획은 고갈의 위기를 가져오고 있고, 나날이 악화되고 있는 바닷물의 오염은 해조류를 비롯한 각종 수산 자원의 소멸을 부추기고 있다. 1984년부터 10년이 지나는 동안 세계의 총 어획고는 8,400만 미터톤(1미터톤=1,000kg)에서 1억 1,000만 미터톤으로 증가하면서 어족 자체가 크게 감소하기도 했다. 미국과 캐나다 태평양 연안의 연어와 대서양 연안의 대구는 멸종 위기에 처해 있으며, 캐나다 뉴펀들랜드 지방의 대구 어획량은 남획으로 인하여 갑자기 감소하는 추세에 있다. 이러한 상황을 주의 깊게 지켜본 학자들은 머지않은 장래에 세계의 다른 어장들도 어족 자원이 고갈되는 위기에 직면할 것이라고 경고하고 있다.

2) 산성비

제2·3차 산업이 배출하는 독성 물질이나 또 다른 화학 물질들은 공기, 물, 땅을 오염시키는데, 이로 인해 발생한 환경오염의 대표적인 사례가 산성비이다. 산성비는 이미 1세기 반 이전부터 연구의 대상이 되어왔지만, 1980년대 초반부터 비로소 세상에 널리 알려지기 시작하였다. 발전소, 공장, 자동차가 사용하는 화석 연료는 연소할 때 아황산가스와 질산 가스를 대기로 분출하는데, 이 오염 물질들이 대기 속에 머물러 있다가 비가 내릴 때 빗물에 녹아 지상으로 되돌아오는 것이다. 이렇게 산성이 정상적인 수준보다 훨씬 높은 비를 '산성비'라고 부른다.

그런데 전체가 사용하는 에너지의 84%는 화석 연료를 태워서 얻으므로 산성비는 세계 어느 곳에서나 발생할 수 있는 보편적인 현상이 되고 있다. 이러한 산성비는 어류(魚類)를 중독시킬 뿐만 아니라 식물을 파괴하고 지력을 쇠퇴시키는 요인이 된다. 세계에서 가장 고도로 산업화된 국가 중 하나인 독일은 이런 환경 문제가 가져올 재앙에 대해서 촉각을 곤두세우고 있다. 독일 학자들은 산성비라는 기상의 대이변이 매우 급진적으로 확대되고 있다는 사실에 충격을 받았던 것이다. 1982년에는 서독 삼림의 단 8%만이 산성비의 피해를 입었지만, 1990년에는 그 피해의 범위가 전체 삼림의 절반 이상으로 확대되었다. 하지만 현재 독일에서도 산성비의 피해를 줄이기 위한 방법으로 오염의 통제와 에너지의 절약과 같이, 소리만 요란한 프로그램뿐이다. 만일 독일에서 삼림이 소멸되지 않으려면, 오염 물질을 근원적으로 봉쇄하는 보다 실질적인 대책이 요구된다. 설상가상으로, 인접 국가인 체코공화국도 독일과 흡사한 문제에 직면하고 있어서 산성비에 대한 독일의 입장은 더욱 난처해지고 있다.(그림 9-14)

북미 대륙 또한 산성비가 내리는 지역이 점차 넓어지고는 있지만, 아직까지 중부 유럽과 같이 대규모의 심림 파괴로 이어지고 있지는 않다. 하지만 1980년에는 원시적인 상태의 미국 뉴욕 주 애디론댁(Adirondack) 산지에 있는 90개 이상의 호수가 물고기가 살 수 없는 상태로 수질이 오염되었다. 최근의 연구에 의하면, 미국에서 산성비는 미국 동북부 해안의 해양 생물과 애팔래치아 산맥의 삼림을 대량으로 살상하였다.(그림 9-15) 캐나다 동부에 있는 5만 개의 호수가 이와 비슷한 운명에 처해 있는데, 미국과 국경을 접한 캐나다 영토에 내리는 산성비의 오염 물질은 미국 영토로부터 유래된 것이다. 이에 캐나다 정부는 미국 정부의 관리들에게 산성비로 인한 피해를 경감시키는 조치를

그림9-14

산성비로 인한 체코의 삼림 파괴
유럽 중부에서 광범위하게 발생하는 삼림 파괴는 현재 북미 대륙과 다른 지역에도 나타나기 시작했다.

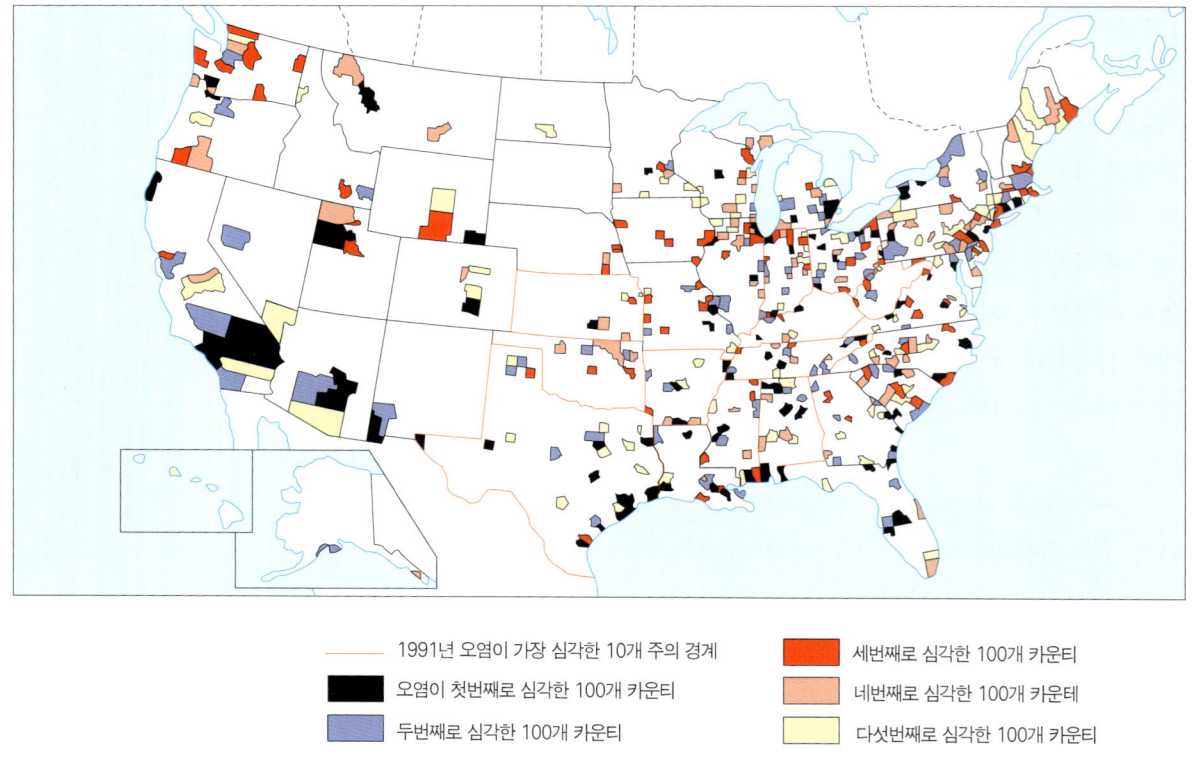

——	1991년 오염이 가장 심각한 10개 주의 경계	■ 세번째로 심각한 100개 카운티
■	오염이 첫번째로 심각한 100개 카운티	■ 네번째로 심각한 100개 카운테
■	두번째로 심각한 100개 카운티	■ 다섯번째로 심각한 100개 카운티

그림 9-15

미국의 환경오염   유독성 화학 폐기물이 가장 많은 순서로 500개 카운티를 뽑아 표시한 것이다. 이중에서 환경오염이 최악의 수준에 도달한 카운티 100개는 환경보호법령이 부적절하고 환경 문제를 해결하려는 공공기관의 의지가 결여되어 있다.

엄격하게 실시하도록 계속 종용하고 있는 상태이다.

3) 온실 효과와 오존층 파괴

지구상에는 환경의 위기가 인간의 생존을 위협할 정도로 심각한 수준에 도달한 곳이 적지 않다. 이러한 환경의 위기 중에서 지역적 차원보다는 지구적 차원의 생태계 파괴로 인하여 발생한 것들은 국지적인 노력만으로 결코 극복할 수 없다. 즉 산업화에 따라 지구 전체의 생태계로 파급되는 환경 문제는 일단 발생하면 그 해결책도 지구적으로 모색하는 태도와 노력이 필요하다.

이러한 환경 문제 가운데 가장 대표적인 것 하나가 온실 효과인데, 이는 화석 연료의 연소로 인하여 발생하지만 궁극적으로 기상의 대이변으로 귀착될 가능성이 크다. 이러한 온실효과란 대기 중의 이산화탄소가 증가함에 따라 지표면의 복사열이 이산화탄소를 함유하고 있는 대기로 흡수되고 지표면이 따뜻해지는 현상이다. 지금 세계에서 화석 연료의 연소에 의하여 매년 발생하는 이산화탄소 10억 톤은 1860년보다 무려 50배에 해당하는 수치이다. 1860년 이후 이산화탄소의 대기 집중도는 끊임없이 상승하여 현재는 인류 역사상 가장 높은 수치를 기록하고 있는 것이다. 더구나 세계 열대우림의 계속된 파괴로 말미암아 엄청난 양의 이산화탄소가 대기로 공급되었다.

이산화탄소는 물론 자연 상태에서 지구 대기를 구성하는 요소이지만, 환경오염으로 인해 과다한 양이 공급되면 대기는 화학적 구성이 변화한다. 대기 중의 이산화탄소가 증가하면 지표면의 복사열은 대기 바깥으로 나가지 못하고 대기 중에 흡수되어 대기는 가열되고 지표면은 따뜻해진다. 이때 대기는 온실의 외벽처럼 내부의 열을 바깥으로 빠져나가지 못하도록 차단하는 효과를 하는 것이다. 이로 인해 지구가 전체적으로 온난해지는 이른바 온실 효과가 발생한다.

최악의 온실 효과는 태양열이 모든 물을 증발시킨 끝에 모든 생명체가 존재할 수 없게 되는 것이다. 설령 그 피해의 정도가 이보다 약하더라도, 온실 효과는 지구의 기온을 상승시켜 양극 지방을 덮고 있는 빙산의 전부 또는 일부를 충분히 녹일 수 있다. 이때 빙산이 녹은 물로 인하여 해수면이 수백 미터 이상 상승하면 세계 전역의 현재 해안선은 바닷물에 잠겨 버릴 것이다. 이와 같은 기후 변화가 단기적으로는 별로 심각한 문제를 일으키지 않지만, 장기적으로는 인류에게 커다란 재앙을 가져다 줄 수 있다. 지금과 같은 온실 효과가 앞으로 지속되었을 때, 인류가 2030년에 경험할 가능성이 있는 최악의 시나리오는 해수면이 플라이오세(Pliocene Epoch) 중기, 즉 400만 년 전의 수준으로 상승하는 것이다.

사람들의 마음을 더욱 산란하게 하는 또 다른 사실은, 1997년이 인류 역사상 측정된 기온 중에서 가장 높은 온도를 기록하였다는 것이다. 또한 지금까지의 기온 변화를 10년 단위로 끊어 비교한다면, 1987년부터 1997년까지 10년 간의 평균 기온이 가장 높은 수치를 나타냈다.

대기 환경의 미래를 비판적으로 바라보는 학자들은 앞으로 언젠가 대기 중의 이산화탄소가 일정한 한계 수치를 넘어서면 온실 효과가 갑자기 악화될지 모른다고 경고하고 있다. 하지만 다행히 이런 최후 운명의 날은 산업 분진

312 · 세계문화지리

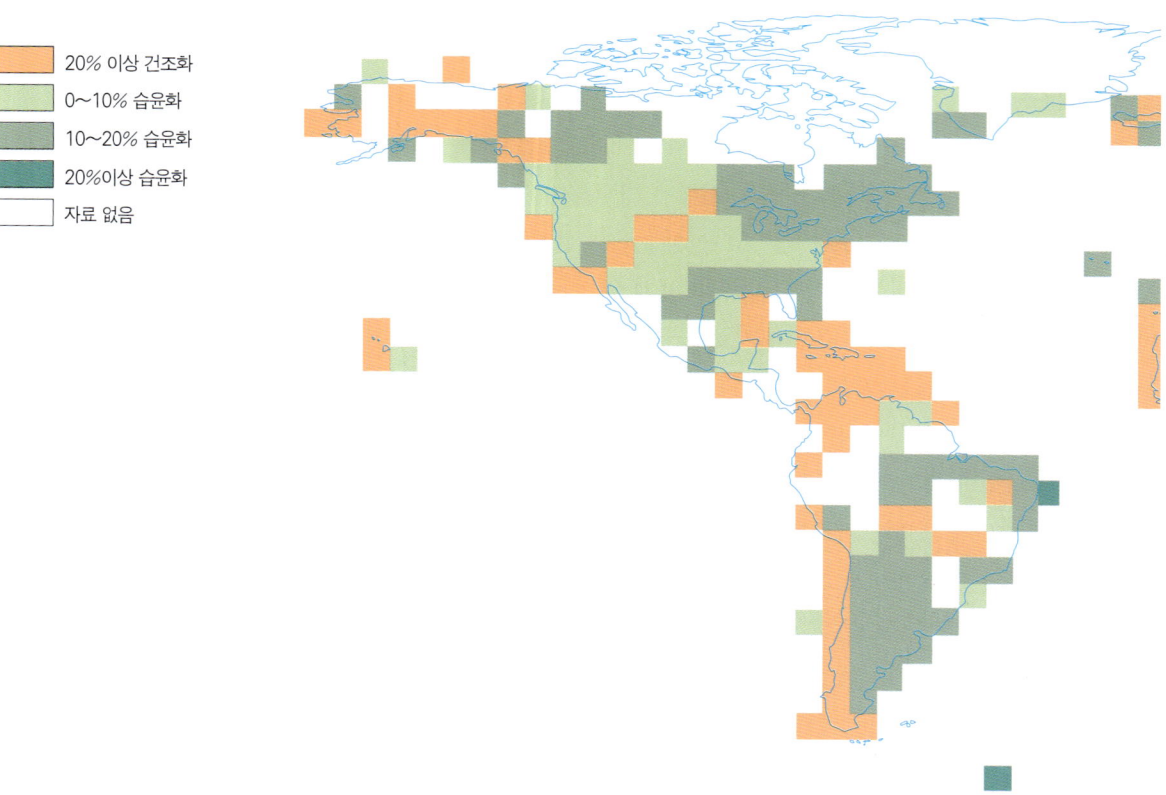

그림 9-16

1895~1995년의 강우량 변화   지난 100년 간 강우량은 고위도 지방으로 갈수록 증가하고 적도 지방으로 갈수록 감소하였다. 지구 온난화 이론에 의하면, 이러한 기상 이변은 이른바 온실 효과에 기인한 바 크다고 한다.

(작은 먼지)으로 인한 대기 오염으로 어느 정도 지연되고 있다. 산업 활동이 미세한 가루의 형태로 내뿜는 엄청난 양의 먼지가 태양 광선의 복사를 차단하고 기온을 냉각시키는 것이다. 지금까지는 온실 효과와 분진으로 인한 오염이 서로를 상쇄시키는 방향으로 작용하여 왔을지도 모른다. 그럼에도 불구하고 인류를 여전히 불안하게 하는 것은, 이러한 추정이 사실이라 하더라도 양자 간의 균형이 결코 안정적이지 않다는 사실이다.

그러나 온실 효과에 대한 견해는 매우 분분해, 어떤 학자들은 지구가 기후의 온난화를 경험하고 있다는 사실 자체를 부정한다. 이러한 다양한 의견들의 대립은 신빙성 있는 기상 자료가 오로지 가까운 과거에만 한정되어 있다는 사실

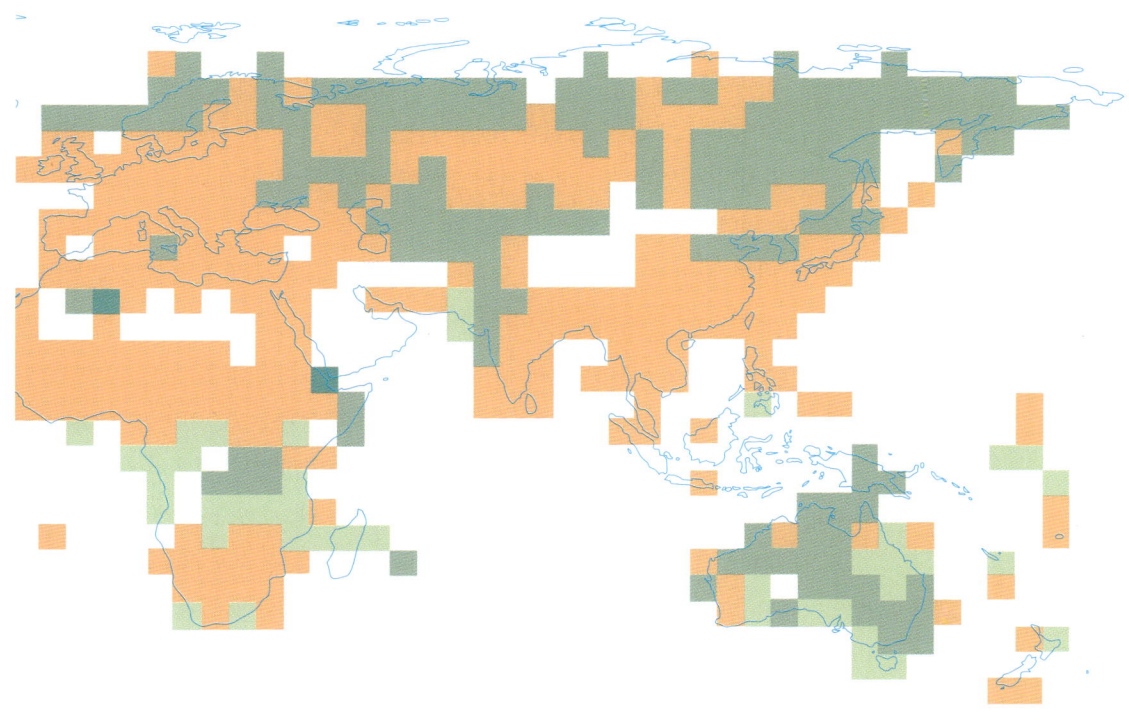

에 기인한다. 또한 기후가 온난해지고 있다는 사실을 인정한다 하더라도 지금 일어나고 있는 일에 대한 원인을 지금으로서는 확정짓기 어렵다는 데 있다.

    다수의 전문가들은 온실 효과의 영향으로 어떤 지역은 더욱 습윤해지는 반면, 어떤 지역은 더욱 건조해지는 것과 같이 주로 강우량의 변화를 겪을 것이라고 믿는다.(그림 9-16) 어떤 전문가들은 지구의 온난화가 열대 지역을 더욱 건조하게 하는 반면, 중위도와 고위도 지역은 더욱 습윤하게 한다고 예측하기도 한다. 또한 예측하기 어려운 이러한 극단적인 날씨는 지구의 온난화와 함께 앞으로 더욱 빈번해질지도 모른다. 어떤 전문가들은 이러한 이상 기후 현상이란 21세기의 벽두에 이미 시작되었다는 증거를 제시하기도 한다.

의심의 여지없이, 해수면이 지구의 온난화와 더불어 상승하면, 태평양 한가운데 있는 몰디브와 키리바시 같은 국가들은 바다 속으로 완전히 사라질 것이다. 이밖에도 해수면의 상승은 세계 도처에서 미처 예기치 못한 엄청난 재앙을 인류에게 몰고 올지 모른다. 예를 들면, 해수면이 단 1m만 상승하더라도 인구가 밀집되어 있는 방글라데시의 1/5이 바다 물에 잠기고, 중국인 1억 명 가량이 이재민이 되어야 할지 모른다.

이러한 재앙보다 잠재적으로 더욱 심각한 사태는 대기 상층부에 형성되어 있는 오존층이 소멸되는 것이다. 이 오존층은 태양 광선의 가장 유해한 파장으로부터 인간을 포함한 모든 생명체를 보호해 주는 작용을 한다. 그런데 이러한 오존층을 파괴하는 주범은 각종 공산품이 배출하는 몇 가지 화학 물질인 것이 거의 확실해졌다. 그러한 화학 물질 중에서 냉장고와 에어컨에 사용되는 프레온(freon) 가스는 가장 대표적인 것이다. 많은 양의 프레온 가스를 대기 속으로 배출하는 대부분의 선진국들은 1989년 캐나다의 몬트리올에 모여 상호 협약을 맺어 오존층을 파괴하는 물질의 사용을 억제하기로 합의하였다.

그러나 이러한 노력에도 불구하고 별다른 성과가 없었을 뿐더러 오히려 상황은 이전에 예상했던 것보다 훨씬 더 악화되어가고 있다. 1995년 북극 고지대의 오존층이 그 이전의 1/3 수준으로 뚝 떨어져서, 그 파괴 범위가 1980년대 남극에서 최초로 확인된 것과 비슷하였다.(그림 9-17) 환경 운동 단체의 하나인 그린피스(Greenpeace)는 이제 오존층의 파괴는 지구상에 살고 있는 모든 생명체의 미래를 위협하고 있다고 경고한다.

제2·3차 산업 중에서 환경오염을 일으키는 주범이 되는 업종을 공해 산업이라고 부른다. 세계 각국의 시민들은 이러한 공해 산업을 감시하고, 이에 대한 법적 규제를 촉구하는 이른바 환경운동을 전개하고 있다. 일명 '녹색주의자(greens)'라고 하는 이러한 환경운동가들은 자신들의 의사를 관철시키기 위하여 정치에 대한 적극적인 참여는 물론 생태 폭력(ecoterrorism)까지도 불사한다. 북미 대륙을 근거지로 활발하게 활동하고 있는 환경운동 단체만 해도 시에라클럽(Sierra Club), 그린피스, 그린인덱스(Green Index) 외에도 다수가 있다.

또한 근래에는 생태 관광이라는 새로운 형태의 환경운동이 나날이 성장하고 있다. 생태 관광은 자연환경을 보호하고 지역 주민의 복지를 증진시키는 목적을 추구하는 관광이라고 정의한다. 이러한 유형의 관광은 제5차 산업 중에서도 특히 관광이 겉보기와 다르게 생태적인 문제를 발생시킬 수 있다는 인

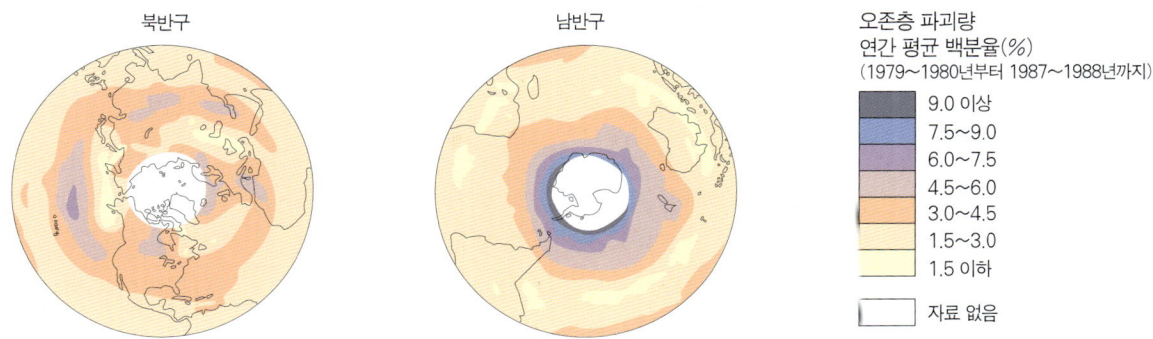

그림 9-17
1979~1988년에 일어난 대기권 상층부의 오존층 파괴 과다한 태양 광선으로부터 지구상의 모든 생명체를 보호하고 있는 오존층의 파괴는 지구를 생명이 없는 행성으로 변화시킬 것이다. 특히 이런 환경 문제는 1990년대 북반구에서 더욱 악화되었다.

식을 토대로 추진되고 있다.

일반적으로 생태 관광객들은 원시적인 생태계가 유지되고 있는 지역을 방문하면서 환경에 아무런 피해를 주지 않으려고 노력한다. 그들은 목적지까지 자전거를 타고 가는 것을 좋아할 뿐만 아니라, 자신들이 방문한 곳에 쓰레기를 남기고 오지 않도록 주의를 기울인다. 생태 관광객들은 특히 멸종 위기에 처한 동물이나 이국적인 동·식물 보는 것을 즐긴다. 또한 그들의 일부는 기회가 주어지기만 한다면 새로운 종류의 야생 동물과 식물 보호를 확대하는 사업에 적극적으로 참여하기도 한다. 르완다 산지에 사는 고릴라들을 멸종의 위기에서 구한 것은 생태 관광으로부터 얻은 수입이었다. 세계 각국의 정부들이 환경의 보호가 관광 수입의 증대에도 기여한다는 사실을 이제 막 깨닫기 시작한 것이다.

4. 산업 경관

산업 경관은 어느 문화 경관보다도 인류의 일상적인 생활에 더욱 밀착되어 있으므로, 그 형태와 기능을 간단하게 분류하기가 곤란하다. 그중에는 시각적으로 지극히 평범하여 그냥 지나치기 쉬운 것도 있지만, 시각적으로 지나치게 자극적이어서 그냥 지나치지 못하는 것도 있다. 일반적으로 산업 경관은 아름다움과 매력 같은 미학적 가치보다는 이윤과 효용성을 만족시키는 방향으로 조성된다.

세계의 각종 산업 활동은 발전 수준별로 고유한 유형의 산업 경관을 만들어낸다. 제1차 산업은 지표면에 가장 극단적인 충격을 가하여 보기에 민망하고 흉물스러운 광경을 연출한다. 산더미처럼 쌓인 용재(鎔滓) 더미, 온통 벌거숭이로 파헤쳐진 삼림, 지표면을 벗겨낸 거대한 노천 광산, 숲처럼 빽빽한 유정탑(油井塔) 등은 모두 제1차 산업 경관들이다.(그림 9-18) 이들 중에서도 무서우면서도 매혹적인 모습을 하고 있는 것들은 외계인 세계를 연상시킬 정도로 기이한 느낌을 자아낸다. 실제로 이러한 산업 경관들은 경쟁, 모험, 자연

그림9-18
제1차 산업 경관
독일 카셀의 광물 더미(왼쪽) 미국 유타 주 솔트레이크 주변의 경지(오른쪽)

에 대한 지배라는 서방 세계의 가치를 극명하게 반영하는 것이다.

제2차 산업 경관, 즉 공업 경관은 분명히 공장 건물을 가장 많이 포함하고 있으며, 이러한 공업 경관은 산업혁명이 발생한 영국에서 최초로 출현하였다. 이들 중에는 상상력에 의하여 멋지게 설계되고 건설된 것도 있지만 그렇지 못한 것들도 있다. 공장 건물에는 미래지향적으로 기하학적인 원리에 맞추어 지은 것이 있는가 하면, 유명한 건축가의 설계에 의하여 표준형과 다르게 지어진 것도 있다.

그런데 18~19세기 영국의 시인과 예술가들은 새로이 등장하는 공업 경관에 대하여 맹렬한 저항 의식을 보였다. 즉 이들은 산업혁명의 결과를 낙관하던 초기에 미처 알아차리지 못한 공업 경관의 비인간성을 날카롭게 지적하였다. 영국에서 산업 문명에 대한 비판은 1775~1800년에 시와 그림의 형태로도 표현되기 시작하였는데, 화가들은 무섭고 불길하다 못해 불쾌한 공업 경관을 열심히 화폭으로 옮기기도 했다. 하지만 일반 시민들이 시인과 화가들의 눈으로 세상을 볼 수 있게 되었을 때, 공업 경관은 이미 통제 불능에 상태에 빠져 있었다. 영국의 공업 지역 대부분은 '흑색의 고장(Black Country)'이라는 별칭을 얻을 정도로 이미 시커먼 색깔의 공업 경관에 의해 압도되고 있었던 것이다.

한 인간주의 지리학자는 자신의 고향인 영국의 요크셔를 연구하며, 산업혁명이 인간적인 장소를 말살시켰다고 주장하였다. 그는 산업의 이득을 위하여 일정한 계획에 의해 특정한 장소를 의도적으로 말살시키는 과정을 묘사하기 위하여 '장소말살(場所抹殺, topocide)'이라는 용어를 창안하였다. 또한 1930년대 영국의 웨일스 남부에서 석탄 산업이 쇠퇴할 때, 영국 정부는 광산 경관들을 농업 경관으로 신속히 대체하였다. 이러한 영국 정부의 신속한 조처로 인하여 광산에서 힘들게 일하면서 살아온 수천 명의 사람들은 장소의식(sense of place)과 집단 정체성을 상실하는 피해를 겪었다.

제3·4·5차 산업, 즉 서비스 산업 또한 제2차 산업과 같이 자기만의 고유한 산업 경관을 만들어낸다. 이러한 산업 경관들은 하늘높이 솟은 은행 건물, 햄버거 가게, 실리콘 밸리, 주유소, 고속도로와 일반 도로의 콘크리트와 강철 골조물 등이다. 고속도로의 교차로는 가끔 현대 예술의 형태를 하고 있기도 하지만, 미적 감각을 가장 많이 느낄 수 있는 제3차 산업 경관은 무엇보다도 교량이다. 특히 근래에는 자동차와 철도가 지나가는 교량의 건설에 고도의 예

그림 9-19
디트로이트의 제조업과 제3차 산업 경관
이런 정경은 우아한 현수교의 모습과는 달리 인간 정신을 고양시키지는 못한다.

술적 디자인을 가미한 공법을 도입하는 사례가 많아지고 있다.(그림 9-19)

마지막으로, 산업화는 경관을 보는 인간의 시각 자체를 근본적으로 바꾸어 버리는 결과를 초래하였다. 20세기 초 이동의 수단이 도보에서 자동차로 대체되기 시작하자, 자동차 내부에서 바라보는 도시의 풍경이 점차 중요성을 가지게 되었다. 세계 최고의 자동차 도시인 로스앤젤레스는 도시 건설에서 자동차 운전자의 입장을 우선적으로 고려한 가장 대표적인 사례일 것이다. 이 도시의 고속도로 체계는 자동차 운전자로 하여금 차를 멈추지 않은 상태에서 주위의 풍경을 돌아볼 수 있도록 설계되었다. 자동차에 탄 사람이 고속도로에서 도시의 정경을 내려다 볼 수 있도록 배려되어 있는 반면, 보행자의 입장은 철저히 무시되었다. 또한 로스앤젤레스의 어떤 지역은 보도가 전혀 마련되어 있지 않아서 보행자가 도시의 정경을 바라본다는 것 자체가 근본적으로 불가능한 곳도 있다. 이처럼 주요 도로가 자동차를 우선적으로 염두에 두고 설계된다면, 보행자들은 소음, 교통 혼잡, 운전자용 은행, 주차장 등과 같은 비인간적인 환경 속에서 불편함을 느낄 수밖에 없을 것이다.

지명 목록
참고 문헌

지명 목록

제1장_ 서론
딕시 Dixie
대평원 Great Plains

제2장_ 민족
그루지야 Georgia
기니 Guinea
나바호 Navaho
뉴멕시코 New Mexico
뉴펀들랜드 Newfoundland
다코타 Dakota
달라르나 Dalarna
로렌스 카운티 Lawrence County
마이애미 Miami
매니토바 Manitoba
미네소타 Minnesota
미시간 호 Michigan L.
미주리 Missouri
베링 해협 Bering Str.
서스캐처원 Saskatchewan
세르비아 Serbia
스톡홀름 Stockholm
슬로바키아 Slovakia
슬로베니아 Slovenia
시베리아 Siberia
시카고 Chicago
아르메니아 Armenia
아스펜 aspen
아이티 Haiti
앨버타 Alberta
에스토니아 Estonia
오자크 Ozark
오하이오 Ohio
우크라이나 Ukraina
유고슬라비아 Yugoslavia
체코슬로바키아 Czechoslovakia
카리브 해 Caribbean Sea
콜로라도 Colorado
쿠바 Cuba
퀘벡 Quebec
크로아티아 Croatia
클리블랜드 Cleveland
펜실베이니아 Pennsylvania
프라하 Praha
프레리 prairie
플로리다 Florida
핀란드 Finland

제3장_ 언어
갠지스 강 Ganges R.

과달루페호 Guadalupejo
과달키비르 Guadalquivir
구자라트 Gujarat
다뉴브 강 Danube R.
데칸 Deccan
두퍼린 Dufferin
라이프치히 Leipzig
라인 강 Rhine R.
랜돌프 타운쉽 Randolph Township
마다가스카르 Madagascar
마드라스 Madras
마키낙 Mackinac
마하라슈트라 Maharashtra
모로코 Morocco
미시시피 Mississippi
버몬트 Vermont
베를린 Berlin
봄베이 Bombay
시애틀 Seattle
아나톨리아 고원 Anatolian Plat.
아삼 Assam
안드라프라데시 Andhra Pradesh
알제리 Algeria
알폴드 Alfold
에드먼턴 Edmonton
에콰도르 Ecuador
엘베 강 Elbe R.
온타리오 Ontario

왁사하치 Waxahachie
왈레 왈레 Walla Walla
워싱턴 Washington
이스터 Easter
인더스 강 Indus R.
잘레 강 Salle R.
카스티야 Castilla
칼라마주 Kalamazoo
테테로프 Teterow
통가 Tonga
펀자브 Punjab
피지 Fiji
하리아나 Haryana
할라 Halla

제4장_ 종교

강가 강 Ganga R.
루르드 Lourdes
마야 Maya
메디나 Medina
메카 Mecca
바그마티 Bagmati
바라나시 Varanasi
산테리아 Santeria
섀스타 산 Shasta Mt.
성 고트하르트 Saint Gotthard
암리차르 Amritsar
앨라배마 Alabama

에어즈 록 Ayers Rock
올리브 산 Mount of Olives
요르단 강 Jordan R.
우타르 프라데시 Uttar Pradesh
울룰루 산 Mount of Ululu
움반다 Umbanda
유타 Utah
일리노이 Illinois
지브롤터 Gibraltar
촐룰라 Cholula
케랄라 Kerala
쿠르디스탄 Kurdistan
펀자브 Punjab
포포카테페틀 Popocatepetl
푸에블라 Puebla
헤브루 Hebrew

제5장_ 인구

감비아 Gambia
과테말라 Guatemala
네팔 Nepal
니제르 Niger
마운트 아토스 Mount Athos
미들랜드 Midland
보스니아 Bosnia
비스툴라 Vistula
소말리아 Somalia
수단 Sudan

수마트라 Sumatra
알래스카 Alaska
애리조나 Arizona
에티오피아 Ethiopia
예멘 Yemen
오데르 Oder
웨일스 Wales
카슈미르 Kashmir
캄보디아 Cambodia
콩고 Congo
폴란드 Poland
피닉스 Phoenix
히스파니올라 Hispaniola

제6장_ 농업

노르망디 Normandie
뉴기니 New Guinea
리비아 Libya
미얀마 Myanmar
사하라 사막 Sahara Des.
시리아 Syria
아랄 해 Aral Sea
아이오와 Iowa
아칸소 Arkansas
우즈베키스탄 Uzbekistan
유카탄 Yucatan
일리노이 Illinois
자그로스 산맥 Zagros Mts.

카자흐스탄 Kazakhstan
코스타리카 Costa Rica
튀니지 Tunisia

제7장_ 촌락
노르웨이 Norway
다뉴브 Danube
덴마크 Denmark
델라웨어 Delaware
루이지애나 Lousiana
몰다비아 Moldova
뮌스터 M nster
센 강 Seine R.
수데테 Sudete
알자스 Alsace
에게 해 Aegean Sea
에르츠 산맥 Erzgebirge
잘차흐 Salzach
카르파티아 산맥 Carpathian Mts.
콘스탄츠 Konstanz
플랑드르 Flanders

제8장_ 도시
과달라하라 Guadalajara
뉴델리 New Delhi
델리 Delhi
랭커스터 Lancaster
루이빌 Louisville
리마 Lima
맨해튼 Manhattan
머농거힐라 강 Monongahela R.
모헨조다로 Mohenjo-daro
미니애폴리스-세인트 폴 Minneapolis-St. Paul
밀레투스 Miletus
바젤 Basel
베네수엘라 Venezuela
베로나 Verona
베른 Bern
보스턴 Boston
볼가 강 Volga R.
뷔르츠부르크 Wurzburg
스투파 stupa
스트라스부르 Strasbourg
아고라 agora
아크로폴리스 acropolis
앨러게니 강 Allegheny R.
에든버러 Edinburgh
에트루리아 Etruria
오카 강 Oka R.
옥스퍼드 Oxford
워싱턴 D.C. Washington D.C.
윈체스터 Winchester
이오니아 Ionia
자르모 Jarmo
잘츠부르크 Salzburg
지구라트 ziggurat

카라카스 Caracas
테노치티틀란 Tenochtitlan
파비아 Pavia
페루 Peru
프랑크푸르트 Frankfurt

키리바시 Kiribati
트로이 Troy

제9장_ 산업

네덜란드 Holland
디즈니 월드 Disney World
랭커셔 Lancachire
로렌 Lorraine
로스앤젤레스 Los Angeles
루르 Rhur
르완다 Rwanda
마당 Madang
매사추세츠 Massachusetts
몰디브 Maldives
뫼즈 강 Meuse R.
미시간 Michigan
바르셀로나 Varcelona
방글라데시 Bangladesh
상브르 강 Sambre R.
수데텐란트 Sudetenland
애팔래치아 산맥 Appalachian Mts.
애디론댁 산맥 Adirondack Mts.
요크셔 Yorkshire
윌리엄스버그 Williamsburg
자르 Saar

참고 문헌

Al-Fa-ru-qi, Isma'il R., and David E. Sopher. *Historical Atlas of the Religions of the World.* New York: Macmillan, 1974.

Alfrey, Judith, and Catherine Clark. *The Landscape of Industry.* London: Routledge, 1993.

Allen G. Noble and Ashok K. Dutt (eds.). *India: Cultural Patterns and Processes.* Boulder, CO: Westview Press, 1982.

Allen, James P., and Eugene J. Turner. *We the People: An Atlas of America's Ethnic Diversity.* New York: Macmillan, 1987.

Asante, Molefi K., and Mark T. Matson. *Historical and Cultural Atlas of African Americans.* New York: Macmillan, 1991.

Bayliss-Smith, T. P. *The Ecology of Agricultural Systems.* New York: Cambridge University Press, 1982.

Benevolo, Leonardo. *The History of the City.* Cambridge, MA: MIT Press, 1980.

Briggs, David, and Frank Courtney. *Agriculture and Environment: The Physical Geography of Temperate Agricultural Systems.* London: Longman, 1987.

Brown, Lawrence A. *Innovation Diffusion: A New Perspective.* New York: Methuen, 1981.

Brunn, Stanley, and Jack Williams. *Cities of the World: World Regional Urban Development.* New York: Harper & Row, 1983.

Buttimer, Anne. *Geography and the Human Spirit.* Baltimore: Johns Hopkins University Press, 1993.

Castells, Manuel, and Peter Hall. *Technopolis of the World: The Making of 21st Century Industrial Complexes.* London: Routledge, 1994.

Cater, Erlet, and Gwen Lowman (eds.). *Ecotourism: A Sustainable Option?* Chichester, U.K.: John Wiley and the Royal Geographical Society, 1994.

Cater, John, and Trevor Jones. *Social Geography: An Introduction to Contemporary*

Issues. London: Edward Arnold, 1989.

Cloke, Paul. *Rural Geography.* Oxford, England: Blackwell, 1997.

Cooper, Adrian. *Sacred Mountains: Ancient Wisdom and Modern and Meanings.* Edinburgh, UK: Floris Books, 1997.

Cosgrove, Denis. *Social Formation and Symbolic Landscape.* London: Croom Helm, 1984.

Cowan, C. Wesley, and Patty J. Watson (eds.). *The Origins of Agriculture: An International Perspective.* Washington, DC: Smithsonian Institution Press, 1992.

Dickinson, Robert. *The West European City.* London: Routledge & Kegan Paul, 1961.

Drakakis-Smith, David. *The Third World City.* London: Methuen, 1987.

Dwyer, Denis, and David Drakakis-Smith (eds.). *Ethnicity and Development: Geographical Perspectives.* New York: John Wiley, 1996.

Foote, Kenneth E., et al. (eds.). *Re-Reading Cultural Geography.* Austin: University of Texas Press, 1994.

Galaty, John G., and Douglas L. Johnson (eds.). *The World of Pastoralism: Herding Systems in Comparative Perspective.* New York: Guilford Press, 1990.

Gesler, Wilbert M. *The Cultural Geography of Health Care.* Pittsburgh: University of Pittsburgh Press, 1991.

Glacken, Clarence J. *Traces on the Rhodian Shore.* Berkeley: University of California Press, 1967.

Gottlieb, Roger S. (ed.). *This Sacred Earth: Religion, Nature and Environment.* London: Routledge, 1995.

Gottman, Jean. *Megalopolis.* Cambridge, MA: MIT Press, 1961.

Gould, Peter. *The Slow Plague: A Geography of the AIDS Pandemic.* Oxford, UK: Blackwell, 1993.

Grigg. David B. *An Introduction to Agricultural Geography,* 2nd ed. London: Routledge, 1995.

Gumilev, Leo. *Ethnogenesis and the Biosphere.* Moscow: Progress Publishers, 1990.

Hall, Peter, and Ann Markusen (eds.). *Silicon Landscapes.* Boston: Allen & Unwin, 1985.

Harpur, James. *The Atlas of Sacred Places.* New York: Henry Holt, 1994.

Hugo, Graeme. *Third World Populations.* New York: Basil Blackwell, 1989.

James M. Houston. *A Social Geography of Europe.* London: Duckworth, 1953.

Johnston, R, J., Derek Gregory, and David M. Smith (eds.). *The Dictionary of Human Geography,* 3rd ed. Oxford, UK: Basil Blackwell, 1993.

Jones, Kelvyn, and Graham Moon. *Medical Geography: An Introduction.* London: Routledge & Kegan Paul, 1987.

Kaiser, Harry M., et al. (eds.). *Agricultural Dimensions of Global Climate Change.* Delray Beach, FL: St. Luice Press, 1993.

Kirk, John, Stewart F. Sanderson, and John D. A. Widdowson (eds.). *Studies in Linguistic Geography.* London: Croom Helm, 1985.

Krantz, Grover S. *Geographical Development of European Language.* New York: Peter Lang, 1988.

Laponce, J. A. *Languages and Their Territories.* Toronto: University of Toronto Press, 1987.

Lodrick, Deryck O. *Sacred Cows, Sacred Places: Origins and Survivals of Animal Homes in India.* Berkeley: University of California Press, 1981.

Louder, Dean R., and Eric Waddell (eds.). *French America: Mobility, Identity, and Minority Experience Across the Contine.* Baton Rouge: Louisiana State University Press, 1993.

Lowder, Stella. *The Geography of Third-World Cities.* Totowa, NJ: Rowman and Littlefield, 1986.

Lowenthal, David, and Martyn J. Bowden. *Geographies of the Mind.* New York: Oxford University Press, 1976.

Mackay, Judith. *The State of Health Atlas.* New York: Simon & Schuster, 1993.

Martin, Ron, and Bob Rowthorn (eds.). *The Geography of De-Industrialization.* Dobbs Ferry, NY: Sherdan House, 1986.

Massey, Doreen. *Space, Place, and Gender.* Minneapolis: University of Minnesota Press, 1994.

Maurice W. Beresford and J. K. S. St. Joseph. *Medieval England: An Aerial Survey.* London: Cambridge University Press, 1958.

McKee, Jesse O. (ed.). *Ethnicity in Contemporary America: A Geographical Appraisal.* Dubuque, IA: Kendall/Hunt, 1985.

Meade, Melinda, John Florin, and Wilbert Gesler. *Medical Geography.* New York: Guilford, 1988.

Meinig. D. W. (ed.). *The Interpretation of Ordinary Landscapes: Geographical Essays.* New York: Oxford University Press, 1979.

Mumfor, Lewis. *The City in History.* New York: Harcourt Brace Jovanovich, 1961.

Noble, Allen G. (ed.). *To Build in a New Land: Ethnic Landscapes in North America.* Baltimore: Johns Hopkins University Press, 1992.

Nolan, Mary Lee, and Sidney Nolan. *Religious Pilgrimage in Modern Western Europe.* Chapel Hill: University of North Carolina Press, 1989.

Norstrand, Richard L. *The Hispano Homeland.* Norman: University of Oklahoma Press, 1992.

Norton, William. *Explorations in the Understanding of Landscape: A Cultural Geography.* Westport, CT: Greenwood Press, 1989.

O'Brien, Joanne, and Martin Palmer. *The State of Religion Atlas.* New York: Simon & Schuster, 1993.

Park, Chris. *Sacred Worlds: An Introduction to Geography and Religion.* London: Routledge, 1994.

Pearce, Douglas. *Tourism Today: A Geographical Analysis.* New York: Longman, 1987.

Pirenne, Henri. *Medieaval Cities.* Garden City, NY: Doubleday (Anchor Books), 1956.

Planhol, Xavier de. *The World of Islam.* Ithaca, NY: Cornell University Press, 1959.

Roberts, Brian K. *Landscape of Settlement.* London: Routledge, 1996.

Robinson, Vaughan (ed.). *Geography and Migration.* London: Edward Elgar, 1996.

Roseman, Curtis C., et al. (eds.), *EthniCity: Geographic Perspectives on Ethnic Change in Modern Cities.* Lanham, MD: Rowman and Littlefield, 1996.

Ross, Thomas E., and Tyrel G. Moore (eds.). *A Cultural Geography of North American Indians.* Boulder, CO: Westview Press, 1987.

Saalman, Howard. *Medieaval Cities.* New York: Braziller, 1968.

Saarinen, Thomas F. *Perception of Environment.* Resource Paper No. 5. Washington, DC: Association of American Geographers, Commission on College Geography, 1969.

Sauer, Carl O. *Agricultural Origins and Dispersals.* New York: American Geographical Society, 1952.

Seager, Joni (ed.). *The State of the Earth Atlas.* New York: Simon & Schuster, 1990.

Semple, Ellen Churchill. *Influence of Geographical Environment.* New York: Henry Holt, 1911.

Shannon, Gary W., Gerald F. Pyle, and Rashid L. Bashshur. *The Geography of AIDS: Origins and Course of an Epidemic.* New York: Guilford, 1991.

Simoons, Frederick J. *Eat Not This Fresh: Food Avoidences in the Old World,* 2nd ed. Madison: University of Wisconsin Press, 1994.

Sjoberg, Gideon. *The Preindustrial City.* New York: Free Press, 1960.

Sopher, David E. *The Geography of Religion.* Englewood Cliffs, NJ: Prentice-Hall, 1967.

Stewart, George R. *Names on the Land: A Historical Account of Place-Naming in the United States.* Boston: Houghton Mifflin, 1958.

Thomas, David S. G., and Nicholas J. Middleton. *Desertification: Exploding the Myth.* New York: John Wiley, 1994.

Thomas, William L., Jr. (ed.). *Man's Role in Changing the Face of the Earth.* Chicago: University of Chicago Press, 1956.

Towner, John. *An Historical Geography of Recreation and Tourism in the Western World, 1540-1940.* New York: John Wiley, 1996.

Trinder, Barrie. *The Making of the Industrial Landscape.* London: J. M. Dent & Sons, 1982.

Trudgill, Peter. *On Dialect: Social and Geographical Perspectives.* Oxford, UK: Basil Blackwell, 1983.

Tuan, Yi-Fu. *Topophilia: A Study of Environmental Perception, Attitudes, and Values.* Englewood Cliffs, NJ: Prentice-Hall, 1974.

Vance, James E., Jr. *Capturing the Horizon: The Historical Geography of Transportation.* New York: Harper & Row, 1986.

Vance, James E., Jr. *The North American Railroad: Its Origin, Evolution, and Geography.* Baltmore: Johns Hopkins University Press, 1995.

W. G. Hoskins. *The Making of the English Landscape.* London: Hodder & Stoughton 1957.

Wagner, Philip L., and Marvin W. Mikesell. *Readings in Cultural Geography.* Chicago: University of Chicago Press, 1962, pp. 1-24.

Watts, Hugh D. *Industrial Geography.* London: Longman Scientific & Industrial Publications, 1987.

Wheatley, Paul. *The Pivot of the Four Quarters.* Chicago: Aldine Publishing Company, 1971.

Williams, Colin H. (ed.). *Language in Geographical Context.* Clevedon, UK and Philadelphia: Multilingual Matters, 1988.

인터넷 사이트

National Geographic Society,
http://www.nationalgeographic.com/main.html

United Nations, Food and Agriculture Organization (FAO), Rome, Italy,
http://www.fao.org

Worldwatch Institute,
http://www.worldwatch.org

세계문화지리

펴낸날	초판 1쇄 2002년 8월 30일
	초판 8쇄 2020년 11월 20일
지은이	테리 조든-비치코프·모나 도모시
옮긴이	류제헌
펴낸이	심만수
펴낸곳	(주)살림출판사
출판등록	1989년 11월 1일 제9-210호

주소	경기도 파주시 광인사길 30
전화	031-955-1350 팩스 031-624-1356
홈페이지	http://www.sallimbooks.com
이메일	book@sallimbooks.com
ISBN	978-89-522-0074-7 03980

※ 값은 뒤표지에 있습니다.
※ 잘못 만들어진 책은 구입하신 서점에서 바꾸어 드립니다.